国家出版基金项目
NATIONAL PUBLICATION FOUNDATION

“十三五”国家重点出版物出版规划项目

中国杂粮

中国蚕豆

丛书主编　柴　岩
本册主编　刘玉皎

陕西新华出版
陕西科学技术出版社
Shaanxi Science and Technology Press
西安

图书在版编目(CIP)数据

中国蚕豆 / 刘玉皎主编. — 西安 : 陕西科学技术出版社, 2023.10
(中国杂粮 / 柴岩主编)
ISBN 978-7-5369-8820-0

Ⅰ. ①中… Ⅱ. ①刘… Ⅲ. ①蚕豆-蔬菜园艺 Ⅳ. ①S643.6

中国国家版本馆 CIP 数据核字(2023)第 182890 号

中国杂粮 · 中国蚕豆
ZHONGGUO ZALIANG ZHONGGUO CANDOU
丛书主编 柴岩 本册主编 刘玉皎

出版人	崔 斌
策 划	李 珑
责任编辑	王喜艳
封面设计	曾 珂
出版者	陕西科学技术出版社 西安市曲江新区登高路 1388 号 陕西新华出版传媒产业大厦 B 座 电话 (029)81205187 传真 (029) 81205155 邮编 710061 http://www.snstp.com
发行者	陕西科学技术出版社 电话(029)81205180 81206809
印 刷	中煤地西安地图制印有限公司
规 格	787mm×1092mm 16 开本
印 张	26.25
字 数	580 千字
版 次	2023 年 10 月第 1 版 2023 年 10 月第 1 次印刷
书 号	ISBN 978-7-5369-8820-0
定 价	130.00 元

中国杂粮 · 中国蚕豆

顾　　问　于振文　刘　旭

丛书主编　柴　岩

本册主编　刘玉皎

副 主 编　何红中　何玉华　王艳艳

编写人员

第一章　第一节　刘玉皎

第二节　杨　涛

第三节　刘玉皎

第二章　何红中

第三章　何红中

第四章　刘玉皎

第五章　第一节　何玉华

第二节　何玉华

第三节　何玉华

第四节　于海天　杨　新

第五节　周仙莉

第六章　第一节　王学军　滕长才

第二节　王学军　滕长才

第三节　王学军　滕长才

第四节　王学军　滕长才

第五节　李　萍

第七章　第一节　宗绪晓　刘　荣
第二节　宗绪晓　刘　荣
第三节　宗绪晓　刘　荣
第四节　宗绪晓　刘　荣　张红岩
第五节　宗绪晓　张红岩

第八章　第一节　刘玉皎
第二节　刘玉皎　侯万伟
第三节　刘玉皎　侯万伟
第四节　刘玉皎　侯万伟
第五节　刘玉皎　侯万伟
第六节　刘玉皎　侯万伟

第九章　第一节　郭兴莲　滕长才
第二节　郭兴莲　滕长才
第三节　滕长才　郭兴莲
第四节　滕长才　郭兴莲
第五节　郭兴莲　滕长才

第十章　第一节　朱振东
第二节　刘昌燕　杨晓明
第三节　刘玉皎
第四节　杨晓明

第十一章　王艳艳　吴　琼

第十二章　刘海英

第十三章　第一节　杨希娟　张　杰
第二节　杨希娟　党　斌

统　稿　刘玉皎

总序言一

杂粮是小宗粮豆作物的俗称。泛指生育期短、种植面积小、地域性强、种植方法特殊、有特种用途、药食兼用的多种粮豆，主要包括谷子、高粱、糜子、荞麦、燕麦、大麦、薏苡、绿豆、小豆、豌豆、蚕豆等。

我国地处温带和亚热带地域，有悠久的农业发展历史，不但杂粮种类多，而且分布区域广。常年种植面积约为 $650\times10^4\ hm^2$，占全国粮食作物播种面积的 5%～6%；产量为 $1\ 500\times10^4\sim2\ 000\times10^4\ t$，占全国粮食作物总产量的 2%～3%，在中西部干旱半干旱地区和贫困山区粮食生产中占有重要地位。

杂粮富含各种营养素，既是特色粮食，又是保健食材，在国民生活中占有重要地位。杂粮多种植于无污染源、工业欠发达地区，生产过程不施农药、化肥，是天然的健康食品。随着人民生活水平的提高和膳食结构的改善，人们开始注重食物搭配和营养平衡，追求食材原料的天然洁净和安全卫生，杂粮作为医食同源的新型食品资源将越来越受到人们的青睐。

许多杂粮都是我国重要的名优产品，如沁州黄小米、府谷黄米、定边荞麦、兴仁薏米、青海蚕豆、榆林绿豆、宝清红小豆等。杂粮在国内外市场具有明显的价格优势、资源优势和生产优势，将是最具发展前景的作物。

杂粮具有生育期短、适应范围广、善于利用自然光热资源、耐旱耐瘠等特点。它既可以作为填闲补种作物，又适宜在生产条件差的冷凉地区、丘陵山地、新垦荒地和一些旱薄地种植，也可以与大宗作物实行间作、套种、混种，提高土地利用率，优化粮食的生产结构。在当前种植业结构调整中，杂粮是不可缺少的搭配作物，在干旱半干旱地区、贫困山区杂粮已成为首选作物。我们在抓好大宗作物生产的同时，应因地制宜，大力发展杂粮生产，不仅有利于增加农民收入，减轻国家粮食区域平衡的压力，而且对加快杂粮产业化步伐无疑具有重要的意义。

“中国杂粮”丛书是为适应我国粮食生产发展的需要和种植业结构调整的要求，由陕西科学技术出版社策划，西北农林科技大学牵头组织有关专家、教授和专业科技人员共同编撰完成。该套丛书已入选 2021 年度国家出版基金。

“中国杂粮”丛书是迄今为止我国第一部较为全面系统介绍中国杂粮的专业书籍。丛书详细介绍了中国杂粮作物的起源传播、考古发现、种植历史、文字记载、生产分布、种质资源、品种选育、栽培技术、储藏技术、营养品质、产品和食品加工情况，内容丰富翔实。

“中国杂粮”丛书的撰写与出版，不仅有利于促进我国杂粮育种、栽培、种质资源和储藏、营养及食品加工利用研究，而且对进一步促进我国杂粮起源与传播、植物考古、栽培历史及农耕文化的研究将产生积极的作用。

于振文

总序言二

自古以来，我国就用“五谷杂粮”来泛指和统称粮食作物，将百谷中指代主要粮食作物的“五谷”和指代非主要粮食作物的“杂粮”并称，体现了“杂粮”这一称谓是相对于“主粮”而言的。在我国农耕文明发展的不同历史时期，随着主粮作物概念的变化，人类社会对于杂粮的界定也有所不同，但总体而言，杂粮指的都是生产面积和规模占比较小的小宗粮豆类作物。

杂粮同其他主粮作物一样，都经历了上万年的驯化栽培。我国作物驯化和利用历史悠久，杂粮作物突出的适应性和抗逆性，加上复杂多样的环境生态条件，造就了杂粮作物种类丰富、分布广泛、用途各异的生物多样性，为中华民族的生存和发展做出了重要贡献。

近年来，随着人们生活水平的日益提高，饮食结构不断调整，健康消费需求持续增长，杂粮作为营养健康型、环境友好型的低投入高产出作物又焕发出新的产业生机。在此背景下，西北农林科技大学牵头组织和编写出版了“中国杂粮”丛书系列，系统梳理了杂粮作物的起源传播、考古发现、种植历史、文字记载、生产分布、种质资源、品种选育、栽培技术、储藏技术、营养品质、产品加工和传统食品等方面的最新研究成果，全面介绍了我国杂粮学科的发展特色和发展历程，对促进中国杂粮作物科学研究与产业发展具有重要的作用。

刘旭

总前言

中国是世界农耕文明发展进程中唯一没有中断的国家，中华文明以农耕文明为主体，延绵数千年的中华文明史也是一部农业史。糜子、谷子、荞麦、绿豆、小豆、薏苡等起源于中国，大麦、燕麦、高粱、蚕豆、豌豆等很早就传播至中国。这些杂粮作物种植历史悠久，是中华农业史中的璀璨明珠。

中国幅员辽阔，自然生态类型多样，种植的粮食作物类型丰富，除小麦、水稻、玉米、大豆等大宗作物之外，还有糜子、谷子、高粱、荞麦、燕麦、大麦、薏苡、绿豆、小豆、豌豆、蚕豆等杂粮作物，这些杂粮作物在中国农耕文化发展中占有重要地位，在不同历史时期为中华民族的生存和发展做出了不同的贡献。

中国杂粮的种植历史虽然悠久，但近几十年由于在中国粮食生产中处于非主要地位，其种植面积不断减少，目前种植面积约为 650×10^4 hm^2，占全国粮食播种面积的 5%~6%，总产量为 $1\ 500\times10^4$ ~ $2\ 000\times10^4$ t，占全国粮食总产量的 2%~3%。全国杂粮研究力量相对比较薄弱，研究的深度和广度有限，学科之间少有合作，少数作物的研究后继乏人，许多重要内容还有待于研究，这些也是杂粮作物目前面临的问题。

陕西科学技术出版社长期热心“中国杂粮”系列丛书的编辑出版工作，多次与西北农林科技大学就组织编写“中国杂粮”丛书进行交流、磋商。“中国杂粮”丛书的编写出版工作得到了中国工程院院士于振文教授、刘旭研究员的支持和指导。“中国杂粮”丛书由西北农林科技大学牵头组织编写，编写启动会于2019年3月10日在北京召开，全国杂粮领域的10多位专家出席了会议，会上落实了编写任务。会议之后各分册主编先后组织召开了分册启动会。经过共同努力，先后完成了《中国豌豆》《中国蚕豆》《中国薏苡》《中国谷子》《中国高粱》《中国小豆》《中国燕麦》《中国荞麦》《中国糜子》《中国绿豆》《中国大麦》的编写出版工作。

“中国杂粮”丛书是我国首套全面系统反映中国杂粮的起源传播、考古发现、种植历史、文字记载、生产分布、种质资源、品种选育、栽培技术、储藏技术、营养品质、产品加工和传统食品的学术专业书籍，也是从传统技术到现代生物科学技术的各个方面，系统介绍中国杂粮的特点、特色和发展历史，以及科学研究进展的综合性专业书籍，对研究我国农耕文化，促进现代农业发展具有重要的现实意义，对促进中国杂粮的科学研究与产业发展具有里程碑式的意义。

“中国杂粮”丛书的编写风格与众不同，不仅图文并茂、通俗易懂，具有较高的可读性和收藏价值，而且从古至今，通过大量文献记载系统反映了杂粮的发展历史和变化过程；在数据引用上力求准确可靠、科学规范，在内容上力求理论联系实际，既体现学术价值，又兼顾实际生产的应用价值，既有解决产业问题的技术内容，又有解决产业问题的思路方法，以期对未来杂粮产业发展具有现实的指导意义。

“中国杂粮”丛书按作物分类，以分册形式组织编写，共包含《中国谷子》《中国高粱》《中国荞麦》《中国糜子》《中国大麦》《中国燕麦》《中国薏苡》《中国蚕豆》《中国豌豆》《中国小豆》《中国绿豆》11 册。丛书的读者群体主要为高等院校、科研单位、杂粮产业的相关技术人员，以及产业决策者、行业部门管理者、产业经营者等。

“中国杂粮”丛书是杂粮界研究人员几十年的心血结晶，虽力求完善，但仍难免存在不足，恳请读者提出宝贵意见。

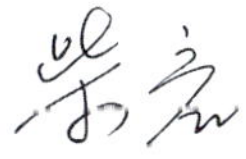

序言

新时期农业发展受环境保护、资源约束以及耕地减少和质量下降等因素的影响，更加注重资源节约型和环境友好型的可持续发展，蚕豆是集粮、菜、饲、肥及观赏于一体的一种一元多能作物，具有“养人、养畜、养地”功能，宜于一、二、三产业深度融合发展。

2015 年 11 月 10 日，联合国发言人斯蒂芬·杜加里克对媒体表示，联合国粮食与农业组织(FAO)为了提高公众对豆科作物营养的认识，推出了“国际豆类年”活动。同日，联合国粮农组织总干事若泽·格拉齐亚诺·达席尔瓦在意大利首都罗马亲手把蚕豆栽种到花盆中，为以“提供丰富营养，促进可持续发展”为口号的“2016 国际豆类年”活动预热。联合国粮农组织高度评价蚕豆等豆类作物，称它是“消除饥饿的核心力量，摆脱贫困的重要支柱，人类健康不可或缺的营养来源，生态环境的有益助手”。由于豆类的适应性极强，因此，它们在降低全球粮食系统由于过度依赖几种主食作物(如小麦、玉米、大米)所带来的风险方面可以发挥作用和创造新的投资机会；豆类的商品价值高，其价格通常高于谷类价格 2～3 倍；豆类富含多种营养、植物蛋白，在预防多种慢性疾病（如肥胖和糖尿病）等方面潜力巨大；蚕豆的根瘤还具有固氮作用和解磷作用。

2018 年 10 月 28 日，联合国粮农组织把每年的 2 月 10 日设立为"世界豆类日"，"世界豆类日"为提高公众对食用豆类营养益处的认识提供了一个新的平台。

蚕豆是世界上重要的食用豆类作物之一，2018 年世界蚕豆种植面积为 $251.2\times10^4\ hm^2$，种植面积较大的国家有中国、埃塞俄比亚、澳大利亚、英国、摩洛哥、法国、德国、突尼斯、意大利、埃及。从世界各大洲看，亚洲、非洲、欧洲、美洲、大洋洲的蚕豆种植面积分别占世界总面积的 34.2%、28.8%、25.5%、4%、7.5%。蚕豆的总产量为 492.3×10^4 t，产量较大的国家有中国、埃塞俄比亚、英国、澳大利亚、德国、摩洛哥、法国、埃及、意大利、突尼斯。

蚕豆是生物固氮作物，具有固氮解磷功能，有利于改良和培肥地力。构建"蚕豆＋"的科学合理的轮作体系，有利于减少农业面源污染，保护农田生态环境，推动区域优势农产品高质量发展。

蚕豆是植物蛋白源作物，含有人体所需的 8 种必需氨基酸，其营养价值仅次于大豆蛋白。蚕豆的叶、荚中具有多酚物质和左旋多巴等保健成分。蚕豆是植物蛋白类蔬菜，鲜食蚕豆有利于预防帕金森病、糖尿病等疾病，其中蚕豆荚富含抗菌、抗氧化的生物活性成分，具有促进人类健康的功效。同时，蚕豆还含有钙、锌、铁等微量元素，有利于人类和动物的健康。

蚕豆的生物固氮作用和植物蛋白源功能有利于节能减排，也有利于提高畜牧业的发展水平，并能够缩短育肥周期、减少碳排放量，为实现"双碳"目标做出积极贡献。

《中国蚕豆》是一部反映我国蚕豆产业发展现状、取得的主要成就以及未来发展趋势的实践性专业书籍。该书包括蚕豆产业、蚕豆的起源与传播、蚕豆的栽培历史与文化、蚕豆的生产、蚕豆的形态特征、蚕豆的生长发育、蚕豆的遗传资源、蚕豆的品种选育、蚕豆的耕作栽培、蚕豆的植物保护、蚕豆的储藏技术、蚕豆的营养与品质、蚕豆食品的制作与加工等内容,可以应用于教学、科研、推广、企业等领域,为蚕豆产业的高质量发展提供技术指导。进入新时代,中国更加注重高质量发展,我们要高度重视蚕豆的粮、菜、饲、肥等多元化产业发展在现代农业经济中的地位和作用,深入挖掘蚕豆的生物固氮作用、植物蛋白源功能,为减少农业面源污染、保障和提升我国耕地质量、保障区域农产品的有效供给、保障粮食安全、保障区域农牧民稳定增产增收做出积极而重要的贡献。

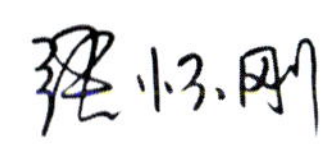

前言

蚕豆(Broad bean)，学名为 *Vicia faba* L.，为豆科(Leguminosae)巢菜属1年生或越年生草本植物，别名胡豆、南豆、扁豆、罗汉豆，直立，花白色带红，有紫斑，荚果大而肥厚，因豆荚形状如蚕，又在养蚕时成熟，因而得名。蚕豆是人类最早栽培的豆类作物之一，世界上现有40多个国家种植，主要集中在黑海和地中海沿岸。蚕豆在我国已有2 000年的栽培史，据统计，中国蚕豆栽培面积为 89.6×10^4 hm^2，总产量为 180.6×10^4 t，分别占世界蚕豆种植面积和总产量的35.67%和36.68%。主要产地有南方的云南、四川、重庆、湖南、湖北、江苏、浙江，北方的甘肃、青海、河北、宁夏、内蒙古、新疆、陕西、山西。中医认为蚕豆的花、荚果、种壳及叶均可入药，有止血、利尿、解毒、消肿之功效。蚕豆的荚果、叶、茎秆、花中具有预防帕金森病的左旋多巴，并且国外已有用蚕豆提取抗癌物质的报道。

蚕豆在农业生产中具有重要地位。蚕豆是粮、菜、饲、肥兼用的作物，不仅是植物蛋白的来源，而且是富含营养的蔬菜、优质饲草和优质绿肥。蚕豆不仅能固定大气中的生物氮，其秸秆为优质饲草料，而且鲜食蚕豆采摘后的青秸秆粉碎后翻入土壤作绿肥。蚕豆对于保障区域粮食安全和重要蔬菜产品的有效供给、生态畜牧业的蛋白饲草(料)提供及培肥地力、改良土壤、固碳减排、增加农牧民收入具有重要的意义。

蚕豆在促进人类营养健康方面具有重要作用。蚕豆营养丰富,蛋白质含量高,籽粒蛋白质含量为20.3%~41.0%,比稻谷含量高1倍多,比薯类高9~14倍,是豆类作物中仅次于大豆的植物蛋白质资源。蚕豆籽粒富含淀粉,脂肪含量低,籽粒中的脂类含量仅占1.0%~1.6%(集中在子叶和胚芽),其中不饱和脂肪酸占88.6%,主要为油酸;含有人和动物不能合成的8种必需氨基酸,占氨基酸总量的9.0%~10.0%,在豆类中仅次于大豆,居第2位,显著高于其他植物蛋白源。蚕豆蛋白质中的氨基酸种类齐全,人体中不能合成的8种必需氨基酸中,蚕豆的色氨酸和蛋氨酸的含量较高,赖氨酸含量丰富。蚕豆中的维生素和微量元素含量也比较高,未成熟的蚕豆则是维生素A和维生素C的上等来源。蚕豆中富含磷、镁、铁、锌、钙、硒等微量元素。蚕豆还含有单宁、黄酮类物质、嘧啶葡糖苷、植酸、凝集素等抗营养因子,具有抗氧化、抗肿瘤、缓解心血管疾病、降血压、降血脂、抗骨质疏松等保健作用。蚕豆的叶、荚中含有抗氧化的多酚物质与左旋多巴,富含抗菌、酶抑制、抗糖尿病的生物活性成分,有利于预防帕金森病、糖尿病等疾病,有利于促进人类健康。

蚕豆在节能减排、保护环境方面也具有积极作用。蚕豆是固氮能力最强的豆科植物,一般固氮量在45~150 kg/hm^2,相当于施尿素97.8~326.1 kg/hm^2,对于减少农业化肥使用量、化肥生产量的节能减排、减少农业面源污染具有重要的作用，对于保护环境，尤其是保护农田生态环境，具有不可或缺性。

联合国粮农组织认为，蚕豆等农作物是消除饥饿的核心力量、摆脱贫困的重要支柱、人类健康不可或缺的营养来源、生态环境的有益助手，是新时期集绿色、低碳、营养、健康于一身的重要作物，是粮油作物的良好前茬作物。科学合理地构建“蚕豆＋”轮作模式，对于保障区域粮食安全和可持续发展具有重要的调剂作用。

为了提高对蚕豆的重要性认识、提高蚕豆相关知识的科学普及，西北农林科技大学组织相关专家成立编委会编写了《中国蚕豆》，全书共分13章，分别是蚕豆产业、蚕豆的起源与传播、蚕豆的栽培历史与文化、蚕豆的生产、蚕豆的形态特征、蚕豆的生长发育、蚕豆的遗传资源、蚕豆的品种选育、蚕豆的耕作栽培、蚕豆的植物保护、蚕豆的储藏技术、蚕豆的营养与品质、蚕豆食品的制作与加工，该书具有通用性、实用性以及普及性特点。第一章由青海大学刘玉皎研究员、中国农业科学院作物科学研究所杨涛研究员编写，第二章、第三章由南京农业大学何红中教授编写，第四章由青海大学刘玉皎研究员编写，第五章由云南省农业科学院何玉华研究员、于海天副研究员、杨新助理研究员、青海大学周仙莉博士编写，第六章由江苏沿江地区农业科学研究所王学军研究员、青海大学农林科学院（青海省农林科学院）滕长才、李萍副研究员编写，第七章由中国农业科学院作物科学研究所宗绪晓研究员、刘荣副研究员、青海大学张红岩博士编写，

第八章由青海大学刘玉皎研究员、青海大学农林科学院（青海省农林科学院）侯万伟副研究员编写，第九章由青海大学农林科学院（青海省农林科学院）滕长才副研究员、郭兴莲高级农艺师编写，第十章由中国农业科学院作物科学研究所朱振东研究员、湖北省农业科学院刘昌燕研究员、甘肃省农业科学院杨晓明研究员编写，第十一章由河南工业大学王艳艳教授、吴琼讲师编写，第十二章由江南大学刘海英教授编写，第十三章由青海大学农林科学院（青海省农林科学院）杨希娟研究员、党斌副研究员、张杰助理研究员编写。书中形态学照片由青海大学张红岩博士、周仙莉博士负责收集。文稿由青海大学刘玉皎研究员、青海大学农林科学院（青海省农林科学院）滕长才副研究员、青海大学农林科学院（青海省农林科学院）郭兴莲高级农艺师校稿。

本书以蚕豆产业为主线，以蚕豆的产业地位、蚕豆的特性、蚕豆的产业技术为重点，系统梳理总结了中国蚕豆产业的现状和特点，深入分析了蚕豆产业未来的发展趋势，为充分挖掘蚕豆的生产潜能、科学合理利用蚕豆、有效发挥蚕豆在新时期绿色健康可持续现代农业发展中的重要调剂作用提供技术指导。文中所引文献按章列出。

因编者水平有限，出现错误在所难免，望读者提出宝贵意见和建议。

目录

第一章

蚕豆产业

蚕豆是最古老的栽培植物之一。染色体 $2n=12$,在日本蚕豆栽培种中发现有 $2n=14$ 的情况。蚕豆在全球 40 多个国家普遍种植,亚洲是最大的蚕豆产区,其次是非洲和欧洲。蚕豆是重要的植物蛋白源作物,也是重要的生物固氮作物,在国民经济和社会发展中具有重要地位,在粮食贸易、食品加工、植物蛋白类蔬菜利用、蛋白饲草(料)利用、轮作体系构建、土壤改良培肥等方面均发挥着重要作用。

第一节　蚕豆在国民经济中的地位

蚕豆是重要的食用豆类作物之一,2018 年全世界种植面积为 251.2×10^4 hm^2,总产量为 492.3×10^4 t。中国是世界上蚕豆最大生产国,种植面积为 89.6×10^4 hm^2,占世界种植面积的 35.67%;产量为 180.6×10^4 t,占全球总产量的 36.68%。蚕豆营养价值高,富含蛋白质、淀粉和微量元素,可广泛应用于食品加工、饲料加工、药用等领域,在优化植物蛋白、丰富豆类蔬菜、保障区域饲草(料)、改良土壤和培肥地力方面均发挥着重要作用。

一、蚕豆的对外贸易

蚕豆是重要的对外贸易农产品,1961—2017 年,世界蚕豆出口量在

$(7.58 \sim 108.03) \times 10^4$ t之间，出口额达0.86亿~42.41亿美元，主要出口国有澳大利亚、英国、中国、法国、摩洛哥，年均出口量分别为8.96×10^4 t、8.72×10^4 t、6.92×10^4 t、6.57×10^4 t和2.40×10^4 t。澳大利亚从1980年以后出口量持续增长，2017年出口量最大，达45.26×10^4 t，占世界出口量108.03×10^4 t的41.90%，出口额为14.14亿美元，2014年出口额最高，达18.03亿元。中国曾于1994年创出口纪录，为世界最大出口国，出口量达42.79×10^4 t，占世界出口量的61.53%，出口额为7.02亿美元；之后持续下降，至2017年出口量仅为8 443 t。

世界蚕豆进口量在$6.76 \times 10^4 \sim 86.40 \times 10^4$ t之间，进口额为0.65亿~51.6亿美元，主要进口国为埃及、意大利、苏丹、西班牙、德国，年均进口量分别是11.11×10^4 t、10.66×10^4 t、5.21×10^4 t、3.22×10^4 t和2.84×10^4 t。其中，埃及曾在2006年进口量最大，达45.93×10^4 t，占世界进口量的56.7%，进口额为11.34亿元；2014年埃及的进口额最高达30.53亿美元，进口量为40.2×10^4 t；2017年进口量为32.69×10^4 t，占世界进口量的38.29%。

二、蚕豆的饲用化利用

早在北宋苏颂的《图经本草》中就有“蚕豆喂牛、马甚壮”和“叶可饲畜”的记载。蚕豆具有蛋白质含量高、品质好的优点，且其来源广泛、成本较低，目前已开始替代传统的蛋白质饲料。蚕豆的饲用化利用主要有干籽粒和秸秆的饲用化2个方面，其中，干籽粒占总量的10%左右，80%以上是秸秆饲用化利用。蚕豆籽粒的蛋白质含量平均在25%~34%之间，是优质饲料。秸秆的蛋白质含量在10%左右，是优质饲草。

（一）蚕豆干籽粒的饲用化利用

1. 干籽粒的营养价值

蚕豆含有蛋白质、淀粉、脂肪、膳食纤维以及钙、铁、胡萝卜素、维生素等营养物质。在我国人民的膳食结构中，植物蛋白质的主要来源是豆类作物。蚕豆的蛋白质含量在30%左右，含量高的品种在40%以上，比禾谷类作物种子高1倍以上，其蛋白质含量在食用豆类中仅次于大豆。蚕豆蛋白质中的氨基酸种类齐全，人体所需的8种必需氨基酸中，除色氨酸和蛋氨酸含量较低外，其他6种均含量较高，尤其是赖氨酸含量丰富，比谷类作物种子高1倍。所以蚕豆成为植物蛋白质的新来源。蚕豆的维生素含量均超过大米和小麦。从氨基酸组成看，蚕豆的氨基酸含量仅次于大豆。相对于玉米、小麦，除蛋氨酸外，其他氨基酸均高(表1－1)。

表1－1 蚕豆、大豆、玉米、小麦的氨基酸组分比较

单位：g/100 g

氨基酸种类	植物品种			
	蚕 豆	大 豆	玉 米	小 麦
天冬氨酸	3.125	3.994	0.753	0.755
苏氨酸	0.983	1.449	0.363	0.409
丝氨酸	1.367	1.752	0.486	0.659
谷氨酸	5.058	6.291	2.076	4.571
脯氨酸	1.188	2.537	0.926	1.854
甘氨酸	1.077	1.425	0.353	0.576
丙氨酸	1.071	1.445	0.738	0.345
胱氨酸	0.241	0.203	0.053	0.099
缬氨酸	1.254	1.645	0.507	0.623
蛋氨酸	0.040	0.163	0.165	0.107
异亮氨酸	1.048	1.462	0.385	0.450
亮氨酸	1.940	2.447	1.365	0.912
酪氨酸	0.443	1.092	0.420	0.432
苯丙氨酸	1.160	1.565	0.529	0.649
赖氨酸	1.803	2.189	0.405	0.365
组氨酸	0.603	0.859	0.288	0.296
精氨酸	2.556	2.419	0.436	0.634
总 量	24.957	36.241	10.197	13.938

蚕豆淀粉含量为48%～62%，脂肪含量为0.74%～1.6%。蚕豆中维生素含量超过大米和小麦，其矿物质钙、磷、铁含量也显著高于其他禾谷类作物。

然而，研究发现，蚕豆含有高分子量的缩合单宁和低分子量的多酚类化合物2类抗营养因子，其中单宁是蚕豆中的主要抗营养物质。除此之外，蚕豆还含有一些其他抗营养成分，如蛋白酶、淀粉酶抑制剂、蚕豆嘧啶核苷、伴蚕豆嘧啶核苷、植酸盐等。

2. 以干籽粒替代鱼类饲料的应用

从能量利用率和蛋白利用率角度考虑，当蚕豆在饲料中所占的比例合理时，可以用来替代饲料中的部分原料饲喂银鲈、罗非鱼、虹鳟等鱼类（表1－2）。

表1－2 蚕豆替代部分饲料后鱼体的能量利用率和蛋白利用率

单位：%

鱼的种类	蚕豆所占比例	蚕豆处理方式	能量利用率	蛋白利用率
银鲈	29.7	蚕豆	59.2	90.5
		去壳蚕豆	59.6	96.4
罗非鱼	30.0	蛋白质浓缩处理	73.0	94.3
虹鳟	30.0	蚕豆	74.0	89.7
		去壳蚕豆	74.0	91.3
		蛋白质浓缩处理	77.1	91.7
		蚕豆粉	68.0	87.5

用蚕豆饲喂鲫鱼（*Carassius auratus* gibelio）发现，脆化后的鲫与普通鲫在体长与体重关系的体征指数方程以及生理生态学指标等方面差异显著。另一方面，摄食蚕豆的鲫的增重率、蛋白效率、前肠蛋白酶活性较普通鲫显著降低，饵料系数提高。

饲喂蚕豆在改变部分鱼类肌肉品质方面具有显著的效果。相比于普通饲料组，蚕豆组异育银鲫肌肉的失水率、肌原纤维耐折力、肌纤维直径显著提高，肌肉粗脂肪含量降低。肌纤维直径的增加提高了肌肉的硬度，但降低了肌肉的系水能力，使肌肉失水率增大。饲喂蚕豆可以在一定程度上改变部分鱼类的肌肉品质，主要表现在肌原纤维耐折力、肌纤维直径、肌肉中胶原蛋白含量和鱼肉的硬度、弹性、咀嚼性等方面的改变，从而改变了鱼肉的口感，增加了水产养殖的特色，拓宽了鱼类消费市场。

当蚕豆作为单一饲料源时，将对摄食蚕豆鱼类的蛋白质、脂肪、氨基酸等物质代谢产生较大的影响。与对照相比，摄食蚕豆的斑点叉尾鮰的粗蛋白含量、氨基酸总量、必需氨基酸含量均显著降低，但是可以通过调节饲料中蚕豆的比例并补充一定量的蛋氨酸来提高斑点叉尾鮰对蚕豆蛋白的利用率。1973年，广东省中山市“五七”干校将草鱼进行脆化养殖，发现投喂蚕豆对草鱼肌肉具有特殊的改变作用,即通过饲喂蚕豆使其肉质爽脆,韧性、咀嚼性显著增加,且口感香醇、味道鲜美,脆化后的草鱼被称为“脆肉鲩”。同时,蚕豆中的抗营养因子在一定程度上会妨碍鱼对营养物质的吸收且降低鱼的免疫能力。

3. 干籽粒对猪的饲用效果

当以蚕豆干籽粒作饲料与其他谷物饲料按 22% 与 26% 的比例配合使用时,每头猪的平均日增重、耗肉比、瘦肉比率均较高。蚕豆可消化量和可消化粗蛋白质含量高,用作饲料能提高肥猪的屠体品质和屠宰率,显著减少脂肪比重。经过抗营养化处理的蚕豆种子是植物蛋白的重要来源,是饲料工业的重要原料。

4. 蚕豆对反刍动物消化率的影响

蚕豆是一种可降解氮(RDN)蛋白质饲料。它较稳定持续地分解成氨气,使瘤胃的氨气浓度增高,瘤胃微生物运动明显增强,从而加强了食物分解,使瘤胃有机物质的表观消化量增加 1.8 倍。瘤胃容积扩大,瘤胃液状食糜停留时间缩短,加快了食糜流速,食糜中干物质和氮的流量也加快,从而增加了采食量。同时又保持了饲料的消化分解能力,提高了营养物质的表观消化率。饲喂蚕豆增加了消化能和可消氮,使低于维持营养水平的低质量日粮(大麦秸)转化成近于维持营养水平的日粮,维持了活重,增加了毛生长。

(二)蚕豆秸秆的饲用化利用

蚕豆秸秆富含蛋白质等营养成分,相比其他农作物秸秆具有较高的利用价值。蚕豆秸秆富含粗纤维,很适合作为家畜特别是反刍动物的粗饲料。目前蚕豆秸秆饲料主要应用于饲喂猪、羊、牛、肉鹅等动物。同时,蚕豆叶子饲喂虾、兔子等,对促进其肠道发育具有重要作用。

1. 秸秆的营养价值

相比其他种类的秸秆,蚕豆秸秆中的粗蛋白、纤维素、维生素和微量元素等成分含量很高,作为饲料其营养成分更均衡,营养价值和经济价值更高(表 1-3)。

青海省农牧交错区牦牛 12 种常用粗饲料营养参数的测定结果表明,蚕豆秸秆的粗蛋白质含量为 9.75%。崔占鸿等(2019)以常规的饲料分析方法,对干蚕豆秸秆中的营养成分进行分析,其中干物质(DM)、有机物(OM)、粗蛋白质(CP)、粗脂肪(EE)、酸性洗涤纤维(ADF)、中性洗涤纤维(NDF)、酸性洗涤木质素(ADL)、粗灰分(ASH)分别为 97.79%、94.84%、9.75%、1.13%、55.08%、63.04%、38.48%和 5.16%。

表 1-3　每 100 g 不同秸秆各养分、常量元素含量(干基)和体外干物质消化率比较

植物品种	项目																				
	蛋白质/g	脂肪/g	碳水化合物/g	热量/kJ	膳食纤维/g	胡萝卜素/μg	维生素 A/μg	维生素 C/mg	维生素 B_1/mg	维生素 B_2/mg	维生素 B_3/mg	钾/mg	钠/mg	钙/mg	磷/mg	铁/mg	镁/mg	铜/mg	锰/mg	锌/mg	硒/mg
蚕豆	21.6	1.0	59.8	1 400.3	3.1	50.0	52.0	16.0	0.37	0.10	1.5	391.0	4.00	16.0	200.0	2.5	46.0	0.39	0.55	1.37	2.02
小麦	11.9	1.3	75.2	1 325.1	10.8	0	0	0	0.40	0.10	4.0	289.0	6.80	34.0	3 325	5.1	4.0	0.43	3.10	2.33	4.05
大豆	35.0	16.0	18.7	1 500.6	15.5	4.6	37.0	0	0.79	0.25	—	1503.0	2.20	191.0	465.0	8.2	199.0	1.35	2.26	3.34	6.16
玉米	4.0	1.2	22.8	443.1	2.9	0	0	16.0	0.16	0.11	1.8	238.0	1.10	0	117.0	1.1	32.0	0.09	0.22	0.90	1.63
大麦	10.2	1.4	73.3	1 283.3	9.9	0	0	0	0.43	0.14	3.9	49.0	0.01	66.0	381	6.4	158.0	0.63	1.23	4.36	9.80
高粱	13.6	2.7	71.1	1 458.8	4.3	—	0.1	—	0.29	0.10	—	201.0	1.70	30.0	244.0	5.7	116.0	0.57	1.50	3.05	2.31

2. 秸秆作为猪饲料的饲用效果

龚千驷等(1987)认为,蚕豆是猪生长育肥的良好蛋白质饲料。在满足猪营养需求的基础上,往精料中适量添加蚕豆秸秆饲料,可以节约蚕豆,提高效益。曹旭敏等(2009)以精饲料为主,添加一定比例的蚕豆秸秆,在哺乳期饲喂母猪,结果母猪的生产性能未受影响,有效降低了仔猪的腹泻率,提高了仔猪的生长速度,这可能是因为蚕豆秸秆经母猪大肠发酵,产生乙酸和丁酸,提高了母猪的乳汁质量,进而加快了仔猪的生长。在母猪饲料中添加适量的蚕豆秸秆,能够明显改善繁殖性能。猪是单胃性动物,对粗纤维过高的秸秆饲料消化率较低,因此,需要对蚕豆秸秆饲料进行发酵处理,以提高秸秆的利用效率,主要的处理方法有微生物处理和降解剂处理。

3. 秸秆作为羊饲料的饲用效果

用蚕豆秸秆养羊,需要在日粮中添加一定量的精料。研究表明,用蚕豆秸秆: 精料为1:1的配方组成秸秆日粮饲养羊,增重成本最低,经济效益最佳。

4. 秸秆作为牛饲料的饲用效果

牛是反刍动物,蚕豆秸秆粗饲料的喂养效果好,可以给牛提供充足的粗纤维。用尿素处理蚕豆秸秆,粗纤维在尿素的作用下发生氨解反应,氨化后的蚕豆秸秆粗蛋白含量提高 4%~6%,可改善适口性和消化率,提高牛的采食量 20%~40%。与其他秸秆粗饲料相比,蚕豆秸秆具有较高的营养价值。蚕豆秸秆粗饲料的粗蛋白质含量为 9.75%,可满足牛对饲料中蛋白质含量的要求(不低于 8%),体外干物质消化率(IVDMD)相比其他秸秆高 40.8%。蚕豆秸秆的营养优于黑麦草和青草,用于饲喂奶牛可提高产奶量和蛋白质含量,但需控制饲喂量,食用过多会造成奶牛瘤胃臌气而死亡。用蚕豆荚壳饲喂奶牛,与不添加蚕豆荚壳组相比,奶牛的头均日产奶量、乳糖率、乳蛋白和乳脂率都有明显的增加,明显提高了养殖的经济效益,搭配青绿饲料效果更佳。

5. 秸秆作为肉鹅饲料的饲用效果

用蚕豆秸秆粉代替饲料中的部分蚕豆来饲养肉鹅,与全价饲料相比肉鹅的日增重降低,但节粮效果显著,平均每增加 1 kg 活重,可节约蚕豆 0.34~0.73 kg。蚕豆秸秆粉占饲料的比重太高会影响肉鹅的育肥效果,以 15% 为宜。

三、蚕豆的蔬菜化利用

鲜食蚕豆蛋白质含量较高,是上海、江苏、浙江、福建等华东地区的重要豆类蔬菜，也是城郊农业的主导产业。近年来，蔬菜化利用占我国蚕豆产业70%以上。蚕豆蔬菜化利用的方式有鲜荚保鲜、鲜粒速冻、芽豆和芽苗菜等。随着生活水平的提高，人们的饮食习惯发生了重大变化，对蛋白类蔬菜或植物蛋白类产品的需求明显增长，云南、四川等西南地区的鲜食蚕豆产业发展迅速，北方的春蚕豆区也不断优化蚕豆产业结构，发展“干改鲜”模式，逐步将蚕豆整合到蔬菜生产系统，不仅能够增加种植业效益，也可与其他优势作物构建轮作体系，以保障土地用养结合和可持续利用。不同地区的鲜食蚕豆种植模式不同，有与玉米、烤烟、西瓜、蔬菜等间作套种，也有单作净种，还有露地种植与大棚种植等多种形式。云南大理州充分发挥山地的立体种植优势，发展一年四季鲜食蚕豆产业，实现鲜食蚕豆周年生产。鲜食蚕豆种植效益每公顷一般在0.2万~1万元之间。

四、蚕豆的肥料化利用

（一）生物固氮

蚕豆具有固氮作用，平均固氮45~150 kg/hm^2，每公顷蚕豆地归还大田的根系约为690 kg、叶615 kg、根瘤176 kg，有利于提高土壤有机质，相当于为后作施用1.5~2 t农家肥；蚕豆具有解磷功能，蚕豆茬的速效氮、磷、钾分别是小麦茬的3.2倍、1.2倍和1.1倍。

（二）绿肥利用

绿肥（green manure）是用绿色植物体制成的肥料。绿肥是一种养分完全的生物肥源。种植绿肥不仅是增加肥源的有效方法，对改良土壤也有很大作用，但要充分发挥绿肥的增产作用，必须做到合理施用。绿肥能为土壤提供丰富的养分。各种绿肥的幼嫩茎叶，含有丰富的养分，一旦在土壤中腐解，能大量地增加土壤中的有机质和氮、磷、钾、镁及各种微量元素（表1-4）。1 000 kg绿肥鲜草一般可提供氮素6.3 kg、磷素1.3 kg、钾素5 kg，相当于13.7 kg尿素、6 kg过磷酸钙和10 kg硫酸钾。蚕豆作为绿肥，不同产业形态或不同区域具有不同的利用方式。上海以鲜食蚕豆采摘后的青秸秆粉碎后，翻压于土壤中，也可以在蚕豆开花期直接翻压作为绿肥，其养分含量相对于其他豆科作物略高些。除间接绿肥利用外，也可以培育绿肥专用蚕豆品种发展绿肥产业。

表 1-4　三种豆科作物鲜草养分含量

单位:%

作物	养分			
	水	氮	五氧化二磷	氧化钾
紫云英	87.8	0.36	0.11	0.30
紫花苜蓿	78.0	0.51	0.19	0.37
蚕　豆	80.0	0.55	0.12	0.45

五、蚕豆的食品加工

干蚕豆的加工转化率为 50%~60%,蚕豆食品主要是休闲食品类和罐头食品类,主要食品品牌有四川、重庆怪味胡豆,天津玉带豆,上海城隍庙五香豆,上海月亮街口水娃蚕豆,甘源蟹黄蚕豆,西安哈牙等,年产值在 20 亿元左右,占蚕豆加工产品的 60%。四川郫县豆瓣种类较多,年产值约为 10 亿元,占加工产品的 30%。蚕豆罐头、蚕豆粉、蚕豆奶粉、干炒豆、蚕豆粉丝也是重要的蚕豆加工产品。另外,还有速冻鲜蚕豆瓣、蚕豆芽等蔬菜加工产品。

六、蚕豆的药用价值

蚕豆具有利湿消肿、补中益气、清热健脾、促进骨骼生长的作用,可以有效清除血液中的热毒,还含有大脑和神经组织的重要组成成分——脑磷脂和胆碱,有健脑的作用。其含有的原花青素(OPC)具有抗氧化、抑菌、抗癌和抗突变等生理活性。此外,蚕豆花和叶片中含有较高的左旋多巴(L-Dopa),临床上可被用于治疗帕金森病、肾功能衰竭。随着世界各国人口老龄化的加剧,国内外对左旋多巴的市场需求强劲。

第二节　蚕豆的科学研究

蚕豆的科学研究以产业为主线,按全产业链的模式开展创新研究,包括遗传育种、栽培技术(模式)、产品加工等领域的创新研究。其中,遗传育种领域的科学研究集中在种质资源多样性研究、品质与抗性鉴定、重要性状的遗传研究及重要性状相关基因或数量性状基因座(QTLs)定位等方面,栽培技术研究包括生理研究、关键技术措施优化、栽培模式集成以及生产方式转变,产品加工领域的科学研究包括新产品开发、新工艺优化、加工品质鉴定与开发利用等。

一、遗传育种研究

(一)蚕豆资源的遗传多样性研究

根据统计数据,全球有 43 个国家和国际农业研究磋商组织(Consultative Group on International Agricultural Research,简称 CGIAR)系统内保存了 38 360 份蚕豆种质资源。国际干旱地区农业研究中心(International Center for Agricultural Research in the Dry Areas,简称 ICARDA)保存的蚕豆种质资源数量居世界首位,来自 71 个国家,拥有高比例的特异蚕豆资源(Duc et al,2015)。我国共保存蚕豆种质资源 5 900 份,其中国内种质资源占 65%,国外种质资源占 35%。

蚕豆遗传多样性研究已经取得了长足进步。我国于 2006 年发布了《蚕豆种质资源描述规范和数据标准》,用于蚕豆形态和农艺性状的准确评估。Polignano 等(1993)根据育性、株高、花、最低荚位、最高荚位、每株荚数、单株粒数和产量 8 个形态特征,对来自埃塞俄比亚和阿富汗的 106 个蚕豆品种进行遗传多样性分析,结果表明,不同来源材料的株高和产量有明显差异。Link 等(1995)利用随机扩增多态性 DNA(Random amplified polymorphic DNA, RAPD)标记对 13 份欧洲小粒蚕豆、6 份欧洲大粒蚕豆和 9 份地中海蚕豆进行了遗传分析,发现小粒蚕豆的遗传多样性相对较高。Terzopoulos 等(2003)对希腊 55 份地方品种的 15 个形态性状和 7 个产量相关性状进行了数据统计分析,发现小粒蚕豆聚类为 1 组,地中海蚕豆分为 4 个亚组。此外,Terzopoulos 等(2008)通过简单重复序列间扩增(Intersimple sequence repeat,简称 ISSR)标记分析了希腊地方品种的遗传多样性,发现小粒类型仍然聚集在 1 个群体中,地中海蚕豆至少可分为 2 个亚组。Zeid 等(2003)用 8 个扩增片段长度多态性(Amplified fragment length polymorphism,简称 AFLP)标记分析了来自亚洲、欧洲和北非的 79 个蚕豆品种,扩增出 477 条带,进一步研究发现,来自亚洲的品种可以分为1 类,而来自其他地方的品种则没有明显的分类。Zong 等(2009)利用 10 个 AFLP 标记分析了 243 份蚕豆种质资源(包括 39 份国外冬播类型、201 份国内冬播类型和 3 份春播类型)的遗传多样性,共获得了 266 个多态带,中外资源、春播类型与冬播类型的亲缘关系存在显著差异。Zong 等(2010)利用 12 个 AFLP 标记对 39 个国内春播类型资源、136 个国外春播类型资源(来自非洲、亚洲、欧洲和加拿大)和 41 个育种材料(来自 ICARDA)的遗传多样性进行了分析,发现春播类型资源在地理分布上存在明显差异,表明该类资源具有较高的遗传多样性,中外资源差异显著。此外,ICARDA 的育种材料的遗传多样性相对较低。

Gong 等(2010)利用 11 个基于表达序列标签的简单重复序列(Expressed Sequence Tag and Simple Sequence Repeat,简称 EST－SSR)标记分析了中国和欧洲 29 份蚕豆资源的多样性,发现中国资源的遗传多样性相对较低,中国需要加大国外资源引进力度。Wang 等(2012)利用来自世界不同地区的 802 份蚕豆资源和 11 个ISSR 标记获得 209 条多态带,发现华中地区的资源多样性最低。

中国春播资源与冬播资源存在明显差异。浙江、四川和贵州的资源与其他省份的资源大不相同。此外,中国的资源在遗传上与其他国家的不同。在土耳其,Tufan 等(2017)用 25 个具有多态性的简单重复序列(SSR)标记,研究了 22 份来自 ICARDA 和土耳其蚕豆资源的遗传变异,观察到测试的蚕豆资源(尤其是土耳其种植的蚕豆资源)之间有足够的遗传多样性,在蚕豆育种项目中可以直接使用。

Kaur 等(2014)用 768 个单核苷酸多态性(Single Nucleotide Polymorphism,简称 SNP)标记对 45 份蚕豆品种进行了评价,其中 657 个 SNP 标记具有多态性。研究发现,这些蚕豆主要分为 2 大类(G－Ⅰ和 G－Ⅱ),其中 G－Ⅱ可分为 3 类(A、B、C)。Gol 等(2017)利用 32 个 SSR 标记研究了 255 份蚕豆种质资源,根据邻域连接算法(r＿0.91),将所有材料分为 2 类,并根据地理来源和种子人小进行聚类。此外,El－Esawi 等(2017)利用 SSR 标记对源自北非、东非和近东的 35 份蚕豆资源的多样性和群体结构进行了评估,发现 35 份蚕豆资源可分为 2 个群体。

(二)蚕豆基因组学研究

据文献报道,蚕豆基因组是食用豆类作物中最大的基因组,约有 13 Gb,目前国际上还没有公布蚕豆基因组草图或者精细图。国内研究团队在 SSR 分子标记开发、SSR 遗传连锁图谱构建、基于 SSR 的蚕豆品种真实性鉴定、SNP 标记开发和基因芯片开发等方面均有贡献。国外研究团队在基于转录组的 SNP 标记开发、基于 SNP 的遗传连锁图谱构建、遗传学与基因组学研究、豆科作物间基因组共线性等领域都有研究。

1. 分子标记开发

Avila 等(2007)开发出鉴定蚕豆生长型的酶切扩增多态性序列(Cleaved Amplified Polymorphic Sequences,简称 CAPS)标记,获得了该性状不同基因型的完整基因组 *Vf*－*TFL*1 序列,并确定了与有限生长习性(*ti*)表型相关的其他碱基变化。通过对其序列的比较发现,之前的 CAPS 标记是基于 2～3 内含子中 469 位的 SNP 的沉默突变。相反,一个位于第 26 位的 SNP 可以区分有限和无限生长习性基因型,它会导致无限的生长习性基因型中的氨基酸变化(从 Leu 到 Arg),从而解释 *ti* 的表型,开发出的 SNP 标记能 100% 鉴别欧洲蚕豆的生长习性。

2010 年 Gong 等通过查找美国国家生物技术信息中心(National Center for Biotechnology Information,简称 NCBI)获得 5 031 个蚕豆表达序列标签(EST),经过筛选,挑选 11 个 EST－SSR 在 29 份国内外蚕豆中进行标记多态性测试,取得较好结果(Gong et al, 2010)。2012 年 Yang 等通过二代测序与磁珠吸附法相结合,高通量开发可能的 SSR 分子标记共计 28 503 个。随机挑选其中的 150 个标记,在 32 份不同地理来源的蚕豆资源中进行检测,结果如下:94 个 SSR 具有多态性,每个基因座的等位基因数目为 2～8 个,期望杂合度为 0～1,观测杂合度为 0.090 8～0.841,通过 Nei's 遗传距离能够将 32 份蚕豆资源进行聚类。以上结果都证明了开发 SSR 方法的可行性和高效性(Yang et al, 2012)。

Wang 等(2021)基于 102 份国内外蚕豆种质资源的花和叶转录组测序结果,243 120 个非重复序列基因(unigene)从头组装并且完成功能注释。利用生物信息学方法共鉴定出 1 579 411 个 SNP 标记,经过高标准的过滤进一步筛选,共获得 130 514 个 SNP 标记,开发了蚕豆 130K 下一代靶向基因测序(Target Next－Generation Sequencing,简称 TNGS)液相探针。

2. 遗传连锁图谱构建

Ma 等人以大粒蚕豆 91 825 和小粒蚕豆 K1563 杂交获得的 129 株 F_2 分离群体为作图群体,采用 11 551 个 SSR 标记对亲本进行多态性检测,从中筛选出 149 对多态性标记。利用作图群体对多态性 SSR 标记进行连锁遗传分析,构建了一张包含 128 个 SSR 标记的蚕豆分子遗传连锁图谱。该图谱覆盖长度为 1 587 cM,共包含 15 个连锁群,平均图距为 12.4 cM(Ma et al, 2013)。姜俊烨(2014)

利用322对新设计的蚕豆基因组SSR引物和1 033对EST－SSR引物对上述图谱进行加密，最终223个分子标记进入了遗传连锁群，加密后的图谱较之前的图谱增加95个SSR标记，包含16个遗传连锁群，总长为2 543 cM，连锁群的长度介于7.6～578.9 cM之间，标记间的平均距离为11.4 cM，各连锁群的标记个数为2～50个。Yang等继续加密蚕豆遗传图谱，最终获得1张包含465个SSR标记，覆盖长度为4 516.75 cM，共包含7个连锁群，平均图距为9.71 cM的图谱，这是目前世界上标记密度最高的蚕豆SSR遗传连锁图谱（Yang et al，2019）。

周仙莉等（2021）以GF3×RF25杂交产生的F_2群体为作图群体，基于210个SSR标记构建了包含6个连锁群的蚕豆遗传图谱，图谱总长度为2 624.53 cM，标记间平均距离为12.50 cM，各连锁群长度介于15.49～1 158.72 cM之间，连锁群标记数量介于3～91个。

Kaur等（2014）通过EST数据库获得822个高质量SNP，并使用336个EST－SSR与768个SNP进行遗传连锁图谱的研究，构建了包含522个标记，覆盖长度为1 216.8 cM，共包含12个连锁群，平均图距为2.3 cM的遗传连锁图谱。Webb等（2016）构建一张包含687个SNP标记的一致性遗传连锁图谱，该图谱覆盖长度为1 403.8 cM，共包含6个连锁群，平均图距为2.3 cM。

3. 关联分析

O'Sullivan等（2016）系统总结了蚕豆的遗传学和基因组学相关研究进展，指出在蚕豆中进行关联分析和功能基因研究对于遗传改良蚕豆十分重要。作图比较表明，蚕豆控制开花天数的基因与其他5种豆科植物（苜蓿、百脉根、豌豆、羽扇豆、鹰嘴豆）存在保守性。此外，Cruz－Izquierdo等（2012）控制蚕豆荚长度和每个豆荚的种子数的QTLs基因还可能与百脉根的相关基因存在共线性。

刘玉玲等（2022）利用132个SSR标记与260份蚕豆材料对淀粉含量进行关联分析，基于一般线性模型（GLM）和混合线性模型（MLM）模型，2年均分别检测到8个与总淀粉、直链淀粉和支链淀粉含量有极显著关联（$P<0.01$）的标记，单个标记对表型变异的解释率分别为4.54%～9.04%和2.69%～10.39%。SSR－10927标记与支链淀粉含量在2年和2种模型中均显著（$P<0.05$）关联，且与总淀粉含量在2019年中的2种模型及2020年的MLM模型中显著关联，检出率最高。

（三）蚕豆重要性状的遗传研究

蚕豆重要性状主要是指影响蚕豆生长、发育以及产量的主要农艺性状，包括质量性状和数量性状。

不易受环境条件影响，表型不同，具有质的差别，用文字可以定性描述的性状称为质量性状。花色、籽粒皮色、叶色、生长习性以及单宁含量等在文献记载中按质量性状划分。蚕豆的花色深色对浅色往往是显性；蚕豆株高遗传和其他作物一样，既有数量性状也有质量性状，一般情况下，相同类型品种间杂交，F_1代株高介于双亲之间，F_2代呈现连续性分布，表现为数量性状遗传，但不同类型品种间杂交，则表现为质量性状；蚕豆籽粒皮色包括种子皮色和脐色，种子皮色有紫色、绿色、白色等，绿色对于白色是显性，紫色对于白色是显性，绿色对于紫色是显性，黑脐对于白脐是显性；正常的叶色对于黄绿色、灰绿色叶色都呈现显性；单宁含量与花色、脐色、籽粒颜色、托叶色、茎秆色都紧密连锁。

易受环境影响，彼此间界定不明显、不易分类，只能用数字进行定量描述的性状称为数量性状。株高、产量相关性状、熟性等大多数育种研究性状都是数量性状。其实数量性状和质量性状的划分也不是绝对的，由于观察角度不同，研究的基因数目不同，常常把一些数量性状定为质量性状，所以二者既有区别又有联系，具体有以下 3 种表现形式：①某些性状既有数量性状的特征又有质量性状的特征。②同一性状由于杂交亲本类型或者具有差异的基因数目不同，可能表现为质量性状或数量性状。③某些基因既影响数量性状又影响质量性状。

（四）蚕豆资源的抗性鉴定

筛选和鉴定抗病性资源的方法很多，目前在蚕豆锈病、褐斑病、赤斑病等病害中均有研究，但是虫害抗性尚未见报道。对于病害，诱导不同的植株发病采取不同的方法，分级判断的标准也不一样，主要有菌块接菌法、卷纸法、灭菌土盆栽接种及菌层接种法、试管法、孢子悬浮液浸种法、分生孢子接种法、高压喷雾接种法。对于蚕豆品种抗病性资源的筛选鉴定，采用最多的是分生孢子接种法与高压喷雾接种法。

1. 分生孢子接种法

将分离物接种到特殊平板上培养，在 20~22 ℃条件下培养 10 d 后，培养皿内菌落表面出现一定量的水分，用这些无菌水将孢子从菌落表面洗下来，利用血球计数板制成一定浓度的孢子悬浮液，在悬浮液中加入几滴吐温促进溶解，将这些制好的孢子悬浮液接种到干净的离体蚕豆叶片上，每个品种选取数片大小、位置基本一致的叶片，以不接菌的灭菌无菌水为对照，放入恒温箱中培养（12 h 光照/12 h 黑暗交替培养），每日观察叶片的发病情况，在不同时间段量取病斑直径及大小作为病级评价标准。

2. 高压喷雾接种法

选取致病力强且产孢良好的菌株大批量接种到蚕豆培养基上进行活化，待菌株于 20 ℃恒温条件下培养 3～5 d 后，置于近紫外灯下培养 3 d(12 h 光照/12 h 黑暗交替培养)，在 20 ℃恒温条件下生长至产孢，利用血球计数板，在显微镜下将孢子制成一定浓度的悬浮液，再用高压喷雾器将制好的孢子悬浮液喷洒到蚕豆叶片上，然后置于保湿间 20 ℃培养 3 d 后将蚕豆植株转移到温室培养，14 d 后观察发病情况。

（五）蚕豆资源的品质鉴定

蚕豆籽粒子叶（含胚芽）占种子质量的 87%，种皮约占 13%，其蛋白质、淀粉、脂肪和矿质元素的含量占到其本身质量的 90% 以上，种皮中纤维素含量占种子总纤维素总量的 86.8%。

世界范围内蚕豆栽培品种的蛋白质含量范围为 20.3%～41%，平均为 27.6%，是豆类作物中蛋白质含量排名第二高的作物，各国过去常常将其作为鸡、猪、鱼类饲料使用。蚕豆子叶中含有主要的储存蛋白质，由清蛋白、球蛋白、谷蛋白、醇溶蛋白组成，含量分别是 9.6%、65.6%、5.8% 和 0.5%。蚕豆蛋白质生产成本低经济效益高，因此，蚕豆是优质蛋白的主要来源。在国外，蚕豆蛋白质已被广泛用作咖啡增白剂、肉制品填充剂及化妆品添加剂等。

淀粉是葡萄糖由 $\alpha-1,4-$糖苷键结合形成的直链状或分支状化合物，其中直链淀粉具有抗溶性、成膜性、强度好等特点。蚕豆中还天然存在抗性淀粉即抗酶解淀粉，在小肠内不能被酶水解，是一类可在人的肠胃道结肠部位与挥发性脂肪酸起发酵反应的淀粉，这类淀粉因为在体内消化缓慢、食用后不致使血糖升高过快，对预防食源性糖尿病有益。蚕豆籽粒中淀粉含量占籽粒质量的 50% 左右，因品种、地域和种植方式不同而不同。

刘明等（2010）测定了 7 种食用豆的淀粉、直链淀粉与抗性淀粉含量，其中蚕豆的淀粉含量最低，豌豆淀粉含量最高，而抗性淀粉在7种食用豆中差异显著($P < 0.05$)，蚕豆的抗性淀粉含量最高，为18%~19%，豌豆6%~7%，绿豆最少，为4%~5%。在中国，长期以来蚕豆淀粉主要用于生产粉丝和粉皮，也被用于工业纺织和医药。国外认为蚕豆淀粉凝胶比玉米淀粉凝胶更坚硬，且组织牢固，可生产甜味剂和糖浆，以满足食品工业的需要。此外豆类中α－半乳糖虽不能被人体消化，但可以被肠道微生物菌群利用产生有益因子。美国学者提出，可溶性纤维占总膳食纤维含量的10%以上才是较适宜的膳食纤维构成。在蚕豆种皮中，半纤维素占粗纤维的60%以上，是重要的膳食纤维来源。

蚕豆脂肪含量为1%~1.6%，以中性三酰甘油酯为主。在蚕豆脂类中，油酸和亚油酸含量高于饱和脂肪酸，比动物油脂和乳脂更健康。亚油酸对降低血液和肺中的胆固醇含量以及对大脑保健都有良好作用。不饱和脂肪酸经脂肪氧化酶氧化产生过氧化物和自由基，影响蚕豆的储藏稳定性。豌豆和蚕豆都是B族维生素、维生素E等的优良营养源。研究表明，缺少维生素E会使大鼠生育功能下降，造成小鸡的中枢神经系统损伤、肌肉萎缩，具有患粥样硬化和变性疾病的危险。蚕豆是矿物质元素磷、钾、钙、硫、铁和硒的良好食物来源，矿物质元素的含量为每100 g蚕豆中铁450~550 mg、磷50~1 400 mg、钙120~260 mg、镁110~160 mg、硫210~250 mg，有40%~60%的磷以不能被吸收利用的无效成分存在。钙、锌、铁等具有调节大脑和神经组织的重要作用，同时含有丰富的胆碱，具有维护脑皮质、增强记忆力的作用。因此，适当进食蚕豆对脑力工作者有一定的保养作用。

此外，蚕豆籽粒中还含有植物血细胞凝集素(引起肠黏膜混乱和功能失调)、蛋白酶抑制剂(抑制蛋白酶的活性，降低了食物蛋白质被机体消化吸收能力)、6－磷酸肌醇(因品种差异较大，不能被单胃类动物水解，能影响蛋白质和钙、锌、镁、铁和铜等矿物质于胃肠道的消化吸收，同时可减少重金属的伤害)、单宁(在作物各部分分布不均，与酶形成复合物，阻碍蛋白质、氨基酸、单糖和矿物质等多种物质的吸收)、胀气因子(主要包括棉子糖家族、水苏糖和毛蕊花糖，含量在同源品种内和不同源品种间差异很大，人体内不能分解，易产生胃肠胀气)、巢菜碱苷(可使缺乏葡萄糖－6－磷酸脱氢酶的红细胞中谷胱甘肽的含量迅速下降，产生细胞溶血性危害，导致蚕豆病，母亲有“遗传性血红细胞缺陷症”病史的消费者需避免食用未脱毒的蚕豆制品)和脂肪氧化酶(直接与食品中的蛋白质和氨基酸结合，氧化必需脂肪酸和维生素等，产生豆腥、苦涩、哈败口味和气味)等成分,其生物功能性尚不完全清楚,但会干扰营养成分的吸收,严重地影响着食用豆的储藏和利用价值。由于蚕豆皮中纤维素含量高,较为坚硬,以及籽粒球蛋白含量高,导致蚕豆具有更难煮透(hard to cooking)等加工特点。

二、栽培模式与技术研究

在长期栽培技术研究中,各地根据当地气候、土壤特点以及人们的种植习惯,逐渐形成不同生态区独特的种植模式,主要有3种种植模式:①华东沿海区域形成的鲜食蚕豆长季节采摘栽培模式、大棚栽培模式、一年两熟或一年三熟轮作套作及混作模式。②西南地区的稻茬免耕模式、高密大垄栽培模式、稻田大垄栽培模式、间作套种栽培模式以及侧膜栽培模式等,其中,在重庆及周边形成了林下间作栽培种植模式。③北方及西北地区的全膜种植模式及旱地、半干旱直播种植栽种模式。蚕豆生产在机械化播种和联合收割方面取得了显著进展,研发了适用于不同生态区、不同籽粒性状的蚕豆点播机、联合收割机等,为提高蚕豆机械化生产水平、生产效率,降低生产成本,推动新型经营主体规模化种植奠定了基础。

三、蚕豆产品加工技术研究

蚕豆营养丰富,蛋白质含量高,氨基酸含量约占总量的20%,含有人和动物不能合成的8种必需氨基酸达总量的9%~10%。而未成熟的蚕豆则是维生素A和维生素C的上等来源。此外,蚕豆中微量元素的含量较高,尤其是磷、镁、硒的含量远远高于青豆、菜豆、豇豆和扁豆。

我国蚕豆的加工主要是通过蒸、炸、煮等方式制作成家庭手工糕点类及菜肴类食品。在蚕豆深加工方面,可通过发酵制成各类发酵类食品,如发酵蚕豆、乳发酵型蚕豆、酸乳饮料等,制作蚕豆面点类食品和休闲食品,也可提取蚕豆淀粉及蛋白,利用蚕豆蛋白和蛋白肽开发多种营养保健产品,如蚕豆肽营养品、蚕豆多肽保健酒。以蚕豆为原料可以生产高活性纳豆激酶、蚕豆肽口服液、蚕豆肽白酒、蚕豆肽干邑等。

目前,我国对蚕豆营养物质的研究,特别是对活性物质的研究才刚刚起步,还未得到足够重视,蚕豆在加工过程中浪费较大,综合利用水平较低。因此蚕豆在深加工和利用方面还有很大的开发潜力。

四、蚕豆科学研究成就

蚕豆是重要的食用豆类作物之一,作为小宗粮豆,从事蚕豆研究的国内外研究机构较少,尤其是国内从事蚕豆科学研究的科研或教学单位较少,蚕豆的科学研究领域较窄,研究方向比较集中。蚕豆的科学研究重点围绕种质资源鉴定与利用、品种改良创新研究以及耕作制度、栽培模式和技术模式改革等方面。

(一)蚕豆种质资源研究取得新进展

通过对世界和中国蚕豆种质资源的评价,种质资源的遗传多样性更加明确。中国蚕豆资源群与国外资源群间的遗传相似性较远,明显与国外资源相分离;北非和欧洲的蚕豆资源遗传相似性较近;亚洲、欧洲、非洲及中国的蚕豆资源群之间具有明显的地域分布规律。中国蚕豆种质资源的基因多样性指数和香农多样性指数(Shannon's)均以内蒙古资源群最高,云南和甘肃资源群次之,江西资源群最低。中国春播区和秋播区的蚕豆资源明显不同,浙江和四川的资源形成独立的组群,明显不同于其他省份,其遗传背景独特,有待进一步研究。中国蚕豆种质资源遗传多样性差异和遗传关系与其生长习性、生态分布及地理来源密切相关。目前,构建了地理核心种质 1 075 份和 192 份微核心种质(国内 129 份,国外 63 份)。

(二)蚕豆分子标记辅助技术取得新进展

蚕豆遗传连锁图谱不断加密饱和。Kaur 等(2014)基于 336 个 EST - SSR 标记和 768 个 SNP 标记构建了一张覆盖长度为 1 216.8 cM、具有 12 个连锁群、平均图距为 2.3 cM 的遗传连锁图谱。Sudheesh 等(2019)将已发表的大量 SNP 标记与当前研究中新构建的图谱相整合,构建了一张包含 6 个连锁群、1 850 个标记、覆盖总长度为 1 439 cM、平均距离为 0.8 cM 的高密度整合图谱。Carrillo - Perdomo 等(2020)利用在 3 个重组自交系中表现多态性的 1 819 个 SNP 标记,构建了一张覆盖长度为 1 547.71 cM、平均标记间距离为 0.89 cM 的高密度蚕豆遗传图谱,该图谱包含 6 个连锁群、1 728 个标记;2013 年,Ma 等构建了一张覆盖长度为 1 588. 3 cM,包含 128 个 SSR 标记的遗传连锁图谱。姜俊烨(2014)在上述构建的图谱上进行加密,获得了包含 223 个标记的 SSR 遗传连锁图谱。2019 年,Yang 等再次对上述图谱进行了加密,加密后的图谱包含 465 个 SSR 标记,图谱总长度为 4 516. 75 cM,平均距离为 9. 71 cM。

青海省农林科学院蚕豆课题组筛选到 2 个与蚕豆单宁性状相关的标记,2 个标记分别位于该性状的两侧,与目标性状的遗传距离分别为 2. 92 cM 和 14. 21 cM(侯万伟 等,2018);找到了 9 个与蚕豆子叶颜色性状相关的 SSR 标记,其中 5 个为共显性标记、3 个为显性标记和 1 个为隐性标记(沙伟超,2017)。同时利用简化基因组测序,将子叶颜色相关基因定位到第 2 连锁群的 50 cM 和第 4 连锁群的 52 cM 的区间内;利用基于转录组与磁珠吸附技术开发的 SSR 标记构建了包含 210 个标记、6 个连锁群(与蚕豆染色体数目相等)的遗传图谱,覆盖长度为 2 624. 53 cM,平均图距为 12. 50 cM,基于图谱对生长习性相关基因进行初步定位,将控制亚有限生长习性的 2 对基因(*vfGH*1、*vfGH*2)分别定位到 LG01 的 917. 35 ~ 923. 63 cM 与 LG02 的 273. 26 ~ 280. 78 cM 区间内(周仙莉 等,2021);克隆了蚕豆抗盐基因 *VfNHX*1 和 *VfHKT*1(樊有存 等,2021);获得了其 cDNA 全长序列,并发掘了 2 个耐旱相关基因(Wu X X etc. 2020);发掘 1 个与直链淀粉相关基因(*Waxy*)(韩学梅,2021);检测到 13 个粒型性状相关 QTLs,包括与籽粒长相关的 2 个 QTL(qGL1、qGL2,位于 Group2 连锁群上)、与籽粒厚相关10 个的 QTL(qGT1 ~ qGT10,位于 Group2 和 Group3 连锁群上)、与籽粒重相关的 1 个 QTL(qGWt,位于连锁群 Group2 上)(田莹莹,2018)。

(三)蚕豆品种选育取得新进展

蚕豆育种目标由单一的高产型向产量、抗性、品质、适于机械化等综合性状兼顾的方向转变,品种类型由粮菜兼用向粮菜兼用、粮饲兼用、肥用以及观赏等多元化用途方向发展。自 20 世纪 80 年代至 2019 年全国通过省级审定、认定、登记的蚕豆品种有 100 多个,自《非主要农作物品种登记管理办法》实施以来,2017—2022 年通过国家非主要农作物品种登记的蚕豆品种有 117 个(表 1 - 5),品种分粮菜兼用、粮用、肥用等类型,品种结构呈多元化。

表 1-5　2017—2022 年我国蚕豆登记品种名录

序号	品种名称	品种登记号	登记单位
1	中江长秀	GPD 蚕豆(2022)320006	南通中江农业发展有限公司、江苏中江种业股份有限公司南通分公司
2	鄂豆 1103	GPD 蚕豆(2022)420002	湖北省农业科学院粮食作物研究所、谷城县农业科学研究所
3	鄂豆 3202	GPD 蚕豆(2022)420004	湖北省农业科学院粮食作物研究所
4	渝蚕 1 号	GPD 蚕豆(2022)500015	重庆市农业科学院
5	渝蚕 2 号	GPD 蚕豆(2022)500016	重庆市农业科学院
6	三翠鲜	GPD 蚕豆(2022)510003	绵阳市全兴种业有限公司
7	禾荚欢	GPD 蚕豆(2022)510007	绵阳福诚高科农业有限公司
8	农荚乐	GPD 蚕豆(2022)510008	绵阳福诚高科农业有限公司
9	益豆 2 号	GPD 蚕豆(2022)530001	云南楚雄益农农业科技开发有限公司、楚雄市彩稼农业科技开发研究所
10	凤豆 25 号	GPD 蚕豆(2022)530005	大理白族自治州农业科学推广研究院
11	凤豆 26 号	GPD 蚕豆(2022)530009	大理白族自治州农业科学推广研究院
12	云豆 4466	GPD 蚕豆(2022)530012	云南省农业科学院粮食作物研究所
13	云豆 5932	GPD 蚕豆(2022)530013	云南省农业科学院粮食作物研究所
14	云豆 1862	GPD 蚕豆(2022)530014	云南省农业科学院粮食作物研究所
15	青蚕 25 号	GPD 蚕豆(2022)630010	青海省农林科学院、青海大学、中国农业科学院作物科学研究所
16	青蚕 21 号	GPD 蚕豆(2022)630011	青海省农林科学院、青海昆仑种业集团有限公司
17	成胡 17	GPD 蚕豆(2018)510015	四川省农业科学院作物研究所、重庆誉田种业有限公司
18	浙蚕 1 号	GPD 蚕豆(2021)330005	浙江省农业科学院
19	成胡 24	GPD 蚕豆(2021)510001	四川省农业科学院作物研究所
20	成胡 25	GPD 蚕豆(2021)510002	四川省农业科学院作物研究所
21	天蚕白玉	GPD 蚕豆(2021)510012	绵阳市华夏现代种业有限公司
22	天蚕碧玉	GPD 蚕豆(2021)510013	绵阳市华夏现代种业有限公司
23	贵农七星豆	GPD 蚕豆(2021)520004	贵州力合农业科技有限公司

表 1－5（续）

序号	品种名称	品种登记号	登记单位
24	贵蔬青皮蚕	GPD 蚕豆（2021）520009	贵阳绿丰农业有限公司
25	贵蔬白皮蚕	GPD 蚕豆（2021）520010	贵阳绿丰农业有限公司
26	贵蔬紫皮蚕	GPD 蚕豆（2021）520011	贵阳绿丰农业有限公司
27	云豆 2850	GPD 蚕豆（2021）530003	云南省农业科学院粮食作物研究所
28	云豆 147	GPD 蚕豆（2020）530004	云南省农业科学院粮食作物研究所
29	凤豆 8 号	GPD 蚕豆（2020）530011	大理白族自治州农业科学推广研究院
30	凤豆 9 号	GPD 蚕豆（2020）530012	大理白族自治州农业科学推广研究院
31	贵农 21 号	GPD 蚕豆（2020）520008	贵州力合农业科技有限公司
32	凤豆 7 号	GPD 蚕豆（2020）530010	大理白族自治州农业科学推广研究院
33	云豆 690	GPD 蚕豆（2020）530005	云南省农业科学院粮食作物研究所
34	凤豆 11 号	GPD 蚕豆（2020）530013	大理白族自治州农业科学推广研究院
35	海门大白皮	GPD 蚕豆（2020）320018	海门谷丰农副产品有限公司、海门市青禾杂粮专业合作社
36	七星剑	GPD 蚕豆（2020）500003	重庆超三角种业有限责任公司
37	凤豆 13 号	GPD 蚕豆（2020）530015	大理白族自治州农业科学推广研究院
38	凤豆 12 号	GPD 蚕豆（2020）530014	大理白族自治州农业科学推广研究院
39	凤豆 23 号	GPD 蚕豆（2020）530022	大理白族自治州农业科学推广研究院
40	云豆 41	GPD 蚕豆（2020）530019	云南省农业科学院粮食作物研究所
41	早生 615	GPD 蚕豆（2020）350006	福建省农业科学院作物研究所
42	彝豆 2 号	GPD 蚕豆（2020）530023	楚雄彝族自治州农业科学院
43	卓蚕 2 号	GPD 蚕豆（2019）520008	贵州卓豪农业科技股份有限公司
44	大朋一寸	GPD 蚕豆（2020）350002	福建省农业科学院作物研究所
45	云豆 112	GPD 蚕豆（2020）530020	云南省农业科学院粮食作物研究所
46	贵农 3 号	GPD 蚕豆（2020）520009	贵州力合农业科技有限公司
47	云豆早 7	GPD 蚕豆（2020）530001	云南省农业科学院粮食作物研究所
48	凤豆 10 号	GPD 蚕豆（2020）530017	大理白族自治州农业科学推广研究院
49	凤豆 24 号	GPD 蚕豆（2020）530021	大理白族自治州农业科学推广研究院
50	凤豆 14 号	GPD 蚕豆（2020）530016	大理白族自治州农业科学推广研究院
51	凤豆 21 号	GPD 蚕豆（2019）530019	大理白族自治州农业科学推广研究院

表 1-5(续)

序号	品种名称	品种登记号	登记单位
52	杰丰细米蚕豆	GPD 蚕豆(2019)520021	贵阳杰丰农业种子有限公司
53	青蚕 16 号	GPD 蚕豆(2019)630005	青海省农林科学院、青海鑫农科技有限公司、青海昆仑种业集团有限公司
54	凤豆 6 号	GPD 蚕豆(2019)530017	大理白族自治州农业科学推广研究院
55	成胡 22	GPD 蚕豆(2019)510011	四川省农业科学院作物研究所
56	丽蚕 3 号	GPD 蚕豆(2019)330023	丽水市农业科学研究院
57	籽缘大白皮	GPD 蚕豆(2019)510025	四川省籽缘商贸有限公司
58	杰丰九米豆	GPD 蚕豆(2019)520022	贵阳杰丰农业种子有限公司
59	青蚕 18 号	GPD 蚕豆(2019)630004	青海省农林科学院、青海鑫农科技有限公司、青海昆仑种业集团有限公司
60	籽缘七姊妹	GPD 蚕豆(2019)510026	四川省籽缘商贸有限公司
61	通鲜 1 号	GPD 蚕豆(2019)320010	江苏沿江地区农业科学研究所
62	七粒香	GPD 蚕豆(2019)510024	绵阳市华夏现代种业有限公司
63	凤豆 19 号	GPD 蚕豆(2019)530016	大理白族自治州农业科学推广研究院
64	云豆 95	GPD 蚕豆(2019)530028	云南省农业科学院粮食作物研究所
65	七星协粒	GPD 蚕豆(2019)510013	绵阳市全兴种业有限公司
66	云豆 324	GPD 蚕豆(2019)530027	云南省农业科学院粮食作物研究所
67	凤豆 22 号	GPD 蚕豆(2019)530018	大理白族自治州农业科学推广研究院
68	凤豆 20 号	GPD 蚕豆(2019)530020	大理白族自治州农业科学推广研究院
69	云豆早 8	GPD 蚕豆(2019)530001	云南省农业科学院粮食作物研究所
70	玉豆 4 号	GPD 蚕豆(2019)530014	玉溪市农业科学院、易门县农业技术推广站
71	成胡 23	GPD 蚕豆(2019)510012	四川省农业科学院作物研究所
72	益民蚕豆 9 号	GPD 蚕豆(2019)150006	内蒙古杭锦后旗益民种子有限责任公司
73	玉豆 3 号	GPD 蚕豆(2019)530015	玉溪市农业科学院
74	临蚕 14 号	GPD 蚕豆(2019)620003	临夏回族自治州农业科学院
75	通鲜 3 号	GPD 蚕豆(2019)320009	江苏沿江地区农业科学研究所
76	临蚕 13 号	GPD 蚕豆(2019)620002	临夏回族自治州农业科学院

表 1–5（续）

序号	品种名称	品种登记号	登记单位
77	青蚕 19 号	GPD 蚕豆（2019）630007	青海省农林科学院、青海昆仑种业集团有限公司
78	通蚕鲜 7 号	GPD 蚕豆（2018）320004	江苏沿江地区农业科学研究所
79	彝豆 3 号	GPD 蚕豆（2018）530013	楚雄彝族自治州农业科学研究推广所
80	云豆 470	GPD 蚕豆（2018）530033	云南省农业科学院粮食作物研究所
81	保蚕豆 3 号	GPD 蚕豆（2018）530023	保山市农业科学研究所
82	通蚕鲜 8 号	GPD 蚕豆（2018）320006	江苏沿江地区农业科学研究所
83	长蚕 1 号	GPD 蚕豆（2018）420016	长江大学、武汉佳禾生物科技有限责任公司
84	凤蚕豆 18 号	GPD 蚕豆（2018）530030	大理白族自治州农业科学推广研究院
85	凤豆 17 号	GPD 蚕豆（2018）530029	大理白族自治州农业科学推广研究院
86	云豆 06	GPD 蚕豆（2018）530032	云南省农业科学院粮食作物研究所
87	沁后本 1 号	GPD 蚕豆（2018）350017	莆田市农业科学研究所
88	湘蚕鲜 9 号	GPD 蚕豆（2018）430036	湖南省作物研究所
89	湘蚕鲜 1 号	GPD 蚕豆（2018）430034	湖南省作物研究所
90	凤豆 15 号	GPD 蚕豆（2018）530027	大理白族自治州农业科学推广研究院
91	日本大白皮	GPD 蚕豆（2018）320002	江苏沿江地区农业科学研究所
92	通鲜 2 号	GPD 蚕豆（2018）320040	江苏沿江地区农业科学研究所
93	海门大青皮	GPD 蚕豆（2018）320005	江苏沿江地区农业科学研究所、海门市种子管理站
94	漠蚕 1 号	GPD 蚕豆（2018）620020	酒泉大漠种业有限公司
95	通蚕鲜 6 号	GPD 蚕豆（2018）320003	江苏沿江地区农业科学研究所
96	海青 1 号	GPD 蚕豆（2018）320019	江苏省农业科学院、江苏中江种业股份有限公司南通分公司
97	香蕉豆	GPD 蚕豆（2018）330039	温岭市神农种子有限公司
98	保蚕豆 5 号	GPD 蚕豆（2018）530025	保山市农业科学研究所
99	湘蚕鲜 3 号	GPD 蚕豆（2018）430035	湖南省作物研究所
100	彝豆 1 号	GPD 蚕豆（2018）530012	楚雄彝族自治州农业科学研究推广所
101	保绿豆 1 号	GPD 蚕豆（2018）530001	保山市农业科学研究所

表 1-5(续)

序号	品种名称	品种登记号	登记单位
102	保绿豆 2 号	GPD 蚕豆(2018)530021	保山市农业科学研究所
103	湘蚕肥 1 号	GPD 蚕豆(2018)430037	湖南省作物研究所
104	凤豆 16 号	GPD 蚕豆(2018)530028	大理白族自治州农业科学推广研究院
105	保蚕豆 4 号	GPD 蚕豆(2018)530026	保山市农业科学研究所
106	益豆 1 号	GPD 蚕豆(2018)530007	云南楚雄益农农业科技开发有限公司、楚雄市彩稼农业科技开发研究所
107	金蚕 3 号	GPD 蚕豆(2018)620014	酒泉市大金稞种业有限责任公司
108	保蚕豆 6 号	GPD 蚕豆(2018)530022	保山市农业科学研究所
109	云豆 459	GPD 蚕豆(2018)530031	云南省农业科学院粮食作物研究所
110	湘蚕肥 3 号	GPD 蚕豆(2018)430038	湖南省作物研究所
111	青蚕 14 号	GPD 蚕豆(2017)630004	青海省农林科学院、青海鑫农科技有限公司、青海昆仑种业集团有限公司
112	青海 13 号	GPD 蚕豆(2017)630007	青海省农林科学院、青海鑫农科技有限公司
113	陵西一寸	GPD 蚕豆(2017)630003	青海省农林科学院
114	青蚕 15 号	GPD 蚕豆(2017)630006	青海省农林科学院、青海鑫农科技有限公司
115	青海 12 号	GPD 蚕豆(2017)630005	青海省农林科学院
116	双绿 5 号	GPD 蚕豆(2017)330002	浙江勿忘农种业股份有限公司
117	马牙蚕豆	GPD 蚕豆(2017)630001	湟源县种子站、湟源县农业技术推广中心

（四）蚕豆耕作制度改革、新模式创新

蚕豆是集粮、菜、饲、肥为一体的高效作物，在我国绿色、生态、高效、安全以及可持续农业发展中扮演着重要角色，蚕豆研究与发展围绕区域经济社会发展需求，以“调结构、转变方式”以及供给侧结构性改革为目标，创新栽培和种植模式，不断适应新时期现代农业发展的要求和市场形势的变化。云南稻茬免耕蚕豆种植模式、周年鲜食蚕豆生产模式，重庆的林下间作蚕豆模式，华东地区的设施蚕豆种植、大棚蚕豆—西瓜一年两熟、夏玉米—蚕豆—马铃薯周年三熟等高

效种植模式，西北春蚕豆区的地膜覆盖抗旱增效模式、全程机械化生产模式、高寒区“蚕豆+”轮作模式，以及蚕豆与蔬菜、饲草、旅游观赏等产业融合模式，均取得新进展，构建出“区域化布局、多元化发展”的新格局，不断推动蚕豆产业转型升级。

第三节　蚕豆产业的发展前景

过去，蚕豆产业以提高产量和品质为目标，以服务对外贸易为重点，属产量效益型（外向型），为劳动密集型产业。现在，蚕豆产业以提高生产效率为目标，以供给侧结构性改革为主线，以高质量发展为主题，属效率效益型（外向型），由劳动密集型向技术密集型转型。进入新时代，站在新起点，未来的蚕豆产业蚕豆属粮、菜、饲、肥兼用作物，具有养人、养畜、养地的“三养”功能，同时，也可称为健康人类、健康动物和健康土壤的作物，蚕豆生产对现代农业发展具有协同作用。蚕豆产业以高效、绿色、健康为目标，以多元化综合利用为重点，属健康增效型（外向型+内向型）、技术密集型和资本密集型相结合。随着蚕豆粮、菜、饲、肥的综合功能被深入挖掘和利用，基于生态健康型的“蚕豆+”多元化产业格局基本形成并逐步完善，推动蚕豆产业自身的更高质量发展。

一、蚕豆产业与可持续农业的协同性

2015 年 11 月 10 日，联合国发言人斯蒂芬·杜加里克对媒体表示，联合国粮食及农业组织（FAO）为了提高公众对豆科作物营养的认识，推出了“国际豆类年”。同日，联合国粮农组织总干事若泽·格拉齐亚诺·达席尔瓦在意大利首都罗马亲手把蚕豆栽种到花盆中，为以“提供丰富营养，促进可持续发展”为口号的“2016 国际豆类年”活动预热。联合国粮农组织高度评价蚕豆等豆类作物，称它是“消除饥饿的核心力量，摆脱贫困的重要支柱，人类健康不可或缺的营养来源，生态环境的有益助手”。由于豆类的适应性极强，因此它们在降低全球粮食系统由于过度依赖几种主食作物（如小麦、玉米、大米）所带来的风险方面可以发挥作用和创造新的投资机会；豆类的商品价值高，其价格通常高于谷类价格的 2～3 倍；豆类富含多种营养、植物蛋白，在预防多种慢性疾病（如肥胖

和糖尿病）等方面潜力巨大；蚕豆的根瘤还具有固氮作用和解磷作用。2018 年 10 月28 日，联合国粮农组织把每年的 2 月 10 日设立为“世界豆类日”。

（一）保护农田生态环境

蚕豆根瘤具有固氮解磷的作用，种植蚕豆有利于减少化肥施用量，从而减少农业面源污染，保护农田生态环境。

（二）推动农业高质量发展

一是构建蚕豆与水稻、玉米、小麦、油菜、青稞、饲草等区域优势作物轮作体系，在基于化肥减量或有机肥替代的前提下，促进各产业融合发展，推动优势产业高质量发展。二是蚕豆秸秆的蛋白质含量在 10% 左右，是优质蛋白饲草，含有保健成分，能够保障舍饲、半舍饲畜牧业的优质饲草供应，促进畜牧业高质量发展。三是发展集粮、菜、饲、观赏为一体的多元化产业，促进一、二、三产业深度融合，推动蚕豆产业高质量发展。

（三）保障人类生命健康

从一个侧面反映高品位生活的指标应该是基于健康前提下的精神、物质、文化生活。蚕豆富含人体所需的 8 种氨基酸，其营养价值仅次于大豆蛋白，蚕豆或将保障国内植物蛋白供应。下一代植物蛋白新星会是谁？哥本哈根大学研究发现，蚕豆是大豆最有前途的可持续性蛋白替代品，它能提供比大豆更好的蛋白。蚕豆的叶、荚中具有多酚物质和左旋多巴等保健成分，是植物蛋白类蔬菜，鲜食蚕豆有利于预防帕金森病、糖尿病等疾病，有利于促进人类健康。蚕豆荚富含抗菌、抗氧化、酶抑制、抗糖尿病的生物活性成分，具有促进人类健康的功效。

二、蚕豆产业发展趋势

（一）蚕豆产业正在经历转型升级

蚕豆与其他优势产业融合发展，有利于促进蚕豆产业转型升级。蚕豆具有养人、养畜和养地的“三养”功能，要充分发挥蚕豆本身的优势特点，将蚕豆有效地整合到我国农业生产系统中，使其在轮作体系中占有一定比例，包括：绿肥种植；与蔬菜产业融合向优质营养保健型蔬菜方向发展；与饲草产业融合，向生产优质饲草（料）发展；在土壤培肥和绿肥融合技术中，蚕豆也将有一定的发展空间。如新疆因轮作体系建设和种植业结构调整，蚕豆种植面积迅速扩大，2019 年种植面积超过 0.667×10^4 hm^2，增加了将近 100%。

（二）向轻简化方向发展

蚕豆生产中劳动力投入相对较多，要不断转变生产方式，选育适于机械化的品种和研制适于蚕豆不同生产用途的机械设备，促进农机农艺深度融合，提高机械化生产水平，提高生产效率，降低生产成本。

（三）一、二、三产业深度融合

蚕豆具有休闲食品加工优势，要纵向进一步延长产业链，横向拓展其应用领域，完善多元化产业体系，不断提升其价值。

三、蚕豆产业发展问题与展望

蚕豆产业发展的主要问题有生产成本高、生产效率低和产业链短，效益不高等，根本原因是机械化生产技术制约规模化生产问题，品种结构单一导致机械化、控制无限生长的成本高和效率低的问题，以挖掘其生物固氮、营养保健功能而开发精深加工能力和转化能力低，产业链短，总体效益不高的问题。蚕豆具有与“粮食、蔬菜、生物肥（绿肥）、饲草（料）”深度融合的优势和潜力，作为植物蛋白和淀粉原料，植物蛋白蔬菜市场需求量较大，呈现供需差距逐步扩大的趋势。另外，开发适于慢性病人群食用的功能性食品的潜力也较大。从经济效益、社会效益和生态效益三大效益角度考虑，蚕豆产业前景十分广阔。

（一）蚕豆产业存在的主要问题

1. 蚕豆区域发展不平衡，北方旱作区发展不充分

西南、华东等地区为一年多熟种植区域，以蚕豆等优质豆类与其他优势作物实现间作或轮作，产业模式多样化，蚕豆种植规模和产业形态较稳定。北方一年一熟制地区，由于耕作模式、种植结构、产业形态较为单一，以产生经济效益为根本目标，对其生态价值的重视不够，另外，存在生产成本相对较高、劳动

强度较大、生产效率低等供给侧结构性问题，产业发展不充分。

2. 蚕豆产业内部结构发展不平衡，新兴业态发展不充分

蚕豆以休闲食品、调味食品产业为主，商品率在70%以上，但产品同质化、结构单一，深加工产品较少，产业链短，附加值低。特别是鲜食（蔬菜、芽豆）产业、饲草（料）产业、绿肥产业、休闲旅游等新兴业态发展不充分。蚕豆蛋白等营养保健新产品开发能力不足。

3. 供给侧与需求侧的矛盾问题较为突出

国内外蚕豆产业的发展需求趋向于多元化。目前，蚕豆产业的供给侧与需求侧发展不平衡，主要体现在需求侧不充分，需求侧与供给侧为原粮生产与原粮销售的单一对等关系，在蔬菜产业、饲草（料）产业、绿肥产业等方向培育不够充分；另外，需求侧不断向多元化拓展，供给侧也存在品种、化学调控技术、机械化生产等影响劳动强度、生产效率和生产成本的关键性“卡脖子”问题，这也是蚕豆生产的关键制约因素。

（二）蚕豆产业的发展建议

在区域农牧业产业发展和可持续发展中，要充分认识蚕豆在国民经济中的重要地位，要认识蚕豆在培肥地力、改良土壤、固氮（碳）减排以及保障区域粮食安全、食品加工、蔬菜、优质饲草等有效供给中的重要作用。在发展大宗作物的同时，要兼顾小作物的发展，更要重视土地用养结合，适当增加蚕豆等养地作物的种植比例，建立合理轮作的长效机制；要有明确且科学合理的作物布局规划，明确土地长期用养结合和持续改良的政策措施。

农业系统中构建与蚕豆共作的轮作体系是有效推进“减肥增效”工程的重要途径。按照区域化布局的原则，按不同的产业发展需求，以不同产业形态将蚕豆整合在农业生产体系中，适度增加一定的蚕豆种植比例，是比较科学的耕作体系。

四、蚕豆产业发展重点

1. 调整品种和产业结构

按照“区域化布局，多元化发展”的总体要求，在不同生态区构建适应不同产业发展需求的科学合理的“蚕豆＋”轮作体系，适当扩大蚕豆的种植区域和规

模对于农业可持续发展和人类健康是非常必要的，要引起相关部门的高度重视。同时，要不断挖掘蚕豆在保健食品、功能产品等领域的精深加工潜力，在饲草(料)、绿肥、生物固氮菌肥等领域的综合利用，进一步优化产业结构，纵向延长产业链，横向拓展产业结构。

2. 转变生产方式，改革创新生产模式

以改造品种生长习性为重点，创新生产模式，建立“适于机械化品种 + 适于蚕豆的机械 + 化学调控”模式，全面改革蚕豆生产模式，切实转变生产方式，提高生产效率，降低生产成本，实现历史性的突破。

3. 转变发展方式，实现一、二、三产业深度融合

围绕产业链部署创新链，围绕创新链布局产业链，促进产业链深度融合。以新的供给侧培育新的需求侧，按“区域化布局和多元化发展”的总目标要求，构建种植、养殖、产品精深加工、休闲观光等产业协同融合发展模式。

参考文献

[1] Carrillo – Perdomo E, Vidal A, Kreplak J, et al. Development of new genetic resources for faba bean (*Vicia faba* L.) breeding through the discovery of gene – based SNP markers and the construction of a high – density consesus map [J]. Scientific Reports, 2020, 10: 6790.

[2] Cruz – Izquierdo S, Avila C M, Satovic Z, et al. Comparative genomics to bridge *Vicia faba* with model and closely – related legume species: stability of QTLs for flowering and yield – related traits [J]. Theor Appl Genet, 2012, 125: 1767 – 1782.

[3] De Ron A M. Handbook of Plant Breeding[M]. New York: Springer, 2015: 141 – 178.

[4] El – Esawi M A. SSR analysis of genetic diversity and structure of the germplasm of faba Bean (*Vicia faba* L.) [J]. Comptes Rendus Biologies, 2017, 340: 474 – 480.

[5] Göl Ş, Doğanlar S, Frary A. Relationship between geographical origin, seed size and genetic diversity in faba bean (*Vicia faba* L.) as revealed by SSR markers [J]. Mol Genet Genom, 2017, 292: 991 – 999.

[6] Gong Y M, Xu S C, Mao W H, et al. Generation and characterization of 11 novel est derived microsatellites from *Vicia faba* (Fabaceae) [J]. American Journal of Botany, 2010, 97: e69 – e71.

[7] Hou W W, Zhang X J, Yan Q B, et al. Linkage map of a gene controlling zero tannins (*zt – 1*) in faba bean (*Vicia faba* L.) with SSR and ISSR markers [J]. Agronomy, 2018, 8: 80.

[8] Johnston J, Bennett M, Rayburn A, et al. Reference standards for determination of DNA con-

tent of plant nuclei [J]. American Journal of Botany, 1999, 86(5): 609-613.

[9] Kaur S, Kimber R B, Cogan N O, et al. SNP discovery and high density genetic mapping in faba bean (*Vicia faba* L.) permits identification of QTLs for ascochyta blight resistance [J]. Plant Sci, 2014, 217-218: 47-55.

[10] Link W, Dixkens C, Singh M, et al. Genetic diversity in European and Mediterranean faba Bean germplasm revealed by RAPD markers [J]. Theor Appl Genet, 1995, 90: 27-32.

[11] Ma Y, Bao S Y, Yang T, et al. Genetic linkage map of Chinese native variety faba Bean (*Vicia faba* L.) based on simple sequence repeat markers [J]. Plant Breeding, 2013, 132: 397-400.

[12] Marzo F, Milagro F I, Urdaneta E. Extrusion decreases the negative effects of kidney bean on enzyme and transport activities of the rat small intestine [J]. Journal of Animal Physiology and Animal Nutrition, 2011, 95(5): 591-598.

[13] O'Sullivan D M, Angra D. Advances in Faba Bean Genetics and Genomics [J]. Front Genet, 2016, 7: 150.

[14] Prabhu D S, Rajeswari V D. In vitro and in silico analyses of *Vicia faba* L. on Peroxisome proliferator-activated receptor gamma[J]. J Cell Biochem, 2018, 119: 7729-7737.

[15] Polignano G B, Uggenti P, Scippa G. The pattern of genetic diversity in faba Bean collections from Ethiopia and Afghanistan [J]. Genet Resour Crop Evol, 1993, 40: 71-75.

[16] Sudheesh S, Kimber R B E, Braich S, et al. Construction of an integrated genetic linkage map and detection of quantitative trait loci for ascochyta blight resistance in faba bean (*Vicia faba* L.) [J]. Euphytica, 2019, 215 (3): 42.

[17] Terzopoulos P J, BeBeli P J. Genetic diversity analysis of Mediterranean faba Bean (*Vicia faba* L.) with ISSR markers [J]. Field Crops Res, 2008, 108: 39-44.

[18] Terzopoulos P J, Kaltsikes P J, Bebeli P J. Collection, evaluation and classification of Greek populations of faba bean (*Vicia faba* L.) [J]. Genet Resour Crop Evol, 2003, 50: 373-381.

[19] Tufan H, Erdogan C. Genetic diversity in somefaba bean (*Vicia faba* L.) genotypes assessed by simple sequence repeats [J]. Biotech Biotech Equip, 2017, 31(1): 29-35.

[20] Vogelsang-O'Dwyer M, Petersen I L, Joehnke M S, et al. Comparison of faba bean protein ingredients produced using dry fractionation and isoelectric precipitation: techno-functional, nutritional and environmental performance[J]. Foods, 2020, 9(3): 322-347.

[21] Wang H F, Zong X X, Guan J P, et al. Genetic diversity and relationship of global faba bean (*Vicia faba* L.) germplasm revealed by ISSR markers [J]. Theor Appl Genet, 2012, 124: 789-797.

[22] Wang C Y, Liu R, Liu Y J, et al. Development and application of the Faba_bean_130K targeted next – generation sequencing SNP genotyping platform based on transcriptome sequencing [J]. Theor Appl Genet, 2021, 134: 3195 – 3207.

[23] Webb A, Cottage A, Wood T, et al. A SNP – based consensus genetic map for synteny – based trait targeting in faba Bean (*Vicia faba* L.) [J]. Plant Biotechnol J, 2016, 14: 177 – 185.

[24] Wu X X, Fan Y C, Li L P, et al. The influence of soil drought stress on the leaf transcriptome of faba bean (*Vicia faba* L.) in the Qinghai – Tibet Plateau[J]. 3 Biotech, 2020, 10(9): 381.

[25] Yang T, Bao S Y, Ford R, et al. High – throughput novel microsatellite marker of faba bean via next generation sequencing [J]. BMC Genomics, 2012, 13: 602.

[26] Yang T, Jiang J Y, Zhang H Y, et al. Density enhancement of a faba bean genetic linkage map (*Vicia faba* L.) based on simple sequence repeats markers [J]. Plant Breeding, 2019, 138: 207 – 215.

[27] Zeid M, Schön C C, Link W. Genetic diversity in recent elite faba bean lines using AFLP markers [J]. Theor Appl Genet, 2003, 107(7): 1304 – 1314.

[28] Zong X X, Liu X J, Guan J P, et al. Molecular variation among Chinese and global winter faba bean germplasm [J]. Theor Appl Genet, 2009, 118(5): 971 – 978.

[29] Zong X X, Ren J Y, Guan J P, et al. Molecular variation among Chinese and global germplasm in spring faba bean areas [J]. Plant Breed, 2010, 129: 508 – 513.

[30] 别鹏, 时彦民, 张超, 等. 投喂蚕豆对草鱼生长及肌肉营养特性分析[J]. 水产养殖, 2012 (7): 40 – 43.

[31] 曹旭敏, 侯生珍. 不同种类秸秆在生产母猪日粮中添加的效果试验[J]. 四川畜牧兽医, 2009, 36(07): 23 – 24.

[32] 高政. 蚕豆绿肥的肥效研究[J]. 土壤通报, 1964(5): 57 – 59.

[33] 龚凯. 浅述蚕豆绿肥不同种植方式的高产栽培技术要点[J]. 上海农业科技, 2017 (5): 118, 120.

[34] 龚千驷, 汪新哲, 吴显忠. 蚕豆是生长育肥猪的良好蛋白质饲料[J]. 中国畜牧杂志, 1987 (1): 29 – 30.

[35] 黄洁, 王超, 闫景彩, 等. 蚕豆的饲用现状和饲用改良技术发展趋势 [J]. 饲料工业, 2017(10): 60 – 64.

[36] 姜俊烨. 蚕豆微核心种质构建及 SSR 遗传连锁图谱加密[D]. 北京: 中国农业科学院, 2014.

[37] 冷进松, 戴媛, 朱珠, 等. 加工工艺对蚕豆叶粉草鱼颗粒饲料硬度影响的研究[J]. 饲料工业, 2015 (21): 5 – 9.

[38] 李永本．蚕豆做鸡饲料的蛋白源[J]．饲料广角，1985(1)：30.
[39] 李兆丰，顾正彪，洪雁．豌豆淀粉的研究进展[J]．食品与发酵工业，2003，29(10)：70－74.
[40] 刘明，谭斌，田晓红，等．七种食用豆化学组成及挤压加工特性研究[J]．食品科技，2010，35(8)：189－197.
[41] 刘玉皎．调结构,转方式,促进青海蚕豆产业转型升级[J]．青海科技，2018，25(01)：35－37.
[42] 罗娜．特写：豆类唱主角——联合国宣布2016年为“国际豆类年”[J]．大豆科学，2016，35(02)：344.
[43] 刘照坤，杨雪梅，潘小三，等．设施鲜食蚕豆套作萝卜与小白菜高效栽培技术[J]．上海蔬菜，2017 (5)：33－34.
[44] 牟兰，蔡明，高月娥，等．3种豆科植物青贮品质比较[J]．河南农业科学，2017(12)：116－121.
[45] 农业农村部农业贸易促进中心研究所，中国农业科学院农业信息研究所国际情报研究室．联合国新决议全面聚焦植物健康、食品安全和豆类议题[J]．世界农业，2019(3)：101－101.
[46] 彭葵，李锦鸿，李育军，等．蚕豆的营养与加工研究[J]．长江蔬菜，2019(12)：42－45.
[47] 普匡，李进有，马家斌，等．烤烟套种免耕鲜食蚕豆对其经济性状的影响[J]．宁夏农林科技，2014 (2)：14－15，33.
[48] 沙伟超．蚕豆子叶颜色性状的SSR标记研究[D]．西宁：青海大学，2017.
[49] 申士富，钱静，刘廷，等．青海蚕豆中原花青素和左旋多巴的含量测定和品种间差异的比较[J]．中国食物与营养，2017，23(9)：36－40.
[50] 隋雁南，顾拥建，占今舜，等．青贮蚕豆秸秆对山羊生产性能的影响[J]．中国饲料，2016(8)：13－15.
[51] Thacker R A，王兴佳．蚕豆作猪饲料蛋白质补充料[J]．中国畜牧兽医杂志，1986(1)：38－40.
[52] 田莹莹，侯万伟，刘玉皎．蚕豆粒型性状的遗传分析及QTL检测[J]．分子植物育种，2018，16 (04)：1174－1183
[53] 吴康．饲喂蚕豆对草鱼肌肉结构、代谢、免疫及肠道菌群的影响[D]．武汉：华中农业大学，2014.
[54] 吴康，黄晓声，金洁南，等．饲喂蚕豆对草鱼抗氧化能力及免疫机能的影响[J]．水生生物学报，2015 (2)：250－258.

[55] 许生福，许建业，王发财，等．塘河地区蚕豆田化学除草的研究[J]．青海农林科技，2019，113(01)：74－76.
[56] 袁秀梅．蚕豆绿肥对紫色土氮素转化及春玉米氮素利用的研究[D]．重庆：西南大学,2016.
[57] 瞿兆赛，徐宏磊．种植蚕豆绿肥作用及其稻茬蚕豆绿肥机械化栽培技术[J]．上海农业科技，2004(6)：110.
[58] 赵丽芬，尹正红，王邦海，等．昆明市鲜食蚕豆生产现状及产业发展对策[J]．农业科技通讯，2010(11)：7－9.
[59] 张晓涵，刘书杰，夏洪泽，等．体外产气法评价蚕豆秸秆与 3 种作物秸秆营养组合发酵特性[J]．青海畜牧兽医杂志，2020，50(05)：16－21.
[60] 庄应强，屠娟丽，费伟英，等．大棚与露地栽培对鲜食蚕豆生长的影响[J]．现代园艺，2015 (5)：7－9.
[61] 周仙莉，滕长才，张红岩，等．蚕豆亚有限生长习性遗传规律分析及其基因初步定位[J]．分子植物育种，2021，19(08)：2660－2667.
[62] 宗绪晓．蚕豆的营养特点加工技术和利用途径[J]．中国粮油学报，1993，8(S1)：51－54.
[63] 宗绪晓，包世英，关建平，等．蚕豆种质资源描述规范和数据标准 [M]．北京：中国农业出版社，2006.
[64] 郝树琳，陈宏伟，廖芳丽，等. 基于盐胁迫转录组信息的蚕豆 F－box 基因家族分析[J]．中国农业科学，2020，53(17)：3443－3454.
[65] 胡杨，刘昌燕，廖芳丽，等. 蚕豆自噬基因鉴定及响应干旱胁迫分析[J]．西南农业学报，2021，34(04)：689－696.
[66] 李萍、张雁霞，刘玉皎. 干旱胁迫对抗旱性蚕豆幼苗生长特性影响及叶片差异蛋白质组学研究[J]．基因组学与应用生物学，2017，36(01)：340－351.
[67] 李萍，侯万伟，刘玉皎. 青海高原耐旱蚕豆品种青海 13 号响应干旱胁迫蛋白质组学分析[J]．作物学报，2019，45(02)：267－275.
[68] 李雪琴，苗笑亮，裘爱泳. 几种豆类蛋白质组成和结构比较[J]．粮食与油脂，2003(06)：19－20.
[69] 刘玉皎，侯万伟. 基于 LC－ESI－MS/MS 技术与生物信息学的蚕豆种子储藏蛋白亚基鉴定[J]．中国农业大学学报，2014，19(01)：37－42.
[70] 刘玉皎，侯万伟，李萍，等. 青海不同基因型蚕豆蛋白组成及清蛋白和球蛋白亚基的 SDS－PAGE 分析[J]．甘肃农业大学学报，2012，47(02)：68－71.

[71] 刘玉玲, 张红岩, 韩雪梅, 等. 蚕豆农艺性状的 SSR 标记关联分析[J]. 西南农业学报, 2022, 35(03): 503-516.

[72] 刘玉玲, 张红岩, 滕长才, 等. 蚕豆 SSR 标记遗传多样性及与淀粉含量的关联分析[J]. 作物学报,2022,48(11): 2786-2796.

[73] 周仙莉, 滕长才, 张红岩, 等. 蚕豆亚有限生长习性遗传规律分析及其基因初步定位[J]. 分子植物育种, 2021, 19(08): 2660-2667.

[74] 樊有存. 蚕豆耐盐种质资源筛选与抗盐基因的克隆及表达分析[D]. 青海大学, 2021.

[75] 韩雪梅. 蚕豆种质资源淀粉含量分析及 Waxy 基因遗传多样性研究[D]. 青海大学, 2021.

[76] Wu X X, Fan Y C, Li L P, et al. The influence of soil drought stress on the leaf transcriptome of faba bean (Vicia faba L.) in the Qinghai-Tibet Plateau[J]. 3 Biotech, 2020, 10(9): 1-16.

第二章

蚕豆的起源与传播

蚕豆(*Vicia faba* L.)属豆科蝶形花亚科巢菜属的一个栽培种,英文名为broad bean 或 faba bean,中文名又有胡豆、佛豆、罗汉豆等说法,一年生或越年生草本植物。蚕豆品种类型丰富多样,按植物、形态等不同分类法可以将蚕豆分成多种多样。关于蚕豆的起源有多种不同的观点。蚕豆可能起源于公元前10000~公元前9000年的近东地中海东岸地区,然后向外传播并在世界范围内种植。蚕豆广泛分布于温带和亚热带地区,栽培面积较大的国家包括中国、埃塞俄比亚、阿尔及利亚、意大利、法国、摩洛哥等。在中国,黄河以北的春播型为一年生,淮河以南的冬播型为越年生。

第一节　蚕豆的品种类型

三国魏时张揖所撰《广雅》中有"胡豆"一词,可能为蚕豆,而确切记载蚕豆的最早文献是北宋宋祁的《益部方物略记》和苏颂的《图草本经》。前者所载四川物产"佛豆"中,对蚕豆的性状描述仅有"豆粒甚大而坚,农夫不甚种,唯圃中莳以为利。以盐渍食之,小儿所嗜"的简短内容;后者则比较详细地描述了蚕豆的植株形态和特性,"蚕豆,方茎,中空。状如匙……背白青,柔厚,三月开花,如蝶,背白色。结角连缀,如大豆。颇似蚕形。荚青老则黑。实黄色,如指尖大,中陷不满,形若四方。亦有赤色者……荚状如老蚕形,故名蚕豆。”至于后世的诸多农书,多为摘录,并没有超出苏颂的水平。

地方性文献也有一些关于蚕豆性状的零星记载,主要是描述当地蚕豆品种的特点。如清末何刚德的《抚郡农产考略》中记载江西抚州临邑的蚕豆,“粒扁,有深青、淡黄二色,苗高二尺许,茎空而方,叶厚如匙头,一枝三叶,花开如蛾,其色紫,白荚大如拇指”。慈溪大白蚕豆以慈溪、余姚一带种植最为普遍,是浙江五大名豆之一。又据《余姚六仓志》(余姚六仓,一般包括余姚市北部海隅)中记载:“海地产豆,东以白豆最富,荚实大;西产青豆,实较小。品以白豆为佳,多输出境。”说明当地生产大白蚕豆历史悠久,而且品种优良,壳薄实大,营养丰富。还有道光年间的《续修通海县志》(通海县隶属云南省玉溪市)中说:“豆之种甚多,而莫美于蚕豆,其功用较他处为逸,而结子比他处为多,味亦异于他处。”

对于现代科学而言,蚕豆的品种类型则因分类方法和标准不同而有所差异。

一、按植物学分类

中国蚕豆的类型按种子大小一般分为大粒变种(var. *major*)、中粒变种(var. *equina*)和小粒变种(var. *minor*)3 个变种(图 2-1)。

1. 大粒变种

种子长,宽而扁,长 1.9~3.5 cm,百粒重大于 120 g。植株高大,叶片大,生长期内需要较多水分和肥料,开花成熟较早,结荚稀疏,品质好,耐旱力差,如牛踏扁、大青扁等,宜作粮用和蔬菜栽培。

2. 中粒变种

种子扁椭圆形,长 1.25~1.65 cm,百粒重 70~120 g。生长期内需要水分较多,成熟时间适中,如香珠豆、阔板青、青海 13 号等,可粮用或制作副食品。

3. 小粒变种

种子短小,近圆形或椭圆形,长 0.65~1.25 cm,百粒重低于 70 g。对土壤要求不严格,适应性强,抗旱性强,籽粒和茎叶产量均高,品质差,主要作家畜、家禽的饲料和绿肥,如小粒青、二白胡豆、2014-04、2005-00、沙珠玉小蚕豆、云 122-4 等。

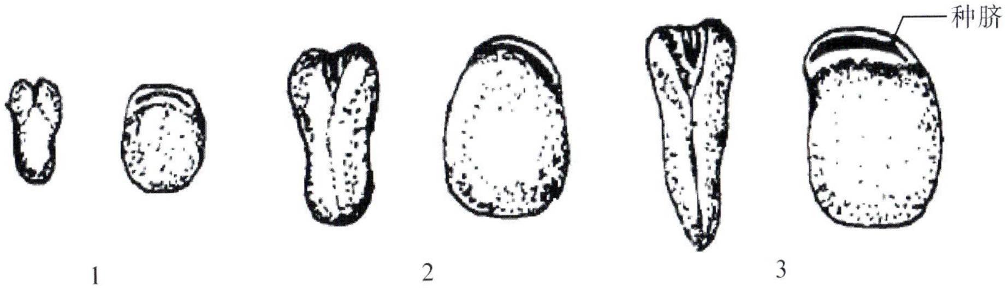

1. 小粒变种；2. 中粒变种；3. 大粒变种

图 2-1 蚕豆 3 个变种的籽粒

二、其他分类

按照形态学的不同，根据生长习性可分为有限、亚有限及无限生长型蚕豆（图 2-2）；根据生长方式，则分为直立、半直立生长型蚕豆；按照生育期的不同，分为早熟、中熟以及晚熟类蚕豆品种；按照用途的不同，又可分为粮用、饲用、菜用和绿肥用等 4 种蚕豆类型。

1. 无限生长型；2. 亚有限生长型；3. 有限生长型

图 2-2 蚕豆按生长习性分类（刘玉皎、周仙莉供图）

第二节 蚕豆的考古发现

蚕豆的栽培历史非常悠久。Hopf 曾对中东和欧洲的蚕豆出土遗址进行了记录，并绘制了1幅遗址的分布图。其时间分为6期，即前陶新石器、新石器早期、新石器晚期、青铜早期、青铜中期和青铜晚期，一共有18个国家的72处遗址（表2-1）。

表2-1 新石器至青铜时期出土蚕豆的地理分布（1986年止）

国家	遗址数/处	国家	遗址数/处
苏联	2	以色列	4
塞浦路斯	4	意大利	10
埃及	2	约旦	2
法国	3	马耳他	2
德国	4	波兰	2
英国	1	葡萄牙	7
希腊	9	瑞士	5
匈牙利	11	叙利亚	2
土耳其	1	南斯拉夫	1

一、国外考古发现

蚕豆学名原文用 *V. faba/narbonensi* 表示，是由于少数几个地点的种子在鉴定上发生困难，如塞浦路斯的 Andress Kastros 发现半颗种子（属新石器早期，约公元前6000年），因其形状介于 *V. faba* 和 *narbonensis* 之间，所以用 *V. faba/narbonensis* 表示，也有定名为 *V. cf. faba* 的，*cf.* 指“似”蚕豆。叙利亚北部的 Abu Hureyra 遗址（前陶新石器）出土的1颗种子，即使用 *Viciacf. faba*（似小粒变种蚕豆）命名。典型的充分肯定的蚕豆是希腊 Dimini 遗址和 Seskl 遗址出土的种子，时间属公元前4000年的新石器中期。至于新石器晚期的典型蚕豆是出现在意大利、西班牙、匈牙利和波兰,到了青铜时期就更多而普遍了。

最新的证据显示,地中海东部沿岸地区蚕豆的考古证据可追溯到距今10 000 年(Caracuta et al,2015)。在死海北面的杰里科(Jericho)曾发现了新石器时代的蚕豆种子,被确认为公元前6250年的遗物。在公元前2400年古埃及第五王朝丧葬的寺院里和公元前2140~公元前1850年的罗马十二王朝的坟墓中也都发现了蚕豆种子。在西班牙、东欧的新石器时代及瑞士、意大利等地青铜器时代遗址中均发现蚕豆残留物。在希腊、罗马考古工作中所获得的都属于小粒变种,而大粒变种则始于公元5世纪以后。16世纪由西班牙和葡萄牙带往墨西哥及南美洲的主要是大粒变种。

1983年以色列考古文物部在耶太(Yiftan)遗址发掘中,出土了一堆约2 600颗的炭化蚕豆种子。蚕豆种子是在一座房子里发现的,其年代按房址及残存石器堆积鉴定为公元前6000~公元前5000年,该遗址海拔40 m,位于以色列拿撒勒(Nasareth)西北9 km。种子堆是在屋子的一个地窖内发现的。在室内地面上还有约7.4 kg的小扁豆混有的少量猪殃殃(*Galium triconutum*)的悬果片(me - ricarps)。1984年又在邻近一座房子里发现150多颗蚕豆种子。炭化种子的长、宽、厚平均为5.5 mm、4.7 mm、4.0 mm,保存得很好,没有严重损害。种皮没有了,但胚根还在,很容易将2片子叶分开。蚕豆种子是根据形态学特征鉴定的。它们都呈扁平楔形,平均长、厚比为0.74,种脐位于种子基部,其宽度与种子的宽相等,子叶的下部1/3接近种脐处是最厚的部分,占平均长度的34%。因籽粒较小,在蚕豆分类上属小粒型,即*Vicia faba var. minuta* 或 *var. minor*。

二、中国考古发现

(1)浙江。中国1956年和1958年在浙江钱山漾遗址中发现有蚕豆种子,其中,第2次考古中发现有2个半颗的蚕豆。蚕豆只存2个外壳,均出于第15和第16号探方之间的建筑遗迹内。该建筑遗迹南北两边隆起,中间地面下陷,木桩按东西方向排立,正中尚有“脊檩”,是个干栏式建筑。在这个范围内,用作顶棚的大幅竹席、树皮以及作为器具的各式竹编被层层覆盖。揭去这些覆盖物,清理出的遗物有黑陶豆、夹砂陶鼎、石斧、泥质红陶长颈鬶(仅存颈部,《报告》中误为“尖底陶壶”,今正)、木千篰、酸枣、桃核,此外就是2个蚕豆。蚕豆的坐标是1.28×4.80-1.32 m,出土时呈淡黄褐色,似觉新鲜,实则仅存种皮。有许多学者对此持有疑问。浙江农学院种子组对其进行了专业鉴定，因为种子“呈半炭化状，种皮呈深黄褐色，很坚硬，子叶大部分已脱离，脐部不明显”，而脐部是判定蚕豆的重要依据，故未成定论。

(2)甘肃。1973 年，在甘肃广河县出土的古代陶器上，还发现了蚕豆种子的图像，而这个陶器被鉴定距今已有 4 000 ~ 5 000 年的历史。

(3)江苏。2018 年，还在江苏省溧阳上兴蒋笪里发掘的古墓葬中(共计 37 座，墓葬群年代跨越从西汉到明代)，于第 3 排的 2 座墓的甑里面发现有炭化蚕豆，但具体的考古报告还未完成。

第三节　蚕豆的起源

蚕豆起源一直是没有明确的，但在文献中有多个起源观点和学说，最早的起源学说是德堪多之说，之后又有 3 种观点，其中也有学者认为，中国是蚕豆次生多样性中心。

一、德堪多之说

关于蚕豆的起源，较早的德堪多(De Candole)在其著作《农艺植物考源》中就已经对蚕豆原产地作了较多的论述：

(1)林奈在《植物种志》一书内，说蚕豆原产埃及。

(2)俄国人 Lerche 于 18 世纪曾在里海南部、孟干沙漠(Mungan Desert)、马山达尔(Mazanderan)等地发现野生蚕豆。

(3)俄国人欧利维埃(Olivior)在波斯见到野生的蚕豆植物。

(4)德堪多就希腊语的 Kuamos，拉丁文的 Faba、Theophrastus、Diosearides、Pliny 诸人诸作相互对证，以为谷物、豆类间名称常混淆，单凭某地的语言文字中有 Kuamos 或 Faba 之名，不能表明就是蚕豆的原产地，而且上述林奈、Lerche、欧利维埃 3 人的著作中又不见此 2 个名称，故希腊、罗马都不是蚕豆的发源地。古埃及人曾栽培蚕豆，但在其古人石棺、墓碑中未曾有人发现蚕豆粒或蚕豆图像的雕刻。彼时或仅有少数区域栽培，绝非原产于其地。

(5)旧约圣经中有 Pol 一字,被译为蚕豆,Talmud 族至今尚保存此传说。阿拉伯人称蚕豆为 foul、fol 或 ful。德堪多以为可以从此名称推知基督降生千年之前,希伯来人已知有蚕豆一物。

(6)提到北非的 Berber 族语称蚕豆为 ibion(复数 iabomen),今阿尔及尔某族人尚常用之,可以推知当地有野生蚕豆的存在。

(7)根据上述史迹推断,史前欧洲栽培之蚕豆在 Pelasgians、Kelts、Slaius 诸族迁徙的时代已由雅利安输入。公元前 1 世纪输入中国,后更移植于日本,近古始到印度。

(8)认为蚕豆野生植物的原产地一在里海南部,一在非洲北部,其分布中心区域相隔遥远至此,可能是蚕豆分布逐年缩小以至于灭亡的结果。

二、其他起源之说

德堪多之后,关于蚕豆起源的认知基本可以归结为以下 3 种观点:第 1 种观点认为蚕豆原产于亚洲西南到非洲北部一带,第 2 种观点认为蚕豆起源于中亚,第 3 种观点认为中国可能也是蚕豆的起源地之一。

1931 年 Muratova 提出大粒蚕豆(*Vicia faba major*)原产于北非,小粒蚕豆(*Vicia faba minor*)原产于里海南部。

1935 年 H. M. 瓦维洛夫根据在中亚的喜马拉雅山脉和兴都库什山的交汇地区发现有小荚、小粒的原始类蚕豆,而提出中亚的中心地区是蚕豆的最初起源地,并自中亚沿纬线山脊向西伸到伊朗、土耳其、地中海到西班牙,蚕豆籽粒逐渐增大,特别是根据西西里岛和西班牙的蚕豆比阿富汗喀布尔地区的蚕豆大 7~8 倍的事实得出结论,认为地中海沿岸及埃塞俄比亚是大粒蚕豆的次生起源地。

1972 年 Schultze - motel 依考古学的证据,认为蚕豆(V. *faba*)是在新石器时代后期(公元前 3000 年)被引入农业栽培的,而不是第 1 批被驯化栽培的作物。Hanelt 等人 1973 年报道,在以色列到土耳其和希腊海岸线以东未有史前的考古发现。

有些学者认为蚕豆起源地为西南亚洲到地中海地区,但其祖先和起源地区仍未确定,1974 年 Cubero 推测蚕豆起源中心在近东地区,并由此向 4 个方向传播,后来阿富汗和埃塞俄比亚成为次生多样性中心。

三、最新起源之说

根据近年来的调查研究,以及在以色列卡梅尔山 El – Wad 遗址进行的调查,并通过利用 X 射线 CT 扫描确定了在加利利(Lower Galilee,1.02 万年前新石器时代农作物驯化的地方)附近第 1 份也是迄今为止唯一的野生蚕豆遗存,年代在距今 1.4 万年前,再加上在地中海东岸地区,驯化蚕豆的考古历史可追溯到距今 1 万年前(Caracuta et al,2015),越来越多的证据显示,蚕豆可能起源于亚洲西部靠近地中海沿岸地带。

如前所述,蚕豆在中国史料记载中出现的时间较晚。但有人据钱山漾文化遗址中出土的蚕豆半炭化种子,以及甘肃省 1973 年广河县地巴坪出土的半山类型的彩陶在"葫芦型网纹间夹绘的 4 个小纹饰中,有蚕豆粒特有的形象",判断中国在距今 4 500 年前就已经栽培蚕豆,且在云南丽江一带有一种拉市青皮豆,栽培历史很久,据说是当地土生土长的原产品种,在宾川还有野生蚕豆分布,推测中国可能也是蚕豆的起源地之一。但这种观点在证据上并不充分,故未能得到学界的广泛认可。

需要指出的是,Zong 等(2009, 2010)利用 AFLP 分别对中国冬性和春性蚕豆资源与国外蚕豆资源进行了比较研究,发现中国蚕豆资源遗传变异丰富,遗传多样性较高,春性和冬性蚕豆属于明显不同的 2 个基因库并明显与国外资源分离。由此推断中国可能是蚕豆的又一个次生多样性中心。因此,我国是不是蚕豆的次生起源中心还有待进一步研究论证。

第四节　蚕豆的传播

"蚕豆"究竟是从哪里来到我国安家落户的呢？一般认为,蚕豆的老家在西南亚高原到北非这些地区,其中里海南岸是我们现在种植的蚕豆中的小粒变种的起源地，而阿尔及利亚北部的地中海沿岸是大粒变种的发源地，然后万里迢迢，再辗转传播到我国。

一、发源地传播

丘比雷罗的科学家认为近东（地中海东部沿岸地区）是蚕豆的起源中心，然后从中心向四周传播，随着文化和商业的发展传到了欧洲，沿北美海岸传到了西班牙，沿尼罗河传到了埃塞俄比亚，并形成了第 2 个次起源中心——印度。这几条传播路径都离不开水路交通或者陆路交通的发展，而从交通这方面考虑，丘比雷罗的观点确实有一定依据。

根据蚕豆起源的研究结果，推测其基本从近东地区向 4 个方向传播：向北传播到欧洲；沿北非海岸传播到西班牙；沿尼罗河传播到埃塞俄比亚；从美索不达米亚平原传播到印度，从印度传播到中国。

二、蚕豆传入中国的途径

1. 蚕豆由欧洲传入中国

蚕豆的小粒变种约在公元前 100 年传入中国，大粒变种则约在公元 1200 年由欧洲的商人传入中国，这与德堪多的论述基本一致，即蚕豆于公元前1 世纪输入中国，后更移植于日本，近古始到印度。

2. 蚕豆由印度传入中国

根据星川清亲、游修龄等人的研究，日本文献中确切的“蚕豆”记载要略早于中国，说日本圣武天皇天平八年（公元 736 年），由印度僧侣将蚕豆经由中国带去日本，日本僧人行基曾在武库试种过，也可证明中国蚕豆是从印度传入的。语言学角度、交通条件等多方面的考证显示，蚕豆可能由印度传入中国，并且在中国南方地区形成了以云南和四川地区为中心的主要传播中心，然后再传播到其他省份。

三、蚕豆传入中国的时间

蚕豆何时传入中国没有正史记载。不过，三国魏时张揖所撰百科词典

《广雅》中记载有“胡豆”一词,而北宋类书《太平御览》中也说“张骞使西域,得胡豆种归”,有不少学者认为这里的胡豆就是指蚕豆。如果这种说法可靠,那么,蚕豆传入中国的历史已有2 100多年。然而,著名农史专家游修龄以为,“豌豆作胡豆,来自胡戎是正确的。至于称蚕豆为胡豆则是二者在同一地区种植后发生的误称。如蚕豆在四川本名佛豆,佛和胡在四川话中很相似,容易写成胡豆”。

四、蚕豆在中国的传播

《本草纲目》说蚕豆“蜀中尤多”,《群芳谱》也说蚕豆“今南北皆有,蜀中尤多”,而蚕豆在四川称作“佛豆”,可能同最初由云南传入有关,《汝南圃史》(1620年)说蚕豆“种出云南”。吴其濬解释佛豆,称其是“明时以种自云南来者绝大而佳,滇为佛国,名曰佛豆,其以此欤?虽然,滇无蚕,以佛记”。游修龄认为吴其濬的这个解释是有道理的。四川和云南的交通早在秦代就有2条官道,即南路从宜宾到云南曲靖和北路从雅安到云南晋宁。至于云南则通过缅甸传入蚕豆,也是有道路存在的。

“若江湖蚕乡以为蚕候,则曰蚕豆。”四川以外的地方把蚕豆称为“川豆”,也是一个说明蚕豆是从四川推广到外地的例证。

参考文献

[1] 汪济英,牟永抗. 关于吴兴钱山漾遗址的发掘[J]. 考古, 1980(04): 353-358, 360.
[2] 叶茵. 中国蚕豆学[M]. 北京: 中国农业出版社, 2003.
[3] 游修龄. 蚕豆的起源和传播问题[J]. 自然科学史研究, 1993(02): 166-173.
[4] 浙江省文物管理委员会. 吴兴钱山漾遗址第一,二次发掘报告[J]. 考古学报, 1960: 73-91.
[5] Göl Ş, Doğanlar S, Frary A. Relationship between geographical origin, seed size and genetic diversity in faba bean (*Vicia faba* L.) as revealed by SSR markers. Molecular Genetics and Genomics[J], 2017, 292 (5): 991-999.
[6] 中国农业百科全书总编辑委员会农作物卷编辑委员会,中国农业百科全书编辑部. 中国农业百科全书·农作物卷(上)[M]. 北京:中国农业出版社,1991: 462.
[7] M E Kislev. Early Neolithic Horsebean from Yiftah'el[J]. Israel Science, 1985, 228: 319-320.

[8] M. Hopf, Archaeological evidence of the spread and use of the spread and use of some members of the Legumi - nosae Family, The Origin and Domestication of Cultivated Plants. Barigozzi C. The origin and domestication of cultivated plants[M]. Amsterdam: Elsevier Science, 1986: 35 - 60. Edited by C. Barigozzi, Milano, Italy, 1986: 35 - 60.
[9] 俞德浚,蔡希陶,胡先骕. 农艺植物考源[M]. 北京:商务印书馆,1950: 174 - 178.
[10] 郑卓杰,王述民,宗绪晓,等. 中国食用豆类学[M]. 北京:中国农业出版社,1997: 53 - 92.
[11] 任俊云. 春性蚕豆种质资源遗传多样性研究[D]. 西宁:青海大学,2007.
[12] Caracuta V, Weinstein - Evron M, Kaufman D, et al. 14, 000 - year - old seeds indicate the Levantine origin of the lost progenitor of faba bean[J]. Sci Rep, 2016, 6: 37399.

第三章

蚕豆的栽培历史与文化

作为最古老的栽培植物之一，蚕豆在全世界40多个国家普遍种植。其中，我国栽培蚕豆的记载，至今已有2 000多年的历史。

第一节　蚕豆的名称演变

蚕豆的名称甚多，有佛豆、胡豆、南豆、马齿豆、竖豆、仙豆、倭豆、乌眼豆、大寒豆、柜豆、湾豆、青豆、罗泛豆、罗汉豆、夏豆、大豆等10余种俗名，不同时代和地区称呼不同。本书选择几种使用较多的名称分别加以介绍。

蚕豆：元代王祯的《农书》和明代李时珍的《本草纲目》谓其蚕豆。王祯的《农书》主张是因为该豆在春蚕结茧时刚好成熟，李时珍则认为得此名的原因是豆荚状如茧(蚕茧)。

佛豆：滇、蜀称蚕豆为佛豆。北宋宋祁的《益部方物略记》记载："佛豆：丰粒茂苗，豆别一类。自注：豆粒甚大而坚，农夫不甚种，唯圃中莳以为利。以盐渍食之，小儿所嗜。"清代吴其濬的《植物名实图考》卷一《谷类 · 蚕豆》中说："蚕豆，《食物本草》始著录。……杨诚斋(万里)亦谓蚕豆未有赋者，戏作诗……可谓凌厉无前矣。……《益部方物记》有佛豆……《云南通志》谓即蚕豆，岂宋时尚未遍播中原，宋景文(祁)至蜀始见之耶？明时以种自云南来者绝大而佳，滇为佛国，名曰佛豆，其以此欤？”

胡豆：宋代类书《太平御览》中云：“张骞使外国，得胡豆种归。指此也。今蜀人呼此为胡豆，而豌豆不复名胡豆矣。”《本草纲目》中对“蚕豆”释名：“此豆种亦自西胡来，虽与豌豆同名、同时种，而形性迥别。”清代俞正燮的《癸巳存稿·豆》中说：“……此即胡豆，张骞使西域所得，与麦同种同收，亦名蚕豆。”

南豆（北豆）：云南称蚕豆也叫南豆，康熙时期的《蒙化府志》卷一《物产》中记载蚕豆“花开面向南”，故名，而清人俞正燮的《癸巳类稿》则记载蚕豆在安徽叫北豆。

马齿豆：台湾因为蚕豆形状有点像马齿，故名。

倭豆：明嘉靖三十二年（1553年），浙江余姚虽已有蚕豆种植，但还较为稀少。抗倭名将戚继光为了鼓励战士们奋勇杀敌，便当众宣布“杀得倭寇一名，奖励蚕豆一粒”，并用线穿了挂在胸前，代表“倭头”，以后只要看谁的胸前有蚕豆便知谁是抗倭英雄。从此，戚继光的部下把蚕豆叫作“倭豆”。久而久之，浙江余姚的百姓便都叫蚕豆为“倭豆”。

牛踏扁：江苏尤其太仓地区因其粒大而扁，当地人俗呼为牛踏扁。

乌眼豆：蚕豆的胚盘两侧各有大点黑色，与眼睛相似，故名。

大寒豆：名见清末陈启谦所撰的《南通州物产表》。上海地区也称蚕豆为“大寒豆”，因为寒豆是上海人对冬种春收、经过寒冬的、具有耐寒性的豆类的统称，其中蚕豆颗粒稍大，故称“大寒豆”，豌豆稍小则称“小寒豆”。

罗汉豆：蚕豆去皮形似罗汉头，故名。名见清末民初陈寿彭所撰的《宁波物产表》。

梅豆：至黄梅时乃熟，故名。详见《中国农学遗产选集·豆类》的上编。

戎菽：混称。《管子·戎》中说：“（齐）北伐山戎，出冬葱与戎叔（菽），布之天下。”注：“山戎有冬葱戎菽……戎叔，胡豆。”

大豆：浙江余姚中南部很多老百姓习惯把蚕豆叫作大豆，因为当地种植的所有豆科作物中，蚕豆籽粒最大，百粒重100 g左右，比豇豆、绿豆、赤豆、扁豆、毛豆、四季豆等籽粒都大，可能由此而得名。

青豆：籽粒小，外皮青翠，百粒重70 g左右，故称为青豆。

第二节　蚕豆的拓展与栽培

蚕豆在宋代的著作中极少提到，元代王祯所撰的《农书》中更把蚕豆和豌豆混为一谈，可见蚕豆在宋元时，种植得还不太普遍。明代以后的情况有所不同，《救荒本草》中记载“蚕豆今处处有之”；《天工开物》中记载“襄汉上流，此豆甚多而贱，果腹之功，不啻黍稷”；清代《多稼集》说江浙一带因“蚕豆得春花之最早，立夏荐新”，是“七熟之一”而“人喜嗜之”，故普遍种植。《植物名实图考》还指出云南“山泽之农，以其豆大而肥，易以果腹”，故“种植极广”，甚至“米谷视其丰歉以定价”；《味退居随笔》中提到蚕豆“闽人最嗜之，视同珍果，宴客必具，行销各省，此为最多”。明清时期北方也有不少地方种植，如清代的《救荒简易书》中就谈到河北、河南、山东等地均有种植。又由于蚕豆成熟早，故《农政全书》等农书指出“极救农家之急”，且“蝗所不食、藏之数年出亦不蛀，诚备荒佳种”。清代的《齐民四术》中也说蚕豆“不择地，可保岁，宜多种”。

至于蚕豆的栽培技术、方法和学理知识，相对其他谷物来说要简单得多，多零星分散于各类古籍中，或为当时百姓口头所传，或为日常种植经验之总结。中国古代很少占用大面积土地栽种蚕豆，都是尽可能利用“十边”之地。例如，据说江苏松江地区种蚕豆，始自唐朝陆龟蒙劝人利用“田塍夹种”（《嘉庆松江府志》）。苏州一带，土地珍贵，很少大片种植蚕豆，只是在岸边、埂边、坟边、路边的隙地种上一点，把蚕豆当作一种蔬菜补充食用。唯有太仓蚕豆质量好，销路广，就种得多一些，《古今图书集成·草木典》中记载了太仓州的蚕豆种植情况：“蚕豆出双凤法轮寺前者尤佳，自双凤至南门亦据胜，大有如指顶者，他邑仅三分之一，性亦粗硬。”宣统时期的《太仓州志》卷三中也说：“蚕豆，俗呼寒豆，出双凤镇法轮寺前者佳，近九都陆宣公庙前后出者尤胜，因号宣公豆。”明代农学家徐光启在他的《农政全书》中曾大力号召人们种蚕豆，称“此种极救农家之急，且蝗所不食”。

蚕豆的栽培技术较为简单，正如清代的《致富全书》中所说“种法同豌豆”。不过，古代蚕豆也常与其他作物轮作换茬和间作，《农政全书》中就记载了蚕豆可与棉花换茬。明代农学家徐光启为了进一步提高南方的旱作技术，在《农政全书》中提出了很多增产措施，其中也包含对蚕豆栽培经验的总结，主要还是讲述麦豆或棉豆的套作之法："麦沟口，种之蚕豆。豆亦忌水，畏寒，腊月宜用灰粪盖之"，以及蚕豆种在棉花田中，冬天不拔花秸，这样可以拒霜防冻；《齐民四术》中也提到南方常在麦沟及麦田种植蚕豆；《三农纪》中介绍了蚕豆与水稻轮种的方法；《天工开物》中则说浙江常于"桑树之下，遍繁种之"，都是间作套种的不同表现形式。另外，蚕豆比较怕寒，《农政全书》中说南方蚕豆"亦忌水畏寒，腊月宜用灰粪盖之"，《汝南圃史》中谈到北方种蚕豆，说"当十二月土冻，用干草薄盖立春撤去"，说明古人十分注意蚕豆越冬的防寒工作。又据《余姚县志》记载，早在明朝嘉靖四十年（1561 年）时，姚北沿海地区已盛产蚕豆，民国时期和 20 世纪 50 年代，余姚以姚北棉田为主，以间作套种方式种植蚕豆非常多。除了小麦与蚕豆、棉花与蚕豆，还有大麦与蚕豆、青菜与蚕豆、胡萝卜与蚕豆、玉米与蚕豆、马铃薯与蚕豆、烟叶与蚕豆等各种间作套种模式。这些模式可以在一定程度上防控作物病虫害，增强作物根系活力、促进固氮，从而提升作物产量。

蚕豆种植的时间各地有所不同，例如，江西抚州农民一般在 9 月埋下蚕豆种子，蚕豆会在次年 2 月前后开花，旬日即成荚，清明时可收。百谷中唯此物收获最先。这里提到蚕豆的播种时令是 9 月，收获时令是清明，《沈氏农书》的"杂作"部分也提到在八九月时"沉蚕豆"，也就是埋种蚕豆，一般滩地上比田地里早下种，说明在中国淮河以南冬前播的蚕豆为越年生植物。

蚕豆对土壤的要求并不高，清末何刚德的《抚郡农产考略》中记载蚕豆"喜燥爽地"，另外，在描述蚕豆种植经验时还讲到了施肥与壅土，"用灰盖之，苗出浇以粪水，腊月宜厚壅培，计每亩需要粪秽三四石、草木灰三石"。实际上，蚕豆在传统农业种植生产中一直是不怎么施肥的，被视为"一层灰"作物。何刚德的记载说明，清代农民对农作物的栽培已经有了更深刻的认识，利用肥料维持地力的情况更加普遍，肥料的种类和积制方法也更加多样化。在蚕豆栽培的初始阶段，危及其生长的主要是杂草，故而在种植蚕豆的过程中需要"削豆坂"，坂为田坂，削豆坂是指在田地里削草，如果草比较多则需要削几次地。

第三节 蚕豆的古法利用

蚕豆营养丰富，用途广泛。蚕豆是古人植物蛋白的重要来源，亦是根瘤固氮、生物养地的重要作物，对改善人们饮食结构、维持农田生态平衡、促进农业经济发展等都有重要作用。

一、粮用、菜用和副产品原料

蚕豆可作主食，又可作蔬菜、副食。我国明代农学家徐光启在《农政全书》中录述王祯对蚕豆的评价："蒸煮皆可便食，是用接新，代饭充饱。"清代吴其濬所撰的《植物名实图考长编》中称："蚕豆嫩者供煮，老者杂饭，干之为粉，焰之为果，农书云'接新充饱，和麦为糍'尚未尽其用也。"清代中期以后，江南地区多熟复种制度发展，农民食用杂粮增多，如姜皋中的《蒲柳农咨》中记载蚕豆"自湿至干，皆可为粮"。乾隆时期的《吴江县志》卷五中记载，在夏初的时候，农民"磨麦穗以为面，杂以蚕豆"，困难时期还可以与米粮一起熬粥充作接济食物。至今，蚕豆还是我国边缘地区的重要作物之一，也是南方稻区的主要小春作物或夏粮作物之一。在甘肃、青海等春蚕豆产区的群众，常把蚕豆作为主粮与麦粉、玉米粉混合做成"花面""杂合面"。蚕豆粉和面粉混合制成的营养面包，将来可能会成为大众化食品。

蚕豆的菜用则分为 2 种情况：一是直接把蚕豆视作蔬菜；二是利用蚕豆发芽，食用芽豆。未成熟的蚕豆可作蔬菜食用，味道鲜美。清代王士雄的《随息居饮食谱》中说："嫩时剥为蔬馔，味甚鲜美。老则煮食，可以代粮，炒食可以为肴。浸以发芽，更不壅滞。亦可煮糜作糕饵。"何刚德所撰的《抚郡农产考略》则云蚕豆"蒸食煮食皆可，味甜且香嫩者，充饥尤美。可磨粉做饼饵。有用热水淋之，发芽当蔬菜者，每石价银二两有奇"。在《随园食单》里，袁枚说："新蚕豆之嫩者，以腌芥菜炒之，甚妙。随采随食方佳。"慈溪一带喜食"独脚蟹"，所谓"独脚蟹"也就是发了芽的蚕豆，即芽豆。因蚕豆带酱色皮的外形像一只小螃蟹，发了芽的部分仿佛是举着一只钳子，故名。

蚕豆还是多种副食品的好原料，可加工成蚕豆粉丝、粉皮、粉条、五香豆等传统产品，加工产品的产值是初级产品的 3～5 倍，甚至更高，加工增值潜力很大。蚕豆还可以加工制作成豆瓣酱。我国制酱技术起源很早，至今已有 3 000 多年的历史。比如《周礼》中有"膳夫掌王之食，酱用百有二十瓮"的记述，《论语》中也有"不得其酱不食"的说法。《四民月令》"正月"条中记载："可作诸酱。上旬炒豆，中旬煮之。以碎豆作'末都'，至六七月之交，分以藏瓜。可以作鱼酱、肉酱、清酱。"据清代的《齐民四术》及《多稼集》等记载，蚕豆可"作甜酱"，且"甚鲜美"。以蚕豆为主要原料的发酵调味品物美价廉、种类繁多、风味各异、制作方法不一，深受人们的欢迎和喜爱。

二、牲畜饲料来源与医药功效

据研究，猪对蚕豆籽粒蛋白质的消化率达 80.14%，显著高于小麦、玉米和马铃薯。每 1 kg 消化量相当于小麦的 2.76 倍、玉米的 5.5 倍、马铃薯的 4.8 倍。种植 1 hm^2 蚕豆可养肥猪 10～15 头，或养日产奶量 1 kg 的奶牛 1～2 头。蚕豆籽粒与其他谷物饲料搭配使用，能显著提高饲料的转化率。蚕豆收获后的茎、叶、荚壳及籽粒加工后的粉糠是家畜的优质饲料，也是重要的饲料来源。其实，蚕豆作饲料，在我国的历史也非常悠久。早在北宋苏颂的《图经本草》中就有"喂牛、马甚壮"和"叶可饲畜"的记载；清代张履祥的《补农书》中没有食用蚕豆的叙述，却记录了蚕豆作为牲畜饲料使用的价值；《滇南见闻录》中还介绍了云南将蚕豆叶晒干后加工成粉的方法："以之养猪，猪极肥美，多则粜卖，名为荳叶粉。"有的农民则发现蚕豆还是喂养母鹅的最佳饲料，可使母鹅的产蛋量增多，使仔鹅孵化率得以提高。

蚕豆的药用价值及偏方、验方、食疗方等很多，药食兼备。现代医学科学研究显示，蚕豆的籽粒、茎叶、种皮、花、荚壳等都有药效作用，主要有健胃利湿、治水肿、止血、止泻和一定的抗肿瘤功效。蚕豆作为药用，古代最早出现于朱橚撰写的《救荒本草》，说蚕豆可以"利湿消肿，涩精止带"，食用熟蚕豆对于脾胃虚弱、食少便溏、遗精、白带等症有辅助食疗的作用。李时珍的《本草纲目》中同样记载蚕豆具有"快胃，和脏腑"的功效，王象晋的《群芳谱》中则说其"味甘微辛平无毒、快胃、和脏腑、解酒毒，误吞金银等物者，用之皆效"，清代吴仪洛所撰的《本草从新》中也说，蚕豆具有"补中益气，涩精实肠"的功效。又根据现代《中医大辞典》的总结，蚕豆"甘、平，入脾、胃经，健脾利湿，治膈食，治水肿"。《现代实用中药》则认为，蚕豆能"治水肿、脚气、小便不通"。

关于如何食用蚕豆可以达到理想药效，《救荒本草》中说："采豆煮食，炒食亦可。"姚可成在《食物本草》中提出，蚕豆"炒食、煮食，用以点茶，无不宜者"。但是，脾胃气虚者不宜多食蚕豆，过敏体质者也要慎食。元代养生家贾铭的《饮食须知》中曰"多食滞气成积，发胀作痛"，明代茂兰的《滇南本草》中云"多服则下气，眼热"，清代张璐的《本经逢原》中也有同样的说法，即"性滞，中气虚者食之，令人腹胀"。

三、套(间)种与绿肥利用

蚕豆因其根部有根瘤,根瘤菌有固定空气中氮素的作用,因此也是我国传统豆科绿肥的重要组成部分。在北魏贾思勰所著的《齐民要术》,明代徐光启所著的《农政全书》、宋应星所著的《天工开物》等古农书中,对绿肥栽培利用的技术已有记述。其中,提及蚕豆作为绿肥栽培利用的也有一些,比如《农政全书》中就说到,“苗类如蚕豆、大麦皆是,草类如翘尧(紫云英)、陵茹,江南皆特种以壅田,非野草也”,“种蚕豆,至春,翻罨作壅,即地虚,行根极易,又极深,则能久雨,能久旱,能大风”。

种植蚕豆不仅能收获富含蛋白质的蚕豆籽粒,还能借助根瘤菌的固氮作用培肥地力,有利于其他套(接)茬作物的增产。从《农政全书》中所载“麦沟口种之蚕豆”,到清代《补农书》中所说“俗亦有下豆(蚕豆)于麦棱者”,及至《抚郡农产考略》中说“临邑的蚕豆多种于麦地及园圃内”,这些都是麦与蚕豆套作以促进农作物增产的措施。我国稻、棉地区人多地少,粮肥矛盾突出,扩种绿肥有一定限度,而且效益低,绿肥面积不断减少。但有不少地区仍然保留着种蚕豆采青荚作蔬菜、鲜茎叶作绿肥的习惯。随着种植结构的调整,特别是浙江、江苏稻棉区一带自20世纪90年代初引进大粒型蚕豆以后,蚕豆种植面积不断扩大,从而满足了棉、粮对绿肥的需求。

第四节　蚕豆的文化及影响

蚕豆文化是以蚕豆生产为主要活动的社会群体所创造的物质财富和精神财富的总和,是蚕豆生产史中孕育出来的文化遗产,是中国农耕文化的重要组成之一。蚕豆文化的主要内容是围绕着蚕豆生产、加工、利用而形成的生产方式、礼俗观念、制度文化等,属于广义的“文化”概念,既包括物质财富,也包括精神财富。关于物质创造活动的部分,前面论述较多,本节主要阐述蚕豆的精神创造活动及其结果与影响。

一、蚕豆与宗教礼俗

国外种植蚕豆的历史悠久。古希腊荷马史诗《伊利亚特》中就有记载说"蚕豆是人们栽培的植物"。古罗马人首创用蚕豆作为选举时用的"选票"。罗马人还以蚕豆供奉"卡娜"女神,这是蚕豆拉丁学名的由来。而古埃及人却认为蚕豆是不洁之物,所以无论是埃及古代的石棺椁还是墓碑,都找不到蚕豆的图案雕刻。

中国有关蚕豆的文化符号具有丰富的内容,包括从蚕豆延伸出来的各种寓意,以及相关的一些宗教礼俗。蚕豆与佛教联系密切,佛豆即指蚕豆,意为多福。舍豆结缘的习俗在明代就有,据明末刘侗、于奕正所撰的《帝京景物略》卷二中记载:"(四月)八日,舍豆儿,曰结缘,十八日,亦舍。先是拈豆念佛,一豆,佛号一声,有念豆至石者。至日熟豆,人遍舍之,其人亦一念佛,啖一豆也。凡妇不见答于夫姑婉若者,婢妾摈于主及姥者,则自咎曰:'身前世不舍豆儿,不结得人缘也。'"古人为了延寿,常借蚕豆举行佛事活动——拣佛豆,大体是从四月初八"浴佛节"施豆结缘习俗演变而来。

以封建贵族大家庭日常生活为主要题材的清代小说《红楼梦》,对生日宴会的描写极尽渲染,其中,贾母过八十大寿那一回就有提到过"拣佛豆",贾母叫两个姑子替她拣佛豆,借以积寿,还叫尤氏、凤姐、喜鸾、四姐儿等帮着一起拣,"洗了手点上香,捧过一升豆子来,两个姑子先念了佛偈,然后一个一个地拣在一个簸箩内,每拣一个念一声佛。明日煮熟了,令人在十字街结寿缘"。

蚕豆与佛教礼俗的联系还体现在菜品方面。如云南白族擅长制作佛豆汤,主要材料就是蚕豆。自唐代起,古南诏国便崇奉佛教,故有"佛国"之称;至宋代大理国时期"佛教甚盛,民俗家无贫富,皆有佛堂,一岁之中,斋戒几半"。延至现代,教徒大多于阴历初一、十五和"佛诞"时斋戒吃素,佛豆汤是必不可少的食肴。

二、蚕豆与文学创作

文学遗产中以蚕豆为主题的作品不多,较早和较出名的只有南宋诗人杨万里的一首七律,这首诗还特地注明是因前人"未有赋者"而创作。但是因为这首诗的题目是“招陈益之、李兼济二主管小酌益之指蚕豆云”，小注写明了“未有赋者。戏作七言，盖豌豆也，吴人谓之蚕豆云”。此诗所咏为豌豆（*Pisum sativum* L.）而非蚕豆（*Vicia faba* L.），翠荚等词，正是形容豌豆的细圆特点，并非蚕豆之扁大。

《招陈益之、李兼济二主管小酌。益之指蚕豆云》

［南宋］杨万里

翠荚中排浅碧珠，甘欺崖蜜软欺酥。

沙瓶新熟西湖水，漆榅分尝晓露腴。

味与樱梅三益友，名因蠢茧一丝约。

老夫稼圃方双学，谱入诗中当稼书。

清代诗人提及蚕豆的诗作增多，但似乎不大有名，其中有一首为“扬州八怪”之一的汪士慎所作，另一首源自谢辅绅的诗集，因收录在地方志（光绪《镇海县志》卷三十八）中而被保存下来。

《蚕豆花香图》

［清代］汪士慎

蚕豆花开映女桑，方茎碧叶吐芬芳。

田间野粉无人爱，不逐东风杂众香。

《蛟川物产五十咏·蚕豆》

［清代］谢辅绅

水墨花开入画宜，种成一顷讵为箕。

紫樱未饱青梅小，正是蛾眉上簇时。

还有其他诗人对蚕豆也有过朴实的称颂，比如清代的戈鲲化和严恒都有专门描写蚕豆的诗词作品。

《再续甬上竹枝词》

［清代］戈鲲化

青青蚕豆种宜稀，颗粒圆匀荚正肥。

野老更传倭豆熟，南风轻飏楝花飞。

《蚕豆》

[清代]严恒

田家豆熟逢蚕月，小荚丛生竞类蚕。

熟后香葆千颗脱，餐来茧果十分甘。

除了诗词这一体裁外，以蚕豆为主题的文学作品较为出名的则是鲁迅的短篇白话小说《孔乙己》。茴香豆是浙江绍兴著名的传统小吃，其原料就是蚕豆，是城乡酒店四季常备的休闲和下酒之物。民谣云："好吃茴香豆，嚼嚼韧纠纠，要用谦豫、同兴好酱油。"鲁迅的《孔乙己》中对"孔乙己"这一人物形象的描写在很大程度上是围绕茴香豆而展开的，通过对茴香豆的细节描写折射了孔乙己迂腐、天真、善良、乐观、慷慨的人格特点。

三、蚕豆与民俗"分豆结缘"

所谓"分豆结缘"，是指七夕乞巧时在亲朋邻里之间互相馈赠蚕豆，以促和气、和睦与谊深的习俗。关于这一习俗的来源，在福建闽侯有一个传说：清乾隆年间知府李拔推广田埂豆，收成适在节前，农家遂把田埂豆炒熟，分赠亲友尝新，促进邻里感情，即谓之"分豆结缘"，后来此习俗就被延续下来，影响福建各地。郭白阳的《竹间续话》卷三中载"闽人七夕炒蚕豆相遗，谓之结缘"，便是对这一传统最好的注解。

又陈庚焕有诗《结缘行》："闽人本多情，豆为结缘炒。晨兴十万灶，爆咤喧辰卯。儿曹互相投，嗑嗑哪厌饱。蚕豆熠益坚，蚕丝善相绞。旧俗良古风，俯仰我心搅。古道儿人行，晨星嘒参昴。混沌一以凿，凉薄日悄悄。群嗤长者愚，争夸小儿佼。遂令市井风，浸淫被芹茆。逢人空醪醩，反眼辄相拗。利害毛发间，龋龁肆爪牙。诗书佐倾危，交道弥傲扰。反逊市廛儿，庸中多佼佼。天真孰未漓，爱此群儿姣。遗我豆盈掬，缺齿努力咬。愿儿多善缘，相与追管鲍。覆雨与翻云，慎勿学此獠。天上闻云间，人间多漆醪。醇风且暮还，颓俗讵能挠。"从其中"十万灶"的描述，可见当时"分豆结缘"的流行。不仅如此，诗中对于儿童的参与着墨甚多，用词精准，惟妙惟肖。对此，他还在自己的《惕园初稿》中有过类似的评述："闽俗七夕不闻乞巧者，而儿童以蚕豆相遗，谓之'结缘'。其名称雅，其取义厚，固宜入七夕诗料。"显然，七夕"分豆结缘"包括了不断延伸的含义。

此外，福建七夕"结缘"的习俗在有些地方并不仅限于分赠蚕豆，往往还包括瓜果,形式更加拓展。如清闽县(今福州)人刘萃奎所撰的《〈载酒堂集〉诗注》中云:“吾乡福州七夕,亲故各以瓜果蚕豆相馈遗,谓之‘结缘’。”民国郑拔驾所编的《福州旅行指南》中也说:“七月七夕牛女相会,家家供瓜果蚕豆,并互相赠送,谓可结缘。”

参考文献

[1] 郭白阳, 福州市地方志委员会. 竹间续话・卷三 [M]. 福州: 海风出版社, 2001: 50.

[2] 林家钟, 福建省文史研究馆. 林家钟文史选集[M]. 福州: 海风出版社, 2013: 367.

[3] 刘侗, 于奕正. 帝京景物略・卷二 [M]. 北京: 北京古籍出版社, 1983: 68.

[4] 孙书安. 中国博物别名大辞典[M]. 北京: 北京出版社, 2000: 531.

[5] 吴其濬. 植物名实图考长编[M]. 上海: 商务印书馆, 1933: 23.

[6] 徐光启. 农政全书・上册[M]. 北京: 中华书局, 1956: 514.

[7] 张如安. 宁波历代饮食诗歌选注[M]. 杭州: 浙江大学出版社, 2014: 93.

[8] 郑拔驾. 福州旅游指南[M]. 上海: 商务印书馆, 1935: 11.

[9] 枕书. 博物述林[M]. 上海: 学林出版社, 1990: 28-29.

[10] 中国农业百科全书编辑部. 中国农业百科全书・农业历史卷[M]. 北京: 中国农业出版社, 1995: 13.

第四章

蚕豆的生产

据联合国粮食及农业组织（FAO）统计，世界蚕豆种植面积和产量总体呈“稳中略增”态势，中国是世界上蚕豆种植面积和产量最多的国家，法国是世界上蚕豆单产最高的国家，平均单产达到3 785 kg/hm^2，其次是德国2 842 kg/hm^2、埃及2 641 kg/hm^2。种植面积较大的国家有中国、埃塞俄比亚、英国、澳大利亚、德国、摩洛哥、法国、埃及、意大利、突尼斯等。

第一节　世界蚕豆的生产概况

蚕豆广泛分布于世界五大洲，世界蚕豆种植面积约为250.0×10^4 hm^2，种植面积较大的国家有中国、埃塞俄比亚、澳大利亚、英国、摩洛哥、法国、德国、突尼斯、意大利、埃及，累计占世界蚕豆种植面积的85.0%左右。总产量约为450.0×10^4 t，总产量较大的国家有中国、埃塞俄比亚、英国、澳大利亚、德国、摩洛哥、法国、埃及、意大利、突尼斯，累计占世界蚕豆总产量的85.0%左右。

一、世界蚕豆种植面积与分布

蚕豆是世界上重要的食用豆类作物之一，据FAO统计，世界蚕豆种植面积逐年下降（表4-1）。1960—1969年世界蚕豆种植面积为476.8×10^4 hm^2/年，

表 4－1　世界蚕豆主要生产国种植面积情况

单位：hm^2

地域	1960—1969 年	1970—1979 年	1980—1989 年	1990—1999 年	2000—2009 年	2010 年	2011 年
中国	3 298 888.9	2 430 000.0	1 842 000.0	1 045 065.7	1 066 700.0	870 000.0	872 000.0
埃塞俄比亚	—	—	—	337 780.0	445 106.7	459 184.0	457 560.0
澳大利亚	269.6	5 125.7	30 150.8	98 440.8	164 821.0	129 000.0	162 600.0
摩洛哥	153 166.7	216 640.0	179 510.0	154 750.0	159 510.0	196 900.0	199 610.0
法国	26 144.0	18 662.8	41 841.3	13 167.3	67 837.2	151 342.0	91 429.0
英国	600.0	19 750.0	22 500.0	36 500.0	33 230.0	97 000.0	81 000.0
突尼斯	40 700.0	64 010.0	54 830.0	48 890.0	49 135.0	58 700.0	56 570.0
意大利	440 675.9	232 960.1	135 695.8	69 512.7	47 157.6	52 108.0	43 800.0
西班牙	139 877.3	110 610.0	55 237.0	18 263.6	31 551.7	24 675.0	27 957.0
德国	42 690.0	23 080.2	29 187.5	25 755.7	15 926.4	16 900.0	17 300.0
埃及	156 736.4	114 084.5	129 831.3	144 918.9	99 214.2	77 149.0	55 200.0
世界	4 768 130.0	3 706 706.5	2 936 683.6	2 338 676.0	2 524 778.4	2 515 502	2 455 240
地域	2012 年	2013 年	2014 年	2015 年	2016 年	2017 年	2018 年
中国	829 000.0	725 000.0	701 600.0	750 000	806 858.0	847 247.0	865 982.0
埃塞俄比亚	574 061.0	538 458.0	443 107.0	443 966.0	427 697.0	447 442.0	464 313.0
澳大利亚	151 400.0	202 900.0	152 100.0	163 900.0	350 457.0	228 140.0	218 544.0
摩洛哥	187 160.0	205 520.0	190 966.0	191 300.0	82 774.0	131 380.0	137 032.0
法国	60 340.0	67 946.0	74 884.0	86 805.0	78 000.0	77 429.0	57 203.0
英国	66 000.0	73 000.0	21 400.0	70 358.0	75 351.0	192 700.0	154 600.0
突尼斯	54 495.0	55 933.0	57 736.0	51 684.0	57 335.0	55 553.0	54 907.0
意大利	46 130.0	42 584.0	41 074.0	42 157.0	50 167.0	51 135.0	50 421.0
西班牙	24 600.0	17 500.0	23 155.0	50 072.0	49 153.0	36 574.0	23 234.0
德国	15 800.0	16 500.0	20 500.0	37 600.0	38 800.0	46 400.0	55 300.0
埃及	41 121.0	44 065.0	37 677.0	34 412.0	34 314.0	50 855.0	40 298.0
世界	2 433 702.0	2 371 657.0	2 198 367.0	2 349 935.0	2 540 893.0	2 549 854.0	2 511 813.0

种植面积较大的国家有中国、意大利、埃塞俄比亚、埃及、巴西、摩洛哥、西班牙、葡萄牙、德国、墨西哥；1970—1979 年世界蚕豆种植面积为 370.7 × 10^4 hm^2/年，蚕豆种植面积下降了 22.26%，种植面积较大的国家有中国、埃塞俄比亚、意大利、摩洛哥、巴西、埃及、西班牙、坦桑尼亚、葡萄牙、土耳其；1980—1989 年种植面积为 293.7 × 10^4 hm^2/年，较前 10 年下降了 20.77%，种植面积较大的国家有中国、埃塞俄比亚、摩洛哥、意大利、埃及、巴西、阿尔及利亚、西班牙、坦桑尼亚、法国；1990—1999 年种植面积为 233.9 × 10^4 hm^2/年，较前 10 年又下降了 20.36%，种植面积较大的国家有中国、埃塞俄比亚、摩洛哥、埃及、澳大利亚、意大利、巴西、坦桑尼亚、英国；2000—2010 年世界蚕豆种植面积为 252.5 × 10^4 hm^2/年，较前 10 年增加了 7.96%，种植面积较大的国家有中国、埃塞俄比亚、澳大利亚、摩洛哥、埃及、法国、苏丹、坦桑尼亚、意大利、秘鲁(图 4-1)。之后又逐年下降，2015 年开始缓慢增长，2018 年世界蚕豆种植面积为 251.2 × 10^4 hm^2，种植面积较大的国家有中国、埃塞俄比亚、澳大利亚、英国、摩洛哥、法国、德国、突尼斯、意大利、埃及，分别占世界蚕豆种植总面积的 33.48%、18.49%、8.7%、6.15%、5.46%、2.28%、2.20%、2.19%、2.01% 和 1.60%，累计占世界蚕豆种植总面积的 83.55%(图 4-2)。各国蚕豆种植面积年际间变化较大，有增长的也有下降的。从世界各大洲看，亚洲、非洲、欧洲、美洲、大洋洲分别占世界总面积的 40.38%、36.41%、10.18%、7.77% 和 5.37%。

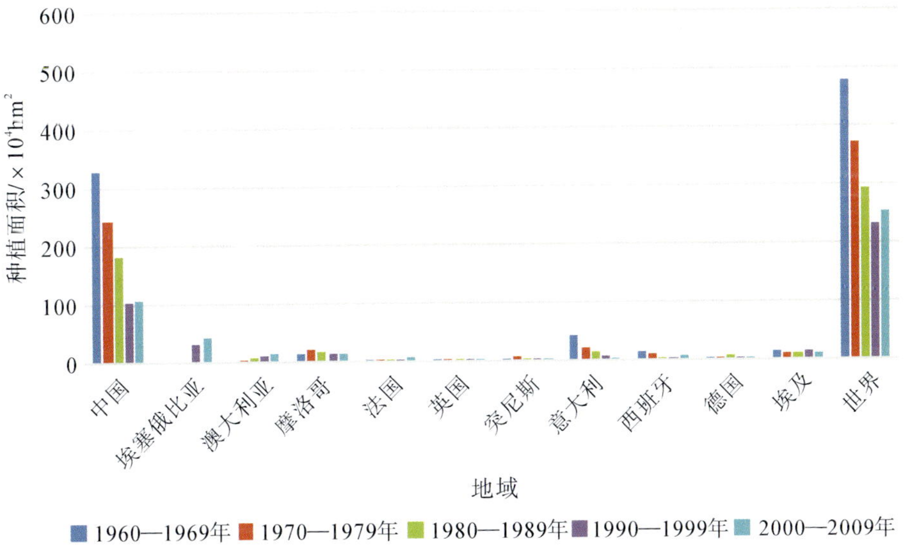

图 4-1 1960—2009 年世界蚕豆主要生产国及世界年际间蚕豆种植面积变化图

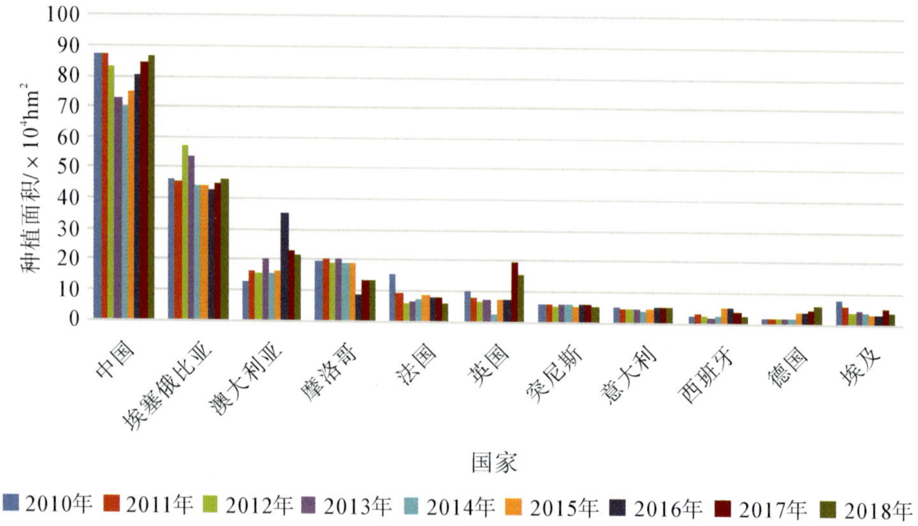

图 4-2 2010—2018 年世界蚕豆主产国年种植面积变化图

二、世界蚕豆产量与分布

世界蚕豆总产量基本稳定在 400×10^4t 左右，但总体上是下降的（表 4-2、图 4-3 和图 4-4）。1960—1969 年世界蚕豆年均总产量为 495.4×10^4 t，总产量较大的国家有中国、意大利、埃及、埃塞俄比亚、摩洛哥、德国、法国、秘鲁、坦桑尼亚、苏丹；1970—1979 年世界蚕豆年均总产量为 423.6×10^4 t，较前 10 年下降了 14.49%，总产量较大的国家有中国、埃塞俄比亚、意大利、埃及、摩洛哥、英国、德国、法国、坦桑尼亚、苏丹；1980—1989 年世界蚕豆年均总产量为 415.3×10^4 t，较前 10 年下降了 2.0%，年总产量较大的国家有中国、埃塞俄比亚、埃及、意大利、摩洛哥、法国、德国、英国、苏丹、澳大利亚；1990—1999 年世界蚕豆年均总产量在 342.3×10^4 t，较前 10 年下降了 17.58%，年总产量较大的国家有中国、埃及、埃塞俄比亚、澳大利亚、英国、意大利、摩洛哥、德国、苏丹、法国；2000—2010 年世界蚕豆年均总产量在 407.3×10^4 t，较前 10 年增长了 15.96%，年均总产量较大的国家有中国、埃塞俄比亚、埃及、法国、澳大利亚、苏丹、英国、摩洛哥、意大利、德国。进入 21 世纪，世界蚕豆总产量有所增加，2011 年达到 447.4×10^4 t，增长了 9.85%。2018 年世界蚕豆总产量为 445.97×10^4 t，总产量较大的国家有中国、埃塞俄比亚、英国、澳大利亚、德国、摩洛哥、法国、埃及、意大利、突尼斯，分别占世界蚕豆总产量的 36.68%、20.07%、8.17%、7.67%、3.27%、3.02%、2.99%、2.83%、2.06% 和 1.26%，合计占世界蚕豆总产量的 88.03%。世界五大洲的蚕豆产量分布比例，分别为亚洲 43.9%、非洲 28.5%、欧洲 17.7%、大洋洲 5.7%、美洲 4.2%，见图 4-5。

表 4-2　世界蚕豆主要生产国产量变化

单位:t

地域	1960—1969 年	1970—1979 年	1980—1989 年	1990—1999 年	2000—2009 年	2010 年	2011 年
中国	3 253 888.9	2 520 000.0	2 382 500.0	1 721 700.0	1 858 600.0	1 400 000.0	1 734 000.0
埃塞俄比亚	250 555.6	310 560.0	372 012.9	327 370.1	526 946.5	697 798.0	714 796.0
澳大利亚	222.0	2 525.0	34 614.6	129 041.7	217 881.3	217 300.0	324 400.0
摩洛哥	120 055.6	207 935.8	144 099.0	96 813.0	100 073.0	149 380.0	170 552.0
法国	43 185.6	44 221.4	136 581.2	51 564.7	283 973.1	483 302.0	344 840.0
突尼斯	17 788.9	36 290.0	32 806.0	33 313.0	44 577.0	47 830.0	72 600.0
意大利	410 222.2	267 390.0	171 200.0	101 255.0	81 777.3	104 241.0	83 897.0
埃及	290 664.7	263 297.5	297 515.6	423 515.8	323 696.0	233 523.0	174 631.0
英国	2 000.0	68 625.0	77 100.0	120 800.0	126 950.0	350 000.0	300 000.0
德国	109 671.3	62 623.6	97 042.7	89 516.4	57 063.0	56 200.0	61 400.0
世界	4 953 579.3	4 235 806.8	4 153 121.8	3 423 292.4	4 072 543.1	4 357 086.0	4 617 245.0
地域	2012 年	2013 年	2014 年	2015 年	2016 年	2017 年	2018 年
中国	1 612 000.0	1 456 000.0	1 428 700.0	1 500 000.0	1 608 903.0	1 803 019.0	1 806 010.0
埃塞俄比亚	943 964.0	991 700.0	838 944.0	935 481.0	878 010.0	934 632.0	988 262.0
澳大利亚	268 100.0	377 200.0	327 700.0	283 800.0	423 527.0	376 035.0	377 740.0
摩洛哥	147 993.0	156 670.0	166 680.0	90 279.0	26 564.0	93 400.0	148 745.0
法国	273 539.0	245 001.0	278 545.0	253 017.0	198 246.0	199 045.0	147 254.0
突尼斯	71 800.0	68 840.0	53 764.0	41 908.0	67 000.0	64 508.0	61 955.0
意大利	95 996.0	77 948.0	74 736.0	79 972.0	100 013.0	92 767.0	101 625.0
埃及	140 713.0	157 639.0	134 175.0	119 849.0	119 104.0	170 456.0	139 303.0
英国	250 000.0	270 000.0	125 400.0	270 848.0	288 955.0	770 700.0	402 000.0
德国	61 300.0	59 700.0	87 600.0	133 200.0	153 700.0	188 800.0	160 800.0
世界	4 494 834.0	4 500 777.0	4 296 883.0	4 560 780.0	4 916 862.0	5 370 453.0	4 923 090.0

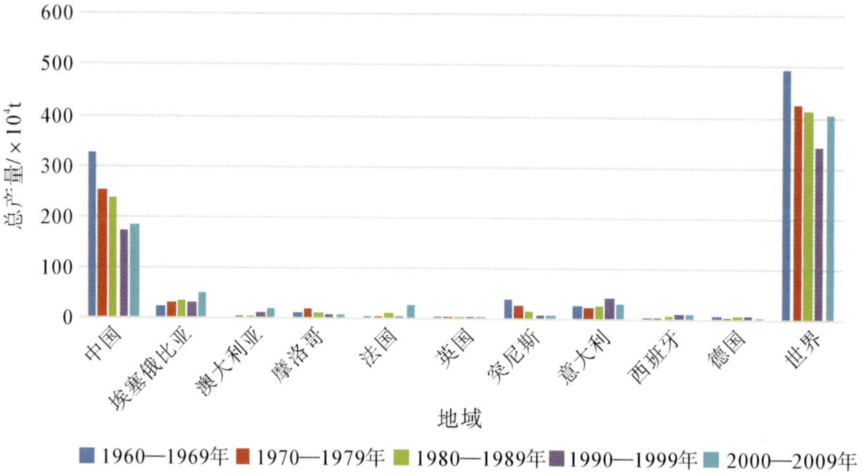

图 4-3　1960—2000 年世界蚕豆生产国蚕豆年产量变化图

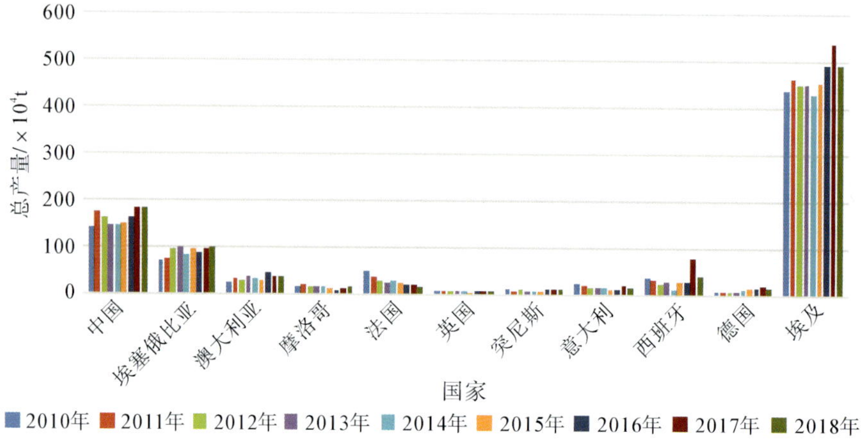

图 4-4　2010—2018 年世界蚕豆主产国蚕豆年产量变化图

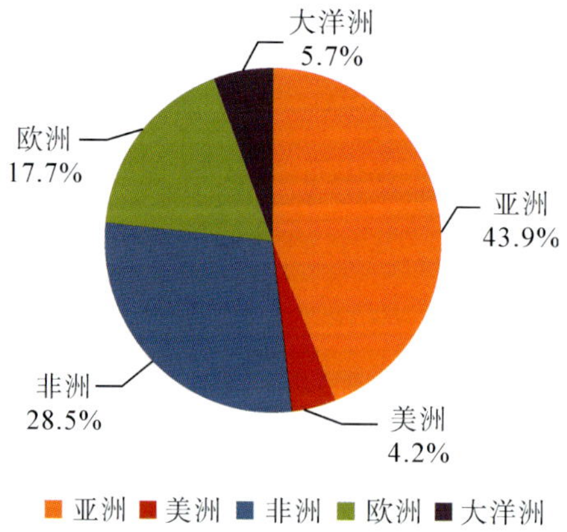

图 4-5　1994—2018 年世界主要洲蚕豆产量分布比例(Faostat, 2020)

三、世界蚕豆主产国的蚕豆种植特色

埃塞俄比亚是世界上仅次于中国的蚕豆主要生产国之一。蚕豆主要生长在埃塞俄比亚北部和中部的高原地区，平均海拔 1 800～3 000 m，年平均气温 11～26 ℃，年平均降水量 800～2 200 mm。一般在每年的 6 月播种，9 月收获，是夏播蚕豆的主产区，该国种植面积较大的地区为奥罗米亚州（Oromia Region）、阿姆哈拉州（Amhara Region）、南方民族州（Southern Nations, Nationalities, and People's Region）和提格雷州（Tigray Region）。

澳大利亚南部地区种植的蚕豆占全国的 70%。该区年平均气温 7～26 ℃，海拔 400～2 000 m，年平均降水量 350～650 mm。一般在每年的 4 月下旬至 6 月中旬种植，11～12 月收获，为春播型蚕豆种植区。中粒型品种是澳大利亚种植的主要类型。其中南澳大利亚（South Australia）种植面积最大，维多利亚（Victoria）、新南威尔士北部（Northern New South Wales）和西澳大利亚（Western Australia）也有种植，塔斯马尼亚（Tasmania）和昆士兰南部（Southern Queensland）有小面积种植。澳大利亚南部地区主要品种包括 Farah、Fiesta VF、Nura、PBA Amberley、PBA Bendoc、PBA Marnc、PBA Rana、PBA Samira、PBA Zahra、PBA Kareema，北部地区品种主要有 PBA Nanu、PBA Nasma、PBA Warda。

摩洛哥有 60% 以上的蚕豆种植在该国北部地区，该地区为地中海气候，年平均气温为 12～24 ℃，平均海拔 788～1 200 m，年平均降水量 300～800 mm。蚕豆的种植期一般在 11 月至 12 月，4～5 月收获，为秋播型区域。4 大主产区为陶纳特、盖尼特拉、菲斯、塔扎（Taounate、Kenitra、Fez、Taza），占全国总量的 76% 左右，其余区域包括梅克内斯、菲斯（与 4 大产区重复）、塞塔特、纱富弯、得土安（Meknes、Fes、Settat、Chaouen、Tetouan），主要品种为 Alfia5、Alfia17、Alfia21、Defes、Karabiga、Loubab、Aguadulce 以及 Agrex。

苏丹的蚕豆主要生产区分布在该国北部地区，其中北部州（Northern State）种植超过 70%，尼罗河州（River Nile State）占 20%。此外，喀土穆州（Khartoum State）和杰贝勒马拉地区（Jabel Mara Area）均有零星种植。该区一般于每年 10 月中下旬至 11 月中旬播种，3 月左右收获，年平均气温 19.5～36.8 ℃，年平均降水量 100 mm 左右，平均海拔 380～1 200 m，蚕豆生长周期约 110～120 d。主要品种包括 Hudeiba 93、Bassbier、Ed Damar、Selaim、Hudeiba 72、Shambat 75、

Shabah、Agabat,品种 Hudeiba93、Basabeer 和 Ed Damer 表现出较高产量。

突尼斯的蚕豆主要种植在该国的北部区域[如布塞勒姆区(Bou Salem)、突尼斯市(Tunis)](降水量>400 mm),占全国的86%,中部和南部[如加贝斯省、加夫萨、梅德宁省、泰塔温省、托泽尔省(Gabes、Gafsa、Medenine、Tataouine、Tozeur)]灌溉区域有零星种植。该国以小粒蚕豆种植为主,为冬蚕豆种植类型。北部种植区一般每年9月中下旬播种,4月收获,年平均气温7~22.3 ℃,年平均降水量400 mm左右,海拔43~516 m。南部种植区一般11月中旬至12月中旬播种,5月左右收获,平均温度10~30 ℃,年平均降水量160~220 mm。突尼斯主要品种包括 Chahbi、Bachar、Badi、Locale 等。

埃及蚕豆主要集中在三角洲地区(Delta),比如吉萨、东部省、莫诺非亚省、米尼亚省、莫什托尔、萨哈、希兹、马塔兰(Giza、Sharkia Province、Monofia Province、Minia Province、Moshtohor、Sakha、Sids、Mataana)等。该区一般每年10月中下旬至11月中下旬播种,3月至4月收获,年平均气温10~34 ℃,年平均降水量100~200 mm,海拔100~700 m。埃及是冬蚕豆种植区,主要品种包括 Giza 1、Giza 2、Giza 3、Giza 4、Nubaria 3、Rebaya 40,其中 Nubaria 3 表现出较强耐旱性。

英国蚕豆在各地区均有种植,种子多为小粒型,近椭圆形或圆形。英格兰南部沿海地区,包括泽西岛(Bailiwick of jersey)、多塞特郡(Dorset)、肯特郡(Kent)、康沃尔郡(Cornwall)、埃塞克斯(Essex)、坎布里亚郡(Cumbria)、东萨塞克斯(East Sussex)等地区,一般每年的10~11月播种,4~5月收获,为秋播型区域,是英国主要的播种类型。该区年平均气温4~17 ℃,平均海拔>600 m,年平均降水量800~2 000 mm。比较有名的蚕豆品种为 Wizard。英格兰东北部的约克郡(Yorkshire)、西部的格洛斯特郡(Gloucestershire)以及诺福克(Norfolk)等地区,一般每年的4月播种,9月中旬至10月中旬收获,为春播型蚕豆种植区。该区年平均气温5~18 ℃,平均海拔>391 m,年平均降水量90~270 mm。优良品种包括 Vertigo、Fuego、Fury。

第二节　中国蚕豆的生产概况

我国除热带气候区的海南省以及东北地区没有蚕豆种植外,其他省、市均有种植分布。北方及西北的春播区以生产蚕豆干籽粒为主，西南地区是干籽粒加鲜食蚕豆，华东地区是大粒鲜食蚕豆等。保山透心绿蚕豆、慈溪大白蚕、崇礼蚕豆、启东绿皮蚕豆、海门大青皮、灶蚕豆、和政蚕豆、漳县蚕豆、湟中蚕豆、大通蚕豆、互助蚕豆、马牙蚕豆、六盘山蚕豆、达坂城蚕豆等获国家地理标志产品认证。

一、中国蚕豆的生产与分布

我国是世界上主要蚕豆生产国，但种植面积和生产量呈现逐年下降的趋势。我国蚕豆生产变化趋势与世界蚕豆生产变化趋势基本一致，也就是说，我国蚕豆生产直接影响着世界蚕豆的生产。

1960—1969 年以前我国蚕豆年均种植面积为 $329.9\times10^4\ hm^2$，年均总产量为 $325.4\times10^4\ t$；1970—1979 年我国蚕豆年均种植面积为 $243.0\times10^4\ hm^2$，年均总产量为 $252.2\times10^4\ t$，种植面积和产量分别较前 10 年下降了 26.34% 和 22.55%；1980—1989 年我国蚕豆年均种植面积为 $184.2\times10^4\ hm^2$，年均总产量为 $238.3\times10^4\ t$，种植面积和产量分别较前 10 年下降了 24.20% 和 5.46%；1990—1999 年我国蚕豆年均种植面积为 $104.5\times10^4\ hm^2$，年均总产量为 $172.2\times10^4\ t$，种植面积和产量分别较前 10 年下降了 43.26% 和 27.74%；2000—2010 年我国蚕豆年均种植面积为 $106.7\times10^4\ hm^2$，年均总产量为 $186.9\times10^4\ t$，种植面积和产量略有增长，分别较前 10 年增长了 2.07% 和 7.95%。2018 年我国蚕豆种植面积为 $86.59\times10^4\ hm^2$，占世界蚕豆种植面积的 34.47%，蚕豆总产量为 $180.6\times10^4\ t$，占世界蚕豆产量的 36.68%。

我国除海南和东北三省外，其余各地均有蚕豆种植，根据纬度和海拔、耕作制度、种植方式、生长季节等不同，将蚕豆生产区划分为秋播蚕豆种植区和春播蚕豆种植区。秋播蚕豆种植区的蚕豆种植面积约占我国蚕豆种植面积的 90%，产量占我国蚕豆总产量的 80%，分为南方丘陵亚区、长江中下游亚区和西南山地丘陵亚区 3 个亚区，南方丘陵亚区主要包括广东、广西、福建等地，种植面积约占我国蚕豆种植面积的 3%；长江中下游地区主要包括上海、江苏、浙江、江西、安徽、湖北、湖南等地，种植面积约 $24.0\times10^4\ hm^2$，占我国蚕豆种植面积的 37%；西南山地丘陵亚区主要包括云南、四川、重庆、贵州、陕西汉中等地，种植面积约 35.0 × 10^4 hm^2，占我国蚕豆种植面积的 50%。

春播蚕豆种植区的蚕豆种植面积约占我国蚕豆种植面积的 10%，产量占我国蚕豆总产量的 20%，分甘西南与青藏高原亚区、北部内陆亚区和北疆亚区 3 个亚区。甘西南与青藏高原亚区主要包括甘肃西南、青海、西藏和四川西北部，种植面积约占我国蚕豆种植面积的 8%；北部内陆亚区主要包括内蒙古、河北、山西、宁夏河套地区和甘肃河西走廊等，北疆亚区主要包括新疆天山南北地区，北部内陆亚区和北疆亚区的蚕豆种植面积约占我国蚕豆种植面积的 2%。从地理分布看，西南地区蚕豆种植面积占我国蚕豆种植面积的 50% 左右，华东地区 22%，华中地区 15%，西北地区 6.5%，华北地区 3.5%，华南地区 3%（图 4－6）。

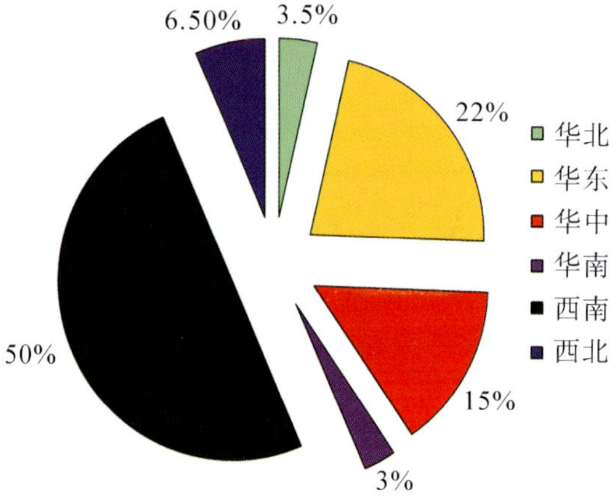

图 4－6　中国蚕豆生产分布图

二、我国蚕豆生态型特点和优势

根据气候条件，中国蚕豆可划分为 2 个生态型，即秋播生态型和春播生态型。秋播型蚕豆播种期为 10～11 月，越冬后开花，4～5 月成熟收获，产区年平均气温约 16 ℃，年日照时数 1 500～1 800 h，年平均降水量 700～1 200 mm，主要分布在西南和东南地区；春播型蚕豆播种期为 2～4 月，5～6 月开花，8～9 月成熟收获，年平均气温 3～10 ℃，年日照时数 2 500～3 000 h，年平均降水量 300～1 000 mm，主要分布在西北与华东地区。中国蚕豆的栽培分布具有南多北少、秋播多春播少、平原多山地少、稻区多杂粮区少等特点。我国蚕豆种植地域辽阔,按照优势产区可将其划分为西南秋蚕豆生产区、东南秋蚕豆生产区、西北春蚕豆生产区、华北春蚕豆生产区 4 大产区(表 4 – 3)。

表 4 – 3 中国蚕豆优势产区

优势产区	主要省、自治区、直辖市	具体优势区域
西南秋蚕豆生产区	云南、四川、贵州、重庆等地	云南(大理、昆明、陆良、石林、宜良、崇明、洱源、弥勒、保山等地)、四川(昭觉、西昌等地)
东南秋蚕豆生产区	江苏、浙江、福建、湖北、湖南、安徽、江西、上海等地	江苏(南通、吴江、盐城等地)、浙江(萧山、慈溪、丽水)、湖北(谷城)
西北春蚕豆生产区	青海、甘肃、宁夏、新疆等地	青海(湟源、湟中、互助、大通、共和等地)、甘肃(临夏、和政、漳县、积石山、岷县等地)、宁夏(隆德县)
华北春蚕豆生产区	内蒙古中部及河北北部	内蒙古(凉城、丰镇、兴和、商都、化德等地)、河北(沽源、张北、康保、尚义等地)

(一)西南秋蚕豆生产区

西南秋蚕豆生产区主要包括云南、四川、贵州、重庆等省区,这些地区地形结构复杂,主要以丘陵、山地为主,是我国蚕豆的主产区之一,主要生产粮用和菜用蚕豆,以中、小粒蚕豆为主。其中,云南省、四川省的蚕豆栽培面积和产量均位居全国前列。

云南省是我国蚕豆种植面积最大和产量最高的省份,2014 年数据显示,云南省蚕豆种植面积为 23×10^4 hm^2,占全国种植面积的 33.2%。近年来,云南省鲜食蚕豆生产发展迅速,年播种面积和总产量均居全国之首,是最大的鲜食蚕豆主产区。云南海拔差异大,气候及生态环境垂直差异明显,蚕豆种质资源的遗传多样性丰富,大、中、小粒蚕豆均有种植,大粒型多分布在玉溪、红河和保山,中粒型多分布在滇中的昆明、曲靖、楚雄和大理一带,小粒型多分布在昭通、丽江和文山等区域。传统的蚕豆种植方式较粗放,以撒播、水稻—蚕豆免耕直播、烤烟/玉米—蚕豆等种植模式为主,种植密度大,多收获干籽粒,较小部分用于鲜食。随着蔬菜市场的迅速发展,蚕豆种植逐渐向山区、半山区发展。楚雄彝族自治州地处云南省中部，平均日照时数 2 379 h，年平均降水量 850. 6 mm，总体温光热条件适宜蚕豆生长，其所辖的 10 个县(市)均有蚕豆种植，蚕豆在其粮食作物结构和经济作物结构中具有重要的地位，是低海拔地区农民增收的主要作物。大理光照充沛、雨水均匀、冬春温暖，四季均可种植蚕豆，市内多数地区9 月底至 10 月上旬播种，次年 2～3 月可收获鲜荚，4～5 月即可收获干籽粒。昆明蚕豆种植面积仅次于楚雄、大理和曲靖，居全省第 4 位，2018 年全市蚕豆种植面积 15 200 hm^2，总产量 34 748. 9 t。昆明垂直分布与水平分布的气候特点令蚕豆可实现周年播种，蚕豆从单纯的粮食作物过渡为粮、经兼用作物，全市蚕豆种植面积较大的是宜良县、石林县、禄劝县、寻甸县和嵩明县。目前主推品种有云豆早 7、凤豆 6 号、凤豆 11 号、凤豆 17 号以及凤豆 18 号等。

四川省为中国蚕豆主产省份之一，蚕豆播种面积大，常年播种面积约 14. 0 $\times 10^4$ hm^2，产量 30 $\times 10^4$ t ，“怪味胡豆”“郫县豆瓣”等加工工业在国内居领先地位。蚕豆多种植在川中丘陵区、盆周山区，主要分布在凉山、内江、南充、万州区、达川区、乐山、简阳、成都等地区，主产区的气候特点是中亚热带湿润季风气候。凉山、阿坝地区生产的大白蚕豆，粒大皮白，远近闻名。主导品种是成胡 15、成胡 18、成胡 20 等成胡系列。

蚕豆是重庆市重要的冷季作物，其种植面积仅次于油菜，在重庆市种植业结构调整中扮演着重要的角色，常年播种面积为 9. 57 $\times 10^4$ hm^2，每年蚕豆鲜荚产量约 150. 0 $\times 10^4$ t，折干籽粒产量 7. 5 $\times 10^4$ t，主要分布在巫山、合川、永川、荣昌等区县。重庆市属亚热带季风性湿润气候，蚕豆生长期间低温、寡日照、空气湿度大。产品以鲜食蚕豆为主，主导品种是渝蚕 1 号、渝蚕 2 号、通蚕鲜 8 号等。

（二）东南秋蚕豆生产区

东南秋蚕豆生产区是指长江中下游亚区和南部丘陵区，主要包括江苏、浙江、福建、湖北、湖南、安徽、江西等地，主要生产粮用和菜用蚕豆。东南秋播区蚕豆多于 10 月中下旬播种，次年 6 月上旬收获，全生育期在 210 d 左右。种植方式以套种、间作为主，其轮作制度主要有蚕豆/油菜、蚕豆/棉花、蚕豆/玉米、蚕豆/水稻等多种形式，多元多熟、间作套种和复种指数高是东南种植业的 3 大特色。福建东南沿海地区多利用 10 月下旬晚稻收割到翌年 4 月下旬早稻播种前约 180 d 的农田“冬闲”期和冬春暖湿气候，发展一季蚕豆生产。近年来鲜食蚕豆种植面积发展十分迅速，已逐渐形成了东部沿海鲜食蚕豆种植带。

江苏省蚕豆单位面积产量位居全国前列，常年播种面积 18.7×10^4 hm^2，产量 $(35\sim40)\times10^4$ t，主要分布在南通、盐城、泰州、扬州、苏州、无锡等地，主产区的气候属于温带向亚热带的过渡性气候，气候温和，雨量适中。在江苏省的蚕豆生产中，南通市常年播种面积为 6.667×10^4 hm^2，占江苏省种植面积的 2/3。南通市属亚热带湿润性气候区，四季分明，气候温和，光照充足，雨水充沛，年平均气温约 15 ℃，年平均日照时数 2 000～2 200 h，年平均降水量 1 000～1 100 mm，适合蚕豆的生长发育。蚕豆主导品种是启豆 2 号、通蚕鲜系列和日本大白皮。

浙江省蚕豆种植面积 3×10^4 hm^2，产量 $(5\sim6)\times10^4$ t，主要分布在宁波的慈溪、宁海，丽水的松阳、莲都，台州的温岭和温州的苍南等地区。在浙江省，蚕豆常作为水稻、玉米、甘薯等作物的后茬作物进行秋播，并与玉米、小麦、油菜、马铃薯等间作、套种或混播。鲜食蚕豆是浙江省重要的冬种作物，在宁波、丽水、台州、温州、杭州、绍兴等地区作为蔬菜被广泛地种植。近几年，浙江省部分地区开始利用人工春化技术栽培鲜食蚕豆，使得蚕豆的上市时间提前至元旦至春节期间，大大提高了种植户的收益。浙江省蚕豆品种较少，目前生产上广泛应用的品种有慈蚕 1 号、双绿 5 号等。

鲜食蚕豆是上海地区春季种植的主要蔬菜之一，深受广大市民的喜爱，多分布在郊区，嘉定和三林塘生产的蚕豆品质优良。在上海地区，露地栽培的鲜食蚕豆一般在 10 月播种，翌年 4 月底至 5 月采摘鲜荚，集中上市。上海市菜用蚕豆主要有本地豆、客豆和日本豆 3 种，客豆上市最早，豆荚长短不一，单荚籽粒较多；日本豆属大棚改良品种，稍晚上市；本地豆种皮和子叶均为绿色，荚粒数多为 2 粒，其上市时间最迟，5 月初上市，数量较少。

（三）西北春蚕豆生产区

西北春蚕豆生产区主要包括青海、甘肃、宁夏等地。宁夏回族自治区蚕豆主要种植在南华山区、六盘山区的隆德县、泾源县等阴湿区和其他气候区的川水地区，主要生产大、中粒蚕豆。固原地区的隆德、泾源等县与原州区等蚕豆种植区域为典型的大陆性气候，冬季漫长寒冷、春季气温多变、夏季短暂凉爽、秋季降温迅速，昼夜温差大，春季和夏初雨量偏少，区域降水差异大，年平均日照时数2 518.2 h，年平均气温6.1 ℃，年平均降水量492.2 mm，年蒸发量1 753.2 mm，大于10 ℃的活动积温为2 000～2 700 ℃，无霜期152 d，绝对无霜期83 d。蚕豆种植面积约0.677×10^4 hm^2，产量约2.0×10^4 t，主要品种为青海11号、青海13号、临蚕8号等青蚕系列、临蚕系列品种。

甘肃省地处青藏高原、黄土高原和内蒙古的交会处，是我国春播蚕豆的适宜种植区，尤其是高寒阴湿地区的临夏州的临洮县、漳县、岷县及渭源县，这些地区土壤肥沃，气候凉爽湿润，生产的蚕豆籽粒大、品质佳、产量高，是我国蚕豆的主要出口基地。临夏州属于大陆性半干旱、半湿润气候，大多属于雨养农业，无灌溉条件，且年降水量时空分布不均匀，降水主要集中在7～9月份，气候冷凉，适宜蚕豆的生长发育。临夏州是全国四大名优蚕豆生产地之一，生产出的蚕豆粒大色白，无污染，营养价值高，包括和政县、康乐县在内的海拔2 000～2 200 m的区域，是蚕豆的优质、高产区，其中，和政县被誉为“蚕豆之乡”。同时，蚕豆作为定西市半干旱区重要的经济作物和轮作倒茬养地作物，其茬口对后作作物的经济和生态效益提升显著。

青海省蚕豆种植区以生产大粒型品种为主，生产的蚕豆以粒大、色泽鲜亮、无虫蛀而闻名。目前青海省蚕豆产业呈现以原粮产业为主，精深加工、鲜食利用和饲草用、绿肥用多元化产业并举的发展格局。青海蚕豆生产稳定，品种结构合理，在有灌溉条件的川水地区已基本形成了中晚熟大粒蚕豆的优势种植带。青海蚕豆主要分布于海东市5县、西宁市3县和海南州5县，种植面积约2×10^4 hm^2，产量5×10^4 t。从分布区域讲，蚕豆生产集中在东部农业区，但海南州蚕豆种植面积较大，约占青海省蚕豆种植面积的15%。随着青海区域经济结构调整和蚕豆多元化产业发展对蚕豆需求的增加，蚕豆的优势区域也逐步由灌溉型农业区向雨养型农业区拓展和延伸。青海11号、青海12号、青蚕14号等大粒蚕豆成为川水地和海南州盆地等灌溉农业区的主导品种和市场的主打品牌，随着早熟中小粒蚕豆青海13号在高寒地区迅速推广普及，极大地促进了旱作农业区蚕豆产业的发展，形成灌溉农业区大粒蚕豆和旱作农业区小粒蚕豆2个优势蚕豆生产基地。早熟有限生长型品种青蚕16号和结荚集中的青蚕

19 号为首次选育的适于机械化联合收割的专用蚕豆品种。

目前，蚕豆在新疆维吾尔自治区展现出巨大的发展潜力。达坂城是新疆最大的蚕豆产区，由于日照时间长，土层深厚，产出的蚕豆蛋白质含量高、品质好。蚕豆是哈密市冷凉地区主要农作物之一，不仅作为粮食作物，也是主要的经济作物和饲料作物，种植面积约 0.6×10^4 hm^2，产量约 3×10^4 t，主要品种有青海 12 号、青蚕 14 号以及地方品种羊眼豆。

（四）华北春蚕豆生产区

华北春播区主要包括内蒙古和河北省。内蒙古蚕豆主要种植在凉城、丰镇、兴和、商都、化德等县，种植品种有青蚕系列以及地方品种。河北蚕豆主要集中在张家口坝上的张北、崇礼、沽源等县(区)及其周边相同生态类型的种植区。蚕豆是冀西北种植区的主要出口创汇作物，也是种植业结构调整中重要的间、套、轮作和养地作物，主产区海拔高、气候冷凉、光照充足、昼夜温差大，播种面积 2×10^4 hm^2，产量约 5×10^4 t，冀西北种植的蚕豆以粮用春蚕豆类型为主，品种为冀蚕 1 号、崇礼蚕豆等，主要产品有兰花豆、蚕豆米、茴香蚕豆、爆蚕豆等。

第三节　蚕豆的栽培生态区

蚕豆原产于温带，性喜温凉，不耐暑热。蚕豆发芽最低温度为 3～4 ℃，适温为 16 ℃，最适温度 25 ℃，最高温度为 30～35 ℃；出苗的适温为 9～12 ℃，营养器官形成在 14 ℃左右；进入花荚期就需要有较高的温度，一般花期最适温度为 16～20 ℃，但超过 27 ℃授粉不良；结荚期的最适温度为 16～22 ℃。蚕豆是喜光长日照作物，是需水较多的作物，蚕豆适宜生长在中性至微碱性土壤中。蚕豆是典型的冬性和春性作物品种，蚕豆品种的生态要求比较严格，形成了国内不同生态种植区域。

根据蚕豆生态区的纬度、海拔，蚕豆生长季节的自然条件、耕作制度、种植方式和品种适应类型综合分析，按照自然和生产条件相对一致性和地区组合界限的完整性，我国蚕豆的栽培区明确地划分为南方秋播蚕豆种植区和北方春播蚕豆种植区2大种植区，还有无蚕豆种植的地区。

一、秋播蚕豆种植区

秋播蚕豆种植区是中国蚕豆的主要产区，包括云南、四川、重庆、湖北、湖南、江苏、上海、浙江、安徽、福建、广东、广西、贵州、江西和陕西南部等地。本区蚕豆播种面积约占全国总面积的85%，总产量占全国总产量的80%。本区各地蚕豆种植的纬度、海拔、温度、降水量等差异很大。本种植区的共同特点是秋播夏收，生长季节较长，全生育期在200 d以上，素有“蚕豆吃到四季水”之说。

秋播蚕豆种植区的蚕豆主要是水稻的后作，冬季与大麦、小麦或油菜轮作。蚕豆是当地优势作物，是实行间(套)作的主要作物，是一种用地养地相结合的粮、饲、菜、肥兼用的多用途作物。本种植区可分为3个亚区。

（一）南方丘陵亚区

此区包括福建、广西和广东。此区无霜期长，11月播种，翌年4月收获，全生育期140~160 d。近几年种植面积较小，轮作方式为水稻—蚕豆(大麦)。

（二）长江中下游亚区

此区包括上海、浙江、江苏、江西、安徽、湖北、湖南等省(市)，是我国蚕豆的主产区之一，栽培面积占全国总面积的37%左右，以发展鲜食蚕豆产业为主，菜、肥兼用，上海、浙江、江苏等是我国鲜食蚕豆的重要生产区。10月中下旬到11月上旬播种，翌年5月下旬收获，全生育期200~230 d。主要品种是陵西一寸、通蚕鲜系列、慈溪大白蚕、海门大青皮、启豆系列等。轮作方式为水稻—蚕豆(大麦)，蚕豆与玉米、西瓜等作物套种，湖北、湖南、江西还有蚕豆和油菜、蚕豆和小麦间作。

（三）西南山地、丘陵亚区

此区包括云南、四川、重庆、贵州，是我国蚕豆种植面积最大的种植区域。

播种面积占全国总面积的50%左右,以粮、菜、饲兼用为主。10月播种,翌年5月收获,全生育期210 d。生产上使用的主要品种有凤豆系列、云豆系列、成胡系列等中、早熟品种。轮作方式为水稻—蚕豆轮作,或蚕豆与小麦间作。

二、春播蚕豆种植区

春播蚕豆种植区地域广阔,包括甘肃、内蒙古、青海、山西、陕西北部及河北北部、宁夏、新疆、西藏和四川西北部等地。本区蚕豆种植面积仅占全国蚕豆种植面积的15%左右,单位面积产量较高,总产量约占全国的20%,以干籽粒产业发展为主。近几年,北方鲜食产业也不断发展。

本种植区的共同特点是春播秋收,一年一熟。一般在3~4月播种,8~10月收获。生长季节短,蚕豆能在较高的温度下通过春化阶段,在适宜的温度条件下开花结荚,且光照时间长,光照强度大,有利于籽粒发育,蚕豆比较高产稳产。本区可分为3个亚区。

(一)甘西南、青藏高原亚区

甘西南、青藏高原亚区是我国大粒型蚕豆产区,包括西藏、青海、甘肃西南部、陇中地区。一般3月中旬到4月中旬播种,8~10月收获,全生育期150~180 d,一年一熟。生产上所用的品种有青蚕系列、临蚕系列和马牙等地方品种。主要轮作方式有蚕豆—小麦、蚕豆—小麦—小麦,以及蚕豆与马铃薯、蚕豆与玉米、蚕豆与油菜等带状间(套)种。

(二)北部内陆亚区

北部内陆亚区包括内蒙古、河北、山西、宁夏及甘肃河西走廊。3月中旬至4月中旬播种,7~8月收获,全生育期100~130 d。生产上使用的品种有马牙、崇礼蚕豆、临蚕系列、青蚕系列等。

(三)北疆亚区

北疆亚区包括新疆天山南北地区,属大陆性干旱、半干旱气候,一年一熟,以小麦、玉米为主,蚕豆种植面积较少,近几年蚕豆种植面积有增长之势。

三、无蚕豆种植区

在秋播区和春播区之间实际上还存在一个过渡区,这个过渡区大致位于山西和河北2省南部、河南省北部、山东省及黑龙江、吉林、辽宁3省,这些地区对蚕豆秋、春播都不适宜,故很少种植或不种蚕豆。海南省无蚕豆种植。

参考文献

[1] FAOSTAT. Statistical Database of the Food and Agricultural Organization of the United Nations[EB/OL]. https://www.fao.org/faostat/en/#data/QCL, 2019-12-25/2022-6-20.

[2] Bereda B B. Production & Marketing Activity of Broad Bean in Ethiopia[R]. Addis Ababa: Ethiopia commodity exchange authority study report , 2009: 36.

[3] Alene T , Bezabih A . Genotype X Environment Interaction and Stability Analysis of Faba Bean (*Vicia faba* L.) Varieties in North Ethiopia[J]. Libyan Agriculture Research Center Journal International, 3 (4): 195-200.

[4] Yirga W, Mitiku H, Kiros H. Effect of zinc and phosphorus fertilizers application on yield and yield components of faba bean (*Vicia faba* L.) grown in calcaric cambisol of semi-arid northern Ethiopia[J]. Journal of soil science and environmental management, 2012, 3(12): 320-326.

[5] Gidey B A. Variability of large seeded faba bean genotypes for their yield and yield components in water logging areas of Southern Tigray, Ethiopia[J]. International Journal of Research Studies in Agricultural Sciences, 2016, 2(8):1-8.

[6] Etemadi F, Hashemi M, Barker A V, et al. Agronomy, nutritional value, and medicinal application of faba bean (*Vicia faba* L.)[J]. Hortic Plant J, 2019, 5(4): 170-182.

[7] Etemadi F, Hashemi M, Shureshjani R A, et al. Application of data envelopment analysis to assess performance efficiency of eight faba bean varieties[J]. Agron J, 2017, 109(4): 1225-1231.

[8] Mathews P, Mareellos H. Faba bean [EB/OL]. https://www.dpi.nsw.gov.au/_data/assets/pdf_fle/0004/157729/faba-bean-pl.pdf, 2003-11-05/2022-6-20.

[9] Zohary D, Hopf M, Weiss E. Domestication of Plants in the Old World: The origin and spread of domesticated plants in Southwest Asia, Europe, and the Mediterranean Basin[M].

Oxford University Press, 2012.

[10] Flores F, Nadal S, Solis I, et al. Faba bean adaptation to autumn sowing under European climates[J]. Agron sustain dev, 2012, 32(3): 727-734.

[11] Yigezu Y A, El-Shater T, Boughlala M, et al. Legume-based rotations have clear economic advantages over cereal monocropping in dry areas[J]. Agron sustain dev, 2019, 39(6): 1-14.

[12] Sakr B. The status of faba bean production in Morocco [J]. CIHEAM - Options Méditerranéennes, 1991, 10: 153-157.

[13] Gamal E K. Evaluation of eleven faba bean (*Vicia faba* L.) genotypes under four water regimes[J]. Sudan Journal of Agricultural Research, 2007,11: 17-24.

[14] Bedry K A M, Elamin A E M. Chemical control of wild sorghum (*sorghum arundinaceum* Del. Stapf.) in faba bean (*vicia faba* L.) in the Northern State of Sudan[J]. University of Khartoum Journal of Agricultural Sciences, 2011, 19(1):78-90.

[15] Kharrat M, Ben S H, Halila H M. Faba bean status and prospects in Tunisia[M]. Zaragoza: CIHEAM, 1991: 169-172.

[16] 蔡广珍，马旭洁，王琨，等．临夏地区蚕豆种植的气候特征分析[J]．江西农业学报，2012，24(08)：109-111.

[17] 陈国琛，尹雪芬，段银妹，等．优质多抗高产蔬菜型蚕豆新品种凤豆19号选育及栽培技术[J]．农业科技通讯，2017(05)：237-239.

[18] 陈江辉，王旭强，王双千，等．春化处理对蚕豆性状表达的影响[J]．浙江农业科学，2018，59(1)：6-8.

[19] 陈新，袁星星，顾和平，等．江苏省食用豆生产现状及发展前景[J]．江苏农业科学，2009(5)：4-8.

[20] 杜成章，李艳花，孟鸿菊，等．重庆蚕豆产业可持续发展的思考[J]．安徽农业科学，2015，43(06)：337-338.

[21] 杜成章，张继君，陈红，等.栽培因素对重庆稻茬免耕蚕豆影响初探[J]．中国农学通报，2012(24)：138-141.

[22] 高小华．福建东南沿海稻后蚕豆栽培技术[J]．中国土壤与肥料，2006(06)：62-63.

[23] 李华英，黄文涛，杨成灿，等．中国蚕豆(*Vicia faba* L.)种植地区分布及其生产区划[J]．青海农林科技，1990(02)：1-6.

[24] 李录梅．宁夏六盘山区蚕豆生产现状及栽培技术[J]．现代农业科技，2014(18)：104，107.

[25] 刘伟．大粒晚熟蚕豆在新疆哈密市种植栽培技术[J]．新疆农业科技，2012(03)：61.

[26] 刘玉皎．调结构,转方式,促进青海蚕豆产业转型升级[J]．青海科技，2018，25(01)：35－37.
[27] 罗有中，刘全亮，马菁菁．定西市半干旱区蚕豆机械化种植技术[J]．农业机械，2018(08)：100－102.
[28] 吕梅媛，包世英，王丽萍，等．从28年的区域试验数据探讨云南蚕豆育种的发展现状与发展思路[J]．西南农业学报，2016(29)：47－53.
[29] 祁文锋，谢宗鹏．临夏州蚕豆生产现状与发展对策探析[J]．甘肃农业，2014(20)：6－7.
[30] 戚自荣，崔萌萌，王旭强，等．鲜食蚕豆不同人工春化处理及栽培技术试验[J]．中国园艺文摘，2017(7)：31－33.
[31] 尚启兵，徐东旭，高运青，等．冀西北蚕豆种植密度优化研究[J]．河北农业科学，2012，16(08)：19－20.
[32] 沈良．江苏省蚕豆主要病害鉴定及赤斑病药剂防治研究[D]．南京：南京农业大学，2014.
[33] 石少龙．中国的蚕豆地[N]．蚕豆市场报，2019－08－01(A04).
[34] 宋度林．浙江省蚕豆间作套种模式浅析[J]．上海农业科技，2015(03)：140，108.
[35] 宋度林，姚学良，怀燕，等．鲜食蚕豆慈蚕1号春化栽培播期和密度试验[J]．浙江农业科学，2019，60(01)：78－79，88.
[36] 孙宇红，王赟，陆锦明，等．上海地区鲜食蚕豆促成栽培新技术探讨[J]．上海农业科技，2020(01)：78－79，81.
[37] 王吉福，胡英忠．青海蚕豆发展现状及技术对策探讨[J]．农业科技通讯，2017(10)：20－21.
[38] 王玲，赵丽芬，田志敏，等．昆明市鲜食蚕豆生产现状及发展对策[J]．农业科技通讯，2020 (06)：4－5，8.
[39] 杨武云，余东梅，罗菊枝．四川蚕豆育种及生产现状[J]．四川农业科技，2003(10)：14.
[40] 叶茵．中国蚕豆学[M]．北京：中国农业出版社，2003.
[41] 余东梅，李洋，唐海涛，等．四川省蚕豆生产存在的主要问题及技术对策[J]．四川农业科技，2009(11)：5－6.
[42] 于海天，杨峰，王丽萍，等．云南秋播早熟鲜食蚕豆膜侧高效栽培模式[J]．辽宁农业科学，2018(06)：87－88.
[43] 袁星星，陈新，陈华涛，等．适合中国南方栽培的蚕豆新品种及其高产栽培技术[J]．江苏农业科学，2010(05)：206－208.
[44] 张小田，刘玉皎．春蚕豆新品种(系)丰产性状鉴定及利用研究[J]．青海科技，2010，17 (06)：30－33.

[45] 赵克旺，张万伟，韩宏，等．临夏高寒阴湿区蚕豆不同种植方式比较试验[J]．甘肃农业科技，2018(04)：44－46.
[46] 郑卓杰，王述民，宗绪晓．中国食用豆类学[M]．北京：中国农业出版社，1997.
[47] 周丕才，吕开周，赵德胜，等．云南省楚雄州蚕豆生产现状及发展对策[J]．农业科技通讯，2013(10)：197－200.

第五章

蚕豆的形态特征

种子植物的植物体在构造上一般具有根、茎、叶、花、果、种子 6 种器官，其中具有营养功能的营养器官包括根、茎和叶，具有生殖功能的生殖器官包括花、果、种子。蚕豆是双子叶种子植物，果和种子称为荚和籽粒。

第一节　蚕豆根的形态结构

蚕豆种子一萌动，初生根即伸长，后发展为主根。出苗时，主根已经深深扎入土中 15～20 cm，多条侧根在主根上生长出来，且上部的侧根偏长，向下逐渐缩短。蚕豆的根为圆锥根系，主根粗壮，入土深达 100～120 cm，大量的侧根在土壤表层延伸(图 5－1)。根的结构包括周皮、韧皮部、形成层及木质部。

蚕豆根的初生结构：表皮由 1 层细胞组成，细胞排列紧密而又整齐，无细胞间隙。可以看到有的表皮细胞突出形成根毛。皮层由多层较大的薄壁细胞组成，具有明显的细胞间隙。在显微镜下，可看到 3 个大的皮层细胞相邻处，有 1 个小的三角形的区域，这就是细胞间隙。在较老的根中可以看到 1～2 层排列紧密的外皮层细胞。当根毛枯萎后，它们的细胞壁栓质化，起保护作用。蚕豆根的中柱鞘一般由 1 层细胞组成，但对着木质部束处常为 2～3 层细胞。初生木质部是四圆型的，木质部束的外端由最小的导管组成，而中央的导管比较大。初生韧皮部在木质部束之间形成分散的束。

图 5－1 蚕豆的根及根瘤(宗绪晓供图)

蚕豆根的次生结构:蚕豆根的形成层首先是由初生木质部和初生韧皮部之间的薄壁细胞恢复分裂能力形成的,然后逐渐向两边延伸,直至中柱鞘对着木质部束处的细胞恢复了分裂能力。这时,形成层就在初生木质部和初生韧皮部之间成为完整的 1 圈,于显微镜下观察是位于木质部和韧皮部之间的一些径向排列很整齐、形状扁平的薄壁细胞。形成层细胞分裂产生的细胞,向外分化形成次生韧皮部,向内分化形成次生木质部,中间始终保持 1 层具有分裂能力的形成层细胞。次生木质部和次生韧皮部中常有维管射线排列成径向的行列,它们贯穿于次生结构之中。

蚕豆在 3 叶 1 心时,根瘤菌已经从根毛侵入根的初生皮层。4 叶时,主根上开始出现小突起。5 叶时,主根上已出现粒状根瘤。6 叶时,主根上的根瘤增大,侧根上也出现小的粒状根瘤。7 叶之后,根瘤增多增大,呈长椭圆形。至 9 叶之后,主根上粒状根瘤增多增大而逐渐集成一团,成为不规则的姜状瘤块。主根着生的根瘤比侧根多,根瘤较大,呈粉红色,色泽较为明显,因豆血红蛋白较多,为有效根瘤,侧根上无效根瘤较多(图 5－1)。根瘤的发育好坏与蚕豆的生长及其产量高低有着较密切的关系。根瘤菌与豆科作物形成共生关系,进行生物固氮,从而减少了生长季节对氮肥的需求。蚕豆还可以提高土壤肥力以增加轮作谷物作物产量,在环境友好型农业中起着至关重要的作用。蚕豆根系扩展范围很广，可以吸收深层的水分、养分，较为耐旱。蚕豆是深根作物，其主根常常深扎土壤 1 m 左右，能够吸收利用土壤深层的营养元素，尤其是将钙素等带到土壤上层来，为当季或后季作物所利用，所以土地耕翻是蚕豆种植的重要技术环节。

主根产生侧根是由高等植物激素和环境调控的发育过程，蚕豆主根的微管柱和侧根的微管柱通常是三原型、四原型或者五原型，因为它们的中心微管柱分别由 3 根、4 根或 5 根木质部的拱形物交替组成，它们的韧皮部数量相等。

第二节　蚕豆茎的形态结构

蚕豆的茎是草质茎，多汁，外表光滑，无毛，四棱形，中空，维管束大部分集中在四棱角上，茎秆直立，不易倒伏（图 5－2）。蚕豆幼茎时期的颜色有淡绿色、浅紫色和紫红色等，是苗期鉴定品种、进行田间去杂提纯的重要标记（图 5－3）。蚕豆成熟之后，茎变为黑褐色。蚕豆植株的高度一般为 70～120 cm，茎的长度变化因环境的差异也伴随着很大的变化。蚕豆茎上有节，节是叶柄在茎上的着生处，也是花荚或分枝在茎上的着生处，节数的多少也与蚕豆品种有关联（图 5－2）。

图 5－2　蚕豆植株（宗绪晓、张红岩供图）

图 5-3 蚕豆苗期不同幼茎色(张红岩、周仙莉供图)

蚕豆的分枝习性强。子叶的幼茎延伸后形成主茎,在主茎基部的子叶的两叶腋间一般发生 2 个分枝,称为子叶节分枝。主茎上的分枝称为一级分枝,一级分枝上长出的分枝称为二级分枝,二级分枝上长出的分枝称为三级分枝,以此类推。一般一级分枝最多,三级分枝较少,主茎 1~2 节分枝较多,第 3 节以后就明显减少。植株分枝的多少与品种、播种期、密度和土壤肥力等因素有关,一般 2~5 个分枝,多的可达到 20 多个,但后期分枝多数不能结实。抗旱性强的蚕豆品种,茎一般较为粗壮,随着胁迫程度加剧,茎粗减小。

第三节 蚕豆叶的形态结构

蚕豆叶分为子叶、单叶和复叶。蚕豆有 2 片肥厚的子叶,种子在萌发过程中由于下胚轴没有延展性,出苗时子叶不出土,但其养分一直在供应幼苗,一般到主茎出现第 12 片子叶时,子叶干物质才全部耗尽。发芽以后 2 片单叶首先生长,通常称为基叶,在 2 片基叶后陆续发生各片复叶。小叶、叶柄和托叶是复叶的 3 部分,叶柄主要功能是运输水分和养分,它与叶片和茎相连;托叶较小,且位于叶柄和茎相连之处,主要用于保护叶芽;小叶肥厚,呈椭圆形或者倒卵形甚至矩形,全缘无毛多肉质,基部楔形。叶面呈绿色,背面略呈白色。复叶顶端的小叶常常退化成短刺的形状,顶端小叶有时呈漏斗形(图 5-4)。

图 5-4　蚕豆叶片形态(宗绪晓、张红岩、周仙莉供图)

叶的上表皮和下表皮均由 1 层细胞组成,表皮气孔较多。叶肉分为栅栏组织和海绵组织,栅栏组织是由 1 层排列疏松且间隙很大的细胞所构成的,海绵组织由极其疏松且排列无规则的 3~4 层细胞所构成。叶脉的主脉处上表皮下方有一层栅栏组织,多层厚壁细胞位于栅栏组织的下方;导管多数位于木质部;形成层有 2~3 层;韧皮部下方有 2~3 层薄壁细胞,厚壁细胞位于薄壁细胞的下侧;多层薄壁细胞环绕在维管束的外围。

据上海农学院对当地地方品种的观察结果,蚕豆每分枝平均生叶片 22 片,二叶型复叶 4~5 片,三叶以上型 17~18 片。其中以六叶型复叶最多,约为 7 片,其次为五叶型,九叶型复叶最少,仅个别分枝发生。整个复叶上小叶片数的变化情况是一个由少到多、再由多到少的过程。叶片发生速度也由慢到快,再由快到慢,直到收获前 20 d 左右停止。前期复叶出生慢是由于气温低所致,后期生长较慢是进入结荚期以后营养生长趋于结束、植株将近成熟的必然结果。

第四节　蚕豆花序与花的形态结构

蚕豆的花为总状花序,腋生或者单生,总花梗极短;萼钟状,膜质,长约 1.3 cm,5 裂,裂片披针形,上面裂片稍短,着生于叶腋间的花梗上。花朵聚生成花簇,每个花簇有 2~6 朵花,多的达 9 朵,但落花很多,能结荚的只有 1~2 朵(图 5-5、图 5-6)。蚕豆的花瓣主要是由位于最上面的花瓣——旗瓣、翼瓣和

图 5-5 蚕豆的花的形态结构(宗绪晓、张红岩供图)

图 5-6 蚕豆不同花色(刘玉皎、周仙莉供图)

位于最下面的龙骨瓣所组成,翼瓣是潜在的授粉者的着陆平台,而花的有性部分包裹于龙骨瓣中，即花瓣表皮的最外层，这一层与植物和昆虫的相互作用最为直接。花萼位于花的下方，上部5裂，下部杯状，呈绿色，可以进行光合作用。花冠位于花萼内侧上方，是蝶形花，白色，具红紫色的斑纹，由5个花瓣组成（旗瓣1枚、翼瓣2枚、龙骨瓣2枚）。旗瓣是最上面较大的1片，呈白色，倒卵形，先端钝，向基部逐渐变窄，在花未开放时旗瓣包围着翼瓣和龙骨瓣。2片形状和大小相同的翼瓣分别位于旗瓣的两侧，翼瓣椭圆形，先端圆，基部呈耳状三角形，一般为白色，中央有1个黑色大斑，也有的是紫红斑。形似小船的2个龙骨瓣基部连在一起位于最下侧，多为白色。花的颜色是鉴定不同品种的特征之一，有白色、紫色、紫红色、浅紫色、紫褐色、纯白色等（图5－6）。雄蕊共10枚，二体，位于花冠的内部，9枚雄蕊的花丝下部彼此联合在一起呈管状，将雌蕊包围起来，余下的1枚雄蕊单独分离，称为二体雄蕊，花药着生于花丝顶端。雌蕊1枚，由柱头、花柱和子房3部分组成，位于雄蕊中间。花柱稍向上弯曲，子房长扁形，1室，内侧着生胚珠1枚至多枚。

豆科植物花表皮细胞主要有6种类型：板状皱纹粒状、板状皱纹状、板状扁平状、圆锥状、圆锥皱纹状、小叶纹状。这些类型基于初级结构和次级结构。花的形成是蚕豆收获成粮的重要进化产物之一。在花瓣发育过程中，可以观察到多种多样的分泌结构，如酚细胞和组织、黏液细胞、分泌腔等，根据品种的不同，其形态和位置也会发生相应的变化。

第五节　蚕豆荚和籽粒的形态结构

蚕豆果实为荚果，由胚珠受精后的子房发育而成，由1个心皮组成。荚果肥厚，长5～10 cm，宽2～3 cm，表皮绿色，内有白色海绵状茸毛。种子近长方形，中间内凹，种皮革质，种皮颜色有青绿色、灰绿色、棕褐色、紫色、红色、黄色等，种脐线形，位于种子的一端。荚呈扁平筒形，荚壳肥厚而又多汁，未成熟时呈绿色，荚内有茸毛，成熟后的豆荚变为黄褐色或黑褐色，是由于蚕豆荚中含有酪氨酸酶，这是一种氧化酶，可以将豆荚中的酪氨酸氧化成多巴，最后生成黑色素。蚕豆荚的大小和长短由于品种的不同而存在差异，大的豆荚一般种子也较大，长荚的种子数量较多，豆荚小的种子相对也较小，短荚相对长荚而言，其种子较少。每荚种子一般为2～4粒，多的可达6～7粒（图5－7）。

图 5-7　蚕豆的荚(宗绪晓、张红岩供图)

蚕豆的籽粒是由受精的胚珠发育而成的。整个籽粒有 3 个基本部分,即种皮、子叶和胚,分别占整个种子质量的 15%、84% 和 1%。种皮的功能性成分含量较高,如酚类物质、膳食纤维和矿物质等。籽粒呈扁平椭圆形,种皮的颜色因品种不同而有差异,有青绿色、红褐色、偏紫色、绿色、乳白色等(图 5-8)。籽粒的大小、长宽、厚度以及籽粒的颜色不同可以作为鉴别品种的标准。子叶主要存储蛋白质和碳水化合物,有黄子叶与绿子叶(图 5-9)。种脐位于种子的基部,有种柄脱落的痕迹,其大小和形状以及颜色也可作为鉴别品种的重要特征(图 5-8)。

图 5-8　蚕豆的干籽粒形状与种皮颜色(宗绪晓、张红岩供图)

1. 绿子叶；2. 黄子叶

图5-9 蚕豆子叶颜色(张红岩、周仙莉供图)

参考文献

[1] Ojeda I, Francisco-Ortega J, Cronk Q C B. Evolution of petal epidermal micromorphology in Leguminosae and its use as a marker of petal identity [J]. Ann Bot, 2009, 104: 1099-1110.

[2] Roba M I, Heba E M E, Gihan M H, et al. In vitro root induction of faba bean (*Vicia faba* L.) [J]. GM Crops, 2011, 2(3): 176-181.

[3] Barros T C D, Marinho C R, Pedersoli G D, et al. Beyond pollination: diversity of secretory structures during flower development in different legume lineages [J]. Acta Botanica Brasilica, 2017, 31(3): 358-373.

[4] JEFFREE C E. The fine structure of the plant cuticle[M]. Oxford: Blackwell Publishing Ltd, 2007: 111-144.

[5] 龙静宜，林黎奋，侯修身．食用豆类作物[M]．北京：科学出版社，1989.

[6] 郑卓杰，王述民，宗绪晓．中国食用豆类学[M]．北京：中国农业出版社，1997.

第六章

蚕豆的生长发育

蚕豆种子从萌发开始，经过根、茎、叶、花、荚等生长发育过程，每个过程均需要较适宜的气候条件，才能发育成优良的植株个体。

第一节　蚕豆的一生

蚕豆的一生即蚕豆全生育期依次经历了 8 个时期：出苗期、分枝期、现蕾期、见花期、开花期、鼓粒期、终花期和成熟期。蚕豆全生育期的长短主要受品种熟性和栽培环境的影响，我国秋播区蚕豆的全生育期为 140～230 d，其中广东、广西和福建所属的南方丘陵亚区生育期最短，仅为 140～160 d，云南、贵州、四川和陕西所属的西南山地亚区为 180～210 d，长江中下游亚区为 200～230 d；而春播区蚕豆的全生育期则是 100～180 d，其中内蒙古、河北、山西、宁夏及甘肃河西走廊所属的北部内陆亚区全生育期最短，仅为 100～130 d，青藏高原和甘肃西南亚区为 150～180 d。

一、出苗期

蚕豆出苗是指茎叶伸出土壤 2～3 cm，一般把田间 80% 种子出苗的日期记为蚕豆的出苗期。蚕豆种子比大多数豆类作物种子大,种子发芽前需要吸收更多的水分,因此,蚕豆种子出苗所需时间更长。在生产上蚕豆出苗期的长短主要受籽粒大小和土壤墒情的影响,一般需要 8~20 d。

二、分枝期

蚕豆出苗后复叶不断增加,一般在幼苗长出 2.5~3 片复叶时发生分枝,以分枝长至 2~3 cm 时记为 1 个分枝,在生产中以田间 80% 幼苗发生分枝的时期记为蚕豆的分枝期。蚕豆分枝的发生速度受温度影响最大,例如南方秋播区平均温度在 12 ℃时出苗到分枝需 8~12 d。随着温度下降,分枝的发生也逐步减慢。蚕豆分枝的可调节性较大,因品种特性、土壤肥力、温度和播种密度等因素的差异,蚕豆分枝数一般为 2~5 枝/株,温度适宜和肥力较高的环境下分枝数可达 8 枝/株。

三、现蕾期

随着蚕豆分枝的发生和生长,其主茎顶端生长点会分化出花蕾,花蕾被心叶覆盖,拨开心叶可见到花蕾,一般将田间 80% 的幼苗分化出肉眼可见的花蕾时记为现蕾期(图 6-1)。蚕豆现蕾期受环境条件的影响较大,在云南适时播种后,出苗至现蕾需要 40~45 d。

图 6-1　蚕豆现蕾期(宗绪晓、张红岩供图)

四、见花期和开花期

绝大多数蚕豆品种具有无限生长习性，现蕾和花期较长，一般以第1朵花开的时间记为蚕豆的见花期，蚕豆见花期一般在播种后50～90 d。将田间50%的植株见花的日期记为开花期，蚕豆开花期的早晚因品种和栽培环境而异，一般在播种后60～120 d进入开花期。

五、鼓粒期和终花期

在蚕豆初花10 d左右后，子房膨大，幼荚开始伸长膨大，籽粒内部不断充实的时期称为鼓粒期。蚕豆终花期也称末花期，一般将田间70%植株的花器全部凋萎的日期记为终花期。蚕豆终花期也具有较大的品种和环境差异，一般为开花后30～80 d。

六、成熟期

蚕豆终花期花朵大量凋谢后，当籽粒充分积累干物质后水分逐渐减少，籽粒硬度不断增加，荚果和籽粒颜色向成熟色转变，将田间80%的荚果干枯呈现黄褐色的时期记为蚕豆成熟期（图6－2）。

图6－2　蚕豆成熟期（刘玉皎、周仙莉供图）

第二节　蚕豆的温光反应特性

蚕豆的适应性较差，主要是蚕豆对温光反应比较敏感，温度与光照对蚕豆生长发育，尤其是生殖生长影响是直接的。

一、温度

蚕豆起源于温带，性喜温暖和湿润，较耐寒，属于冷季豆类，但其耐寒力不及豌豆、小麦、油菜和大麦等作物。温度是影响蚕豆生长发育的重要环境因子，可显著改变蚕豆植株理化性状和生育进程，蚕豆生长发育对温度的变化较敏感，温度波动不仅导致蚕豆生育期各关键时期的天数变化，还对蚕豆的生理活动产生显著影响。

（一）温度与蚕豆各生育时期

作物的生命活动都有 3 个基点温度，即最高温度、最低温度和最适温度，在最适温度条件下作物的各项生化反应效率最高，生长发育良好，植株健壮容易获得高产；而在最高和最低温度条件下作物的生化反应效率降至最低，生长发育陷于停滞，但仍能维持生命活动；如果温度继续升高或者降低超过最高和最低温度界限就会对作物造成不同程度的伤害，甚至导致死亡。大量研究和生产经验表明，蚕豆的最适温度为 14～25 ℃，最高温度为 27～30 ℃，最低温度为 3～4 ℃。蚕豆生长发育过程仅能耐受 −4～0 ℃的低温，通常温度低于 −7 ℃时蚕豆将受到冻害甚至死亡。

蚕豆各生育时期对温度的要求不同，随着生育进程的推进所需的温度不断升高，出苗和营养器官形成期所需温度为 5～6 ℃，生殖器官形成期为 8～10 ℃，而结荚期则要求均温 10 ℃以上。对低温的耐受力也随着生育进程推进而下降，如蚕豆最耐低温的苗期可耐受 −4～ −3 ℃的低温，而开花期则需要 5.5 ℃以上才可减少花蕾受冻凋萎。

蚕豆不同生育时期所需的有效积温也有显著差异，一般从播种到出苗所需的有效积温为 134.1 ℃，出苗到分枝期为 29.38 ℃，分枝期到开花期为 242.9 ℃，开花期到结荚期为 100.4 ℃。其中，分枝到开花期所需积温最高，也是蚕豆生育期中对温度最敏感的时期，在生产中适时播种使蚕豆盛花期避开霜冻气候可有效减少花荚损失，提高结荚数和最终产量。另外，不同蚕豆类型对温度的要求也有差异，如春播蚕豆需 ≥0 ℃的活动积温达176 ℃左右且月平均气温超过 8 ℃时方可出苗，而秋播蚕豆一般在活动积温为 134 ℃左右、月平均气温 6 ℃时出苗。

（二）温度与蚕豆种植区划

蚕豆在我国分布较广，除黑龙江、吉林、辽宁、山东、海南等地外，其他地区均有蚕豆种植。我国蚕豆种植有春播和秋播 2 个大区，2 大生态区在地理上的分界线大致以甘肃省天水市为中心，向东沿秦岭淮河到达黄海边，向西南经四川雅安、西昌和云南大理到腾冲市，此线以南和以东为秋播区，播种时间为 10~11 月；以北及西北和东北则为春播区，播种时间一般为 3~4 月。春播和秋播 2 大区各有 3 个亚区，分别是春播区的甘西南青藏高原亚区、北部内陆亚区和北疆亚区，秋播区的南方丘陵亚区、长江中下游亚区和西南山地丘陵亚区。不同种植区域间蚕豆的生长发育和农艺性状有明显差异，而区域间温度条件的不同是造成我国不同种植区蚕豆性状差异的最重要原因之一。

以温度为标准，通常将 1 月份平均气温低于 0 ℃且 7 月平均气温低于 20 ℃的区域划为蚕豆春播区，本区域气候雨热同季，蚕豆在较高的温度下通过春化阶段，开花较快且花期极少遭遇低温冻害，植株生长迅速，生育期较短。1 月平均气温高于 0 ℃的区域则为蚕豆秋播区，本区域温度变幅较大，蚕豆需在低温条件下通过春化阶段，花期长且花期易遭受低温冻害，植株生长速度慢且生育期较长。

（三）温度与蚕豆生理

温度是蚕豆各项生理生化反应的重要调控因子，大量研究表明温度变化可显著影响蚕豆光合作用、呼吸作用、物质合成与分解、水分和矿质代谢等生理活动。

作物的光合作用需在一定温度范围内进行，超过温度界限时光合速率下降甚至停滞，蚕豆营养生长期和开花期的光合速率在适宜温度范围内均随温度升高而增加，然而当气温由 15 ℃上升至 30 ℃时蚕豆叶片光合速率显著下降。相比较而言，蚕豆结荚末期的光合速率随温度变化幅度较小，即使在温度升高至 30 ℃时光合速率仍能达到 17 mg/(dm^2/h)。与光合作用相似，蚕豆呼吸作用在一定范围内随温度升高而增强，超过界限温度则开始下降，通常温度由 15 ℃上升至 30 ℃时蚕豆的呼吸强度也随之增加，当温度超过 35 ℃时呼吸强度显著下降。温度对蚕豆物质合成与分解的研究多集中于低温对蚕豆植株蛋白质和碳水化合物代谢的影响。研究表明，蚕豆在遭受低温危害时，植株内部蛋白水解酶的活性显著增加，导致蛋白质加速分解，随着低温的持续蛋白质含量显著下降。在低温条件下，蚕豆叶片的淀粉含量也呈现出相同的变化趋势。低温对蚕豆水分和矿物质代谢的影响主要表现在降低植株蒸腾速率和根部生理活动2 个方面，蒸腾速率的降低会使植株积累过多的水分从而破坏水分平衡，导致生理性干旱而出现植株萎蔫、落叶和落花等现象。

蚕豆基本上是亚热带和温带作物，生育期内最适平均温度为 18~27 ℃。蚕豆性喜温暖湿润的气候，尤其在花荚形成期不耐低温。蚕豆不同生育阶段对温度的要求和抵抗低温的能力是不同的。蚕豆发芽最低温度为 3~4 ℃，适温为 16 ℃，最适温度为 25 ℃，最高温度为 30~35 ℃。出苗适温为 9~12 ℃，营养器官的形成在 14 ℃左右。进入花芽期后则需要较高的温度，尤其是开花结荚期对温度的要求更高，开花期最适温度为 16~20 ℃，超过 27 ℃时授粉不良；结荚期最适温度为 16~22 ℃，这时对低温的反应最敏感，平均气温在 10 ℃时花朵开放很少，13 ℃以上时开花增多。据云南省农业气象站观察，1961 年1 月 13 日至 18 日昆明出现重霜，1 月 17 日蚕豆株间最低温度达 7.8 ℃，持续14 h，27.5% 的花蕾受冻害，92.6% 的花受冻害，75% 的荚受冻害，造成蚕豆严重减产。

蚕豆是喜光的长日性作物，对光照条件好坏反应比较敏感。整个生育期间都需要充足的阳光，尤其是花荚期。如果植株密度过大，株间互相遮光严重，蚕豆花荚就会大量脱落。因此，在栽培技术上除选用窄叶型品种外，采用宽窄行播种、合理施肥以及整枝打顶等综合技术，创造合理的群体结构，使蚕豆植株间透光良好，提高植株的光合作用，是蚕豆高产的重要措施。

二、光照

（一）蚕豆的光周期

光周期现象由美国学者加奈（Garner W. W.）和阿拉德（Allard H. A.）于1920年提出，是指植物生长期间昼夜交替中光照期和暗期长短的变化对植物开花的影响，大多数一年生植物的开花决定于每日日照时间的长短。根据植物开花对光照时间响应的不同可分为3种典型的光周期反应类型，即长日植物、短日植物、日中性植物。长日照植物是指在24 h的昼夜周期中，日照时间长于一定时数才能开花的植物，对这类植物适当延长光照时间可以促进开花，反之则推迟开花或不能开花。短日照植物是指在24 h的昼夜周期中，日照时间短于一定时数才能开花的植物，这类植物适当缩短光照时间可以促进开花，反之则推迟开花或不能开花。日中性植物是指对光照时间不敏感，在满足其他生长条件时在任何程度日照条件下均可以开花的植物。

蚕豆属于长日照植物，通常在日照长度大于一定时数才可开花。然而大量研究表明蚕豆对长日照的要求并非十分严格，当日照长度小于特定时数也可以开花但会导致开花推迟。迄今为止，尚未发现日照长度必须大于某一时数才能形成花芽，否则植株只能进行营养生长而不能开花的蚕豆品种。

蚕豆虽对长日照要求不严格，但大多数蚕豆品种对日照表现出一定程度的反应。有研究表明长日照往往引起花期缩短，降低开花总数，但可增加结荚率，而短日照则相反。另外，不同生态型的蚕豆对光周期反应的敏感度不同，在我国春播蚕豆对光周期的反应较秋播蚕豆更敏感，表现为将秋播蚕豆北移进行春播时可以开花、结荚、成熟，但春播蚕豆进行秋播时却不能正常结荚或极少结荚。

（二）光照对蚕豆生理的影响

光照不仅决定蚕豆的光合速率，还影响蚕豆的许多生理反应，大量研究表明，光照会对蚕豆植株的花荚形成、光合器官特性和物质代谢等产生显著影响。夏明忠等（1989）对蚕豆的遮光试验结果表明，蚕豆开花期和花后光照不足会增加花荚脱落导致结荚数显著下降，单株实荚数和实粒数也明显减少。光照变化会对蚕豆光合器官特性产生影响，在蚕豆开花前和开花期遮光处理使蚕豆绿叶面积增大，叶片变薄，二氧化碳的扩散阻力增强，比叶重显著下降，从而导致光合效率显著下降。光照对蚕豆物质代谢的影响主要表现在对植株碳氮代谢的影响，研究表明遮光导致蚕豆碳水化合物合成显著减少进而使植株碳/氮比率下降，导致蚕豆花期花芽发育受阻，花荚脱落加剧，花后则导致结实率显著下降。

第三节　蚕豆对土壤、水分和营养的需求

土壤是植物生长的基本环境，是保持根系有效活力的前提，是储存水分和营养的重要场所，水分和营养是维持正常的生长发育和基本产出的关键因素，明确蚕豆对土壤、水分、营养的需求有利于提高管理的针对性，提高资源利用效率。

一、土壤

蚕豆适应的土壤类型较多，对土壤要求并不十分严格，但蚕豆喜欢土层深厚、排灌条件良好，保水、保肥能力强，富含有机质的黏壤土、沙壤土和重壤土。蚕豆生长对土壤 pH 值的耐受范围通常为 4.5～8.3，但以 6.2～7.5 之间最适合蚕豆生长。蚕豆属耐碱植物，但不耐酸，因为碱性土壤有益于微生物活动，特别是蚕豆根瘤菌在微碱性土壤条件下活动旺盛，能为蚕豆提供更多氮素。相反，在酸性土壤中蚕豆根际微生物活动受阻，根系发育欠佳，固氮能力减弱。因此，利用石灰中和土壤酸性提高其 pH 值可改良土壤理化性状，对促进蚕豆根瘤菌活动，增强固氮能力，进一步提高产量有重要作用。

二、水分

蚕豆喜冷凉湿润环境，生长条件要求年平均降水量 650～1 000 mm，是一种需水量较多的作物。研究表明，蚕豆每形成 1 g 干物质需水 800 g 以上，比玉米、高粱多 0.77～2.2 倍。蚕豆叶片气孔数较多，蒸腾系数较大，是最不耐旱的豆类作物之一，土壤水分不足会显著影响蚕豆产量和品质。在蚕豆生育期中土壤水分需保持在田间持水量的 50% 以上才能保证蚕豆正常生长需求，当土壤水分达到 70%～80% 时，最适于蚕豆生长，有利于获得高产。但土壤水分过高会降低土壤透气性，不利于根系生长导致蚕豆涝害。

蚕豆不同生育时期对水分的需求有差异,根据不同生育时期的需水规律适时调节灌水量是获得高产的重要条件。蚕豆种子萌发及出苗期要求较多的水分,该时期蚕豆种子大量吸收水分以满足吸涨的需要,因其种皮厚且子叶蛋白质含量高,故需吸收相当于种子自身质量的120%~150%的水分,才能保证快速发芽。蚕豆发芽阶段的需水量和时长与其种子大小有关,种子越大,发芽吸水越多,耗时越长,而种子越小则吸水越少耗时越短。与种子萌发期不同,蚕豆幼苗时期较耐干旱,植株地上部分生长缓慢,根系则快速生长,需水量相对较少。而如果幼苗期降水过多,土壤含水量太高则导致蚕豆根系分布变浅,根际微生物不活跃影响根系发育,严重时可造成烂根死苗。

随着蚕豆生育进程的推进,现蕾期开始蚕豆需水量逐渐增加,到开花期是蚕豆需水临界期,该时期对水分最敏感,充足的水分供应可增加开花量,促进授粉,提高成荚率。从结荚开始到成熟期对水分的需求仍然较多,该时期若水分供应不足则导致幼荚脱落,秕粒秕荚增多,结实率下降;但过多的水分也不利于开花授粉,长时间阴雨还会导致落花落荚,降低结实率和籽粒充实度。

三、营养

蚕豆生长发育需求量最大的3种元素分别是氮、磷和钾,其次,对钙、铁、镁、钼、硫和硼等元素也有微量的需求。

氮素是叶绿素和蛋白质的重要组成成分,充足的氮素供应可促进光合作用和蛋白质合成,加快植株生长。蚕豆因自身具有固氮功能而对氮素的需求相对较少,但根瘤菌的固氮效率因环境而有较大差异,在生产中可根据土壤肥力适量补施氮肥,以弥补固氮不足对植株发育的影响。

磷可促进蚕豆植株物质代谢、根系和根瘤发育,增强抗寒抗旱能力,是蚕豆生长发育不可缺少的大量元素。有研究指出,磷对促进蚕豆生长发育的效果比氮更好,相同条件下施用磷肥的增产效果比施氮显著。

钾是蚕豆许多生理生化反应的活化剂,可加速物质转化,促进植株生长,使茎秆坚韧健壮,增强抗虫、抗倒伏能力。缺钾时会导致蚕豆光合作用减弱,物质合成效率下降,植株矮小细弱,易倒伏。

钙是蚕豆营养中的重要灰分元素之一,它在植株体内主要以化合物形式存在,可流动性差,因此主要集中在茎叶和较老的组织中,是组成细胞壁的成分。

当植株缺钙时，细胞壁不能正常形成，影响细胞分裂及根系的生长和根毛形成，导致水分和矿质营养的吸收受阻，植株发育不良。

铁主要作为蚕豆体内一些酶的成分，同时是叶绿素形成的必要元素，缺铁会影响植株光合作用和其他许多酶促反应。与钙类似，铁在蚕豆植株体内也较难移动，因此，缺铁症状首先会表现在幼嫩组织上。

镁、钼、硫和硼等都是蚕豆植株生长必需的微量元素，它们的缺乏对蚕豆生长的影响虽不及氮、磷、钾等大量元素显著，但对植株生长发育、根瘤菌固氮能力、开花结实以及蚕豆产量和品质的提高具有重要作用。

第四节　蚕豆的形态发育

本节重点描述种子的萌发，幼苗、根、茎、叶的发育与生长以及花、荚的形成与发育的过程。

一、种子萌发与出苗

种子萌发是指种子从吸涨作用开始的一系列有序的生理过程和形态发育过程。蚕豆种子的萌发经历吸涨、活化和萌发 3 个阶段。

（1）吸涨阶段：为物理吸水过程，当种子浸于水中或播种于潮湿的土壤中之后，其内部的亲水性物质开始快速吸收水分，随着吸水的进行种子体积也快速膨大，种皮变得松软使种子的通气性大大增加，保证了后续活化和萌发阶段对氧的需求，在一般的生产条件下蚕豆种子吸涨阶段需持续 5～6 d。

（2）活化阶段：吸涨作用进行到一定程度后种子内细胞壁和原生质发生水合，原生质从凝胶状态转变为溶胶状态，各种酶类开始活化，蚕豆子叶储藏的碳水化合物、脂肪和蛋白质在酶的作用下开始水解产生葡萄糖、氨基酸等输送至胚轴提供胚发育所需养分。

吸涨和活化阶段提供的水分和养分供蚕豆种子胚细胞分裂和增生，接着分化出胚根和胚芽，种子进入萌发阶段。

（3）萌发阶段：蚕豆种子萌发时子叶留在土壤中，上胚轴和胚芽发育伸出土面形成幼苗。蚕豆幼苗出土及生长初期所需营养由子叶提供，随着幼苗生长和组织分化长出绿叶可以进行光合自给,此时幼苗长至2~3 cm,即为蚕豆出苗(图6-3)。

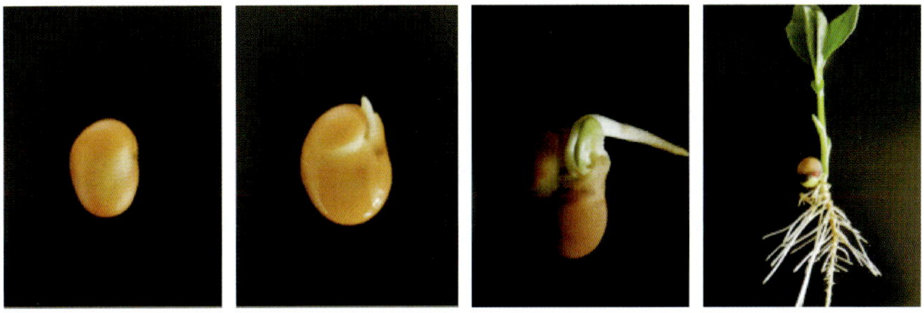

图6-3 蚕豆种子到发芽出苗(滕长才供图)

二、幼苗的生长

蚕豆种子萌发后下胚轴停止伸长,子叶留在土中,只由上胚轴和胚芽长出土壤生成幼苗,这类幼苗属于子叶留土幼苗。蚕豆幼苗具有茎色、分枝习性等性状上的差异,是辨别蚕豆不同基因型和生态型的重要依据之一。当前生产中使用的绝大多数蚕豆品种幼苗茎色为绿色和紫红色,也有少数蚕豆品种幼苗的茎色为黄色或紫色。

蚕豆幼苗随着生长而产生分枝,通常幼苗分枝习性主要有3种,即直立型、半直型和匍匐型。直立型分枝与地面夹角大于60°,株型紧凑;半直型分枝与地面夹角在30°~60°之间,株型相对分散;匍匐型分枝与地面夹角小于30°,株型分散(图6-4)。

1　　2　　3

1. 直立型;2. 半直型;3. 匍匐型

图6-4 蚕豆幼苗分枝习性(宗绪晓、张红岩供图)

三、根的生长

蚕豆的根系属于直根系，拥有发达的主根，主根方向为竖直向下，入土深度可达 1 m 以上。侧根着生于主根上并呈葡萄状分布于主根周围，蚕豆侧根通常在上部土层水平分布，延伸可达 50 cm 以上。蚕豆种子萌发 7 d 左右开始分化出主根根冠，之后根分生组织快速生长，根开始延伸。当主根伸出种皮 2~3 d，侧根开始发育，侧根出现后与主根同步生长。研究表明，侧根分化数量和生长速度与主根密切相关，侧根分化最大速率也与主根生长最大速率同步。当根系发育到一定程度时，根瘤菌开始侵入根毛，然后大量繁殖，蚕豆根内皮层细胞受到根瘤菌分泌物的刺激而大量产生皮层细胞导致入侵部位组织膨大最后形成根瘤。蚕豆根瘤为粉红色，呈圆锥形，簇生，根瘤发育的好坏显著影响蚕豆后期固氮能力。

四、茎的生长

蚕豆的茎分为主茎和分枝茎，主茎是子叶的幼茎延伸后形成的，分枝茎则由主茎下部腋芽萌发形成。在适宜环境条件下，蚕豆幼苗期茎的伸长速率主要受温度影响。而在营养生长期和生殖生长早期，伸长速率相对稳定，并伴随着相对稳定的节间形成速率和均匀的节间长度。

五、叶和分枝的生长

蚕豆的叶分为子叶和真叶，子叶为种子营养物质的储藏器官，在种子萌发时留于土中。蚕豆真叶为羽状复叶，每片复叶由小叶、叶柄和托叶组成，小叶通常有 2~6 片。蚕豆幼叶由茎尖生长点的叶原基分化发育而来，随着叶原基细胞不断分裂和分化使叶片、叶柄和托叶形成。在蚕豆小叶分化中复叶的小叶数不是始终如一的，与植株品种特性和生育时期有关，通常营养生长繁盛的时期小叶数增加，而生殖生长旺盛时期小叶数减少，而且在结荚期营养物质大量向籽粒供应，复叶上小叶面积有缩小的趋势。蚕豆分枝能力强，子叶的幼茎延伸后形成主茎，在主茎基部子叶的两叶腋间的腋芽可发育为分枝，称为子叶节分枝。主茎下部虽都有腋芽，但不是每个腋芽都能萌发成分枝，分枝的多少跟蚕豆品种特性和土壤养分状况密切相关，通常只有基部第1、2节腋芽萌发成分枝。主茎基部第1个腋芽萌发形成的分枝称为一级分枝，一级分枝基部第1个腋芽萌发形成的分枝称为二级分枝，依此类推，通常在生产中一级分枝最多，且结荚率最高，二级分枝次之，而三级及以上分枝则极少发生且多数不能结荚。

六、蚕豆花序与花的形成

蚕豆的花为短总状花序，其花序轴不分枝，具有花柄的小花着生于花序轴上，小花的花柄等长，开花顺序为由下至上，由内到外。蚕豆的花序着生于叶腋间的花梗上，花朵聚生成花簇，每个花簇有2~9朵小花，但落花率较高，通常最终结荚的只有1~2朵，多荚型蚕豆可结3~4个。

蚕豆的花由花芽分化而来，研究表明蚕豆花芽的分化过程大致可以分为7个时期。

(1)小花原基分化期：该时期叶原基在生长点一侧，其内侧的凸起为该叶腋的花序或小花原基。

(2)萼筒原基分化期：该时期在小花原基边缘开始出现1圈棱状物，即萼筒原基。

(3)花瓣原基分化期：该时期萼片和雄蕊基开始形成，心皮有纵沟。

(4)雄雌蕊原基分化期：该时期花原基有2圈凸起，雌蕊原基开始形成。

(5)花药形成期：该时期萼片5瓣和花药形成。

(6)四分体形成期：该时期花萼高出小花的下部膨大部分2.5~4 mm，旗瓣高度在矮雄蕊和高雄蕊之间，柱头出现三角状凹陷。

(7)花药发育成熟期：该时期花萼高出小花的下部膨大部分5.5 mm左右，旗瓣高于雄蕊，柱头生出许多须毛。

经过这7个时期的花芽分化形成的花为蝶形完全花，由花萼、花冠、雄蕊和雌蕊4部分组成。

七、荚与籽粒的形成

蚕豆花药发育成熟后即裂开，花粉散出落在柱头上，在较短时间内于柱头上萌发并长出花粉管，随着花粉管不断伸长最终到达子房进入胚珠内部，之后释放精子分别与卵细胞和极核细胞融合即双受精。蚕豆胚珠受精后，子房逐渐膨大最终形成幼荚。初期的幼荚发育以形态发育为主，通常荚长比荚宽和荚厚增加得快，发育至开花后 28 d 左右，荚长、宽和厚均接近最大值，荚形趋于稳定。蚕豆荚扁平呈筒形，成熟前的荚果为绿色，荚壳肥厚而多汁，荚内有丝绒状茸毛。蚕豆籽粒由受精后的胚珠发育而成，籽粒的发育进程与幼荚发育类似，初期以增加籽粒的长、宽和厚为主，在开花后 35 d 左右长、宽、厚达到最大值，粒形趋于稳定。在籽粒发育初期，干物质的输送速度相对较低，粒形发育稳定后，干物质供应显著增加，籽粒灌浆迅速上升，伴随着水分的增加，籽粒不断充实，体积不断膨大。随着鼓粒期的结束，蚕豆籽粒充实程度达到最大，灌浆速率逐渐下降，籽粒开始失水转向成熟，到成熟期籽粒灌浆已完全停止，鲜重和干重均已相对稳定，体积已不再变化，种子颜色和粒形逐渐接近成熟时的状态。

第五节　蚕豆根瘤

根瘤是蚕豆根系与根瘤菌共生固氮的重要场所，根瘤的生物固氮作用是蚕豆在农业生产中构建科学合理轮作体系的关注热点，研究根瘤也是今后蚕豆在农业生态系统中发挥积极作用的新课题。

一、根瘤菌

（一）根瘤菌的分类

根瘤菌（*Rhizobium*）是一类存在于土壤中的革兰氏阴性细菌，能够侵染豆科植物的根部或茎部，形成根瘤，并将空气中的氮气还原成氨类物质与豆科植物建立共生关系的 α－变形菌和 β－变形菌。与豆科植物形成的共生固氮体系是已知固氮能力最强的生物固氮体系之一，可为豆科作物提供 50%～90% 的氮素营养，极大程度地减少化学氮肥的施用，有利于改良土壤理化性质，为绿色高效可持续循环农业发展提供重要的生物资源。根瘤菌的特征在于含有结瘤（例如

nod 与 *rhi* 基因）和固氮所需的基因（例如 *nif* 与 *fix* 基因）。这些基因使得它们可以与豆类形成共生关系。目前有 15 属超过 120 种根瘤菌（表 6－1）。

表 6－1　根瘤菌所属科和属以及所属种的近似数量

纲	科	属	所属种的近似数量
α－变形杆菌纲	慢生根瘤菌科	慢生根瘤菌属（*Bradyrhizobium*）#	15
	布鲁氏菌科	苍白杆菌属（*Ochrobactrum*）	2
	生丝微菌科	固氮根瘤菌属（*Azorhizobium*）	3
		戴沃斯菌属（*Devosia*）	1
	甲基杆菌科	甲基杆菌属（*Methylobacterium*）#	1
		微枝形杆菌属（*Microvirga*）	3
	叶杆菌科	叶杆菌属（*Phyllobacterium*）	1
		氨基杆菌属（*Aminobacter*）	1
		中慢生根瘤菌属（*Mesorhizobium*）#	29
	根瘤菌科	根瘤菌属（*Rhizobium*）#	43
		新根瘤菌属（*Neorhizobium*）#	3
		中华根瘤菌属/剑菌属（*Sinorhizobium/Ensife*）#	13
		申氏杆菌属（*Shinella*）	1
β－变形杆菌纲	伯克霍尔德氏菌科	伯克霍尔德氏菌属（*Burkholderia*）#	6
		贪铜菌属（*Cupriavidus*）	2

注：#表示农业中用作商业菌剂的菌种所在的属。

根瘤菌分类经历了 2 个阶段：第一个阶段是 1932 年 Fred 等按“互接种族”提出了最早的分类系统；第二个阶段是 1984 年 Jordan 出版的《伯杰氏系统细菌学手册》第一卷中对根瘤菌科进行了修订，提出了新的根瘤菌分类系统（表 6－2），它是以菌株的遗传特征和表型特征为基础进行的种属划分，同时也考虑了根瘤菌与宿主的共生关系，因此较为客观地反映了根瘤菌间的亲缘关系。

表 6-2　1984 年《伯杰氏系统细菌学手册》中根瘤菌的分类系统

科名	属名	种名	生物型
根瘤菌科 (Rhizobiaceae)	根瘤菌属 (*Rhizobium*)	豌豆根瘤菌 (*R. leguminosarum*)	野豌豆生物型 (bv. *viceae*) 三叶草生物型 (bv. *Trifolii*) 菜豆生物型 (bv. *Phaseoli*)
		苜蓿根瘤菌 (*R. meliloti*)	
		百脉根根瘤菌 (*R. loti*)	
	慢生根瘤菌属 (*Bradyrhizobium*)	慢生大豆根瘤菌 (*B. japonicum*)	
	土壤杆菌属 (*Agrobacterium*)	根癌农杆菌 (*A. tumefaciens*) 放射型土壤杆菌 (*A. radiobacter*) 发根农杆菌 (*A. rhizogenes*) 悬钩子土壤杆菌 (*A. rubi*)	
	叶杆菌 (*Phyllobacterium*)	紫金牛叶杆菌 (*P. myrsinacearum*) 茜草叶杆菌 (*P. rubiacearum*)	

（二）根瘤菌的分离与培养

根瘤菌分离与培养的基本技术已经使用了 1 个多世纪，迄今为止，这些技术仍然十分重要，在今后根瘤菌的研究和应用中具有巨大的利用价值。

1. 制备培养基

使用一些常见的培养基就可以从根瘤内分离根瘤菌，由于在固体培养基上对根瘤菌进行分离较液体培养基更易辨别其他杂菌，因此推荐在固体培养基上对根瘤菌进行分离。酵母甘露醇琼脂（YMA）是培养根瘤菌的常用培养基之一，在制备培养基的过程中可以加入具有辨别作用的刚果红色素，达到分离鉴别根瘤菌的目的。YMA 培养基配方见表 6-3。

表 6－3　YMA 培养基配方表(每配制 1 000 mL 的用量,pH 值为 7.0～7.2)

药品名称	质量/g	药品名称	质量/g
甘露醇	10.0	酵母粉	1.0
三水合磷酸氢二钾	0.5	七水硫酸镁	0.2
氯化钠	0.1	碳酸钙	1.0
琼脂	18.0	硼砂	2%
钼酸铵	2%		

液体 YMA 培养基不需要加琼脂。在高温灭菌和添加琼脂之前,pH 值应该调整到 6.5～6.8 之间。高温灭菌时,温度设置为 121 ℃,时间 0.5 h。

2. 根瘤的准备

野外采集植株根瘤时取新鲜、较大、饱满、粉红色的根瘤放入装有变色硅胶的冻存管中干燥,带回实验室(图 6－5)。将采集的干燥的根瘤在无菌水里浸泡至膨胀,用无菌水将表面泥土冲洗干净后依次通过 95%(*V/V*)的乙醇浸泡 10 min,1%(*V/V*)的次氯酸钠浸泡 6 min,无菌水清洗 5～6 次。

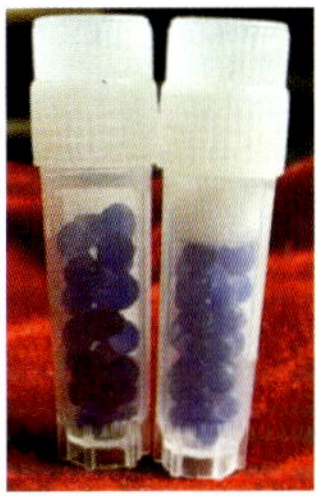

图 6－5　用来保存根瘤的 2 mL 冻存管,瓶中放有硅胶干燥剂和棉花团(李萍供图)

3. 根瘤的分离与培养

用灭菌镊子将根瘤夹碎,接种环蘸取汁液后在含有刚果红的 YMA 平板上画线,28 ℃培养 2～3 d 至菌落出现。根瘤菌菌落特征为乳白色圆形,边缘整齐,表面湿润光滑,在固体培养基上产生大量黏稠物质。初步断定为根瘤菌后,用接菌环挑取根瘤菌菌落于 YMA 平板上再次划线培养,直至长出单一纯菌落(图 6－6)。挑取生长优势的典型单菌落,进行革兰氏染色,在显微镜下检查菌的纯度(图 6－7)。若发现不纯,再按相应步骤进行纯化。菌体特征为:革兰氏阴性菌,杆状,两端钝圆,老龄菌的菌体有空泡。镜检纯度合格的根瘤菌接至 YMA 斜面保存。

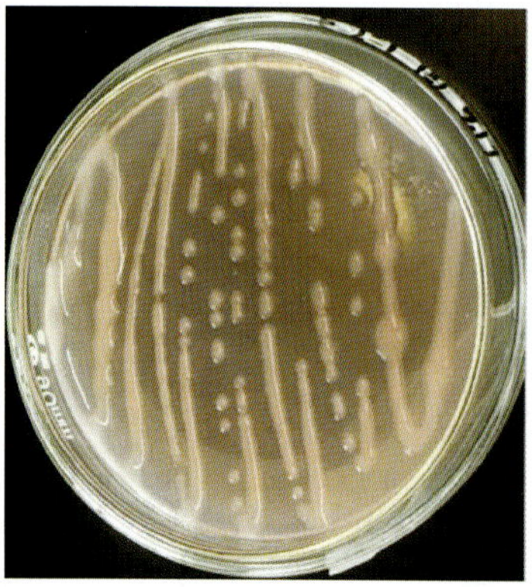

图 6-6　含有刚果红染料的 YMA 固体培养基(李萍供图)

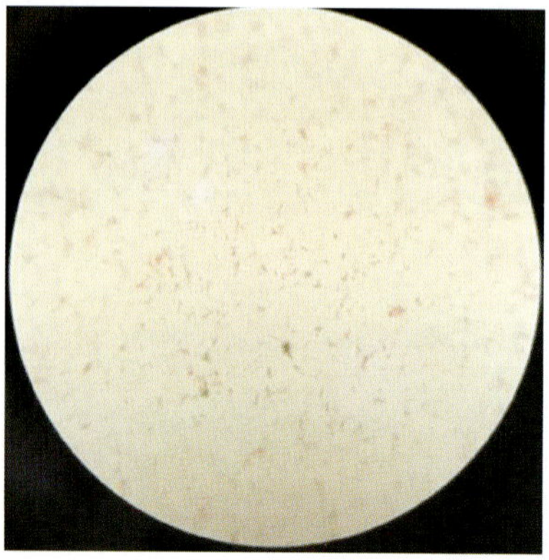

图 6-7　显微镜下的蚕豆根瘤上分离的蚕豆根瘤菌(李萍供图)

根瘤菌属于异养好氧型细菌,通常细胞外有黏液使其菌落或菌苔光滑呈黏液状,多利用甘露醇、果糖、蔗糖、乳糖以及葡萄糖等作为唯一碳源。大多数结瘤根瘤菌菌落为白色或乳白色,呈不透明状,很少呈半透明(形成早期除外),少有着色,不吸收刚果红。

(三)根瘤菌的保存

在对菌株进行鉴定之后,需要有一套长期的保存体系。在从根瘤分离并纯化菌株后,可进行短期保存或长期保存以保证菌株的活性,表 6-4 中列出了 6 种根瘤菌保存方法,常用方法有琼脂斜面和甘油超低温冷冻。

表 6-4　与每种方法相关的维持方法、主要特点和细胞存活率(Hungria et al, 2005)

维持方法	主要特点	细胞活力维持时间
琼脂斜面	培养基使用成分不明确的复合培养基,保存在 5~7 ℃,定期转接,操作简单,成本低	1 年
琼脂斜面	特点同上,但加入灭菌的矿物油或液状石蜡覆盖培养物,5~7 ℃保存,操作简单,成本低	2 年
瓷珠	细菌干粉吸附到灭菌的瓷珠上,放入试管内,加入脱水硅胶,5~7 ℃保存	2 年
土壤、泥炭、黏土	土壤、泥炭、黏土具有良好的持水性,可以碾成细粉末,可调节性强,化学性质好,可以灭菌,5~7 ℃保存	2~4 年

表 6－4（续）

维持方法	主要特点	细胞活力维持时间
冻干	冻干存活率取决于培养物的生理状态、细胞浓度、培养基、冻干速率；在室温下可以保存几十年，但具体能保存多少年的数据很少	—
冷冻	冷冻保存在－190～－70 ℃之间的超低温冰箱或液氮中。生存条件取决于对培养基、冷冻速度、冷冻温度保护剂的应用；许多菌株在保存 15～20 年后仍有活力。	几个月到数年

特别需要指出甘油超低温冷冻方法中，甘油原液太黏稠，需要配制合适的甘油－水溶液，终浓度一般为 10%～20%。将菌悬液与甘油以 1∶1的体积比充分混匀后，分装至提前灭菌的保藏管中，－80 ℃冷冻保存。菌种的保藏应遵守“慢冻快化”的规则，冷冻时降温速率保持 1 ℃/min，活化时用 37 ℃水浴融化，这样可以最大限度地保证菌种的成活率。当冷冻菌种融化后，应避免再次冷冻，否则菌体的生存率会大幅度降低。该方法适合中长期菌种保藏，保藏时间一般为 2～4 年左右。

二、根瘤

（一）蚕豆根瘤的形成及特点

根瘤是豆科植物根部受根瘤菌侵染形成的共生固氮结构，其形成主要分为 3 个阶段。

（1）根瘤菌共生。根瘤菌定植于宿主植物的根毛细胞，植物根系分泌的类黄酮和异黄酮等次级代谢产物吸引着根瘤菌向根圈富集，类黄酮等信号分子侵入根瘤菌内膜中激活根瘤菌的结瘤蛋白，根毛顶端膨胀和新的顶端生长、根毛分枝及卷曲（图 6－8）。

（2）侵染线的形成与延伸。根瘤菌由根毛顶端侵入根内部，根毛由向外生长转向向内凹陷生长。

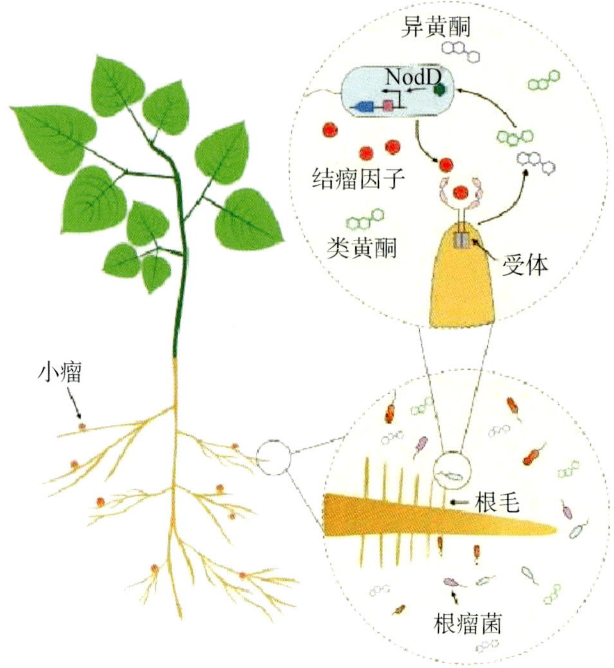

图 6-8　豆科植物与根瘤菌共生过程中的信号交流(Clúa et al, 2018)

(3)根瘤原基的分裂形成与分化。侵染线不断延伸至根的内皮层,皮层细胞进行大量有丝分裂形成根瘤原基,释放根瘤菌,根瘤菌进一步分化为能固氮的类菌体,最终形成根瘤。蚕豆的根瘤首先在主根上形成,再在侧根上形成。已知和蚕豆结瘤的根瘤菌有 *R. legunminosarum*、*R. anhuiense*、*R. laguerreae*。

蚕豆根瘤在主根和侧根上均有分布,但主根上的根瘤的固氮效率远远高于侧根,且以现蕾期和终花期最高,苗期略低,结荚期最低(表 6-5)。有效根瘤一般为红色或粉红色,这是因为根瘤中的豆血红蛋白是由珠蛋白和血红素组成的,血红素结合 1 个铁原子使根瘤呈红色(图 6-9)。然而,衰老的根瘤因为一氧化氮(NO)水平升高,血红素吡咯环的 4-乙烯基结合了 1 个硝基,豆血红蛋白的颜色从红色转变为绿色,根瘤的颜色也转变为绿色。

表 6-5　蚕豆不同生育期主侧根上的根瘤固氮量

单位:%

生育期	苗期	现蕾期	终花期	结荚期
主根	82.6	86.7	86.6	60.9
侧根	17.4	13.3	13.4	39.1

图 6-9　蚕豆根瘤的横截面(李萍供图)

在蚕豆 3 叶期后根瘤菌进入植株根部,4 叶期主根上有小突起,5 叶期出现粒状根瘤,6 叶期侧根出现小粒状根瘤,开花期单株根瘤数量及固氮量达到最大,结荚后,固氮能力下降。

(二)根瘤固氮特点

根瘤在形成过程中需要从蚕豆植株获取碳水化合物、能源、营养元素以及水分。如果这类物质供应充足,根瘤菌发育旺盛,根瘤形成时期早,体积大,数量多,固氮量多,蚕豆也可以从根瘤中获得更多的氮素。不同豆科植物固氮效率不同,蚕豆的固氮效率仅次于大豆,高于豌豆、鹰嘴豆、小扁豆和菜豆。

对蚕豆、红花草、苕子、箭舌豌豆等 8 个冬绿肥品种的固氮效率测定结果表明,蚕豆是固定氮素效果最好的作物。据报道,春蚕豆根瘤菌的固氮效率高,1 g 碳源可固定氮素 250 ~ 300 mg,相当于自生固氮菌的 15 ~ 20 倍,1 g 干根瘤菌平均固氮达 691 mg,是大豆根瘤菌的 2.7 倍(表 6-6)。在 1.33 万株/667 m^2 的密度情况下,每 667 m^2 蚕豆固定氮素 31.48 kg。

表 6-6　几种豆科作物根瘤固氮能力比较

作物	蚕豆	大豆	豌豆
固氮量(根瘤干重)/(mg/g)	691	258	539
根瘤干重占全株总干重/%	4.0	8.9	5.3

蚕豆根系在生长过程中，不断向土壤分泌有机物，蚕豆根际微生物活动旺盛，特别是固氮微生物的数量显著多于非豆科植物，在其共生固氮的基础上又加强了自生固氮，从而大大改善了土壤氮素状况。

三、蚕豆与根瘤的共生体系

（一）共生固氮的意义

氮是微生物和植物生命的必需元素，空气中含有大量的氮气，然而不能直接被植物吸收利用，只有通过根瘤菌将大气中的氮气转化为植物可以吸收利用的硝态氮、铵态氮等无机氮形式才能使植物获得生长所需的氮素。

根瘤菌与豆科作物的共生固氮体系，为豆科作物提供了充足的氮素营养，对增加植物产量和改善作物品质有重要作用。这种共生关系也可以使植物对氮肥的需求减少，从而减少化肥滥用等现象，是农业系统中最有价值的微生物资源之一。

（二）蚕豆与根瘤菌共生关系的评估

在对从根瘤上分离出来的根瘤菌进行长期保存之前需要对菌株进行与蚕豆植株共生关系的检验，以确保根瘤菌还保存着其基本特征。首先，要对菌株影响蚕豆植株并形成根瘤的能力进行考察，然后考察菌株的固氮能力，即对蚕豆植株和固氮菌株之间的基本匹配性进行测评。如果菌株可以生成根瘤，并在温室环境下有效固氮，就可以进一步在田间试验中进行评估。

在大多数情况下，如果未接种的植株叶片呈现出浅绿色或者黄色等缺氮特征且未结瘤，而已接种植株的绿色叶片达到2～3倍大，健壮生长且已结瘤，则认为该共生关系是有效的。但是，共生关系的有效性必须量化，量化指标主要集中在地上部干重、根部结瘤、固氮酶乙炔还原、根瘤中豆血红蛋白测算4个指标。

1. 地上部干重

植物生物量积累后的地上部干重是固氮有效性的一种普遍评估标准。在4～10周（依据生长状况判定）后，将植株地上部分沿下胚轴剪下，放入纸袋中在60～70 ℃干燥3～4 d，称取干重。当植株质量超过施氮（+N）处理的75%时，认为这种共生是有效的（E）。如果植株质量低于+N处理的20%，则认为这种共生是无效的（I）。

2. 根部结瘤

查看结瘤并检验其在根系上的大小、位置、颜色与形状是非常有效的。将根部从容器中移除，把根部清洗干净，根据根瘤的数量、大小和位置对所采集到的根部进行打分（图 6－10、图 6－11）。

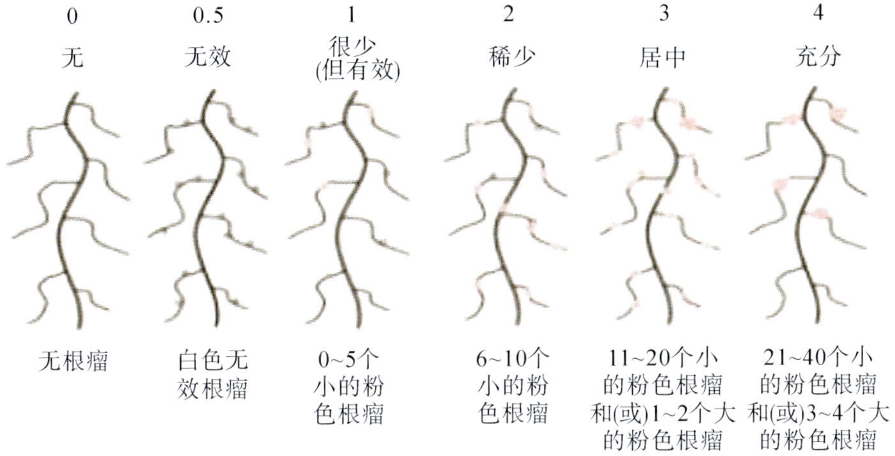

图 6－10　结瘤评分图（可用于评价实验室内培养的豆科植株）

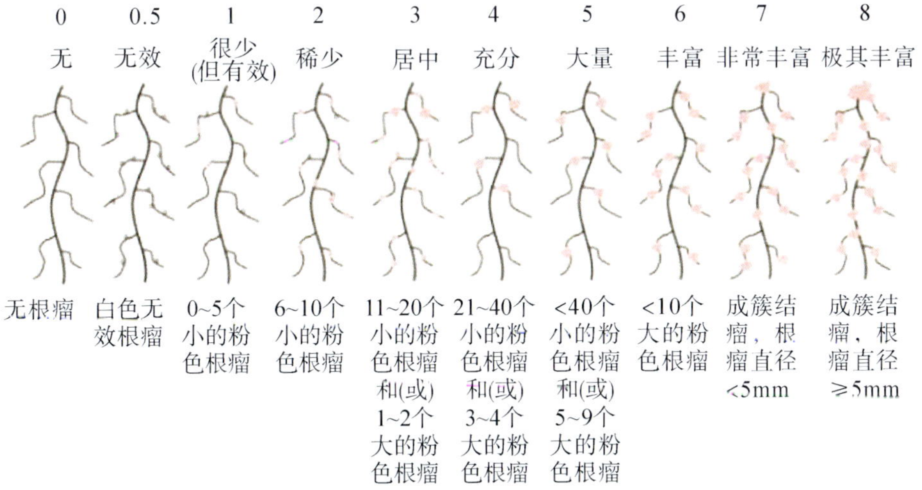

图 6－11　结瘤评分图（可用于评价田间条件下生长超过 12 周的豆科作物）

3. 固氮酶乙炔还原

一个菌株在某豆科宿主中是否能够进行氮气的固氮是评判菌株与宿主有效共生的指标。乙炔还原法是测定根瘤固氮酶活性常用的检测方法之一。方法原理：根据固氮酶具有底物多样性原理，通过气相色谱仪检测乙炔是否被还原形成乙烯及乙烯量的多少而间接测定固氮酶活性的有无及其高低（图 6－12）。

存储在杜兰瓶的整株植物

在瓶中添加乙炔准备试验

图 6－12　乙炔还原法

标准气体的配制：分别用进样针移取 100 μL、10 μL、5 μL、2 μL、1 μL、0.6 μL、0.2 μL 标准乙烯气体注入对应的 20 mL 顶空瓶中，配制成系列标准气体待用。

样品前处理：取 1 g 植物根瘤样品于 20 mL 顶空瓶中，压盖封口。从顶空瓶中抽出 1 mL 气体，然后再注入 1 mL 标准乙炔气体，28 ℃保温 2 h。用气相色谱仪检测生成的乙烯含量。

气相色谱：气相色谱分析采用 PLOT/Q 填充毛细管色谱柱［30 m（长度）×0.53 mm（内径）×40 μm（膜厚）］，载气为氮气，载气流速为 2.0 mL/min；进样口温度为 200 ℃，分流比为 10∶1。升温程序：恒定温度为 60 ℃，保持 6 min。FID 检测器：温度为 250 ℃，氢气 40 mL/min，空气 450 mL/min，尾吹气（He）30 mL/min。

固氮酶活性以每单位样品每小时生成乙烯的物质的量表示。计算公式为：

$$\text{固氮酶活性}\left[C_2H_4\text{nmol}/(\text{g}/\text{h})\right]=\frac{\text{生成乙烯浓度}\left(\frac{\mu L}{mL}\right)\times\text{气体体积}(mL)\times\text{稀释倍数}\times 1\,000}{\text{样品质量}(g)\times\text{反应时间}(h)\times 24.5}\qquad(6-1)$$

4. 根瘤中的豆血红蛋白含量测定

称取 120.0 mg 牛血红蛋白，用去离子水溶解并移至 10mL 量瓶定容至刻度，配制成质量浓度为 12.0 $mg \cdot mL^{-1}$ 的标准蛋白溶液。按照表 6－7 添加试剂，混合反应后，在 540nm 波长下测定吸光值，建立标准曲线。取 0.2 g 的新鲜根瘤，用去离子水洗净，滤纸吸干后，加入 5 mL、pH 6.8 的磷酸缓冲液，在 4 ℃的条件下研磨成匀浆，置于冷冻离心机中 4 ℃、3 000 r/min 离心 15min，吸取上清液,4 ℃、10 000 r/min 离心 20 min,吸取上清液,紫外分光光度计下于 540 nm 处测定吸光度,以 pH 6.83 的磷酸缓冲液作为空白对照,重复测定 3 次,取平均值,计算豆血红蛋白含量。

表 6-7　牛血红蛋白标准曲线制作方法

序号	12.0mg · mL^{-1} 标准蛋白溶液/μL	水/(μL · 0.1 mol · L^{-1})	pH 6.8 磷酸缓冲液/mL
0	0	300	2
1	20	280	2
2	40	260	2
3	80	220	2
4	120	180	2
5	160	140	2
6	200	100	2
7	250	50	2
8	300	0	2

参考文献

[1] Howieson J G, Dilworth M J. Working with rhizobia [M]. Canberra: Australian Centre for International Agricultural Research, 2016.

[2] Panpatte D G, Jhala Y K. Soil fertility management for sustainable development[M]. Singapore:Springer, 2019.

[3] Stefan A,Cauwenberghe J V, Rosu C M, et al. Genetic diversity and structure of *Rhizobium leguminosarum* populations associ atedwith clover plants are influenced by local environmental variables [J]. Syst Appl Microbiol, 2018, 41(3): 251-259.

[4] 包世英. 蚕豆生产技术[M]. 北京: 北京教育出版社, 2016.

[5] 陈文新, 汪恩涛. 中国根瘤菌[M]. 北京: 科学出版社, 2011.

[6] 何玉华, 杨峰, 王丽萍, 等. 云南省地方蚕豆种质资源形态学遗传多样性分析[J]. 西南农业学报, 2014, 27(02): 512-517.

[7] 焦健, 田长富. 根瘤菌共生固氮能力的进化模式[J]. 微生物学通报, 2019, 46(2): 388-397.

[8] 李俊，沈德龙，林先贵．农业微生物研究与产业化进展[M]．北京：科学出版社，2011.
[9] 陆宏园，张林杰，李梅，等．蚕豆栽培品种综合性状的比较与分析[J]．浙江农业科学，2015，56(07)：993－997，1017.
[10] 路敏琦，李俊，姜昕．我国蚕豆根瘤菌的多样性和系统发育研究[J]．应用与环境生物学报，2007，13(1)：73－77.
[11] 任雨霖，吴履芬．蚕豆分枝规律和有效分枝形成特点的研究[J]．耕作与栽培，1995(06)：40－41.
[12] 唐祖奎，王玉敏．春蚕豆花芽分化的初步研究[J]．作物学报，1984，10(4)：281－284.
[13] 王鹏云，曾艳，李万春，等．蚕豆生长发育的温度指标分析[J]．气象，2008(05)：94－100.
[14] 魏琼，王龙，文俊，等．土壤水分条件对蚕豆花荚期光合作用－光响应特征的影响[J]．节水灌溉，2018(04)：1－4，10.
[15] 夏明忠．不同蚕豆品种对光照时间的反应[J]．种子，1988(2)：28－31.
[16] 夏明忠．蚕豆栽培生理[M]．成都：四川科学技术出版社，1992.
[17] 夏明忠，华劲松．不同生态区蚕豆品种的光合特性研究[J]．西昌学院学报：自然科学版，2005(4)：1－4.
[18] 徐东旭，姜翠棉，宗绪晓．蚕豆种质资源形态标记遗传多样性分析[J]．植物遗传资源学报，2010，11(04)：399－406.
[19] 燕福民，徐运启，侯玉璧，等．蚕豆开花习性的初步观察[J]．华中农学院学报，1956(01)：197－205.
[20] 叶茵．中国蚕豆学[M]．北京：中国农业出版社，2003.
[21] 臧晓韵．蚕豆的栽培技术[J]．上海蔬菜，2007(04)：47－48.
[22] 赵丽芬，董绿凤，王邦海，等．干旱对蚕豆生长发育及产量的影响[J]．农业科技通讯，2013(10)：139－142.
[23] 郑卓杰．中国食用豆类[M]．北京：中国农业出版社，1995.

第七章

蚕豆的遗传资源

遗传资源是指地方品种、引进品种(系)、创制的高代品系、选育的品种等,也称种质资源。为适应蚕豆品种改良的需要,各国均十分重视遗传资源的搜集、保存、鉴定和研究利用工作。据不完全统计,蚕豆主要生产国至少保存了23 000 份材料,最大的收集单位是叙利亚国际干旱地区农业研究中心。同时,蚕豆遗传资源研究聚焦在遗传多样性、特异种质鉴定和创制等领域。

第一节　蚕豆种质资源的收集保存

蚕豆种质资源收集保存是蚕豆育种的基础性工作,作为生物固氮和植物蛋白源作物,国内外高度重视蚕豆种质资源的收集保存与整理工作,中国农业科学院作物科学研究所是我国蚕豆种质资源收集保存的重要科研单位,目前,我国蚕豆种质资源收集保存量在6 000 份左右。

一、种质资源的考察收集与征集

(一)考察收集

蚕豆资源考察收集应优先考虑其资源分布中心、最大多样性中心、尚未进行过考察收集的蚕豆生产分布区、蚕豆资源受威胁最大的地区和具有珍稀濒危蚕豆资源的地区。科技人员到蚕豆种质资源原生环境实地调查其种质资源的分布，包括丰富程度、利用和濒危情况，采集种质资源样本、标本和记录相关信息，之后在原生环境条件下或在农户、集贸市场等场所采收蚕豆种子。对一定地理分布范围内的蚕豆资源实地取样时，应使样本具有代表性和包含尽可能多的遗传变异，采收最饱满成熟的籽粒以获得最高成活率。

采集的蚕豆资源应包括品种、地方品种、选育品种和野生近缘植物。蚕豆品种是指经自然选择和人工选择或人工选育，在形态特征和生物学特性上相对一致，并能通过一定的繁殖方法稳定地遗传给后代，而且作为生产资料在农业生产中应用的一组蚕豆群体。蚕豆地方品种，又称蚕豆农家品种，它是经人类长期驯化，并经自然选择、人工选择形成的具有不同特点的作物群体，农民世代相传种植，蚕豆地方品种具有适应性强和类型多等特点。蚕豆选育品种又称蚕豆育成品种或改良品种，由蚕豆育种者按照一定的目标，通过特定育种途径选育出来的，并在生产上推广种植的蚕豆品种，蚕豆选育品种的特征特性较一致，遗传稳定。蚕豆至今没有发现直系野生祖先种，因此蚕豆野生资源的收集应包括与其有较远亲缘关系的野生植物，以备未来开发利用。

（二）征集

蚕豆种质资源征集由农业农村部或全国农作物种质资源研究的组织协调单位，按照项目计划拟定征集通知或征集函，制定农作物（包括蚕豆等）种质资源征集数据采集表，并寄发至有关省（区、市）或科研单位，当地人员按通知或征集函的要求，搜集本地的蚕豆等种质资源，送交当地农业主管单位或发函单位，对征集的蚕豆等种质资源，由国家组织鉴定、编目、繁种和入长期库（圃）保存。征集的蚕豆种子一般要求每份 2 500 ~ 5 000 粒，蚕豆选育品种（系）应随机取样，在群体中不做任何挑选。蚕豆地方品种应在随机取样的基础上，尽力将各种类型采集齐全。采集人员必须按填写说明认真填写蚕豆等农作物种质资源征集数据采集表。

二、种质资源的国外引种

蚕豆种质资源国外引种的途径主要有国际合作、科技协定、科学家互访、赴国外考察收集、外贸系统和驻外机构收集引进以及民间团体和友好人士赠送。

蚕豆等种质资源国外引种由农业农村部直接管辖,统一归口管理。2003 年原农业部发布的《农作物种质资源管理办法》中规定:“农业部设立国家农作物种质资源委员会,研究提出国家农作物种质资源发展战略和方针政策,协调全国农作物种质资源的管理工作。委员会办公室设在农业部种植业管理司,负责委员会的日常工作。国家实行引种统一登记制度。引种单位和个人应当在引进种质资源入境之日起 1 年内向国家农作物种质资源委员会办公室申报备案,并附适量种质材料供国家种质库保存。”“引进的蚕豆等种质资源,由国家农作物种质资源委员会统一编号和译名,任何单位和个人不得更改国家引种编号和译名。”新引进的种质资源由全国归口管理单位统一登记,记入农作物种质资源国外引种数据采集表。蚕豆种质资源国外引种数据采集表及填写说明,依照蚕豆种质资源收集描述规范执行。

三、种质资源的保存

(一)原位保存

任何植物物种的原位保护和评价都取决于其生殖系统。蚕豆是常异花授粉作物,其异交率主要是由蜂类昆虫异花授粉造成的。优势种群的生殖系统遵循一种杂交模式,异花授粉率因基因型和地理位置的不同而异。田间异交率的大小,主要取决于当地当时的气候因素和异交虫源密度。

蚕豆基因流实验表明,蚕豆遗传种质资源的保存和繁殖必须排除传粉昆虫。小规模繁种时,利用防虫网室是保护蚕豆种质资源的有效途径。当大量的蚕豆种质资源需要扩繁,每份种质资源样本量通常是非常大的,防虫网室不再适用,因为成本高,经营和管理困难,还会导致近亲繁殖衰退,造成产量下降。大规模蚕豆种质资源扩繁保护技术,依赖于蚕豆种质资源在田间繁殖过程中保持适当的基因流,因此需要适当的隔离空间和种植适当的隔离作物。

根据蚕豆种质资源大规模扩繁的现场试验,为了减少不同蚕豆种质资源材料或基因型间的基因流动,利用 3 m 的隔离距离和生物屏障(油菜或黑麦)可以使相邻材料间的杂交减少 95% 以上。为了种植大量的蚕豆种质资源并保持各自的种子纯度，必须将不同品种蚕豆的田间距离至少保持在50~100 m。

（二）异位保存

异地收集的蚕豆种质资源主要是当地的地方种、从地方种中分离得到的品系、开放授粉的混杂群体、人工合成群体、自交系和杂交后代的高代品系等。

异地收集的蚕豆种质资源长期保存的主要做法是将原始干种子及其纯化后的干种子保存在不同规格和结构形式的低温和超低温冷库中。蚕豆遗传资源通常保存在-20~-18 ℃的基因库中，如中国农业科学院作物科学研究所托管的国家种质资源长期库（北京），是作为安全长期的战略储备用的。省级中期库、中国农业科学院作物科学研究所托管的国家种质资源中期库（北京）、美国农业部和国际干旱地区农业研究中心（ICARDA）的种质资源中期库使用的存储温度在5 ℃左右，主要用于蚕豆种质资源工作中研究材料的经常存取。

第二节　蚕豆种质资源的现状和遗传多样性研究

蚕豆种质资源是指蚕豆农家种、育成品种和重要遗传材料。迄今为止，世界范围内还未发现可与栽培蚕豆杂交结实的近缘野生种。遗传多样性是反映蚕豆种质资源基础丰富度的重要指标，可为品种选育的亲本选择提供依据。

一、种质资源的现状

据统计，全世界43个国家以及国际农业研究磋商组织（CGIAR）的研究机构共保存了38 360份蚕豆种质资源（表7-1）。其中，国际干旱地区农业研究中心（ICARDA）是世界上保存蚕豆种质资源最多、特异遗传资源比例较高的研究机构，拥有来自全球71个国家的蚕豆资源，保存着超过6 000份巢菜（*Vicia*）属的其他种，其中*Vicia*属的野生种大概是3 000份，从这些资源的数量及类型可以看出其独特性。包含野生近缘材料、地方品种和遗传材料的种质库，最可能包含着独特的遗传资源，在全球的种质收集中占有特殊地位。

表 7－1　2014 年年底各国保存的蚕豆资源份数

国家	研究机构/所在城市	资源份数
叙利亚	国际干旱地区农业研究中心/阿勒颇	10 045
中国	中国农业科学院作物科学研究所/北京	5 900
澳大利亚	澳大利亚粮用作物基因库/维多利亚	2 445
德国	作物研究所基因库/萨尔茨兰县	1 920
法国	法国农科院/第戎	1 900
俄罗斯	瓦维洛夫农业研究所/圣彼得堡	1 881
意大利	基因库/巴里	1 876
摩洛哥	摩洛哥农科院/拉巴特	1 715
西班牙	自然资源委员会(CNR)/马德里	1 622
波兰	波兰科学院植物遗传学研究所(IOPGPA)/波兹南	1 258
埃塞俄比亚	植物基因资源中心(PGRC)/亚的斯亚贝巴	1 118
西班牙	农渔研究和培训中心(IFAPA)/科尔多瓦	1 091
波兰	植物育种与驯化研究所(PBAI)/拉齐科夫	856
葡萄牙	葡萄牙国家生物资源研究所(INRB—IP)/奥埃拉斯	788
美国	美国农业部(USDA)/普尔曼	750
荷兰	荷兰农业研究组织(DLO)/瓦赫宁恩	726
保加利亚	引种及植物遗传资源研究所(IIPGR)/萨多沃	692
全球共计	43 个蚕豆资源保存库	38 360

我国收集保存的蚕豆种质资源有 5 900 份,其中本土和国外来源的蚕豆种质资源各占 65% 和 35%。由于中国蚕豆种植历史悠久,地势、气候、土壤等生态条件差异悬殊,加上长期的自然和人工选择,形成了丰富的种质资源。我国地方品种较多的省份有浙江、云南、安徽和湖北,其次是四川、湖南、内蒙古、江苏、陕西、山西、江西等,福建、新疆、广西等地最少,东北地区、海南等省区基本无蚕豆种质资源。育成品种较多的省份有云南、四川、甘肃、江苏、青海,引进的蚕豆种质资源多数来自国际干旱地区农业研究中心。就全国蚕豆种质资源类型的分布来看,大粒型分布在青海、甘肃、四川西部、新疆;中粒型多分布在浙江、江苏、上海、四川东部、云南和贵州;小粒型以山西、陕西、湖北、重庆、内蒙古和广西等省区为多。青海省由于区位特点,保存了国家蚕豆种质资源库的备份;云南省由于蚕豆育种研究的需要收集保存了近 2 000 份蚕豆地方品种和引进的蚕豆种质资源。

二、国外蚕豆的种质资源遗传多样性研究

世界主要蚕豆生产国和消费国对于干籽粒品种和鲜食蚕豆品种更新换代的需求越来越迫切，蚕豆新品种选育工作变得越来越重要，使得蚕豆遗传多样性研究在过去25年取得了一定的进展（见第一章第二节）。

种质资源遗传多样性研究表明无论以形态性状还是以分子标记作为评价标准，国外蚕豆资源群体内均存在着明显的多态性，足以支撑蚕豆育种。

三、中国蚕豆的种质资源形态和生物学特征多样性鉴定

（一）株高、花色

对随机选取的4 939份蚕豆资源株高的调查表明，最矮者10.3 cm，最高者201.5 cm，平均78.0 cm，标准差20.28，资源间差异极显著。

对随机选取的5 013份蚕豆资源花色的调查表明，白花资源2 626份、褐色花资源18份、浅紫花资源848份、纯白花资源2份、紫花资源1 519份，分别占52.38%、0.36%、16.92%、0.04%和30.30%。

青海省农林科学院（2008）在对来源于ICARDA的国际资源圃进行种质资源鉴定时，发现了1类旗瓣红色、翼瓣深红色的种质，经自然变异和系统选育，选育了旗瓣红色翼瓣深红色、旗瓣黑色基部稍带紫色翼瓣黑色、旗瓣灰色翼瓣黑褐色、旗瓣紫色翼瓣紫黑色、旗瓣粉色翼瓣粉色等一系列彩色花特殊资源（2008F系列），有利于发展粮、菜产业兼观赏的农旅融合产业。

（二）粒色、荚部性状

对随机选取的4 671份蚕豆资源粒色的调查表明，浅绿粒资源1 607份、绿粒资源369份、深绿粒资源126份、红粒资源30份、紫红粒资源57份、浅紫粒资源66份、褐粒资源89份、乳白色籽粒资源2 242份、灰色粒资源85份，分别占34.40%、7.90%、2.70%、0.64%、1.22%、1.41%、1.91%、48.00%和1.82%。对随机选取的4 988份蚕豆资源干荚荚长的调查表明，最短者1.2 cm，最长者18.8 cm，平均6.5 cm，标准差1.13，资源间差异极显著。对随机选取的4 679份

蚕豆资源干荚荚宽的调查表明，最窄者 0.7 cm，最宽者 3.5 cm，平均 1.6 cm，标准差 0.21，资源间差异极显著。

（三）生长习性

根据《蚕豆种质资源描述规范和数据标准》，蚕豆生长习性分为无限生长习性和有限生长习性。无限生长习性的蚕豆成熟期差异较大，结荚分散，不适宜机械化收获，是生产上应用较多的品种类型。有限生长习性蚕豆分枝能力强，具有矮秆、结荚集中、成熟期一致等优势，有利于机械化收获，但开花层数与结荚层数较少，如青蚕 16 号。

青海省农林科学院蚕豆课题组于 2010 年发现并鉴定出一类在株型、分枝、结荚性等与无限型、有限型具有明显区别的顶生花序的新种质，将其生长习性命名为亚有限生长习性，该种质植株呈自封顶型、成熟期一致、结荚集中，与有限型一致，可适应机械化收获，能够有效抑制顶端优势。同时，株高较高（60～120 cm）、开花层数较多（≥6 层），在株高、开花与结荚层数、分枝、结荚部位等方面均与有限生长型种质有明显差异，在品种选育中具有重要的利用价值。

（四）产量构成因子

对随机选取的 5 029 份蚕豆资源有效分枝的调查表明，最少者 0.1 个，最多者 10.4 个，平均 3.3 个，标准差 0.91，资源间差异极显著；单株有效荚数的调查表明，最少者 1.1 个，最多者 93.7 个，平均 15.2 个，标准差 6.13，资源间差异极显著。对随机选取的 4 909 份蚕豆资源单荚粒数的调查表明，最少者 0.8 粒，最多者 6.1 粒，平均 2 粒，标准差 0.34，资源间差异极显著。对随机选取的 5 049 份蚕豆资源干籽粒百粒重的调查表明，最小者仅为 6 g，最大者 240 g，平均 85.5 g，标准差 24.7，资源间差异极显著。对随机选取的 4 873 份蚕豆资源单株干籽粒产量的调查表明，最少者 1.2 g，最高者 127 g，平均 23.1 g，标准差 12.19，资源间差异极显著。

总之，我国栽培蚕豆在长期的进化和演化过程中，形成了软荚蚕豆、红皮蚕豆、绿皮绿心蚕豆等特异资源。不同地理来源和用途的资源，在株高、分枝数、粒色、荚长、荚宽、单株荚数、荚粒数、百粒重、抗病性、品质等形态特征和生物学特性上，形成了明显差异，表现出丰富的多样性。

四、我国蚕豆的种质资源遗传多样性研究

我国已经建立了蚕豆种质资源形态学、农艺性状、抗逆性、抗病性、主要品质性状的评价鉴定体系，宗绪晓等(2006)撰写的《蚕豆种质资源描述规范和数据标准》已由中国农业出版社出版。

刘玉皎(2007)采用扩增片段长度多态(AFLP)技术结合形态学特征，对153份青海蚕豆进行分析，通过对AFLP扩增出的基因位点进行主成分分析共检测出了64个明显的多态性基因位点；形态学分类将青海蚕豆种质资源分为3个组群、9个亚组，亚组内包含的群体较为混杂；AFLP分类将其分为2个组群12个亚组，亚组基本上是以不同种质类型区分的，为青海蚕豆品种改良科学选用亲本提供了理论依据。

徐东旭等(2009)对国内外17个不同地理来源的637份蚕豆种质资源进行了形态性状评价，发现国内资源的遗传多样性比国外资源丰富，南方(秋播区)资源的遗传多样性比北方(春播区)资源丰富；通过三维主成分聚类图分析，发现参试资源归为3个基因库。基因库Ⅰ由国内春播区(北方)资源富集而成，基因库Ⅱ由秋播区(南方)资源富集而成，基因库Ⅲ由国外资源富集而成，3个基因库间的多样性差异达极显著水平(1%的概率)，并与资源的地理分布相关联。

宗绪晓等(2009)利用10对AFLP引物分析了243份蚕豆资源(国外冬播型资源39份、国内冬播型资源201份、国内春播型资源3份)的遗传多样性，得到266个多态性条带，发现中外资源间、中国春播型和冬播型材料间均存在显著差异。

宗绪晓等(2010)使用12对AFLP引物对39份中国春播类型资源、136份国外资源(非洲、亚洲、欧洲和加拿大)和41份育种材料(ICARDA)进行了遗传多样性分析，发现中国春播蚕豆资源与国外蚕豆资源间存在明显差异并与地理来源相关；此外，ICARDA育种材料间遗传多样性相对较低。

龚亚明等(2011)利用11个基于表达序列标签的简单重复序列(EST-SSR)标记分析了中国和欧洲来源的29份蚕豆资源的遗传多样性，发现中国资源的遗传多样性相对较低，建议增加引进国外资源。

王海飞等(2012)利用世界不同地区来源的802份蚕豆资源和11对简单重复序列间扩增(ISSR)引物，扩增出209个多态性条带，分析发现华中地区的资

源多样性最低;此外,我国春播资源与冬播资源也存在明显差异,浙江、四川和贵州的资源与其他省份有很大的差异,中国的资源与其他国家不同。

中国蚕豆种质资源研究结果表明,无论从形态性状、农艺性状还是各类分子标记评价分析,中国春播型(北方)、秋播型(南方)不同来源的蚕豆种质资源间存在显著差异,甚至不同省份来源的蚕豆种质资源间也存在明显差异;同时,中国的蚕豆种质资源与国外来源的种质资源间也存在显著差异。为了更好地满足我国干籽粒专用蚕豆品种和鲜食专用蚕豆品种的多样化育种需要,继续加大力度引进国外蚕豆资源以增加我国库存蚕豆资源群体的遗传多样性,依然具有必要性。

第三节 蚕豆种质资源的主要类型

蚕豆种质资源的分类较多,有植物学分类、形态学分类、生态学分类、生物学分类。国际上,蚕豆种质资源大、中、小粒的划分标准不一。中国一般将百粒重在 120 g 以上的称为大粒变种,70 ~ 120 g 为中粒变种,70 g 以下为小粒变种。

一、种质资源的植物学分类

蚕豆种(*Vicia faba* L.)在植物分类学上是蚕豆属(*Vicia* L.)下唯一的栽培种,也是这个属中隔离最好的一个种,至今尚无与属内其他种杂交成功的先例,而其他各种之间的杂交有获得成功的报道。据 V. Jaaska(1997)报道,蚕豆属内常见的种有 21 个,蚕豆种在形态学特征上与蚕豆属其他种的主要差别是蚕豆种没有卷须,以及种脐正好在种子长度的一端。其中,与蚕豆种形态最为近似的野生种为 *Vicia narbonensis* L.,但是同工酶检测结果表明,这 2 个种之间的亲缘关系比形态学显示的要远得多。蚕豆种与蚕豆属其他的种相比染色体较大,DNA 量也最大,但其染色体数 $2n=12$,少于属内其他种的染色体 $2n=14$。蚕豆为常异花授粉作物,造成蚕豆种内分类困难或出现不同见解,也对蚕豆种质资源的类型划分造成了困惑。目前,Muratova 在 1931 年主要依据种子大小进行分类(图 7-1)的方法,得到了较多人的认可并被广泛使用。

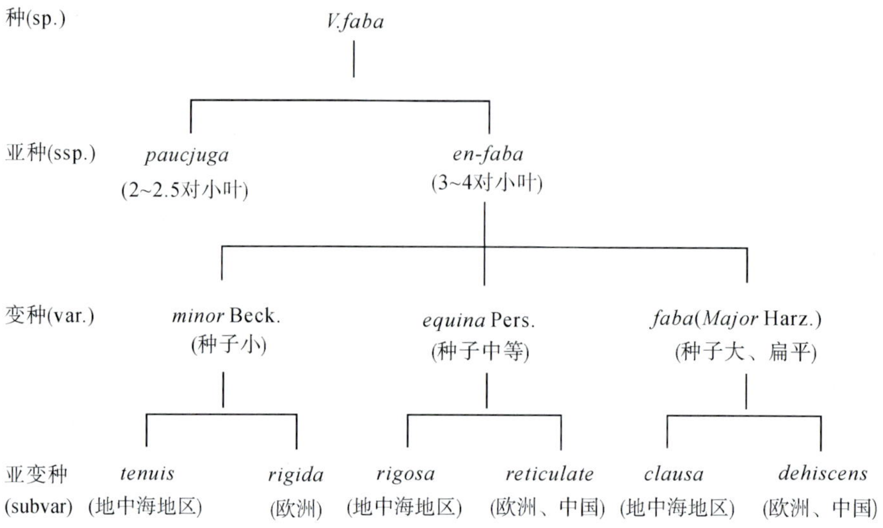

图 7－1　蚕豆种内的分类(Muratova, 1931)

二、种质资源的主要类型与分布

蚕豆种(*Vicia faba* L.)下所有的变种类型,在中国都有种植。小粒变种(var. *minor* Beck.)和粒形偏小的中粒变种(var. *equina* Pers.)主要种植在我国秋播区,大粒变种(var. *major* Harz.)和粒形偏大的中粒变种(var. *equina* Pers.)主要种植在我国春播区。按成熟期还可分为早熟型、中熟型和晚熟型;按花色分为白、浅紫、紫和深紫 4 种;以种皮颜色不同,可分为青皮蚕豆、白皮蚕豆和红皮蚕豆等;根据用途不同还分为粮用、菜用、饲用和绿肥用 4 种类型;按照播种期和冬春性不同,又可分为冬性蚕豆和春性蚕豆。

据观察分析,大粒变种的粒形多为阔薄形,中粒变种的粒形多为中薄形和中厚形,大粒和中粒变种的干蚕豆籽粒通常用于食品加工,绿色种皮品种的鲜籽粒通常用作蔬菜。小粒变种的粒形多为窄厚形,结荚较多,多为副食品及饲料用,并可作绿肥。蚕豆干、鲜秸秆通常用作牛、羊和猪饲草。

就我国蚕豆种质资源类型的分布看,大粒形资源较少,约占全国蚕豆种质资源总数的 6.0% ,主要分布在青海、甘肃、四川西部、新疆和西藏自治区,其次是浙江和云南。世界范围内,大粒变种主要分布在亚洲,其次为欧洲、北美洲和大洋洲。

我国蚕豆的中粒形资源最多，约占蚕豆资源总数的52%，主要分布在浙江、江苏、四川东部、云南、贵州、新疆、宁夏、福建和上海等地。世界范围内，中粒形蚕豆以亚洲、欧洲为多，其次为北美洲和大洋洲，非洲最少。

我国小粒形蚕豆资源约占蚕豆资源总数的42%，主要分布在湖北、安徽、山西、内蒙古、广西、湖南、浙江、江西、陕西等地。世界范围内，小粒形蚕豆主要以非洲、欧洲、北美洲为多，其次为亚洲。

蚕豆在2 000多年前传入中国后，成为偏远山区冷凉季节种植的重要豆类作物，特别是南方稻茬地冬季填闲的重要作物，在相对封闭的土壤地理条件、突变和人工选择条件下，形成了具有中国特色的蚕豆资源类型。例如，云南保山地区特有分布的绿皮绿心蚕豆"保山绿透心绿"，绿色子叶基因是当地突变选择形成的，该品种成为当地著名蚕豆小吃"透心绿"的唯一原料，后被蚕豆育种者用于培育大粒绿皮绿心菜用蚕豆品种的重要亲本。Duc等(2010)的研究结果显示，该优异性状为隐性单基因突变，该基因被命名为*il*－1，*il*－1基因与零单宁含量突变基因*zt*1、*zt*2间不存在上位遗传关系。另外，分布于云南、西藏、甘肃高海拔地区的红皮蚕豆资源、闭花授粉资源、绿子叶资源等，均是中国独特的地方资源。

第四节　蚕豆种质资源的品质与抗性

蚕豆的营养品质多侧重于蛋白和淀粉，也侧重于保健方面的功能成分，在抗性方面集中在非生物抗性，如抗冻性；生物抗性，包括抗病性、抗虫性。

一、种质资源的品质研究

蚕豆的营养价值主要在于其20.3%~41%的蛋白质含量，这些蛋白中包含60%的球蛋白、20%的白蛋白、15%的谷蛋白和一些醇溶谷蛋白。蚕豆还是糖类、矿物质(钙、镁、铁、锌)和维生素(维生素B、维生素C和维生素A)的良好来源。

对蚕豆种质资源进行的化学分析表明，其含有的50%~60%的碳水化合物主要是淀粉。蚕豆富含单宁酸和2种糖苷氨基嘧啶衍生物蚕豆嘧啶葡糖苷(Vicine)和伴蚕豆嘧啶核苷(Convicine)，它们的葡萄糖和羟基在嘧啶环的碳5

位置上的β-葡糖苷键的水解作用下能够分别产生氧化还原苷配基蚕豆嘧啶(D)(2,6-二氨基-4,5-二羟基嘧啶)和异脲咪(I)(6-氨基-2,4,5-三羟基嘧啶,也称"巴比妥酸")。

蚕豆种质资源还富含抗坏血酸盐和不同数量的左旋多巴葡萄糖苷。在正常的红细胞中,葡萄糖-6-磷酸脱氢酶(G6PD)作为基本元件参与新陈代谢,使氧化性谷胱甘肽(GSH)能够迅速再生,而G6PD在人体中是普遍缺乏的,需要通过食物摄取。

中国农业科学院作物科学研究所对随机选取的1 828份蚕豆资源粗蛋白含量的测定结果表明,粗蛋白含量最低为21.95%,最高为34.52%,平均为27.59%,标准差为1.72%,资源间差异显著。对随机选取的1 824份蚕豆资源总淀粉含量的测定表明,总淀粉含量最低为33.17%,最高为51.68%,平均为42.40%,标准差为2.46%,资源间差异显著;直链淀粉测定结果表明,其最低为6.94%,最高为16.99%,平均为10.64%,标准差为1.47%,资源间差异极显著;对随机选取的1 329份蚕豆资源支链淀粉含量的测定表明,其最低为23.93%,最高为42.25%,平均为31.58%,标准差为1.86%,资源间差异显著;粗脂肪含量测定结果表明,最低为0.52%,最高为2.8%,平均为1.5%,标准差为0.25%,资源间差异极显著。对随机选取的195份蚕豆资源赖氨酸含量测定结果表明,最低为1.37%,最高为2.3%,平均为1.78%,标准差为0.14%,资源间差异显著;胱氨酸含量测定结果表明,最低为0.06%,最高为0.77%,平均为0.36%,标准差为0.17%,资源间差异极显著。另外,对其中数据齐全的1 130份蚕豆种质资源干籽粒的品质分析结果进行了总结,详情见表7-2。

表7-2　蚕豆品种资源籽粒营养品质分析结果表

单位:%

营养成分	粗蛋白质	粗脂肪	总淀粉	直链淀粉	赖氨酸
平均值	27.59	1.50	42.40	10.64	1.78
变幅	21.95~34.52	0.52~2.80	33.17~51.68	6.94~16.99	1.37~2.30

二、种质资源的抗逆性研究

蚕豆生产过程中受到的主要非生物胁迫是干旱、盐胁迫、霜冻和热害。普遍认为蚕豆对水分亏缺的反应比其他食用豆类更加敏感。干旱能够造成产量的严重下降，被广泛认为是作物生产的最重要的环境制约因素。迄今为止，已鉴定筛选出一批表现良好的蚕豆抗旱种质资源，如来自国际干旱地区农业研究中心(ICARDA)种质资源库的ILB938/2等。

抗冻性是一种比较复杂的特性，Coted'or(来源于法国耐寒地方品种Coted'or的自交系)和BPL4628(来源于ICARDA种质库的中国品系的自交系)是很好的抗冻遗传资源。ICARDA开展的育种项目对不同蚕豆品系进行过耐霜冻鉴定，筛选了一些耐寒资源。2009—2010年，中国农业科学院作物科学研究所对4 100份国内外来源的蚕豆资源于北方(青岛)进行露天越冬筛选，仅有0.5%的资源存活，其中，耐冷性最好的18份资源中8份来自江苏、5份来自上海、3份来自安徽、2份来自浙江，没有来自国外的资源，说明中国蚕豆资源的耐冷性十分独特。

在埃及南部、苏丹和埃塞俄比亚的低海拔地区，极热是蚕豆生产的主要威胁。Abdelmula等(2007)研究推断基因型C.52/1/1/1可被用于提高蚕豆的耐热性。

为了充分发掘种质资源的利用价值，自1986起，中国农业科学院作物科学研究所陆续对收集的蚕豆主要种质资源进行了耐湿性、耐盐性等特性测定。在已鉴定的960份地方种质资源中，仅有7%～8%的蚕豆资源耐湿性较强，且主要分布在浙江、湖北，其次是云南、四川等地；对664份资源进行了耐盐性鉴定，在芽期1～2级耐盐性的有239份，苗期2级耐盐性的仅35份，如H2532、H1157、H0132、H1261、H1061等，这些资源多分布于浙江、福建、甘肃和陕西4省。

三、种质资源的抗病性、抗虫性研究

由壳二孢菌、赤斑病菌、锈病病菌、白粉病菌、尾孢菌、叶斑病菌、不同的根腐复合物、多种病毒引起的超过5种叶部病害，对蚕豆生产造成了明显的影响。过去30多年来，在对褐斑病、赤斑病、锈病和列当属具有抗性或耐受性的蚕豆种质资源鉴定方面，各国蚕豆研究人员做出了很多的努力。

目前，已报道的筛选的中抗锈病蚕豆品种/材料60多份，来自加拿大、西班牙、埃及、英国等地，如Kuzminskie、Latviiskie、2N192、Ackerperle、Pluto、Reina等品种，但是育种获得的高抗锈病品种/材料较为少见。国际干旱地区农业研究中心(ICARDA)鉴定出了抗锈病材料 ILB403、ILB411 等。西班牙研究人员在 2010 年鉴定出了 6 份高抗锈病的材料分别是 V－300、V－313、V－1271、V－1272、V－1273、V－1335。

在病原体的多样性研究方面,利用已经确定的标准,*U. viciae－fabae* 的一些小种已经被鉴定出来;褐斑病在有性生殖中出现了新的毒力组合,使得病原菌能够对寄主中的抗性基因做出拮抗反应并进行适应性自我选择。这个问题在育种过程中是不确定的,因此还需要评价育种材料对一系列生理小种的综合抗性,以确保培育出持久抗病品种。

BPL74、BPL460 等蚕豆种质材料经鉴定对蚕豆叶壳二孢菌具有抗性(Zong et al, 2019)。赤斑病在湿润地区表现特别严重,研究表明,大部分带有赤斑病抗原的蚕豆种质资源来自哥伦比亚的安第斯地区和厄瓜多尔,抗原遗传基础狭窄。ICARDA 筛选的抗赤斑病的蚕豆种质资源材料有 BPL74、BPL460 等,最近获得的抗赤斑病蚕豆种质材料有 BPL1763、ILB4726、LPF120。

蚕豆茎和根腐病通常由镰孢蚕豆专化型[*Fusarium solani* (Mart.) Sacc. *F.* sp. *fabae* Yu et Fang]引起。引发该病的小种较多,如尖胞镰孢菌(*F. oxysporum* Schlecht)、茄镰孢菌[*F. solani* (mart.) Sacc.]、燕麦镰孢气生菌丝型[*F. avenacearum* (Corda ex Fr.) Sacc.]、禾谷镰刀菌(*F. graminearum* Schwabe)、黄色镰刀菌(*F. culmorum*)、立枯丝核菌(*Rhizoctonia solani* Kuehn)、三叶草核盘菌(*Sclerotinia trifoliorum* Eriks)等。Rashid 等在 1993 年筛选出 3 个对立枯丝核菌(*R. solani*)病原体具有抗性的品种(Ackerpele、Aladin、Pegasus)以及 5 份抗性材料(2N114、2N134、2N487、2N519、N－2－2－2)。

目前,比较明晰的是由三叶草核盘菌(*Sclerotinia trifoliorum* Eriks)引起的茎腐是受单个显性基因控制的。由蚕豆霜霉[*Peronospora viciae* (berk.) de Bary *F.* sp. *fabae*]引起的蚕豆霜霉病(Downy mildew)在西欧蚕豆主产区也较易流行,不过霜霉病抗性品种如 Maris bead 和 Compass 具有较高的抗性水平,而且当种植达到一定面积时,品种对霜霉病表现出较高的群体抗性水平,从而有效控制病害的流行。目前对于灰霉病的抗性机制还了解得很少。

在叙利亚毒性最强的混合病原体的侵染下有 180 多份蚕豆种质资源对赤斑病、褐斑病和锈病有抗性。在过去的 5 年内,有 70 份抗赤斑病蚕豆种质材料和 70 份抗灰霉病蚕豆种质材料被送到各个国家的农业研究机构,以评价它们在不同的生理小种和环境下的抗性。在相关国家的育种计划中,已鉴定出 28 个抗性较强的蚕豆品系。

影响蚕豆种质资源的病毒不是寄主专一性的,能够影响一系列的食用和牧草用食用豆类,对很多野草也有影响。由于病毒传染的不确定性以及缺乏控制病毒的方法,蚕豆种植者们认为病毒带来的危害比真菌更加严重。加拿大选育出的蚕豆种质 2N138 对病毒病的坏死病原(necrotic)菌株表现高抗。ICARDA 已经鉴定出了抗豌豆花叶(BLRV)病毒病的登记品种 BPL756 等和抗菜豆黄花叶(BYMV)病毒病的登记品种 BPL1351 等。

蚕豆种质对于列当属抗性机制的组合利用,可能比单一抗性基因效果更加持久。其抗性的重大发现源于 ICARDA 对家系 402 的鉴定,并培育出了其他不同的栽培品种 Giza402、BPL2210 等。

从已鉴定的 960 份地方种质资源中,尚未发现中高抗或抗赤斑病、褐斑病的中国种质资源,仅有几份资源对赤斑病表现中抗;对褐斑病表现中抗的资源有 96 份,这类资源主要分布在长江中下游各省,而绝大部分资源属中感或高感类型。在 916 份蚕豆种质资源中,仅有 2 份具抗蚜性,15 份资源表现中抗。

第五节 蚕豆的性状与记载标准

本节重点描述蚕豆的生育性状、田间农艺性状、籽粒性状等的观测与记载标准以及该性状的重要性。

一、生育期性状与记载标准

包括播种期、出苗期、现蕾期、见花期、开花期、成熟期。

(一)播种期

观测标准:播种当天的日期。
记载标准:以“YYYYMMDD”表示。
重要性:该性状对“初花期”“开花期”有重要影响。

（二）出苗期

观测标准：目标小区内50%的种子出现能够目辨的小苗的日期。
记载标准：以"YYYYMMDD"表示。
重要性：该性状对"发芽势""苗期生长势"有重要影响。

（三）现蕾期

观测标准：目标小区内50%的植株顶部出现能够目辨的花蕾的日期。
记载标准：以"YYYYMMDD"表示。
重要性：该性状对"初蕾节位""开花期"有重要影响。

（四）见花期

观测标准：目标小区内见到第1朵花的日期。
记载标准：以"YYYYMMDD"表示。
重要性：该性状对"开花期""花期"及生育性状的整齐度有重要影响。

（五）开花期

观测标准：目标小区内50%的单株见花的日期。
记载标准：以"YYYYMMDD"表示。
重要性：该性状对"成熟期"有重要影响。

（六）成熟期

记载标准：目标小区内70%以上的荚呈现成熟色（褐黄色）的日期。
记载单位：以"YYYYMMDD"表示。
重要性：该性状是描述品种生育特性的重要性状，对"单株干籽粒产量"有重要影响。

二、田间农艺性状与记载标准

包括幼苗分枝习性、幼苗茎色、初蕾节位、单花序花蕾数、花色、荚姿、鲜/干荚长、鲜/干荚宽、荚质、裂荚率、初荚高度、生殖节数、成荚节数、单荚粒数、单株分枝数、单株荚数、株高、开花习性、单株产量、收获株数等调查。

（一）幼苗分枝习性

观测标准：现蕾前期，目测植株幼苗的分枝形态。

记载分类：直立、半直立、匍匐。

重要性：与冬性强弱有关。

（二）幼苗茎色

记载标准：于现蕾至初花期目测茎秆颜色。

描述方法：绿色、红色、黄色。

重要性：区别种性及其群体整齐度的性状。

（三）初蕾节位

观测标准：目标小区内最早出现花蕾的分枝上最下部花蕾所在的节位。

记载标准：单位为节。

重要性：该性状对“初荚高度”有重要影响。

（四）单花序花蕾数

观测标准：目标小区内植株发育到开花期时调查，每个单株调查最高枝上第 3 苔完整花序上的花蕾数。

记载标准：单位为个。

重要性：该性状对“单株荚数”有重要影响。

（五）花色

观测时期：植株开花期内观察记载。

观测标准：标准色，全白、深色、白色；具体描述，分旗瓣、翼瓣描述。

重要性：对干籽粒的营养品质有影响。

（六）荚姿

记载时期：成熟前期。

记载标准：测量最高枝上第 3 节位上荚的中轴线与其茎中轴线间的夹角。

记载分类：直立（≤45°）、半直立（45°～90°）、下垂（>90°）（图7-2）。

重要性：该性状与株型、栽培响应力有关。

1. 直立；2. 半直立；3. 下垂

图7-2　蚕豆荚姿（刘玉皎、周仙莉供图）

（七）鲜/干荚长

观测标准：鼓粒期—成熟期，选择取样单株上第3结荚苔上的1个正常生长的荚，测量荚尖至荚尾的直线长度。

记载标准：单位为cm，保留1位小数。

重要性：该性状影响菜用鲜食蚕豆商品的形态品质。

（八）鲜/干荚宽

观测标准：鼓粒期—成熟期，选择取样株上第3结荚苔上的1个正常生长的荚，测量荚果最宽处的直线宽度。

记载标准：单位为cm，保留1位小数。

重要性：该性状影响菜用鲜食蚕豆商品的形态品质。

（九）荚质

观测方法：成熟期，观察荚果皮的质地。

记载分类：分硬荚和软荚 2 类(图 7－3)。

重要性：该性状影响炸荚率及鲜食口味品质。

1　　　　2

1. 硬荚；2. 软荚

图 7－3　蚕豆荚质(刘玉皎、周仙莉供图)

(十) 裂荚率

记载标准：成熟期，分别计数总荚数和每个单株上自然开裂的荚果数。

记载单位：计算总开裂荚所占的百分比，以% 表示。

重要性：该性状与收获时干籽粒损失率直接相关。

(十一) 初荚高度

记载标准：测量取样株从子叶节到最低结荚节位的高度。

记载单位：以 cm 表示，保留 1 位小数。

重要性：该性状与机械化收割关系密切。

(十二) 生殖节数

记载标准：成熟期，计数单株最高枝初蕾节位至终蕾节的节数，含初蕾节位。

记载单位：节/株。

重要性：该性状与“单株荚数”关系密切。

（十三）成荚节数

记载标准：成熟期，计数单株最高枝具有可收获荚的节荅数。

记载单位：节/株。

重要性：该性状与“单株荚数”“每节结荚数”关系密切。

（十四）单荚粒数

记载标准：成熟期，每个单株上选择最高枝第3荅上的1个成熟实荚（至少含1颗成熟籽粒），分别计数荚内所含的成熟籽粒数。

记载单位：粒/荚。

重要性：该性状为“单株产量”的重要构成因子。

（十五）单株分枝数

记载标准：成熟期，分别计数植株一级有效和无效分枝数。

记载单位：枝/株。

重要性：该性状直接影响“单株荚数”和“栽培响应力”。

（十六）单株荚数

记载标准：成熟期，分别计数每株上实荚和秕荚数（空荚和秕粒荚）。

记载单位：荚/株（单株实荚数、秕荚数、总荚数）。

重要性：该性状为“单株产量”的重要构成因子。

（十七）株高

测量标准：成熟期，测量子叶节到植株最高茎枝顶端生长点的自然高度（在田间获取样株）。

记载单位：以cm表示，保留1位小数。

重要性：该性状与植株抗倒伏能力、群体密度及初荚高度密切相关。

（十八）开花习性

记载标准：开花期观察，目测植株顶部花序的分布。

描述方法：有限生长习性、亚有限生长习性、无限生长习性（图7-4）。

重要性：区别花序分布状况及种性的性状。

1、4. 无限生长习性；2、5. 亚有限生长习性（刘玉皎提出）；3、6. 有限生长习性

图 7－4　蚕豆不同生长习性顶端与全株特征（刘玉皎、周仙莉供图）

（十九）单株产量

测量标准：成熟期收获后考种，收获籽粒并经充分风干后，称量取样株的干籽粒/茎秆荚壳总重，除以称重株数。

记载单位：以 g/株表示，保留 2 位小数。

考种仪：万深 SC－G 自动考种分析与千粒重仪。

重要性：该性状与单位面积干籽粒产量密切相关。

（二十）收获株数调查

调查标准：全区调查；计数全区的成株数/有效荚株数；一般不采用按行调查和抽样调查。

调查时间：收获时取样，考种前调查。

重要性：收获株数调查是判断参试材料试验群体产量水平的依据。

三、籽粒性状与记载标准

包括干/鲜籽粒长度、干籽粒宽度、干籽粒厚度、干籽粒粒形、干籽粒颜色、干/鲜籽粒百粒重、种皮光滑程度。

（一）干/鲜籽粒长度

测量标准：成熟收获后脱粒充分风干，随机取 30 ~ 100 粒干籽粒测量其平均长度。

记载单位：以 mm 表示。

考种仪：万深 SC – G 自动考种分析与千粒重仪。

重要性：该性状与干蚕豆和鲜食蚕豆商品品质有关。

（二）干籽粒宽度

测量标准：成熟收获后脱粒充分风干，随机取 30 ~ 100 粒干籽粒测量其平均宽度。

记载单位：以 mm 表示。

考种仪：万深 SC – G 自动考种分析与千粒重仪。

重要性：该性状与干蚕豆和鲜食蚕豆商品品质有关。

（三）干籽粒厚度

测量标准：成熟收获后脱粒充分风干，随机取 30 ~ 100 粒干籽粒测量其平均厚度。

记载单位：以 mm 表示。

考种仪：万深 SC – G 自动考种分析与千粒重仪。

重要性：该性状与干蚕豆和鲜食蚕豆商品形态品质有关。

（四）干籽粒粒形

记载标准：成熟收获后脱粒充分风干，观测其籽粒形状。

描述方法：阔薄形、阔厚形、中薄形、中厚形、窄厚形、球形（图 7 – 5）。

重要性：与种皮/子叶的比率高低有关，与种皮厚薄有关。

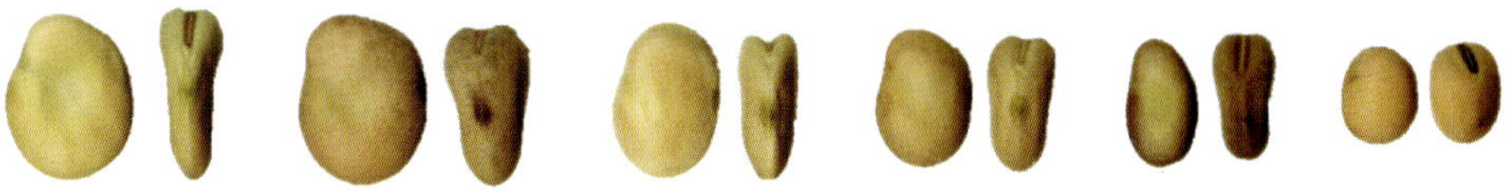

1. 阔薄形；2. 阔厚形；3. 中薄形；4. 中厚形；5. 窄厚形；6. 球形

图7-5　蚕豆干籽粒粒形（刘玉皎、周仙莉供图）

（五）干籽粒颜色

记载标准：成熟收获后考种，脱粒并经充分风干后目测全部样品种皮颜色。

描述方法：以主色调进行描述。

考种仪：万深SC-G自动考种分析与千粒重仪。

重要性：该性状与干蚕豆和菜用鲜食蚕豆商品外观品质有关。

（六）干/鲜籽粒百粒重

计测标准：成熟脱粒并经充分风干后，随机取100粒干籽粒测量其质量，一般取3次重复的平均值。

记载单位：以g表示，保留2位小数。

考种仪：万深SC-G自动考种分析与千粒重仪。

重要性：该性状为干籽粒产量和籽粒形态品质的重要性状。

（七）种皮光滑程度

目测收获的干籽粒，分为皱缩、光滑2种类型。

参考文献

[1] Abdelmula A A, Abuanja I K. Genotypic responses, yield stability, and association between characters among some of Sudanese faba bean (*Vicia faba* L.) genotypes under heat stress [C]. Conference on International Agricultural Research for Development, 2007: 1-7.

[2] Backouchi I Z, Aouida M, Khemiri N, et al. Genetic diversity in Tunisian populations of faba bean (*Vicia faba* L.) based on morphological traits and molecular markers [J]. Genet Mol Res, 2015, 14(3): 7587-7596.

[3] Duc G, Bao S, Baum M, et al. Diversity maintenance and use of *Vicia faba* L. genetic resources [J]. Field Crops Res, 2010, 115: 270 – 278.

[4] De Ron A M. Handbook of Plant Breeding[M]. New York: Springer, 2015: 141 – 178.

[5] El – Esawi M A. SSR analysis of genetic diversity and structure of the germplasm of faba bean (*Vicia faba* L.) [J]. C R Biol, 2017, 340 (11 – 12): 474 – 480.

[6] Göl Ş, Doğanlar S, Frary A. Relationship between geographical origin, seed size and genetic diversity in faba bean (*Vicia faba* L.) as revealed by SSR markers [J]. Mol Genet Genom, 2017, 292: 991 – 999.

[7] Haussmann B G, Parzies H K, Prester T, et al. Plant genetic resources in crop improvement [J]. Plant Genet Res, 2004, 2(1): 3 – 21.

[8] Kaur S, Kimber R B E, Cogan N O I, et al. SNP discovery and high density genetic mapping in faba bean (*Vicia faba* L.) permits identification of QTLs for ascochyta blight resistance [J]. Plant Sci, 2014, 217 – 218: 47 – 55.

[9] Link W, Dixkens C, Singh M, et al. Genetic diversity in European and Mediterranean faba bean germplasm revealed by RAPD markers [J]. Theor Appl Genet, 1995, 90: 27 – 32.

[10] Polignano G B, Uggenti P, Scippa G. The pattern of genetic diversity in faba bean collections from Ethiopia and Afghanistan [J]. Genet Resour Crop Evol, 1993, 40: 71 – 75.

[11] Rashid K Y, Bernier C C. Genetic diversity among isolates of Rhizoctonia solaniand sources of resistance in *Vicia faba* [J]. Canadian Journal of Plant Pathology, 1993, 15 (1): 23 – 28.

[12] Sillero J C, Villegas – Fernάndez A M, Thomas J, et al. Faba bean breeding for disease resistance [J]. Field Crops Res, 2010, 115: 297 – 307.

[13] Terzopoulos P J, Bebeli P J. Genetic diversity analysis of Mediterranean faba bean (*Vicia faba* L.) with ISSR markers [J]. Field Crops Res, 2008, 108: 39 – 44.

[14] Terzopoulos P J, Kaltsikes P J, Bebeli P J. Collection, evaluation and classification of Greek populations of faba bean (*Vicia faba* L.) [J]. Genet Resour Crop Evol, 2003, 50: 373 – 381.

[15] Tufan H, Erdogan C. Genetic diversity in somefaba bean (*Vicia faba* L.) genotypes assessed by simple sequence repeats [J]. Biotech Biotech Equip, 2017, 31(1): 29 – 35.

[16] Al – Khayri J M, Jain S M, Johnson D V. Advances in Plant Breeding Strategies: Legumes [M]. Switzerland: Springer, 2019: 265 – 286.

[17] Zeid M, Schön C C, Link W. Genetic diversity in recent elite faba bean lines using AFLP markers [J]. Theor Appl Genet, 2003, 107(7): 1304 – 1314.

[18] Zong X X, Liu X J, Guan J P, et al. Molecular variation among Chinese and global winter faba bean germplasm [J]. Theor Appl Genet, 2009, 118(5): 971 – 978.

[19] Zong X X, Ren J Y, Guan J P, et al. Molecular variation among Chinese and global germplasm in spring faba bean areas [J]. Plant Breed, 2010, 129: 508－513.
[20] 郑卓杰. 中国食用豆类学[M]. 北京: 中国农业出版社, 1997: 53－92.
[21] 宗绪晓, 包世英, 关建平, 等. 蚕豆种质资源描述规范和数据标准[M]. 北京: 中国农业出版社, 2006: 1－70.
[22] 宗绪晓, 杨涛, 刘荣. 带您认识食用豆类作物[M]. 北京: 中国农业科学技术出版社, 2019: 4－9.

第八章

蚕豆的品种选育

品种选育是根据人类生产、生活与生态环境需求，对种质资源的目标性状进行改良和利用的过程。蚕豆的用途广泛，因粮食、蔬菜、饲草（料）、绿肥等用途不同，其品种选育的目标和改良的重点不同。蚕豆生态型较明显，品种选育的目标和要求也呈多样性。

第一节　蚕豆的育种目标

确定育种目标是开展蚕豆品种选育的前提，是关系到亲本材料的选择和尽快达到预期目标的关键。育种目标的确定，既要满足人们对蚕豆生产的需要，又要符合蚕豆本身的遗传变异规律。培育的新品种在特定的生产条件下，既能取得最大的光合生产率，又能稳定可靠地提供最大量的优质产品。高产、稳产、优质是作物育种的重要目标，也是蚕豆育种的普遍要求，但要求的侧重点和具体内容，应本着当前为主、远近结合的原则，根据不同地区生产和国民经济发展的需要有所不同。

1. 针对当地的生态特点

品种的丰产和稳产首先取决于品种对当地的自然、栽培条件的适应程度。我国地域广阔，自然条件复杂，不同地区对品种有不同的要求，以适应当地的特殊条件。因此，在制定育种目标时，必须针对当地的生态特点，抓住关键因素。我国南方秋播蚕豆区，年降水量超过 1 000mm，春雨多，易造成涝害和湿害，导致病害严重。与此相反，北方春播蚕豆区，正常年份的降水量为 300～700mm，干旱年份局部地区仅有几十毫米，不能满足蚕豆生长发育中对水分的需要。因此，秋蚕豆的育种目标首先要抓住品种的抗病性，同时，考虑丰产性、耐湿性、品质等；春蚕豆的育种目标首先是耐旱性，再考虑丰产性、抗病虫性和品质等。

2. 针对作物的基本特点

蚕豆本身是一种多用途的作物，即粮用、菜用、饲用和肥用。所以育种目标的确定要依据不同用途而有所侧重。粮用蚕豆的品种要求：籽粒品质好、蛋白质含量高、氨基酸组成合理、粒大而高产；对肥用品种，则要求分枝多、鲜草量大、生长快、根瘤发达、固氮多。

3. 针对社会和市场需求

蚕豆是一种高蛋白、中等淀粉、低脂肪的作物，是植物蛋白质的重要来源。随着国民经济的迅速发展和国内外需求的扩大，以及人们膳食结构的调整与改变，鲜食蚕豆越来越畅销，但对品种的商品性要求也越来越高。首先是粒大，要求干籽粒百粒重达 150 g 以上，还要品质好，食味佳，蛋白质含量在 28% 以上。

一、秋播区育种目标

秋播蚕豆种植面积大。近几年，随着人们膳食结构的改变，鲜食蚕豆种植面积占秋播区蚕豆种植面积的 70% 以上，但产量不高不稳，干籽粒单产徘徊在 1 500 kg/hm^2左右。长江中下游地区产量的主要抑制因素有春季降水量多、结荚期光照不足、病害严重、冬季冻害等。针对这些不利因素，育种目标应从以下 4 个方面考虑。

（一）高产

高产品种应具有合理的株型和良好的光合性能，充分利用光、热、水、气、肥等合成光合产物，并高效率地转运到荚、粒中去，以获得高产。其具体指标有 2 个。

1. 株型

合理株型是高产品种的基础，其中，中矮秆是一个重要因素。粮、菜、饲、肥、观花等多功能用途的品种株高为 100～120 cm，株型紧凑，茎粗而坚韧不易倒伏。粮用型品种有效分枝应在 3～4 个；菜用型要求青荚上市早，对分枝要求不宜太多，一般有 2～3 个；饲肥兼用型的品种要求生物学产量高，生长旺盛，对分枝要求较强，达到 5～6 个。对叶型的要求是小而狭长并上举，有利于通风透光。对根的要求是根系发达，根瘤要大而多，固氮能力强。

2. 产量

构成产量的主要因素是单株荚数、单荚粒数和粒重。选择荚多、粒多、粒大的植株是高产的前提。一般粮用和菜用型品种要求每个有效分枝上的结荚数在 5 个以上，单株粒数达 30～60 粒，粮用型品种籽粒百粒重要求达到 80～120 g，菜用型为 150～200 g；饲肥兼用型品种要求每个有效枝的结荚数为 6～8 个，株粒数为 100 粒左右，百粒重为 70 g 以下，结荚集中，荚上举。通过良种良法配套实施，籽粒产量可以达到 3 000～4 500 kg/hm^2。

（二）稳产

高产品种必须建立在稳产的基础上。所谓稳产品种就是对不良的气候、土壤条件和病虫害有较强的适应性、抗性和耐性。

1. 抗病虫性

选育的品种除了要能抵抗主要的区域性病虫害外，如蚕豆的锈病、赤斑病、褐斑病、根腐病和蚜虫等危害面广、威胁大的主要病虫害，还要把对这些病虫害具有较强的抵抗力和忍耐性作为蚕豆育种的重要目标。

2. 抗逆性

选育稳产品种还必须根据地区自然灾害特点，选育具有一定的耐涝性、耐寒性以及耐瘠、耐盐等能力的品种。

（三）高品质

农业生产的主要目的在于得到高产和优质的农产品。随着国民经济的发展和人民生活水平的提高，对优质生活的要求日益迫切。蚕豆育种中的主要优质指标是不断提高籽粒中蛋白质的含量（一般要求带种皮蛋白含量在 30% 以上），同时，注意选育籽粒中不含单宁、种子光泽好、不易褐变以及低糖苷氨基嘧啶衍生物蚕豆嘧啶葡糖苷（Vicine），伴蚕豆嘧啶核苷（Convicine）的品种。

（四）生育期适中

由于各地农作制度不同，对生育期长短的要求有所不同。秋播蚕豆多分布在一年两熟、一年三熟及两年五熟的多熟制地区。这些地区要求种植中、早熟类型品种，有利于增加复种指数，提高土地利用率。各个生育阶段的长短，应根据当地的气候条件、主要自然灾害发生的时期以及采收方式考虑。

二、春播区育种目标

春播蚕豆种植区的温、光条件有利于蚕豆籽粒的发育，比较容易取得高产、稳产。制约蚕豆单产进一步提高的主要因素是植株高大、株型松散、品质差等，因此急需选育株型紧凑、植株稍矮、结荚良好、抗逆性强、适应范围广的高产、稳产、优质的新品种。同时，要兼顾机械化生产要求品种具有的结荚集中、成熟一致等特性。

（一）高产

高产品种应具有合理的株型和良好的光合性能，充分利用光、热、水、气、肥等合成光合产物，并高效率地转运到荚、粒中去，以获得高产。

1. 株型方面

合理的株型是高产品种的基础，其中矮秆是一个重要方面。株型紧凑，茎粗而坚韧不易倒伏，叶小而狭长并上举，有利于通风透光。还要根系发达，根瘤大而多，固氮能力强。结荚集中、成熟一致的有限型或亚有限型更适于机械化联合收割。

2. 产量因素

构成产量的主要因素是单株荚数、粒数和粒重。选择多荚多粒大粒的植株是高产育种的前提。单株荚数 20 个以上，单荚粒数 3 粒以上；百粒重因生产成本和市场需求而不同，鲜食以 180 ~ 200 g 为主，饲用以 40 g 以下为主，粮用以 150 g 为主；目标产量 3 750 kg/hm^2 以上，鲜食产量 20 000 kg/hm^2 以上。

（二）稳产

高产品种必须建立在稳产的基础上。所谓稳产品种就是对不良的气候、土壤条件和病虫害有较强的抗性和耐性。蚕豆在抗赤斑病、锈病、根腐病以及耐旱性、抗虫性、耐盐碱性等方面有着较强的优势。

1. 抗病虫性

选育赤斑病、锈病、根腐病等主要病害中抗以上的品种;选育抗豆象和抗蚜虫品种。

2. 抗逆性

加强耐盐碱、抗旱品种的选育。

(三)生育期适中

由于各地农作制度不同,对生育期长短的要求有所不同。根据不同生态区的种植制度中"一年一熟"制、"一年两熟"制和当地的无霜区选育不同的熟期品种。

(四)品质优良

蚕豆品质根据粮、菜、饲、肥等不同生产和市场需求,包括营养品质、商品品质和加工品质。营养品质以蛋白质含量26%以上为重点,单宁等抗营养因子较低;商品品质以籽粒大小、均匀性和外观色泽为主;加工品质重点考虑种皮厚度、烹饪时间等。

(五)适宜机械化

随着蚕豆生产方式的转变,轻简节约、减少劳动力是目前以及今后蚕豆生产的发展趋势,因此要求选育软荚、抗倒伏、籽粒适中、圆粒、大小均一、结荚部位高(20 cm以上)、结荚相对集中、成熟一致的品种或有限、亚有限生长型品种。

(六)早熟

春播区无霜期短,蚕豆收获时容易受到霜冻等不利天气的影响。选育早熟品种,有助于保证高寒区或无霜期短的区域蚕豆的商品性和机械化率。

三、特种品种的选育目标

(一)菜用型

该品种选育目标是株高90~120 cm,株型紧凑,茎粗1 cm以上,有效分枝达3个以上,每荚粒数为3粒以上,干籽粒百粒重为200 g左右,种皮薄且绿色为佳,产量高,蛋白质含量高,抗赤斑病。

（二）饲肥兼用型

该品种选育目标是株高 200 cm 以上，株型紧凑，茎较粗，单株有效分枝 5 个，单株结荚数 40 荚，每荚粒数 2 粒以上，干籽粒百粒重 70 g 以下甚至 30 g 以下，抗病。此类型的品种，其生物学产量高，可作为饲用和绿肥用，有利于发展畜牧业和改良土壤。

（三）矮秆型

该品种选育目标是株高 60～80 cm，特别是亚有限型、有限型品种的选育，株型紧凑，茎较粗，茎壁厚而坚韧，有效分枝 3 个以上，株荚数 20 荚以上，每荚粒数 3 粒以上，籽粒类型多样，蛋白质含量高，抗赤斑病。该类品种秆矮，有利于间、套作，结荚集中，收获指数高。

（四）花色型

随着旅游业快速发展，利用种类多样的蚕豆花色，选育既能观赏又能保证结荚的品种，可增加蚕豆的功能和开发途径，使一、二、三产业融合，增加蚕豆附加值。此类品种根据不同地区，可选育“观花＋”的类型，即观花＋产量、观花＋品质、观花＋饲肥等类型的品种，以增加蚕豆的观赏功能，这种育种方式亦称“功能育种”。

（五）抗虫品种

根据绿色环保、高质量农业发展的要求，选育抗性品种、减少农药施肥量是现代农业发展的必然趋势。豆象是影响蚕豆干籽粒商品性的重要因素，蚜虫是危害蚕豆生长发育的主要生物胁迫因子，选育抗豆象、抗蚜虫品种是今后育种的一个新目标。

第二节　蚕豆的性状遗传

蚕豆的性状受基因的控制，具体的性状由不同的基因和基因数控制。按照基因的控制数和环境影响的关系，分为质量性状和数量性状。

一、质量性状的遗传

植物质量性状是不连续的变异，在相对性状间具有质的差别，能进行分类，在杂交后代中有显隐性关系，并能按一定的比例分离，主要受1个或几个效应大的基因控制，受环境变化影响小。植物质量性状较多，如绿芽与紫芽、乔木与灌木、子房有毛与无毛、白花与红花、早生与晚生等。

植物质量性状遗传由少数起决定作用的遗传基因所支配，在表面上这类性状差别明显，如遗传缺陷，花药、籽粒、颖壳等器官的颜色，芒的有无，茸毛的有无等。质量性状较稳定，不易受环境条件影响，它们在群体内的分布是不连续的，杂交后代的个体可明确分组。蚕豆性状遗传中也存在多个质量性状。

（一）花色遗传

蚕豆的花色遗传与豌豆等作物一样，深色对浅色，往往深色为显性；紫黑斑花对纯白花，紫黑斑花为显性，纯白花为隐性；旗瓣深紫色花与浅紫或白色花杂交，深色为显性；深紫色花与纯白花杂交，F_1代翼瓣正面为深紫色，但其背面下端及花萼为深紫色中嵌有白色条斑。F_2代紫花分离情况较为复杂，这可能与修饰因子的影响有关。就翼瓣色的遗传来说，与上述相似，深紫与淡紫杂交，淡紫为隐性。Monero等（1981）对花色遗传的研究结果表明，深紫与白色的杂种后代产生淡紫∶深紫∶白色为9∶3∶4的分离比例，可见紫色对白色呈显性。

（二）株高遗传

蚕豆株高遗传和其他作物一样，既有数量性状又有质量性状。根据临夏州农业科学研究所在蚕豆育种过程中的观察，相同类型品种间杂交，其F_1代株高一般介于双亲之间，F_2代株高分离呈连续性变异，表现为数量性状遗传。但不同类型品种间杂交，则表现为质量性状遗传。该所曾用临夏马牙（株高140 cm以上）与荷兰181变异株（株高仅30 cm左右）杂交后，其F_1代表现高株，F_2代株高分离为高株和特矮株2种类型，其分离比例基本符合3∶1。

此外，湖北农学院的刘定富等（1996）对蚕豆特矮秆突变体的遗传研究结果表明，株高、节间长、节数3个性状受核基因控制，不存在任何形式的母性遗传。经数量遗传分析，3个性状的遗传均符合加性显性模型，株高、节长的加性效应和显性效应更为重要，显性度接近 1，节数仅受加性效应控制，显性效应不显著。

（三）生长习性遗传

青海省农林科学院（2014）采用不同生长习性的蚕豆材料 9913－2－1－2（有限型）和青海 12 号（无限型）为试材，通过正、反交及回交，构建 F_1、F_2 和 BC_1 群体，于成熟期观测子代的生长习性，鉴定其生长型分离情况。结果表明，蚕豆有限生长习性对无限生长习性为隐性，并受 1 对隐性核基因控制。Avila 等（2007）开发出鉴定蚕豆生长型的酶切扩增多态性序列（CAPs）标记，获得了该性状不同基因型的完整基因组 *Vf_TFL*1 序列，并确定了与有限生长习性（*ti*）表型相关的其他碱基变化。通过对其序列的比较发现，之前的 CAPs 标记是基于 2～3 内含子中 469 位的单核苷酸多态性（SNP）的沉默突变。相反，一个位于第 26 位的 SNP 可以区分有限和无限生长习性基因型，它会导致无限的生长习性基因型中的氨基酸变化［亮氨酸（Leu）到精氨酸（Arg）］，从而解释有限生长习性（*ti*）的表型，开发出的 SNP 标记能 100% 鉴别欧洲蚕豆的生长习性。周仙莉等（2021）通过无限生长习性品系（GF3）与亚有限生长习性品系（RF25，RF22）杂交构建 F_2 和 $F_{2:3}$ 群体进行遗传分析，结果表明亚有限生长习性由 2 对隐性核基因控制，控制生长习性的 2 对基因间存在显性上位效应，并基于构建的简单重复序列（SSR）图谱被定位到 2 个与生长习性相关的 QTLs，分别位于 LG01 的 917.35～923.63 cM 与 LG02 的 273.26～280.78 cM 区间内，分别被命名为 *vfGH*1 与 *vfGH*2。

（四）子叶颜色遗传

青海省农林科学院（2017）配置了 3 个杂交组合（青海 12 号×透心绿、透心绿×青海 12 号、2008F343×2006G148）用于蚕豆子叶颜色性状的遗传分析，发现其 F_2 群体的分离比例为 3∶1（1∶2∶1），表明蚕豆子叶颜色性状受 1 对等位基因控制，其中黄色对绿色为显性。

（五）叶色及种皮色遗传

黄绿叶与正常绿色叶杂交，灰绿色与正常绿色叶杂交，正常绿色为显性。黑脐对白脐为显性，绿色种皮对紫色种皮为显性。青海省农林科学院以羊眼豆（白皮）与互助红蚕豆（红皮）为亲本（图 8－1），进行正、反交，发现 F_1 代杂交种种皮颜色与其母本表现一致，F_2代籽粒种皮颜色表现为白色，F_3代籽粒产生白色种皮与红色种皮的分离，说明蚕豆红色种皮受核基因控制，红皮对白皮为隐性，且受母性基因型的影响而表现出延迟遗传。而通过对沙珠玉紫蚕豆(♀)(紫皮)×青海13号(♂)(白皮)杂交组合产生的F_1代、F_2代、F_3代籽粒的种皮颜色调查，初步发现紫皮对白皮为显性，且受母性基因型的影响而表现出延迟遗传(图8－2)。

1　　　　2

1. 互助红蚕豆；2. 羊眼豆

图8－1　互助红蚕豆与羊眼豆种皮颜色(刘玉皎、周仙莉供图)

1　　　　2

1. 沙珠玉紫蚕豆；2. 青海13号

图8－2　沙珠玉紫蚕豆与青海13号种皮颜色(刘玉皎、周仙莉供图)

(六)单宁含量有无遗传

单宁含量与种脐色、皮色、花色、托叶上有无红棕色斑等性状有关，而以上性状是遗传性所决定的。因此，具有纯白花、在第3～4节出现时托叶上无红棕色斑、幼苗茎色无红色素、种皮白色、白脐等性状，是选择无单宁品种的标志，在育种中应注意选择。

蚕豆种皮较厚，在种皮中含有凝聚态单宁，影响蛋白质的利用。加拿大Marquardtetal(1978)所做的饲养试验表明，单宁是家禽生长的一种主要抑制因素。

在无单宁品种的杂交过程中，Rowlands等(1962)发现托叶和花的颜色的发育是由2个基因控制的，可是种脐的颜色不受影响。Picard(1976)也发现无单宁性状是由2个互补的隐性基因所控制，而且对植株具有基因多效作用。Bond(1976)测定了8个无单宁蚕豆品种和10个有单宁品种的种皮，发现无单宁蚕豆品种种皮薄，占粒重的比例较低，可消化率高，木质素含量最低且不易褐变。所以在杂交育种中，考虑选育无单宁品种，对提高蚕豆利用价值具有重要意义。

Crofts等(1980)通过蚕豆品种和品系之间的杂交，鉴定无单宁性状的遗传和该性状与种皮质量、粒重以及白花性状的关系。结果表明：有单宁品种间的杂交，只产生有单宁杂种；无单宁品种间杂交，只产生无单宁杂种；每一个有单宁和无单宁品种正反交组合的F_2群体中，有单宁与无单宁植株分离比例符合3∶1($P>0.10$)，说明无单宁性状是由单个隐性基因决定的。各回交一代(BC_1)经卡平方测验，均符合1∶1的分离比例，证实了单个基因的假设。侯万伟等(2018)通过对无单宁材料和有单宁材料杂交产生的不同后代群体进行研究，明确了蚕豆单宁含量的遗传规律，也得出有单宁与无单宁符合3∶1分离规律，且无单宁性状是由单个隐性基因决定的结论，并筛选出1个与蚕豆单宁性状遗传距离为2.9 cM的SSR标记。

无单宁品种的幼苗基部无红色素，托叶上无深红棕色斑，花瓣全白，凡基部有红色素的幼苗所结的种子都是有单宁的。同样，所有有单宁植株的托叶上有深红棕色斑。据此，就明确了无单宁植株的选育标准，凡茎上无红色素的幼苗可以选择作为无单宁植株，尤其是在光照强度大、气温低或营养状况差的情况下，选择效果更佳，因为这些环境因素能增加植株的花青苷(花青素)，导致无单宁和有单宁植株的区别明显。在出现第3或第4基节时，托叶上无红棕色斑的或全白花的植株也可选择作为无单宁的植株，这2种选择标准是非常有用的。因为托叶无斑、纯白色花是无单宁性状基因多效作用的结果。

此外，在蚕豆种子储藏的过程中，种子的种皮不随放置时间的延长而颜色加深或氧化条件下种皮不变颜色均可作为无单宁种子的选择标准。

赵京音(1988)选用6个种皮单宁含量各不相同的蚕豆品种(r82－1、三白豆、C59－2、成胡10号、大白蚕和日本豆)于上海农学院试验农场对种皮和单宁的动态变化进行了研究,在其种子发育过程中测定种皮干物质的变化和单宁含量的变化,结果表明蚕豆完整籽粒单宁含量的60%～90%存在于种皮。根据种皮发育过程中干重和单宁总量的变化,蚕豆单宁可以分为合成期和分解期。合成期从受精至青熟期,持续40～50 d。该过程较短的品种种皮薄、干重也较轻。降解期,从黄熟至收获期,持续1～3周。不同的品种,在合成期和降解期种皮单宁的变化有很大的差异。根据6个品种测定结果,将它们分为3种类型:①单宁缓慢合成快速分解型,如r82－1;②单宁快速合成快速分解型,如三白豆、大白蚕、C59－2、成胡10号;③单宁快速合成缓慢分解型,如日本豆。种皮发育过程中,种皮干物质的增减与单宁总量的增减呈极显著的正相关,6个品种(r82－1、三白豆、C59－2、成胡10号、大白蚕和日本豆)的相关系数分别为0.732 2、0.844 6、0.916 3、0.938 5、0.956 3和0.965 5。因此,低单宁品种的种皮薄,这为选育低单宁品种提供了理论依据。

二、数量性状的遗传

植物数量性状在一个群体内的个体间表现为连续变异,如植物的高度或长度等。植物数量性状较易受环境的影响,一个群体内各个个体的差异一般呈连续的正态分布,难以在个体间明确地分组。植物数量性状遗传的特点因基因组效应不同而异,一般可概括为3种情况:①某数量性状表现不同的2个亲本杂交,子一代(F_1)群体的该性状一般介于两亲之间,其平均数与两亲的中值近似。②子二代(F_2)群体的连续差异幅度显著扩大,一般近似正态分布,但其平均数仍近似F_1。③控制数量性状发育的基因易受环境影响,即使纯合的亲本或基因型相同的F_1个体间,表型也会呈现一定幅度的连续变异。所以F_2群体变异幅度的显著扩大,除由于F_2基因型的多样性分离外,环境条件的影响可能也是重要因素。

研究数量性状的遗传变异及其相互关系是蚕豆育种的重要理论基础。不少蚕豆育种家对此做了许多探讨,虽然所用的品种不同,供试的品种数各异,栽培生态条件不一,但研究结果基本相同,而且遗传相关和表现型相关趋势一致。

（一）主要经济性状对产量的通径分析

张焕裕（1989）在湖南长沙连续3年对69个品种8个主要经济性状在相关分析的基础上进行通径分析，发现各性状对产量的直接效应以荚宽最大，其效应值为1.598 6；其次是百粒重、单株荚数和单株粒数，其效应值分别为0.920 9、0.918 0、0.703 1。其他性状的直接效应均较小，其排列次序为：荚宽 > 百粒重 > 单株荚数 > 单株粒数 > 生育期 > 株高有效分枝 > 荚长，其中荚长、株高和有效分枝为负效应。间接总效应的大小顺序与直接效应基本相同，也以荚宽最大，百粒重和单株荚数次之。

重庆市农业科学院（2018）采用相关和通径分析方法，对385份蚕豆高代纯合品系的单株产量及其主要农艺性状进行统计分析，发现5个农艺性状与单株产量的相关程度为单株粒数 > 有效荚数 > 有效分枝数 > 株高 > 百粒重；偏相关分析表明，5个农艺性状与单株产量均极显著相关；各农艺性状对产量都有直接的正效应，对单株产量的贡献大小顺序为单株粒数 > 百粒重 > 有效分枝数 > 有效荚数 > 株高；关联度分析表明，单株粒数对单株产量贡献最大，其次是有效荚数。

（二）籽粒大小相关的研究

田莹莹（2019）在青海省农林科学院创制的特小粒以小粒蚕豆云122和特大粒种质大粒蚕豆TF42杂交获得F_2群体，进行籽粒重遗传模型确定和QTL定位。通过Windows软件包SEA－G4F2进行遗传分析，利用962对引物进行引物筛选，结果表明籽粒重的最适遗传模型为E－1（2对加性－显性－上位性主基因＋加性－显性多基因）。

（三）主要数量性状的遗传效应

刘玉皎等（2006）以性状差异明显的4个青海蚕豆为母本，与具有互补性状的4个外来种质进行不完全双列杂交，配制16个组合，分析了株高、始荚高、有效枝、单株荚数、单株粒数、荚粒数、百粒重和单株产量等8个主要性状的配合力及遗传力。结果表明：①加性效应和非加性效应对蚕豆杂交后代性状都有重要作用，且这些性状的基因加性效应均对杂种后代的性状起主导作用，尤其是有效枝、单株荚数、单株粒数和单株产量完全受基因加性效应控制。②应根据一般配合力和特殊配合力的大小和育种目标的要求选择合适的亲本和较优的杂交组合。③ 8 个主要性状的广义遗传力由大到小的顺序是：百粒重 > 株高 > 荚粒数 > 有效枝 > 单株荚数 > 始荚高 > 单株粒数 > 单株产量；狭义遗传力由大到小的顺序为：百粒重 > 株高 > 有效枝 > 荚粒数 > 单株荚数 > 始荚高 > 单株粒数 > 单株产量。在改良品种粒重时，可进行早代选择，而其他性状的遗传力中等偏低，易受环境因素影响，应连续多代选择。

林夕等（2022）为改良青海当地蚕豆资源，提高菜用蚕豆商品品质，并研究菜用蚕豆的主要数量性状的遗传效应，以 TF42、GF74、GF96 为母本，陵西一寸、通蚕鲜 7 号为父本进行杂交，采用不完全双列杂交试验设计配置 6 个组合。结果表明，在 F_1 群体中，各组合百粒重具有较强的超亲优势，其余性状均为负值。各组合荚层数中亲优势均为负值，其他 6 个性状中亲优势均为正值。配合力分析表明，符合试验预期目标的亲本组合为 TF42 × 陵西一寸、GF74 × 通蚕鲜 7 号。遗传力结果表明，百粒重、单荚粒数、单株荚数的遗传力均较高，受到环境因素的影响较小，可进行早代选择，其余性状需进行多代筛选。

第三节 蚕豆的育种方法

作物育种又称品种改良，高产、稳产、优质、高效是育种的目标。但特定的育种目标要综合考虑当地品种的现状、育种基础、自然环境、耕作制度、栽培水平、经济条件等因素，并随生产的发展不断加以调整。还要以本地区种植面积较大或有代表性的几个品种作为标准，明确需要保持或提高、改进或克服的方向，使育种目标具体化。育种的基本步骤：①发现和创造所需要的遗传变异；②根据育种目标进行选择，使综合性状趋向稳定；③品种的筛选、繁殖和推广。

由于蚕豆是常异花授粉作物，异交率高，具有丰富的变异类型，它不同于小麦、大麦和水稻等其他作物，因此在育种中有其独特的特点。据研究，蚕豆的异交率在 30%～40% 之间，所以在育种工作中隔离保纯是重要的措施。引起自然异交的主要媒介是蜜蜂等虫媒，为此，在育种过程中采用网室、套袋和自然隔离等措施是保证蚕豆育种成功的重要环节。

蚕豆育种工作量大的主要原因有 2 个：一是蚕豆落花落荚严重，在人工授粉的杂交过程中，花朵会遭到不同程度的损伤，更易引起花荚脱落，往往人工杂交授粉的花朵多，但获得的杂交种子数量很少。二是蚕豆籽粒大，繁殖系数低。由于上述 2 种原因，要使杂交分离世代 F_2 代能达到足够的群体，每个杂交组合至少要做 50～100 朵花，才能保证一定的选择效果。

一、地方品种的整理和鉴定

地方品种具有适应性广、抗逆性强、比较稳产的特点。但因蚕豆是常异花授粉作物，它的生理、生态特性多种多样，遗传基因类型比较复杂，有的品种混杂严重，只有经过广泛地搜集、整理、评价、鉴定，才能发掘出较好的良种，供生产上应用。

我国现已搜集、整理、鉴定保存的地方品种资源和自国外引入的蚕豆资源共 5 000 余份，并已按全国统一标准进行了农艺和产量性状的鉴定，其中已有 700～1 100 份资源进行了抗病性和耐旱性等鉴定及品质分析。各地可根据自己的需要从中选用适合的地方品种直接利用，这是最快的选种方法。如浙江的慈溪大白蚕和上海青、青海湟源马牙、甘肃临夏马牙、云南昆明白皮豆等都是优良的地方品种，它们不仅是当地生产上的当家品种，而且是我国重要的出口商品。

蚕豆引种应注重其引种规律性，为了避免引种过程中的盲目性，探究蚕豆引种的规律性是很有必要的。我国浙江、江苏、四川、云南、甘肃等省的蚕豆育种科学家于 1982 年协作开展了我国不同地区间的蚕豆引种联合试验。试验材料来自各省提供的有代表性的优良品种，为品种的选育奠定了基础。我国地域广阔，自然条件复杂，不同地区要求选育不同的品种，以适应当地的特殊条件。因此，在制定育种目标时，必须针对当地的生态特点抓住主要矛盾。秋蚕豆的育种目标首先要注重品种的抗病性，同时，还应考虑丰产性、耐湿性、品质等；春蚕豆的育种目标首先是耐旱性，再考虑丰产性、抗病性、品质等。

2015 年，重庆市引种了江苏沿江地区农科所选育的通蚕 8 号，其在重庆表现为抗赤斑病，鲜荚产量高，在生产上适应性好，推广面积较大，成为当地的主栽品种。

二、系统育种

天然异交产生变异，从变异中选出优良单株，在隔离条件下种植自交产生种子，再经一系列的选择和培育、比较试验而育成新品种。蚕豆是常异花授粉作物，自然异交率相对较高，自然群体的异质型高，自然变异概率较高，因此，系统选育是蚕豆育种比较简便快速的一种方法，这种方法在育种初期有着重要的现实意义。

据不完全统计，到21世纪初期，全国16个地区采用系统育种法已选育出48个品种。2017—2019年在新的品种登记办法的实施过程中，登记系统育种育成的蚕豆新品种有15个。如浙江省农业科学院从本省地方品种平湖皂荚种中选育出利丰蚕豆，表现为丰产、优质、抗病，已在浙江、江西、湖南、湖北等省推广应用；四川省农业科学院先后选育出成胡3号、4号、6号、9号4个抗病、丰产性好的新品种；江苏省启东县农业科学研究所于1977年从本地品种启东绿皮“荚荚四”中选育出启豆1号，曾在全国10多个地区推广应用；甘肃省的204号春蚕豆品种是临夏州农业科学研究所于1972年从地方品种阿坝大金白中经系统选育而成；青海省的胜利、曲农白皮、农17等春蚕豆品种也是通过系统选育而成的。因此，系统选育是蚕豆育种上的一个多快好省的育种方法。

三、杂交育种

以杂交方法培育优良品种或利用杂种优势称为杂交育种。杂交可以使生物的遗传物质从一个群体转移到另一群体，是增加生物变异性的一个重要方法。不同类型的亲本进行杂交可以获得性状的重新组合，杂交后代中可能出现双亲优良性状的组合，甚至出现超亲代的优良性状，当然也可能出现双亲的劣势性状组合，或双亲所没有的劣势性状。育种过程就是要在杂交后代众多类型中选留符合育种目标的个体进一步培育，直至获得优良性状稳定的新品种。

在蚕豆杂交育种中应用最为普遍的是品种(变种)间杂交。选择亲本的原则首先要尽可能选用综合性状好、优点多、缺点少、优缺点或优良性状能互补的亲本，同时也要注意选用生态类型差异较大的亲本杂交。通常采用的有单杂交、复合杂交、回交等杂交方式。杂交育种要掌握以下要点。

(一)亲本选配

在杂交育种工作中，亲本选配是否得当，是影响育种工作成效的关键。根据各地经验，在选配蚕豆杂交亲本时，要掌握以下5个原则。

(1)选用综合性状好、优点多、缺点少，而且双亲的优缺点能够互补的亲本。

(2)亲本之一必须是当地推广的优良品种，针对其某一缺点来选择具有互补的另一亲本与之杂交，以改良其缺点，这样育成的新品种适应性较强。

(3)选用杂交配合力较好的品种作亲本。因为配合力好的品种,其优良性状才能传递到后代。

(4)选用生态型差异大、亲缘关系较远的品种作亲本。因为不同生态型、不同地理起源和不同亲缘关系的品种,具有不同的遗传基础和优缺点,其杂交后代的遗传基础更为丰富。由于基因重组,所以会出现更多的变异类型和超亲的有利性状,从而创造出新品种。

(5)根据数量性状遗传距离来选配亲本,性状遗传距离大的亲本配置组合后代容易产生好的变异类型。

(二)杂交方式

影响杂交育种成效的另一个重要因素是杂交方式,就是在一个杂交组合里要用几个亲本以及亲本杂交的先后次序。杂交方式根据育种目标和亲本的特点确定,一般有以下 3 种。

1. 单交

2 个亲本一为母本一为父本成对杂交,表示方式为甲 × 乙。单交是杂交育种中最简单的、普遍采用的杂交组合方式。蚕豆育种采用此法成效显著,其杂种早代群体小,育种过程较短。当甲、乙 2 个亲本的优缺点能够互补,性状总体基本上符合育种目标要求时,可以通过单交产生兼具双亲优良性状以及个别性状超亲的后代。

2. 复交

选用 3 个以上的亲本进行杂交。如果育种目标涉及的性状较多,而各有关性状又分别存在于几个亲本材料中,为了获得兼具各优良性状的杂种后代,则需要采用复交。复交的亲本组合方式很多,蚕豆育种中主要是 3 个亲本的三交和 4 个亲本的双交。

(1)三交:(甲 × 乙) × 丙,甲和乙 2 个亲本的核遗传组成在这个杂交组合中各占 1/4,而丙为 1/2。在进行三交时要特别注意对第三亲本丙的选择。一般第三亲本应是农艺性状优良、配合力良好的品种或品系。

(2)双交:(甲 × 乙) × (丙 × 丁),各个亲本的核遗传组成均为 1/4。这种组合方式可以结合出更多所需要的性状于杂交后代中,适用于解决较复杂的育种任务。但其操作复杂,需要更大的杂种群体和较长的育种过程。如果参加蚕豆杂交的各亲本的适应性和综合性状基础良好,且各具突出的优良性状,则可取得较好的选育成效。

3. 回交

2 个品种杂交后，子一代再和双亲之一互相杂交，从回交后代中选单株再与该亲本回交，如此进行若干次，直至达到预期目标为止。回交法多用于改良某一推广品种的个别缺点或转育某个性状。蚕豆育种采用回交方式获得成功的概率比单交方式高。

目前，我国选育的蚕豆新品种中，80% 以上均为杂交选育的品种，其中江苏的通蚕系列、云南的云豆系列和凤豆系列、四川的胡豆系列、甘肃的临蚕系列、青海的青蚕系列等蚕豆品种在我国蚕豆生产中发挥了重要的作用。

四、轮回选择育种法

蚕豆在自然条件下具有既能自花授粉结实，也能异花授粉结实的生物学繁殖特点。蚕豆的育种方法，虽然既可采用自花授粉作物的育种方法，也可采用一般异花授粉作物的育种方法，但都不是很理想，蚕豆育种应有自己独特的、适于其生物学特点的育种方法。

上海农学院根据多年实践，发现蚕豆育种以 1 次或多次轮回选择育种法较为适宜，即利用 2 个或多个优良品种，通过自交和后代分离，经过筛选淘汰不良性状，再通过自由授粉，利用较高的自然异交率，以丰富和积累有利基因，并提高群体的生活力。在群体中定期根据育种目标，选择优良单株进行自交，在隔离条件下进行株系鉴定，经过筛选，将性状比较相近的优良株系混合一起，组成群体，促进其充分自由授粉，以丰富群体中的优良基因。上海农学院经过 8 年的轮回选择，选育出抗逆性强、优质、成熟期早、结实率高的蚕豆新品种轮选 1 号。

五、诱变育种

诱变育种是指用物理、化学因素诱导动植物的遗传特性发生变异，再从变异群体中选择符合人们某种要求的单株或个体，进而培育成新的品种或种质的育种方法。它是继选择育种和杂交育种之后发展起来的一项新的育种技术。诱发突变是丰富种质资源和改良作物品种的有效途径。

（一）物理诱变

应用较多的是辐射诱变，即用 α 射线、β 射线、γ 射线、X 射线、中子和其他粒子、紫外线辐射以及微波辐射等物理因素诱发变异。当通过辐射将能量传递到生物体内时，生物体内各种分子便产生电离和激发，接着产生许多化学性质十分活跃的自由原子或自由基团。它们继续相互反应，并与其周围物质特别是大分子核酸和蛋白质反应，引起分子结构的改变。由此又影响到细胞内的一些生化过程，如 DNA 合成的中止、各种酶活性的改变等，使各部分结构进一步深刻变化，其中尤其重要的是染色体损伤。由于染色体断裂和重接产生染色体结构和数目的变异即染色体突变，DNA 分子结构中碱基的变化则造成基因突变。那些带有染色体突变或基因突变的细胞，经过细胞世代将突变的遗传物质传至性细胞或无性繁殖器官，即可产生生物体的遗传变异。

（二）化学诱变

化学诱变除能引起基因突变外，还具有和辐射相类似的生物学效应，如引起染色体断裂等，常用于处理迟发突变，并对某特定的基因或核酸有选择性作用。化学诱变剂主要有 3 类：①烷化剂。这类物质含有 1 个或多个活跃的烷基，能转移到电子密度较高的分子中去，置换其他分子中的氢原子而使碱基改变。常用的有甲基磺酸乙酯（EMS）、乙烯亚胺（EI）、亚硝基乙基脲烷（NEU）、亚硝基甲基脲烷（NMU）、硫酸二乙酯（DES）等。②核酸碱基类似物。这是一类与 DNA 碱基相类似的化合物，渗入 DNA 后，可使 DNA 复制发生配对上的错误。常用的有 5 – 溴尿嘧啶（BU）、5 – 溴去氧尿核苷（BudR）等。③抗生素。如重氮丝氨酸、丝裂毒素 C 等，具有破坏 DNA 和核酸的能力，从而可造成染色体断裂。

化学诱变主要用于处理种子，其次为处理植株。种子处理时，先在水中浸泡一定时间，或以干种子直接浸在一定浓度的诱变剂溶液中处理一定时间，水洗后立即播种，或将种子干燥、储藏后播种。植株处理时，最简单的方法是在茎秆上切 1 个浅口，用脱脂棉把诱变剂溶液引入植物体，也可对需要处理的器官进行注射或涂抹。处理时间以使受处理的器官、组织完成水合作用和能被诱变剂所浸透为度。化学诱变剂大都是潜在的致癌物质，使用时必须谨慎。

四川省农业科学院作物所曾利用慢中子处理蚕豆平阳青干种子，获得 69 – 1 早熟突变材料，以此为父本，遵义小青豆为母本进行杂交，于 1983 年育成新品种“成胡 11”，1994 年获四川省科技进步奖三等奖。

六、分子标记辅助育种

选择是育种中最重要的环节之一。所谓选择，是指在一个群体中选择符合要求的基因型。但在传统育种中,选择的依据通常是表现型而非基因型,这是因为人们无法直接知道个体的基因型,只能从表现型加以推断。也就是说,传统育种是通过表现型间接对基因型进行选择的。这种选择方法对质量性状而言一般是有效的,但对数量性状来说,则效率不高,因为数量性状的表现型与基因型之间缺乏明确的对应关系。即使是质量性状,有的也可能会因为表型测量难度较大或误差较大而造成表型选择的困难。另外,在个体发育过程中,每一性状都有其特定的表现时期。许多重要的性状(如产量和品质)都必须到发育后期或成熟时才得以表现,因而选择也只能等到那时才能进行。这对于那些植株高大、占地多、生长季长的作物,特别是果树之类的园艺作物,显然是非常不利的。总之,传统的基于表型的选择方法存在许多缺点,效率较低。要提高选择效率,最理想的方法应是能够直接对基因型进行选择。

分子标记为实现对基因型的直接选择提供了可能,因为分子标记的基因型是可以识别的。如果目标基因与某个分子标记紧密连锁,那么通过对分子标记基因型的检测,就能获知目标基因的基因型。因此,我们能够借助分子标记对目标性状的基因型进行选择,这称为标记辅助选择(MAS)。这是分子标记在育种中应用的最主要方面。

Román 等(2003)利用 Vf6(感)×Vf136(抗)杂交获得的 F_2群体对蚕豆褐斑病相关 QTLs 分析发现,控制蚕豆褐斑病的 QTLs 有 2 个(*Af1*, *Af2*),分别定位到 3 号和 2 号染色体上,解释的表型变异率分别为 25.2% 和 21%,联合表型变异率为 46%。随后 Avila 等(2004)利用 29H(抗)×Vf136(感)杂交获得的 F_2群体研究了茎秆和叶片对 2 个不同壳二孢属分离菌的抗性,结果定位出 6 个 QTLs,分别为 *Af3*~*Af8*。*Af3* 和 Román 等(2003)定位的 *Af1* 均被定位到 3 号染色体上,说明这 2 个 QTLs 可能位于同一区间,可将与其紧密连锁的标记转化为 SCAR 标记进一步检测定位的稳定性和准确性,为蚕豆的抗病育种提供了理论基础。

七、穿梭育种

农作物穿梭育种是利用地理上不同生态环境条件把不同育种世代材料交替种植、鉴定、选择来培育新品种的一种方法,也就是说将杂交材料的不同世代,往返交替种植于 2 种或多种环境条件下进行选育的一种育种方法,因此,也叫转移育种或异地选择。我国的小麦、水稻、油菜等作物成功开展了穿梭育种,选育了多个广适、高产品种,在生产中发挥了重要作用。国际干旱地区农业研究中心(ICARDA)在蚕豆育种方面也开展了穿梭育种,国家食用豆产业技术体系也已开展蚕豆穿梭育种工作。

(一)穿梭育种的特点和原则

一是不能由1个科研单位或种子企业完成,必须由2个或2个以上的单位完成;二是选育推广的品种适应性广。穿梭育种的目的是解决双方共同的育种目标或某一方难以解决的特殊育种目标。穿梭育种的原则是自愿互利、独立自主、成果共享。合作单位必须相互信任,交流种质资源,共同制定育种目标,共同鉴定选择。育种规模应根据实际情况,因地制宜。

(二)穿梭育种的意义

按照国家现代农业产业技术体系建设全国一盘棋的总体思路,国家食用豆产业技术体系设立蚕豆育种岗位,一个岗位专家团队要完成符合全国不同生态区蚕豆产业发展需求的蚕豆育种工作,必须选择一种适合的育种途径,选育适应性广的蚕豆品种,这种育种新途径就是穿梭育种。

一是穿梭育种是在杂种世代开展多种生态条件下的异地鉴定及选择,其对优良变异的评价和鉴定更加科学和准确。从理论上讲,通过穿梭育种育成的品种,要比单一区域定点鉴定选择育成品种的适应性、丰产性和稳定性更强。

二是通过单一区域定点鉴定选择育成的品系,需要通过多年多点区域试验鉴定其适应性和稳产性,从而延长了品种的育成时间,缩短或延迟了品种的推广应用年限,而通过穿梭育种育成的品种,在选择世代已完成适应性和稳产性鉴定,因此,穿梭育种可在一定程度上缩短育种年限。

三是开展穿梭育种,一定程度上扩大了F_2代的种植规模和种植区域,从而提高了优良变异类型出现的概率,增加了品种选育的成功率。

四是开展穿梭育种,可促进育种单位之间材料的交换应用,同时实现科研力量的互补提高。因此,穿梭育种是实现高产、稳产和广适性育种的有效途径。

(三)穿梭育种的方法

1. 穿梭区域的选择

穿梭育种具有目的性,不可盲目穿梭转移。育种家要根据自身单位条件,选择适合自己育种目标和育种材料的区域,形成2个或多个育种单位合作的穿梭育种机制。

2. 制定育种目标

育种家应根据生产需求，与合作单位制定一致的育种目标，根据各自材料特点，选配杂交组合，形成 F_1 群体。构建符合育种目标的基础群体，要涉及高产、优质、多抗和广适等一系列重要性状，要根据育种目标和材料特性，尽可能地把全部有用的遗传信息充分地实现基因重组。

3. F_2代的穿梭鉴定与选择

根据合作单位的数量，将各自 F_1 代收获的种子平均分发给各育种单位，种植 F_2代，按照统一标号、统一规格播种，根据育种目标开展组合评价与鉴定，从而保证了材料的种植群体，同时，也提高了组合评定的准确性。在对各自单位种植的 F_2代进行综合评定后，再分头从各合作单位共同确定的优良组合中选择优良单株进行室内考种，二次选择，当选单株分株脱粒。

4. F_2代以后世代的穿梭选育

各合作单位把 F_2代的当选单株种子分成 2 份，一份留在当地种植 F_3代，另一份交流到下一单位种成 F_3代株系，这样每个单位每个 F_2代当选单株就在F_3代形成了本地和异地 2 个株系，可对这 2 个株系表现进行综合鉴定，均表现不好的应当弃选，均表现好的应多选，某一个表现好的可在其中适当选择。在当选 F_3代单株通过室内考种决选后，单株脱粒保存。在 F_4代，本地株系当选单株可继续在本地种植，异地株系当选单株可交流到下一合作单位，进行 F_4代的鉴定与选择。依此类推，经过 4 年的穿梭选育，所选单株进至 F_6代，一般便可形成遗传性状稳定、农艺性状优良的品系。

5. 开展品系鉴定，完成品种选育

通过穿梭选育的高代品系，可通过品种比较试验进行鉴定，通过科学的方法对其稳定性、丰产性、抗病性等进行综合评价，进而升级试验，完成新品种审定。

第四节 蚕豆的优良品种

我国现有蚕豆主要栽培品种是通过系统选育和杂交育种培育而成的。其中，云南的云豆系列和凤豆系列、江苏的通蚕系列、四川的胡豆系列、甘肃的临蚕系列、青海的青蚕系列等品种在我国蚕豆生产中发挥了重要的作用。进入 21 世纪按照新的《中华人民共和国种子法》的要求，蚕豆作为非主要农作物，实行登记制度。

一、西南秋播区主要蚕豆品种

（一）云豆459

1. 品种登记号

GPD 蚕豆(2018)530031。

2. 申请者

云南省农业科学院粮食作物研究所。

3. 品种来源

89147 ×9829。

4. 特征特性

冬性。粮用型。茎色浅红色，中矮秆株型。中熟。旗瓣白色，翼瓣白色、有黑斑；成熟荚黄褐色，软荚。籽粒种皮白色，种脐黑色，子叶颜色浅黄色，百粒重143 g。蛋白质含量29.6%，淀粉含量27.1%。

5. 栽培技术要点

①选种：播种前应选用大小适中、无霉变、无破损、籽粒饱满且经过熏蒸的豆粒作种子，播前晒种1～2 d。②播种及种植密度：适宜播种期为10月上中旬。种植密度为1.5万～1.8万株/667 m^2。③合理施肥：播种后用优质有机厩肥1 500 kg/667 m^2覆盖种子，蚕豆苗长至3～5苔叶期，用普通过磷酸钙30 kg/667 m^2、硫酸钾12 kg/667 m^2、尿素3～5 kg/667 m^2混合兑水浇施。现蕾期每667 m^2用10 g钼肥兑水喷施。④田间管理：苗期2苔叶时使用15%的"豆丰"药剂40 g/667 m^2兑水45 kg防除杂草。及时灌足出苗期、现蕾初花期、盛花结荚期、灌浆鼓粒期这4个时期的水分。⑤病虫害防治：采用低毒低残留高效杀菌（虫）剂，注意防治蚕豆锈病、赤斑病和蚜虫、斑潜蝇。⑥收获：鲜食以豆荚鼓粒饱满为适宜采收期，干籽粒以植株中、下部荚壳变黄、少数变黑为最佳收获期。

6. 适宜种植区域及季节

适宜云南、四川、贵州海拔1 100～2 400 m的蚕豆产区种植，秋季播种。

（二）云豆147

1. 品种登记号

GPD 蚕豆(2020)530004。

2. 申请者

云南省农业科学院粮食作物研究所。

3. 品种来源

K0285×8047。

4. 特征特性

冬性。粮菜兼用型。茎色浅红色，中矮秆株型。中熟。旗瓣白色，翼瓣白色、有黑斑；成熟荚黑褐色，软荚。籽粒种皮乳白色，种脐黑色，子叶颜色浅黄色，百粒重 127.38 g。蛋白质含量 26.21%，淀粉含量 47.96%。

5. 栽培技术要点

①选种：播种前应选用大小适中、无霉变、无破损、籽粒饱满且经过熏蒸的豆粒作种子，播前晒种 1~2 d。②播种及种植密度：适宜播种期为 10 月上中旬。种植密度为 1.5 万~1.8 万株/667 m^2。③合理施肥：播种后用优质有机厩肥1 500 kg/667 m^2覆盖种子，蚕豆苗长至 3~5 苔叶期，用普通过磷酸钙 30 kg/667 m^2、硫酸钾 12 kg/667 m^2、尿素 3~5 kg/667 m^2混合兑水浇施。现蕾期每 667 m^2用 10 g 钼肥兑水喷施。④田间管理：苗期 2 苔叶时使用 15% 的"豆丰"药剂 40 g/667 m^2兑水 45 kg 防除杂草。及时灌足出苗期、现蕾初花期、盛花结荚期、灌浆鼓粒期这 4 个时期的水分。⑤病虫害防治：采用低毒低残留高效杀菌（虫）剂，注意防治蚕豆锈病、赤斑病和蚜虫、斑潜蝇。⑥收获：鲜食以豆荚鼓粒饱满为适宜采收期，干籽粒以植株中、下部荚壳变黄、少数变黑为最佳收获期。

6. 适宜种植区域及季节

适宜于云南省蚕豆产区夏秋季种植。

（三）云豆 324

1. 品种登记号

GPD 蚕豆（2019）530027。

2. 申请者

云南省农业科学院粮食作物研究所。

3. 品种来源

昆明蚕豆。

4. 特征特性

冬性。粮菜兼用型。茎色浅红色，中矮秆株型。中熟。旗瓣白色，翼瓣白色、有黑斑；成熟荚黑褐色，软荚。籽粒种皮绿色，种脐绿色，子叶颜色浅黄色，百粒重 132 g。蛋白质含量 25.59%，淀粉含量 45.88%。

5. 栽培技术要点

①选种：播种前应选用大小适中、无霉变、无破损、籽粒饱满且经过熏蒸的豆粒作种子，播前晒种 1～2 d。②播种及种植密度：适宜播种期为 10 月上中旬。种植密度为 1.5 万～1.8 万株/667 m^2。③合理施肥：播种时每 15 kg 种子用 10 g 钼肥拌种；播种后用优质有机厩肥 1 500 kg/667 m^2 覆盖种子，蚕豆苗长至 3～5 苔叶期，用普通过磷酸钙 30 kg/667 m^2、硫酸钾 12 kg/667 m^2、尿素 3～5 kg/667 m^2 混合兑水浇施。④田间管理：苗期 2 苔叶时使用 15% 的“豆丰”药剂 40 g/667 m^2 兑水 45 kg 防除杂草。及时灌足出苗期、现蕾初花期、盛花结荚期、灌浆鼓粒期这 4 个时期的水分。⑤病虫害防治：采用低毒低残留高效杀菌（虫）剂，注意防治蚕豆锈病、赤斑病和蚜虫、斑潜蝇。⑥收获：鲜食以豆荚鼓粒饱满为适宜采收期，干籽粒以植株中、下部荚壳变黄、少数变黑为最佳收获期。

6. 适宜种植区域及季节

云南省的夏秋季蚕豆种植区。

（四）云豆 690

1. 品种登记号

GPD 蚕豆（2020）530005。

2. 申请者

云南省农业科学院粮食作物研究所。

3. 品种来源

K0285 × 8047。

4. 特征特性

冬性。粮菜兼用型。茎色浅红色，中矮秆株型。中熟。旗瓣白色，翼瓣白色、有黑斑；成熟荚黑褐色，软荚。籽粒种皮白色，种脐白色，子叶颜色浅黄色，百粒重 110 g。蛋白质含量 28.9%，淀粉含量 40.04%。

5. 栽培技术要点

①选种：播种前应选用大小适中、无霉变、无破损、籽粒饱满且经过熏蒸的豆粒作种子，播前晒种 1～2 d。②播种及种植密度：适宜播种期为 10 月上中旬。种植密度为 1.5 万～1.8 万株/667 m^2。③合理施肥：播种时每 15 kg 种子

用 10 g 钼肥拌种;播种后用优质有机厩肥 1 500 kg/667 m^2覆盖种子,蚕豆苗长至 3~5 苔叶期,用普通过磷酸钙 30 kg/667 m^2、硫酸钾 12 kg/667 m^2、尿素 3~5 kg/667 m^2混合兑水浇施。④田间管理:苗期 2 苔叶时使用 15%的“豆丰”药剂 40 g/667 m^2兑水 45 kg 防除杂草。及时灌足出苗期、现蕾初花期、盛花结荚期、灌浆鼓粒期这 4 个时期的水分。⑤病虫害防治:采用低毒低残留高效杀菌(虫)剂,注意防治蚕豆锈病、赤斑病和蚜虫、斑潜蝇。⑥收获:鲜食以豆荚鼓粒饱满为适宜采收期,干籽粒以植株中、下部荚壳变黄、少数变黑为最佳收获期。

6. 适宜种植区域及季节

适宜云南、贵州、四川西昌等地生境条件近似的蚕豆产区秋季种植。

(五)云豆早 7

1. 品种登记号

GPD 蚕豆(2020)530001。

2. 申请者

云南省农业科学院粮食作物研究所。

3. 品种来源

K0064。

4. 特征特性

冬性。粮菜兼用型。茎色浅红色,中矮秆株型。早熟。旗瓣白色,翼瓣白色、有黑斑;成熟荚黄褐色,软荚。籽粒种皮白色,种脐白色,子叶颜色浅黄色,百粒重 130.6 g。蛋白质含量 26.8%,淀粉含量 41.67%。

5. 栽培技术要点

①选种:播种前应选用大小适中、无霉变、无破损、籽粒饱满且经过熏蒸的豆粒作种子,播前晒种 1~2 d。②播种及种植密度:适宜播种期为 10 月上中旬。种植密度为 1.5 万~1.8 万株/667 m^2。③合理施肥:播种时每 15 kg 种子用 10 g 钼肥拌种;播种后用优质有机厩肥 1 500 kg/667 m^2覆盖种子,蚕豆苗长至 3~5 苔叶期,用普通过磷酸钙 30 kg/667 m^2、硫酸钾 12 kg/667 m^2、尿素 3~5 kg/667 m^2混合兑水浇施。④田间管理:苗期 2 苔叶时使用 15%的“豆丰”药剂 40 g/667 m^2兑水 45 kg 防除杂草。及时灌足出苗期、现蕾初花期、盛花结荚期、灌浆鼓粒期这 4 个时期的水分。⑤病虫害防治:采用低毒低残留高效杀菌(虫)剂,注意防治蚕豆锈病、赤斑病和蚜虫、斑潜蝇。⑥收获:鲜食以豆荚鼓粒

饱满为适宜采收期，干籽粒以植株中、下部荚壳变黄、少数变黑为最佳收获期。

6. 适宜种植区域及季节

适宜于云南海拔低于 1 600 m 的地区正季栽培，或海拔 1 100 ~ 2 400 m 的区域作反季节（早秋和夏播）栽培。

（六）云豆 06

1. 品种登记号

GPD 蚕豆（2018）530032。

2. 申请者

云南省农业科学院粮食作物研究所。

3. 品种来源

H0230。

4. 特征特性

冬性。粮用型。茎色浅红色，中矮秆株型。中熟。旗瓣白色，翼瓣白色、有黑斑；成熟荚黄褐色，软荚。籽粒种皮白色，种脐白色，子叶颜色浅黄色，百粒重 121.0 g。蛋白质含量 25.1%，淀粉含量 40.3%。

5. 栽培技术要点

①选种：播种前应选用大小适中、无霉变、无破损、籽粒饱满且经过熏蒸的豆粒作种子，播前晒种 1 ~ 2 d。②播种及种植密度：适宜播种期为 10 月上中旬。种植密度为 1.5 万 ~ 1.8 万株/667 m^2。③合理施肥：播种时每 15 kg 种子用 10 g 钼肥拌种；播种后用优质有机厩肥 1 500 kg/667 m^2 覆盖种子，蚕豆苗长至 3 ~ 5 苔叶期，用普通过磷酸钙 30 kg/667 m^2、硫酸钾 12 kg/667 m^2、尿素 3 ~ 5 kg/667 m^2 混合兑水浇施。④田间管理：苗期 2 苔叶时使用 15% 的“豆丰”药剂 40 g/667 m^2 兑水 45 kg 防除杂草。及时灌足出苗期、现蕾初花期、盛花结荚期、灌浆鼓粒期这 4 个时期的水分。⑤病虫害防治：采用低毒低残留高效杀菌（虫）剂，注意防治蚕豆锈病、赤斑病和蚜虫、斑潜蝇。⑥收获：鲜食以豆荚鼓粒饱满为适宜采收期，干籽粒以植株中、下部荚壳变黄、少数变黑为最佳收获期。

6. 适宜种植区域及季节

适宜云南、四川、重庆、贵州海拔 1 100 ~ 2 400 m 的蚕豆产区种植，秋季播种。

（七）云豆470

1. 品种登记号

GPD 蚕豆(2018)530033。

2. 申请者

云南省农业科学院粮食作物研究所。

3. 品种来源

8462×8137。

4. 特征特性

冬性。粮用型。茎色浅红色，中矮秆株型。中熟。旗瓣白色，翼瓣白色、退化无色素斑显色；成熟荚黄褐色，软荚。籽粒种皮白色，种脐白色，子叶颜色浅黄色，百粒重97.3 g。蛋白质含量23.7%，淀粉含量39.95%。

5. 栽培技术要点

①选种：播种前应选用大小适中、无霉变、无破损、籽粒饱满且经过熏蒸的豆粒作种子，播前晒种1～2 d。②播种及种植密度：适宜播种期为10月上中旬。种植密度为1.5万～1.8万株/667 m^2。③合理施肥：播种时每15 kg种子用10 g钼肥拌种；播种后用优质有机厩肥1 500 kg/667 m^2覆盖种子，蚕豆苗长至3～5苔叶期，用普通过磷酸钙30 kg/667 m^2、硫酸钾12 kg/667 m^2、尿素3～5 kg/667 m^2混合兑水浇施。④田间管理：苗期2苔叶时使用15%的“豆丰”药剂40 g/667 m^2兑水45 kg防除杂草。及时灌足出苗期、现蕾初花期、盛花结荚期、灌浆鼓粒期这4个时期的水分。⑤病虫害防治：采用低毒低残留高效杀菌(虫)剂，注意防治蚕豆锈病、赤斑病和蚜虫、斑潜蝇。⑥收获：鲜食以豆荚鼓粒饱满为适宜采收期，干籽粒以植株中、下部荚壳变黄、少数变黑为最佳收获期。

6. 适宜种植区域及季节

适宜云南、四川、重庆、贵州海拔1 100～1 900 m的蚕豆产区种植，秋季播种。

（八）凤豆9号

1. 品种登记号

GPD 蚕豆(2020)530012。

2. 申请者

大理白族自治州农业科学推广研究院。

3. 品种来源

凤豆一号×20151。

4. 特征特性

冬性。粮用型。中矮秆株型。中早熟。旗瓣紫红色，翼瓣紫红色。成熟荚褐色，软荚。籽粒种皮白色，种脐白色，子叶颜色黄色，百粒重 100 g 左右。蛋白质含量 23.0%，淀粉含量 55.2%。

5. 栽培技术要点

①选种：播种前应选用大小适中、无霉变、无破损、籽粒饱满且经过熏蒸的豆粒作种子，播前晒种 1～2 d。②播种及种植密度：适宜播种期为 10 月中下旬。种植密度为 1.8 万～2 万株/667 m^2。③合理施肥：播种时每 15 kg 种子用 10 g 钼肥拌种；或现蕾期每 667 m^2 用 10 g 钼肥兑水喷施；播种后用优质有机厩肥1 500 kg/667 m^2 覆盖种子，蚕豆苗长至 3～5 苔叶期，用普通过磷酸钙 30 kg/667 m^2、硫酸钾 12 kg/667 m^2、尿素 3～5 kg/667 m^2 混合兑水浇施。④田间管理：苗期 2 苔叶时使用 15%的"豆丰"药剂 40 g/667 m^2 兑水 45 kg 防除杂草。及时灌足出苗期、现蕾初花期、盛花结荚期、灌浆鼓粒期这 4 个时期的水分。⑤病虫害防治：采用低毒低残留高效杀菌（虫）剂，注意防治蚕豆锈病、赤斑病和蚜虫、斑潜蝇。⑥收获：鲜食以豆荚鼓粒饱满为适宜采收期，干籽粒以植株中、下部荚壳变黄、少数变黑为最佳收获期。

6. 适宜种植区域及季节

适宜在云南海拔 1 600～2 200 m 豆作区种植。

（九）凤豆 11 号

1. 品种登记号

GPD 蚕豆（2020）530013。

2. 申请者

大理白族自治州农业科学推广研究院。

3. 品种来源

凤豆 1 号×20151（洱源石岩头蚕豆系选）。

4. 特征特性

冬性。粮用型。中矮秆株型。中早熟。成熟荚褐色，软荚。籽粒种皮白色，种脐白色，子叶颜色黄色，百粒重 110 g 左右。蛋白质含量 26.8%，淀粉含量 55.6%。

5. 栽培技术要点

①选种:播种前应选用大小适中、无霉变、无破损、籽粒饱满且经过熏蒸的豆粒作种子，播前晒种 1～2 d。②播种及种植密度:适宜播种期为 10 月中下旬。种植密度为 1.8 万～2 万株/667 m^2。③合理施肥:播种时每 15 kg 种子用 10 g 钼肥拌种;或现蕾期每 667 m^2 用 10 g 钼肥兑水喷施。播种后用优质有机厩肥1 500 kg/667 m^2 覆盖种子,蚕豆苗长至 3～5 苔叶期,用普通过磷酸钙 30 kg/667 m^2、硫酸钾 12 kg/667 m^2、尿素 3～5 kg/667 m^2 混合兑水浇施。④田间管理:苗期 2 苔叶时使用 15% 的"豆丰"药剂 40 g/667 m^2 兑水 45 kg 防除杂草。及时灌足出苗期、现蕾初花期、盛花结荚期、灌浆鼓粒期这 4 个时期的水分。⑤病虫害防治:采用低毒低残留高效杀菌(虫)剂,注意防治蚕豆锈病、赤斑病和蚜虫、斑潜蝇。⑥收获:鲜食以豆荚鼓粒饱满为适宜采收期,干籽粒以植株中、下部荚壳变黄、少数变黑为最佳收获期。

6. 适宜种植区域及季节

适宜在云南海拔 1 600～2 200 m 蚕豆主产区种植。

(十) 凤豆 14 号

1. 品种登记号

GPD 蚕豆(2020)530016。

2. 申请者

大理白族自治州农业科学推广研究院。

3. 品种来源

8817－6×洱源牛街豆。

4. 特征特性

冬性。粮菜兼用型。中矮秆株型。中早熟。成熟荚褐色,软荚。籽粒种皮白色,种脐白色,子叶颜色黄色,百粒重 100 g 左右。蛋白质含量 29.5%,淀粉含量 42.2%。

5. 栽培技术要点

①选种:播种前应选用大小适中、无霉变、无破损、籽粒饱满且经过熏蒸的豆粒作种子，播前晒种 1～2 d。②播种及种植密度:适宜播种期为 10 月中下旬。种植密度为 1.8 万～2 万株/667 m^2。③合理施肥:播种时每 15 kg 种子用 10 g 钼肥拌种;或现蕾期每 667 m^2 用 10 g 钼肥兑水喷施。播种后用优质有机

厩肥1 500 kg/667 m^2覆盖种子，蚕豆苗长至 3～5 苔叶期，用普通过磷酸钙 30 kg/667 m^2、硫酸钾 12 kg/667 m^2、尿素 3～5 kg/667 m^2混合兑水浇施。④田间管理：苗期 2 苔叶时使用 15% 的“豆丰”药剂 40 g/667 m^2兑水 45 kg 防除杂草。及时灌足出苗期、现蕾初花期、盛花结荚期、灌浆鼓粒期这 4 个时期的水分。⑤病虫害防治：采用低毒低残留高效杀菌（虫）剂，注意防治蚕豆锈病、赤斑病和蚜虫、斑潜蝇。⑥收获：鲜食以豆荚鼓粒饱满为适宜采收期，干籽粒以植株中、下部荚壳变黄、少数变黑为最佳收获期。

6. 适宜种植区域及季节

适宜在云南海拔 1 600～2 300 m 的蚕豆产区种植。

（十一）凤豆 17 号

1. 品种登记号

GPD 蚕豆（2018）530029。

2. 申请者

大理白族自治州农业科学推广研究院。

3. 品种来源

凤豆 3 号×85173－11－935。

4. 特征特性

冬性。粮用型。中矮秆株型。中早熟。旗瓣紫色，翼瓣紫红色。成熟荚褐色，软荚。籽粒种皮红色，种脐白色，子叶颜色黄色，百粒重 130 g 左右。蛋白质含量 26.9%，淀粉含量 36.69%。

5. 栽培技术要点

①选种：播种前应选用大小适中、无霉变、无破损、籽粒饱满且经过熏蒸的豆粒作种子，播前晒种 1～2 d。②播种及种植密度：适宜播种期为 10 月中下旬。种植密度为 1.8 万～2 万株/667 m^2。③合理施肥：播种时每 15 kg 种子用 10 g 钼肥拌种；或现蕾期每 667 m^2用 10 g 钼肥兑水喷施。播种后用优质有机厩肥1 500 kg/667 m^2覆盖种子，蚕豆苗长至 3～5 苔叶期，用普通过磷酸钙 30 kg/667 m^2、硫酸钾 12 kg/667 m^2、尿素 3～5 kg/667 m^2混合兑水浇施。④田间管理：苗期 2 苔叶时使用 15% 的“豆丰”药剂 40 g/667 m^2兑水 45 kg 防除杂草。及时灌足出苗期、现蕾初花期、盛花结荚期、灌浆鼓粒期这 4 个时期的水分。⑤病虫害防治：采用低毒低残留高效杀菌（虫）剂，注意防治蚕豆锈病、赤斑

病和蚜虫、斑潜蝇。⑥收获:鲜食以豆荚鼓粒饱满为适宜采收期,干籽粒以植株中、下部荚壳变黄、少数变黑为最佳收获期。

6. 适宜种植区域及季节

适宜云南省海拔1 600～2 400 m的蚕豆主产区种植。

(十二)保绿豆1号

1. 品种登记号

GPD蚕豆(2018)530001。

2. 申请者

保山市农业科学研究所。

3. 品种来源

保山透心绿老品种蚕豆系选。

4. 特征特性

冬性。粮用型。中矮秆株型。中熟。旗瓣白色,翼瓣白色,有黑斑。成熟荚褐色,软荚。籽粒种皮绿色,种脐淡绿色,子叶颜色深绿色,百粒重80 g左右。蛋白质含量27.6%,淀粉含量48.2%。

5. 栽培技术要点

①选种:播种前应选用大小适中、无霉变、无破损、籽粒饱满且经过熏蒸的豆粒作种子,播前晒种1～2 d。②播种及种植密度:适宜播种期为9月下旬至10月上旬。采用打塘播种。种植密度为0.9万～1.3万株/667 m^2。③合理施肥:播种时每15 kg种子用10 g钼肥拌种;或现蕾期每667 m^2用10 g钼肥兑水喷施。播种后用优质有机厩肥1 500 kg/667 m^2覆盖种子,蚕豆苗长至3～5苔叶期,用普通过磷酸钙30 kg/667 m^2、硫酸钾12 kg/667 m^2、尿素3～5 kg/667 m^2混合兑水浇施。④田间管理:苗期2苔叶时使用15%的"豆丰"药剂40 g/667 m^2兑水45 kg防除杂草。及时灌足出苗期、现蕾初花期、盛花结荚期、灌浆鼓粒期这4个时期的水分。⑤病虫害防治:采用低毒低残留高效杀菌(虫)剂,注意防治蚕豆锈病、赤斑病和蚜虫、斑潜蝇。⑥收获:鲜食以豆荚鼓粒饱满为适宜采收期,干籽粒以植株中、下部荚壳变黄、少数变黑为最佳收获期。

6. 适宜种植区域及季节

适宜保山市海拔1 400～1 950 m的蚕豆产区种植。

（十三）保蚕豆 3 号

1. 品种登记号

GPD 蚕豆（2018）530023。

2. 申请者

保山市农业科学研究所。

3. 品种来源

97－4－3×1063－1。

4. 特征特性

冬性。菜用型。中矮秆株型。晚熟。旗瓣白色，翼瓣白色，有黑斑。成熟荚褐色，软荚。籽粒种皮黄白色，种脐白色，子叶颜色深绿色，百粒重 140 g 左右。蛋白质含量 29.0%，淀粉含量 41.5%。

5. 栽培技术要点

①选种：播种前应选用大小适中、无霉变、无破损、籽粒饱满且经过熏蒸的豆粒作种子，播前晒种 1～2 d。②播种及种植密度：适宜播种期为 9 月下旬至 10 月下旬。采用打塘播种。种植密度为 0.9 万～1.3 万株/667 m^2。③合理施肥：播种时每 15 kg 种子用 10 g 钼肥拌种；或现蕾期每 667 m^2 用 10 g 钼肥兑水喷施。播种后用优质有机厩肥 1 500 kg/667 m^2 覆盖种子，蚕豆苗长至 3～5 苔叶期，用普通过磷酸钙 30 kg/667 m^2、硫酸钾 12 kg/667 m^2、尿素 3～5 kg/667 m^2 混合兑水浇施。④田间管理：苗期 2 苔叶时使用 15% 的“豆丰”药剂 40 g/667 m^2 兑水 45 kg 防除杂草。及时灌足出苗期、现蕾初花期、盛花结荚期、灌浆鼓粒期这 4 个时期的水分。⑤病虫害防治：采用低毒低残留高效杀菌（虫）剂，注意防治蚕豆锈病、赤斑病和蚜虫、斑潜蝇。⑥收获：鲜食以豆荚鼓粒饱满为适宜采收期，干籽粒以植株中、下部荚壳变黄、少数变黑为最佳收获期。

6. 适宜种植区域及季节

适宜在云南省保山市海拔 1 400～1 950 m 的蚕豆产区冬季种植。

（十四）彝豆 2 号

1. 品种登记号

GPD 蚕豆（2020）530023。

2. 申请者

楚雄彝族自治州农业科学院。

3. 品种来源

本地白花豆×莫大(MD)。

4. 特征特性

冬性。粮菜兼用型。中矮秆株型。中熟。旗瓣白色,翼瓣白色,有黑斑。成熟荚褐色,软荚。籽粒种皮乳白色,种脐黑色,子叶颜色淡黄色,百粒重160 g左右。蛋白质含量28.7%,淀粉含量45.9%。

5. 栽培技术要点

①选种:播种前应选用大小适中、无霉变、无破损、籽粒饱满且经过熏蒸的豆粒作种子,播前晒种1~2 d。②播种及种植密度:适宜播种期为10月下旬至11月上旬。种植密度为0.8万~1.2万株/667 m^2。③合理施肥:施用农家肥1 000~1 500 kg/667 m^2、普钙30~50 kg/667 m^2,硫酸钾10 kg/667 m^2或生物钾1 kg/667 m^2作为基肥。④田间管理:冬前灌溉防冻;开花期灌水保花增荚,结荚期灌水确保灌浆壮籽。⑤病虫害防治:采用低毒低残留高效杀菌(虫)剂,注意防治蚕豆锈病、赤斑病和蚜虫、斑潜蝇。⑥收获:采收干籽粒以植株中、下部荚壳变黄时为最佳收获期。

6. 适宜种植区域及季节

适宜在云南蚕豆主产区海拔1 600~2 200 m的冬季豆作区种植。

(十五)玉豆4号

1. 品种登记号

GPD蚕豆(2019)530014。

2. 申请者

玉溪市农业科学院、易门县农业技术推广站。

3. 品种来源

易门草菁地方蚕豆品种优良变异单株。

4. 特征特性

冬性。粮菜兼用型。中矮秆株型。中熟。旗瓣白色,翼瓣白色,有黑斑;成熟荚褐色,软荚。籽粒种皮乳白色,种脐黑色,子叶颜色淡黄色,百粒重110 g左右。蛋白质含量27.3%,淀粉含量41.1%。

5. 栽培技术要点

①选种:播种前应选用大小适中、无霉变、无破损、籽粒饱满且经过熏蒸的豆

粒作种子，播前晒种 1~2 d。②播种及种植密度：适宜播种期为 10 月下旬至 11 月上旬。穴播，行距 50 cm，株距 15~18 cm；种植密度为 4 000~5 000 穴/667 m^2，2 粒/穴。③合理施肥：整地撒生石灰 30 kg/667 m^2，施腐熟牛猪粪 1 000 kg/667 m^2、复合肥 50 kg/667 m^2、硼肥 2 kg/667 m^2、钼肥 0.2 kg/667 m^2 作为基肥。④田间管理：苗期、现蕾期、结荚期追施复合肥，同时结合中耕除草培土。在盛花初荚期，必须摘心打顶保留 10~12 个花序，同时叶面喷施磷酸二氢钾加硼肥 2 次以上（7~10 d 喷 1 次）。⑤病虫害防治：采用低毒低残留高效杀菌（虫）剂，注意防治蚕豆赤斑病和蚜虫。⑥收获：采收干籽粒以植株中、下部荚壳变黄时为最佳收获期。

6. 适宜种植区域及季节

适宜易门海拔 1 600~2 000 m 的山区田地推广种植。

（十六）成胡 22

1. 品种登记号

GPD 蚕豆（2019）510011。

2. 申请者

四川省农业科学院作物研究所。

3. 品种来源

苏 8514 × 成都大白。

4. 特征特性

冬性。粮菜兼用型。中矮秆株型。中早熟。茎色绿色。旗瓣白色，翼瓣白色，有黑斑。成熟荚褐色，软荚。籽粒种皮灰黄色，种脐黑色，子叶颜色淡黄色，百粒重 110 g 左右。蛋白质含量 28.3%，淀粉含量 34.13%。

5. 栽培技术要点

①选种：播种前应选用大小适中、无霉变、无破损、籽粒饱满且经过熏蒸的豆粒作种子，播前晒种 1~2 d。②播种及种植密度：适宜播种期为 10 月下旬至 11 月上旬。穴播，行距 50 cm，株距 15~18 cm；种植密度为 4 000~5 000 穴/667 m^2，2 粒/穴。③合理施肥：整地撒生石灰 30 kg/667 m^2，施腐熟牛猪粪 1 000 kg/667 m^2、复合肥 50 kg/667 m^2、硼肥 2 kg/667 m^2、钼肥 0.2 kg/667 m^2 作为基肥。④田间管理：苗期现蕾期、结荚期追施复合肥，同时结合中耕除草培土。在盛花初荚期，必须摘心打顶保留 10~12 个花序，同时叶面喷施磷酸二氢钾加硼肥 2 次以

上(7~10 d喷1次)。⑤病虫害防治:采用低毒低残留高效杀菌(虫)剂,注意防治蚕豆赤斑病和蚜虫。⑥收获:采收干籽粒以植株中、下部荚壳变黄时为最佳收获期。

6. 适宜种植区域及季节

适宜在四川省、云南省、贵州省、江苏省、湖北省及重庆市平坝、丘陵等不同台位秋季种植。

(十七)成胡23

1. 品种登记号

GPD蚕豆(2019)510012。

2. 申请者

四川省农业科学院作物研究所。

3. 品种来源

优系一号×成胡13。

4. 特征特性

冬性。粮菜兼用型。中矮秆株型。中早熟。茎色绿色。旗瓣白色,翼瓣白色,有黑斑。成熟荚褐色,软荚。籽粒种皮灰黄色,种脐黑色,子叶颜色淡黄色,百粒重110.0 g左右。蛋白质含量27.7%,淀粉含量35.5%。

5. 栽培技术要点

①选种:播种前应选用大小适中、无霉变、无破损、籽粒饱满且经过熏蒸的豆粒作种子,播前晒种1~2 d。②播种及种植密度:适宜播种期为10月下旬至11月上旬。穴播,行距50 cm,株距15~18 cm;种植密度为4 000~5 000穴/667 m^2,2粒/穴。③合理施肥:整地撒生石灰30 kg/667 m^2,施腐熟牛猪粪1 000 kg/667 m^2、复合肥50 kg/667 m^2、硼肥2 kg/667 m^2、钼肥0.2 kg/667 m^2作为基肥。④田间管理:苗期现蕾期、结荚期追施复合肥,同时结合中耕除草培土。在盛花初荚期,必须摘心打顶保留10~12个花序,同时叶面喷施磷酸二氢钾加硼肥2次以上(7~10 d喷1次)。⑤病虫害防治:采用低毒低残留高效杀菌(虫)剂,注意防治蚕豆根腐病、锈病、赤斑病和蚜虫、蓟马。⑥收获:采收干籽粒以植株中、下部荚壳变黄时为最佳收获期。

6. 适宜种植区域及季节

适宜在四川、云南、贵州、江苏、湖北及重庆秋季种植。

（十八）籽缘七姊妹

1. 品种登记号

GPD 蚕豆(2019)510026。

2. 申请者

四川省籽缘商贸有限公司。

3. 品种来源

徐州七星蚕豆变异株。

4. 特征特性

冬性。粮菜兼用型。茎色绿色，有限生长型，矮秆株型。中熟。旗瓣紫色，翼瓣紫色。成熟荚褐色，硬荚。籽粒种皮褐色，种脐黑色，子叶颜色淡黄色，百粒重 180 g 左右。蛋白质含量 30.8%，淀粉含量 47%。

5. 栽培技术要点

①选种：播种前应选用大小适中、无霉变、无破损、籽粒饱满且经过熏蒸的豆粒作种子，播前晒种 1～2 d。②播种及种植密度：适宜播种期为 10 月下旬至 11 月上旬。穴播，行距 50 cm，株距 15～18 cm；种植密度为 4 000～5 000 穴/667 m^2，2 粒/穴。③合理施肥：整地撒生石灰 30 kg/667 m^2，施腐熟牛猪粪 1 000 kg/667 m^2、复合肥 50 kg/667 m^2、硼肥 2 kg/667 m^2、钼肥 0.2 kg/667 m^2作为基肥。④田间管理：苗期现蕾期、结荚期追施复合肥，同时结合中耕除草培土。在盛花初荚期，必须摘心打顶保留 10～12 个花序，并去除多余的无花侧枝，同时叶面喷施磷酸二氢钾加硼肥 2 次以上（7～10 d 喷 1 次）。⑤病虫害防治：采用低毒低残留高效杀菌（虫）剂，注意防治蚕豆根腐病、锈病、赤斑病和蚜虫、蓟马。⑥收获：采收鲜食豆荚以籽粒饱满时采收为宜，采收干籽粒以植株中、下部荚壳变黄时为最佳收获期。

6. 适宜种植区域及季节

适宜在四川、云南、贵州省及重庆市秋冬季节种植。

（十九）七粒香

1. 品种登记号

GPD 蚕豆(2019)510024。

2. 申请者

绵阳市华夏现代种业有限公司。

3. 品种来源

NC21－07×HX54－09。

4. 特征特性

冬性。菜用型。茎色绿色,无限生长型,中秆株型。中熟。旗瓣白色,翼瓣白色,有黑斑。成熟荚黑褐色,硬荚。籽粒种皮黄色,种脐黑色,子叶颜色淡黄色,百粒重 140 g 左右。蛋白质含量 24.7%,淀粉含量 47.8%。

5. 栽培技术要点

①选种:播种前应选用大小适中、无霉变、无破损、籽粒饱满且经过熏蒸的豆粒作种子,播前晒种 1～2 d。②播种及种植密度:适宜播种期为 10 月下旬至 11 月上旬。穴播,行距 50 cm,株距 15～18 cm,密度在 4 600～5 200 穴/667 m^2,2～3 粒/穴。③合理施肥:施有机肥 1 000 kg/667 m^2,三元复合肥 40～50 kg/667 m^2 作为基肥。④田间管理:田间注意适当排灌,苗期追施硫酸钾 10～15 kg/667 m^2,花荚期适当增施磷钾肥,适时疏花整枝打顶。⑤病虫害防治:采用低毒低残留高效杀菌(虫)剂,注意防治蚕豆锈病、赤斑病和蚜虫。⑥收获:采收鲜食豆荚以籽粒饱满时采收为宜,采收干籽粒以植株中、下部荚壳变黄时为最佳收获期。

6. 适宜种植区域及季节

适宜在四川、云南、贵州、安徽、湖北、陕西、浙江、江苏、江西、福建、广东等省和广西壮族自治区及重庆市秋季种植。

(二十)七星剑

1. 品种登记号

GPD 蚕豆(2020)500003。

2. 申请者

重庆超三角种业有限责任公司。

3. 品种来源

大白胡豆变异株。

4. 特征特性

冬性。粮菜兼用型。无限生长型,中秆株型。中晚熟。旗瓣白色,翼瓣白色,有黑斑。成熟荚褐色,硬荚。籽粒种皮黄色,种脐黑色,子叶颜色淡黄色,百粒重 130 g 左右。蛋白质含量 24.2%,淀粉含量 46.1%。

5. 栽培技术要点

①选种:播种前应选用大小适中、无霉变、无破损、籽粒饱满且经过熏蒸的

豆粒作种子，播前晒种 1～2 d。②播种及种植密度：适宜播种期为 10 月中下旬至 11 月上旬。穴播，行距 30 cm，穴距 18 cm；密度在 0.8 万～1 万株/667 m^2，1～2 粒/穴。③合理施肥：施过磷酸钙 40～50 kg/667 m^2、钾肥 5 kg/667 m^2、碳铵 5 kg/667 m^2、尿素 10～20 kg/667 m^2 作为基肥。④田间管理：田间注意适当排灌，苗期追施硫酸钾 10～15 kg/667 m^2，花荚期适当增施磷钾肥，适时疏花整枝打顶。⑤病虫害防治：采用低毒低残留高效杀菌(虫)剂，注意防治蚕豆锈病、赤斑病和蚜虫。⑥收获：采收鲜食豆荚以籽粒饱满时采收为宜，采收干籽粒以植株中、下部荚壳变黄时为最佳收获期。

6. 适宜种植区域及季节

适宜在重庆、四川、贵州、湖南等地区秋季种植。

（二十一）杰丰九米豆

1. 品种登记号

GPD 蚕豆(2019)520022。

2. 申请者

贵阳杰丰农业种子有限公司。

3. 品种来源

地方品种。

4. 特征特性

冬性。粮菜兼用型。茎色绿色，无限生长型，中秆株型。中熟。旗瓣白色，翼瓣白色，有黑斑。成熟荚黑色，硬荚。籽粒种皮浅褐色，种脐黑色，子叶颜色淡黄色，百粒重 160 g 左右。蛋白质含量 25.9%，淀粉含量 47.6%。

5. 栽培技术要点

①选种：播种前应选用大小适中、无霉变、无破损、籽粒饱满且经过熏蒸的豆粒作种子，播前晒种 1～2 d。②播种及种植密度：适宜播种期为 10 月下旬。穴播，行距 80 cm，穴距 25～30 cm；种植密度为 4 000～5 000 穴/667 m^2，2～3 粒/穴。③合理施肥：施生石灰 30 kg/667 m^2，腐熟肥 1 000 kg/667 m^2、过磷酸钙 25～30 kg/667 m^2、氯化钾 6 kg/667 m^2 作为基肥。④田间管理：田间注意适当排灌，苗期追施硫酸钾 10～15 kg/667 m^2，花荚期适当增施磷钾肥，适时疏花整枝打顶。⑤病虫害防治：采用低毒低残留高效杀菌(虫)剂，注意防治蚕豆赤斑病和蚜虫。⑥收获：4 月下旬，青荚鼓粒饱满，籽粒种脐颜色由黄显黑

时即可采摘上市。

6. 适宜种植区域及季节

适宜在西南生态区贵州省秋季种植。

（二十二）杰丰细米蚕豆

1. 品种登记号

GPD 蚕豆(2019)520021。

2. 申请者

贵阳杰丰农业种子有限公司。

3. 品种来源

地方品种。

4. 特征特性

冬性。菜用型。无限生长型，中秆株型。中熟。成熟荚褐色，硬荚。籽粒种皮褐色，种脐黑色，子叶颜色淡黄色，百粒重 100 g 左右。蛋白质含量 24.9%，淀粉含量 48.6%。

5. 栽培技术要点

①选种：播种前应选用大小适中、无霉变、无破损、籽粒饱满且经过熏蒸的豆粒作种子，播前晒种 1～2 d。②播种及种植密度：适宜播种期为 10 月下旬。穴播，行距 80 cm，穴距 25～30 cm；种植密度为 4 000～5 000 穴/667 m^2，2～3 粒/穴。③合理施肥：施生石灰 30 kg/667 m^2，腐熟肥 1 000 kg/667 m^2、过磷酸钙 25～30 kg/667 m^2、氯化钾 6 kg/667 m^2 作为基肥。④田间管理：田间注意适当排灌，苗期追施硫酸钾 10～15 kg/667 m^2，花荚期适当增施磷钾肥，适时疏花整枝打顶。⑤病虫害防治：采用低毒低残留高效杀菌（虫）剂，注意防治蚕豆锈病、赤斑病和蚜虫。⑥收获：青荚鼓粒饱满，籽粒种脐颜色由黄显黑时即可采摘上市。

6. 适宜种植区域及季节

适宜在西南生态区贵州省秋季种植。

（二十三）贵农 21 号

1. 品种登记号

GPD 蚕豆(2020)520008。

2. 申请者

贵州力合农业科技有限公司。

3. 品种来源

SD008 × C－2013－10。

4. 特征特性

冬性。粮菜兼用型。无限生长型，中秆株型。中熟。成熟荚褐色，硬荚。籽粒种皮褐色，种脐黑色，子叶颜色淡黄色，百粒重 180 g 左右。蛋白质含量 26.7%，淀粉含量 43.2%。

5. 栽培技术要点

①选种：播种前应选用大小适中、无霉变、无破损、籽粒饱满且经过熏蒸的豆粒作种子，播前晒种 1～2 d。②播种及种植密度：适宜播种期为 10 月下旬至 11 月上旬。穴播，行距 80 cm，穴距 25～30 cm；种植密度为 4 000～5 000 穴/667 m^2，2～3 粒/穴。③合理施肥：施生石灰 30 kg/667 m^2，腐熟肥 500 kg/667 m^2、过磷酸钙 15 kg/667 m^2作为基肥。④田间管理：田间注意适当排灌，花荚期适当增施磷钾肥，适时疏花整枝打顶。⑤病虫害防治：采用低毒低残留高效杀菌（虫）剂，注意防治蚕豆锈病、赤斑病和蚜虫。⑥收获：青荚鼓粒饱满，籽粒种脐颜色由黄显黑时即可采摘上市。

6. 适宜种植区域及季节

适宜贵州省秋季栽培。

（二十四）卓蚕 2 号

1. 品种登记号

GPD 蚕豆（2019）520008。

2. 申请者

贵州卓豪农业科技股份有限公司。

3. 品种来源

S 黑嘴。

4. 特征特性

冬性。粮菜饲兼用型。无限生长型，中秆株型。中早熟。旗瓣紫色，翼瓣紫色。成熟荚褐色，硬荚。籽粒种皮浅紫色，种脐黑色，子叶颜色淡黄色，百粒重 180 g 左右。蛋白质含量 36.8%，淀粉含量 46.5%。

5. 栽培技术要点

①选种:播种前应选用大小适中、无霉变、无破损、籽粒饱满且经过熏蒸的豆粒作种子,播前晒种1~2 d。②播种及种植密度:适宜播种期为10月下旬至11月上旬。穴播,行距80 cm,穴距25~30 cm;种植密度为4 000~5 000穴/667 m^2,2~3粒/穴。③合理施肥:施生石灰30 kg/667 m^2,腐熟肥500 kg/667 m^2、过磷酸钙15 kg/667 m^2作为基肥。④田间管理:田间注意适当排灌,花荚期适当增施磷钾肥,适时疏花整枝。⑤病虫害防治:采用低毒低残留高效杀菌(虫)剂,注意防治蚕豆锈病、赤斑病和蚜虫。⑥收获:青荚鼓粒饱满,籽粒种脐颜色由黄显黑时即可采摘上市。

6. 适宜种植区域及季节

适宜在贵州省蚕豆区域秋季种植。

二、华东秋播区主要蚕豆品种

(一)海门大白皮

1. 品种登记号

GPD蚕豆(2020)320018。

2. 申请者

海门谷丰农副产品有限公司、海门市青禾杂粮专业合作社。

3. 品种来源

地方品种。

4. 特征特性

冬性。粮菜兼用型。茎色绿色,无限生长型,中秆株型。中熟。旗瓣白色,翼瓣白色,褐斑。成熟荚褐色,硬荚。籽粒种皮白色,种脐黑色,子叶颜色淡黄色,百粒重120 g左右。蛋白质含量30.1%,淀粉含量55.3%。

5. 栽培技术要点

①选种:播种前应选用大小适中、无霉变、无破损、籽粒饱满且经过熏蒸的豆粒作种子,播前晒种1~2 d。②播种及种植密度:适宜播种期为10月中下旬。穴播,行距80 cm,穴距25~30 cm,2粒/穴;种植密度为6 000~8 000株/667 m^2。③合理施肥:用腐熟的厩肥3 000~3 500 kg/667 m^2,25 kg/667 m^2过磷酸钙作基肥,冬后春前,施磷酸二铵15 kg/667 m^2左右,花荚期可追施尿素

$5\sim10$ kg/667 m^2。④田间管理：一般在2月下旬至3月上旬，当株高30 cm时，于晴天摘除主茎，每株留5～7个健壮分枝。同时结合中耕培土，用0.5%的磷酸二氢钾、0.3%的硼砂溶液进行叶面喷施。⑤病虫害防治：采用低毒低残留高效杀菌（虫）剂，注意防治蚕豆锈病、赤斑病和蚜虫。⑥收获：在5月上中旬，青荚鼓粒饱满，籽粒种脐颜色由黄显黑时即可采摘上市。

6. 适宜种植区域及季节

适宜在江苏、上海、浙江、安徽、湖南、湖北、江西、福建等地秋季种植。

（二）海门大青皮

1. 品种登记号

GPD蚕豆（2018）320005。

2. 申请者

江苏沿江地区农业科学研究所、海门市种子管理站。

3. 品种来源

地方品种。

4. 特征特性

冬性。粮菜兼用型。茎色绿色，茎顶端浅紫色，无限生长型，中秆株型。中熟。旗瓣紫色，翼瓣紫色。成熟荚褐色，硬荚。籽粒种皮白色，种脐黑色，子叶颜色淡黄色，百粒重120 g左右。蛋白质含量30.2%，淀粉含量52.1%。

5. 栽培技术要点

①选种：播种前应选用大小适中、无霉变、无破损、籽粒饱满且经过熏蒸的豆粒作种子，播前晒种1～2 d。②播种及种植密度：适宜播种期为10月中下旬。穴播，行距80 cm，穴距25～30 cm，2粒/穴；种植密度为6 000～8 000株/667 m^2。③合理施肥：用腐熟的厩肥3 000～3 500 kg/667 m^2，25 kg/667 m^2过磷酸钙作基肥，冬后春前，施磷酸二铵15 kg/667 m^2左右，花荚期可追施尿素$5\sim10$ kg/667 m^2。④田间管理：一般在2月下旬至3月上旬，当株高30 cm时，于晴天摘除主茎，每株留5～7个健壮分枝。同时结合中耕培土，用0.5%的磷酸二氢钾、0.3%的硼砂溶液进行叶面喷施。⑤病虫害防治：采用低毒低残留高效杀菌（虫）剂，注意防治蚕豆锈病、赤斑病和蚜虫。⑥收获：在5月上中旬，青荚鼓粒饱满，籽粒种脐颜色由黄显黑时即可采摘上市。

6. 适宜种植区域及季节

适宜江苏、重庆等省市冬蚕豆区秋季种植。

（三）日本大白皮

1. 品种登记号

GPD 蚕豆(2018)320002。

2. 申请者

江苏沿江地区农业科学研究所。

3. 品种来源

从日本引进的特大粒蚕豆系选。全国统一编号：H05462。

4. 特征特性

冬性。粮菜兼用型。茎色绿色，无限生长型，中秆株型。中熟。旗瓣紫色，翼瓣紫色。成熟荚褐色，硬荚。籽粒种皮白色，种脐黑色，子叶颜色淡黄色，百粒重 180 g 左右。蛋白质含量 28.1%，淀粉含量 51.5%。

5. 栽培技术要点

①选种：播种前应选用大小适中、无霉变、无破损、籽粒饱满且经过熏蒸的豆粒作种子，播前晒种 1～2 d。②播种及种植密度：适宜播种期为 10 月中下旬。穴播，行距 80 cm，穴距 25～30 cm，2 粒/穴；种植密度为 6 000～8 000 株/667 m^2。③合理施肥：用腐熟的厩肥 3 000～3 500 kg/667 m^2，25 kg/667 m^2 过磷酸钙作基肥，冬后春前，施磷酸二铵 15 kg/667 m^2 左右，花荚期可追施尿素 5～10 kg/667 m^2。④田间管理：一般在 2 月下旬至 3 月上旬，当株高 30 cm 时，于晴天摘除主茎，每株留 5～7 个健壮分枝。同时结合中耕培土，用 0.5% 的磷酸二氢钾、0.3% 的硼砂溶液进行叶面喷施。⑤病虫害防治：采用低毒低残留高效杀菌(虫)剂，注意防治蚕豆锈病、赤斑病和蚜虫。⑥收获：在 5 月上中旬，青荚鼓粒饱满，籽粒种脐颜色由黄显黑时即可采摘上市。

6. 适宜种植区域及季节

适宜江苏、浙江、上海、福建、广西、重庆等地的秋季种植。

（四）通蚕 3 号

1. 品种登记号

GPD 蚕豆(2019)320009。

2. 申请者

江苏沿江地区农业科学研究所。

3. 品种来源

南通三白、日本一寸等多品种混合杂交。

4. 特征特性

冬性。菜用型。茎色绿色，无限生长型，中秆株型。中熟。旗瓣紫色，翼瓣紫色。成熟荚褐色，硬荚。籽粒种皮白色，种脐白色，子叶颜色淡黄色，百粒重 100 g 左右。蛋白质含量 28.6%，淀粉含量 48.1%。

5. 栽培技术要点

①选种：播种前应选用大小适中、无霉变、无破损、籽粒饱满且经过熏蒸的豆粒作种子，播前晒种 1～2 d。②播种及种植密度：适宜播种期为 10 月中下旬；大棚设施种植适宜播种期为 10 月中下旬到 11 月中旬。穴播，行距 80 cm，穴距 25～30 cm；种植密度为 4 000～5 000 穴/667 m^2 为宜（套种田 2 000 穴/667 m^2），1 粒/穴。③合理施肥：用腐熟的厩肥 3 000～3 500 kg/667 m^2，25 kg/667 m^2 过磷酸钙作基肥，冬后春前，施磷酸二铵 15 kg/667 m^2 左右，花荚期可追施尿素 5～10 kg/667 m^2。④田间管理：一般在 2 月下旬至 3 月上旬，当株高 30 cm 时，于晴天摘除主茎，每株留 5～7 个健壮分枝。同时结合中耕培土，用 0.5% 的磷酸二氢钾、0.3% 的硼砂溶液进行叶面喷施。⑤病虫害防治：采用低毒低残留高效杀菌（虫）剂，注意防治蚕豆锈病、赤斑病和蚜虫。⑥收获：在 5 月上中旬，青荚鼓粒饱满，籽粒种脐颜色由黄显黑时即可采摘上市。

6. 适宜种植区域及季节

适宜在江苏、福建等蚕豆秋播区秋季种植。

（五）通蚕鲜 7 号

1. 品种登记号

GPD 蚕豆（2018）320004。

2. 申请者

江苏沿江地区农业科学研究所。

3. 品种来源

（93009 × 97021）F_2 × 97021。

4. 特征特性

冬性。菜用型。茎色绿色，茎顶端浅紫色，无限生长型，中秆株型。中熟。旗瓣浅紫色，翼瓣紫色。成熟荚褐色，硬荚。籽粒种皮白色，种脐黑色，子叶颜色淡黄色，百粒重 205 g 左右。蛋白质含量 30.5%，淀粉含量 53.8%。

5. 栽培技术要点

①选种：播种前应选用大小适中、无霉变、无破损、籽粒饱满且经过熏蒸的豆粒作种子，播前晒种 1～2 d。②播种及种植密度：适宜播种期为 10 月中下旬。穴播，行距 80 cm，穴距 25～30 cm，2 粒/穴；种植密度为 6 000～8 000 株/667 m^2。③合理施肥：用腐熟的厩肥 3 000～3 500 kg/667 m^2，25 kg/667 m^2 过磷酸钙作基肥，冬后春前，施磷酸二铵 15 kg/667 m^2 左右，花荚期可追施尿素 5～10 kg/667 m^2。④田间管理：一般在 2 月下旬至 3 月上旬，当株高 30 cm 时，于晴天摘除主茎，每株留 5～7 个健壮分枝。同时结合中耕培土，用 0.5% 的磷酸二氢钾、0.3% 的硼砂溶液进行叶面喷施。⑤病虫害防治：采用低毒低残留高效杀菌（虫）剂，注意防治蚕豆锈病、赤斑病和蚜虫。⑥收获：在 5 月上中旬，青荚鼓粒饱满，籽粒种脐颜色由黄显黑时即可采摘上市。

6. 适宜种植区域及季节

适宜江苏、浙江、福建、安徽、江西、湖北、重庆、四川、贵州、云南、广西等地的冬蚕豆区作鲜食蚕豆种植。

（六）通蚕鲜 8 号

1. 品种登记号

GPD 蚕豆（2018）320006。

2. 申请者

江苏沿江地区农业科学研究所。

3. 品种来源

97035 × Ja－7。

4. 特征特性

冬性。粮菜兼用型。茎色绿色、茎顶端浅紫色，无限生长型，中秆株型。中熟。旗瓣紫色，翼瓣紫色。成熟荚褐色，硬荚。籽粒种皮白色，种脐黑色，子叶颜色淡黄色，百粒重 190 g 左右。蛋白质含量 28.2%，淀粉含量 48.6%。

5. 栽培技术要点

①选种：播种前应选用大小适中、无霉变、无破损、籽粒饱满且经过熏蒸的豆粒作种子，播前晒种 1～2 d。②播种及种植密度：适宜播种期为 10 月中下旬。穴播行距 80 cm，穴距 25～30 cm，2 粒/穴；种植密度为 6 000～8 000 株/667 m^2。

③合理施肥：用腐熟的厩肥 3 000～3 500 kg/667 m^2，25 kg/667 m^2 过磷酸钙作基肥，冬后春前，施磷酸二铵 15 kg/667 m^2 左右，花荚期可追施尿素 5～10 kg/667 m^2。④田间管理：一般在 2 月下旬至 3 月上旬，当株高 30 cm 时，于晴天摘除主茎，每株留 5～7 个健壮分枝。同时结合中耕培土，切实做好土压株心，并且用 0.5% 的磷酸二氢钾、0.3% 的硼砂溶液进行叶面喷施。⑤病虫害防治：采用低毒低残留高效杀菌（虫）剂，注意防治蚕豆锈病、赤斑病和蚜虫。⑥收获：在 5 月上中旬，青荚鼓粒饱满，籽粒种脐颜色由黄显黑时即可采摘上市。

6. 适宜种植区域及季节

适宜江苏、安徽、湖北、江西、重庆等地的冬蚕豆区作鲜食蚕豆种植。

（七）双绿 5 号

1. 品种登记号

GPD 蚕豆（2017）330002。

2. 申请者

浙江勿忘农种业股份有限公司。

3. 品种来源

国外引进品种变异株选育而成。

4. 特征特性

冬性。粮菜兼用型。茎色绿色、茎顶端浅紫色，无限生长型，中秆株型。中熟。旗瓣紫色，翼瓣紫色。成熟荚褐色，硬荚。籽粒种皮淡褐色，种脐淡褐色，子叶颜色淡黄色，百粒重 200 g 左右。蛋白质含量 31.9%，淀粉含量 44.2%。

5. 栽培技术要点

①选种：播种前应选用大小适中、无霉变、无破损、籽粒饱满且经过熏蒸的豆粒作种子，播前晒种 1～2 d。②播种及种植密度：适宜播种期为 10 月中下旬至 11 月上旬。行距 100 cm，株距 50 cm。种植密度：在 2 500～3 000 株/667 m^2。③合理施肥：用农家肥与复合肥 15～20 kg/667 m^2 作基肥，现花期施复合肥 10 kg/667 m^2。④田间管理：一般在 2 月下旬至 3 月上旬，当株高 30 cm 时，于晴天摘除主茎，每株留 5～7 个健壮分枝。同时结合中耕培土，用 0.5% 的磷酸二氢钾、0.3% 的硼砂溶液进行叶面喷施。⑤病虫害防治：采用低毒低残留高效杀菌（虫）剂，防治赤斑病等叶斑病、病毒病和蚜虫危害。⑥收获：豆荚深绿、豆瓣尚未转淡绿为最佳采收期。

6. 适宜种植区域及季节

适宜浙江省冬季种植。

（八）香蕉豆

1. 品种登记号

GPD 蚕豆(2018)330039。

2. 申请者

温岭市神农种子有限公司。

3. 品种来源

地方品种。

4. 特征特性

冬性。鲜食用型。茎色绿色,无限生长型,中秆株型。中熟。旗瓣白色,翼瓣白色。成熟荚黑色,硬荚。籽粒种皮白色,种脐黑色,子叶颜色浅黄色,鲜粒百粒重400 g左右。鲜粒蛋白质含量8.7%,淀粉含量14.2%。

5. 栽培技术要点

①选种:播种前应选用大小适中、无霉变、无破损、籽粒饱满且经过熏蒸的豆粒作种子,播前晒种1~2 d。②播种及种植密度:适宜播种期为10月中下旬至11月上旬。行距100 cm,株距50 cm。种植密度:在2 500~3 000株/667 m^2。③合理施肥:用农家肥与复合肥15~20 kg/667 m^2作基肥,现花期施复合肥10 kg/667 m^2。④田间管理:整枝培土:该品种长势旺、分枝多,一般在2月下旬至3月上旬,当株高30 cm时,于晴天摘除主茎,每株留5~7个健壮分枝。同时结合中耕培土,用0.5%的磷酸二氢钾、0.3%的硼砂溶液进行叶面喷施。⑤病虫害防治:采用低毒低残留高效杀菌(虫)剂,防治赤斑病等叶斑病、病毒病和蚜虫危害。⑥收获:豆荚深绿、豆瓣尚未转淡绿为最佳采收期。

6. 适宜种植区域及季节

适宜在浙江省秋播播种。

（九）大朋一寸

1. 品种登记号

GPD 蚕豆(2020)350002。

2. 申请者

福建省农业科学院作物研究所。

3. 品种来源

日本蚕豆品种“陵西一寸”的自然分离株。

4. 特征特性

冬性。鲜食用型。茎色绿色，无限生长型，中秆株型。中熟。旗瓣白色，翼瓣白色。硬荚。鲜粒百粒重400 g左右。蛋白质含量32.6%，淀粉含量42.0%。

5. 栽培技术要点

①选种：播种前应选无霉变、无破损、籽粒饱满的种子，播前晒种1～2 d。②播种及种植密度：适宜播种期为10月中下旬，起畦穴播，畦面宽70～75 cm，沟宽30 cm，每畦1行，穴距25 cm。种植密度：1 800～2 000穴/667 m^2，1粒/穴。③合理施肥：整畦前用石灰25～40 kg/667 m^2撒施，45%的复合肥15 kg/667 m^2、钙镁磷25 kg/667 m^2、硼砂1 kg/667 m^2及适量充分发酵腐熟的厩肥作基肥。3片完全复叶期用尿素7.5 kg/667 m^2兑水浇施，初花期施尿素7.5～10 kg/667 m^2、氯化钾5 kg/667 m^2，结合追肥除草培土1次。盛花期浇施尿素2.5～5 kg/667 m^2。④田间管理：播种前浇足底水，播种后覆细土5 cm。全生育期防止田间渍水，雨水季节注意清沟排水。开花期到成熟期要求土壤保持湿润，一般现蕾期、始荚期、鼓粒期灌水3次即可。现蕾期将无花无荚的空枝和弱小分枝疏除，每穴保留6～8个健壮分枝，以改善株间通风透光。当田间开花枝达90%以上时，于晴天露水干后及时打去各分枝顶端5～10 cm，促进坐荚，并且用0.5%的磷酸二氢钾、0.3%的硼砂溶液进行叶面喷施。⑤病虫害防治：采用低毒低残留高效杀菌（虫）剂，防治赤斑病等叶斑病、病毒病和蚜虫危害。⑥收获：豆粒种脐呈头发丝样的细黑线时及时分期采收青荚。

6. 适宜种植区域及季节

适宜在福建省冬季种植。

（十）早生615

1. 品种登记号

GPD蚕豆（2020）350006。

2. 申请者

福建省农业科学院作物研究所。

3. 品种来源

日本引进。

4. 特征特性

冬性。菜用型。茎色浅紫色，无限生长型，中秆株型。中熟。旗瓣紫色，翼瓣紫色。成熟荚褐色，硬荚。籽粒种皮白色，种脐黑色，子叶颜色淡黄色，百粒重 120 g 左右。鲜粒蛋白质含量 7.1%，淀粉含量 8.95%。

5. 栽培技术要点

①选种：播种前应选无霉变、无破损、籽粒饱满的种子，播前晒种 1～2 d。②播种及种植密度：适宜播种期为 10 月中下旬至 11 月上旬播种，起畦穴播，畦面宽 70～75 cm，沟宽 30 cm，每畦 1 行，穴距 25 cm。种植密度：2 500 穴/667 m^2，2～3 粒/穴。③合理施肥：整畦前用石灰 25～40 kg/667 m^2 撒施，用硼砂 1 kg/667 m^2、45% 的三元复合肥 20 kg/667 m^2 和适量农家肥穴施或条施作基肥；3 片完全复叶期浇施尿素 7.5 kg/667 m^2，初花期施尿素 7.5～10 kg/667 m^2、氯化钾 5 kg/667 m^2。结合追肥除草培土 1 次。盛花期视苗情浇施尿素 2.5～5 kg/667 m^2。④田间管理：全生育期防止田间渍水。开花期到成熟期要求土壤保持湿润。苗期 3 片完全叶展开时，摘去主茎生长点。当田间开花枝达 90% 以上时，应于晴天及时打去各分枝顶端一叶一心，将无花无荚的空枝和弱小分枝疏除，每株保留 3～4 个健壮分枝，并且用 0.5% 的磷酸二氢钾、0.3% 的硼砂溶液喷施。⑤病虫害防治：采用低毒低残留高效杀菌（虫）剂，防治赤斑病等叶斑病、蚕豆象和蚜虫危害。⑥收获：豆粒种脐呈头发丝样的细黑线时及时分期采收青荚。

6. 适宜种植区域及季节

适宜在福建省冬季种植。

三、春播区主要蚕豆品种

（一）青海 13 号

1. 品种登记号

GPD 蚕豆（2017）630007。

2. 申请者

青海省农林科学院、青海鑫农科技有限公司。

3. 品种来源

马牙×戴韦(DIVINE)。

4. 特征特性

春性。粮用型。茎色绿色,无限生长型,中秆株型。中早熟。旗瓣白色,翼瓣白色,褐斑。成熟荚褐色,硬荚。籽粒种皮白色,种脐白色,子叶颜色淡黄色,百粒重 80 g 左右。蛋白质含量 30.2%,淀粉含量 46.5%。

5. 栽培技术要点

①选种:播种前应选无霉变、无破损、籽粒饱满的种子。②播种及种植密度:适宜播种期为 3 月中下旬至 4 月上旬播种,采用宽窄行种植,3 窄 1 宽,宽行 40cm,窄行 30cm;种植密度:1.5 万~1.6 万株/667 m^2。③合理施肥:施农家肥 2~3 t/667 m^2作底肥,复合肥 20~30kg/667 m^2。④田间管理:播后及时覆土镇压;当苗高 10 cm 时,灌水并及时中耕松土。播种前选择二甲戊灵进行土壤控制杂草,苗期选择排草丹和精喹禾灵(或高效盖草能)防治杂草。⑤病虫害防治:采用低毒低残留高效杀菌(虫)剂,防治赤斑病、蚜虫危害。⑥收获:当植株中上部荚 80% 变时收获干籽粒,及时晒干脱粒。

6. 适宜种植区域和季节

我国西北春蚕豆区春季种植。

(二)青蚕 14 号

1. 品种登记号

GPD 蚕豆(2017)630004。

2. 申请者

青海省农林科学院、青海鑫农科技有限公司、青海昆仑种业集团有限公司。

3. 品种来源

72-45×日本寸蚕。

4. 特征特性

春性。粮菜兼用型。茎色浅紫色,无限生长型,中秆株型。中晚熟。旗瓣白色,翼瓣白色,褐斑。成熟荚黑色,软荚。籽粒种皮白色,种脐黑色,子叶颜色淡黄色,百粒重 180 g 左右。蛋白质含量 27.2%,淀粉含量 41.2%。

5. 栽培技术要点

①选种:播种前应选无霉变、无破损、籽粒饱满的种子。②播种及种植密度:

适宜播种期为3月中下旬至4月上旬播种，采用宽窄行种植，3窄1宽，宽行40 cm，窄行30 cm；种植密度：1.2万～1.3万株/667 m^2。③合理施肥：施农家肥2～3 t/667 m^2作底肥，复合肥20～30 kg/667 m^2。④田间管理：播后及时覆土镇压；当苗高10 cm时，灌水并及时中耕松土。播种前选择二甲戊灵进行土壤控制杂草，苗期选择排草丹和精喹禾灵（或高效盖草能）防治杂草。开花至10层时打顶。⑤病虫害防治：采用低毒低残留高效杀菌（虫）剂，防治赤斑病、蚜虫危害。⑥收获：当植株中上部荚80%变时收获干籽粒，及时晒干脱粒。

6. 适宜种植区域及季节

具有灌溉条件或阴湿的春播蚕豆区种植。

（三）青蚕15号

1. 品种登记号

GPD蚕豆(2017)630006。

2. 申请者

青海省农林科学院、青海鑫农科技有限公司。

3. 品种来源

湟中落角×96－49。

4. 特征特性

春性。粮菜兼用型。茎色紫色，无限生长型，中秆株型。中晚熟。旗瓣紫色，翼瓣紫色，褐斑。成熟荚黄褐色，软荚。籽粒种皮白色，种脐黑色，子叶颜色淡黄色，百粒重200 g左右。蛋白质含量31.2%，淀粉含量37.2%。

5. 栽培技术要点

①选种：播种前应选无霉变、无破损、籽粒饱满的种子。②播种及种植密度：适宜播种期为3月中下旬至4月上旬播种，采用宽窄行种植，3窄1宽，宽行40 cm，窄行30 cm；种植密度：1.2万～1.3万株/667 m^2。③合理施肥：施农家肥2～3 t/667 m^2作底肥，复合肥20～30 kg/667 m^2。④田间管理：播后及时覆土镇压；当苗高10 cm时，灌水并及时中耕松土。播种前选择二甲戊灵进行土壤控制杂草，苗期选择排草丹和精喹禾灵（或高效盖草能）防治杂草。开花至10层时打顶。⑤病虫害防治：采用低毒低残留高效杀菌（虫）剂，防治赤斑病、蚜虫危害。⑥收获：当植株中上部荚80%变时收获干籽粒，及时晒干脱粒。

6. 适宜种植区域及季节

我国春播蚕豆区春季种植。

（四）青蚕 16 号

1. 品种登记号

GPD 蚕豆（2019）630005。

2. 申请者

青海省农林科学院、青海鑫农科技有限公司、青海昆仑种业集团有限公司。

3. 品种来源

马牙 × Flip88 – 243FB［国际干旱农业研究中心（ICARDA）引进］。

4. 特征特性

春性。粮用型。茎色绿色，有限生长型，矮秆株型。早熟。旗瓣白色，翼瓣白色，褐斑。成熟荚褐色，软荚。籽粒种皮白色，种脐黑色，子叶颜色淡黄色，百粒重 140 g 左右。蛋白质含量 31.03%，淀粉含量 45.35%。

5. 栽培技术要点

①选种：播种前应选无霉变、无破损、籽粒饱满的种子。②播种及种植密度：适宜播种期为 3 月中下旬至 4 月上旬播种，采用宽窄行种植，3 窄 1 宽，宽行 40 cm，窄行 30 cm；种植密度：1.5 万～1.6 万株/667 m^2。③合理施肥：施农家肥 2～3 t/667 m^2 作底肥，复合肥 20～30 kg/667 m^2。④田间管理：播后及时覆土镇压；当苗高 10 cm 时，灌水并及时中耕松土。播种前选择二甲戊灵进行土壤控制杂草，苗期选择排草丹和精喹禾灵（或高效盖草能）防治杂草。⑤病虫害防治：采用低毒低残留高效杀菌（虫）剂，防治赤斑病、蚜虫危害。⑥收获：当植株中上部荚 100% 变时收获干籽粒，及时晒干脱粒。

6. 适宜种植区域及季节

适宜在青海海东、西宁、海南、海西等海拔 2 800 m 以下的地区春季种植。

（五）青蚕 18 号

1. 品种登记号

GPD 蚕豆（2019）630004。

2. 申请者

青海省农林科学院、青海鑫农科技有限公司、青海昆仑种业集团有限公司。

3. 品种来源

意大利蚕豆资源 3290。

4. 特征特性

春性。粮用型。茎色绿色,无限生长型,中秆株型。中熟。旗瓣白色,翼瓣白色。成熟荚褐色,硬荚。籽粒种皮白色且不变色,种脐白色,子叶颜色淡黄色,百粒重 130 g 左右。蛋白质含量 30.72% ,淀粉含量 40.6% 。

5. 栽培技术要点

①选种:播种前应选无霉变、无破损、籽粒饱满的种子。②播种及种植密度:适宜播种期为 3 月中下旬至 4 月上旬播种,采用宽窄行种植, 3 窄 1 宽,宽行 40 cm,窄行 30 cm;种植密度:1.5 万 ~ 1.6 万株/667 m^2。③合理施肥:施农家肥 2 ~ 3 t/667 m^2 作底肥,复合肥 20 ~ 30 kg/667 m^2。④田间管理:播后及时覆土镇压;当苗高 10 cm 时,灌水并及时中耕松土。播种前选择二甲戊灵进行土壤控制杂草,苗期选择排草丹和精喹禾灵(或高效盖草能)防治杂草。⑤病虫害防治:采用低毒低残留高效杀菌(虫)剂,防治赤斑病、蚜虫危害。⑥收获:当植株中上部荚 80% 变时收获干籽粒,及时晒干脱粒。

6. 适宜种植区域及季节

适宜在北方春播区春季种植。

(六) 青蚕 19 号

1. 品种登记号

GPD 蚕豆(2019)630007。

2. 申请者

青海省农林科学院、青海昆仑种业集团有限公司。

3. 品种来源

云南新平绿豆 ×3290。

4. 特征特性

春性。粮用型。茎色绿色,无限生长型,中秆株型。中熟。旗瓣白色,翼瓣白色。成熟荚褐色,硬荚。籽粒种皮褐色,种脐褐色,子叶颜色绿色,百粒重 130 g 左右。蛋白质含量 29.5% ,淀粉含量 42.6% 。

5. 栽培技术要点

①选种:播种前应选无霉变、无破损、籽粒饱满的种子。②播种及种植密度:

适宜播种期为3月中下旬至4月上旬播种，采用宽窄行种植，3窄1宽，宽行40 cm，窄行30 cm；种植密度：1.3万～1.4万株/667 m^2。③合理施肥：施农家肥2～3 t/667 m^2作底肥，复合肥20 kg/667 m^2。④田间管理：播后及时覆土镇压；当苗高10 cm时，及时中耕松土，开花至基部幼茎坐稳后，灌第1水；在生长期及时拔除行间杂草，8～10层花序时摘心打尖。⑤病虫害防治：采用低毒低残留高效杀菌(虫)剂，防治赤斑病、蚜虫危害。⑥收获：当植株中上部荚80%变时收获干籽粒，及时晒干脱粒。

6. 适宜种植区域及季节

适宜在北方春蚕豆区青海省中低海拔地区春季种植。

（七）马牙蚕豆

1. 品种登记号

GPD蚕豆(2017)630001。

2. 申请者

湟源县种子站、湟源县农业技术推广中心。

3. 品种来源

从农家品种提纯而成。

4. 特征特性

春性。粮用型。茎色绿色，无限生长型，中秆株型。中熟。旗瓣白色，翼瓣白色。成熟荚褐色，软荚。籽粒种皮白色，种脐黑色，子叶颜色淡黄色，百粒重130 g左右。蛋白质含量28.2%，淀粉含量47.3%。

5. 栽培技术要点

①选种：播种前应选无霉变、无破损、籽粒饱满的种子。②播种及种植密度：适宜播种期为3月下旬至4月上旬播种，采用宽窄行种植，3窄1宽，宽行40 cm，窄行30 cm；种植密度：1.5万～1.6万株/667 m^2。③合理施肥：施农家肥2～3 t/667 m^2作底肥，施纯氮4.1～6.0 kg/667 m^2、五氧化二磷5.5～7.0 kg/667 m^2。④田间管理：生长期灌水2～3次，及时中耕除草，8～10层花序时摘心打尖。⑤病虫害防治：采用低毒低残留高效杀虫剂防治蚜虫危害。⑥收获：当植株中上部荚80%变时收获干籽粒，及时晒干脱粒。

6. 适宜种植区域及季节

适宜在我国春蚕豆区春季种植。

（八）陵西一寸

1. 品种登记号

GPD 蚕豆(2017)630003。

2. 申请者

青海省农林科学院。

3. 品种来源

日本。

4. 特征特性

半冬性。菜用型。茎色绿色，无限生长型，中秆株型。中早熟。旗瓣白色，翼瓣白色。成熟荚褐色，硬荚。籽粒种皮浅绿色，种脐黑色，子叶颜色淡黄色，百粒重 220 g 左右。蛋白质含量 28.9%，淀粉含量 46.2%。

5. 栽培技术要点

①选种：播种前应选无霉变、无破损、籽粒饱满的种子。②播种及种植密度：适宜播种期为 3 月上旬至 3 月下旬播种，实行宽窄行种植，3 窄 1 宽，宽行 45 cm，窄行 30 cm，株距 14～16 cm；种植密度：1 万～1.2 万株/667 m^2。③合理施肥：施农家肥 3～4 t/667 m^2、纯氮 4.05～6.15 kg/667 m^2、五氧化二磷 6.9～11.04 kg/667 m^2。④田间管理：全生育期灌水 3～4 次，初花期灌第 1 次水，灌水后松土、除草；叶面喷施磷酸二氢钾 150 g/667 m^2。⑤病虫害防治：采用低毒低残留高效杀菌(虫)防赤斑病、蚜虫危害。⑥收获：当青荚中缝线呈黑褐色时，及时采收鲜荚；种子田当全田 2/3 的荚呈黑褐色时收获。

6. 适宜种植区域及季节

西北和华东地区均可春季种植。

（九）临蚕 13 号

1. 品种登记号

GPD 蚕豆(2019)620002。

2. 申请者

临夏回族自治州农业科学院。

3. 品种来源

和政尕蚕豆×法国 D。

4. 特征特性

春性。粮用型。茎色绿色，无限生长型，中秆株型。中早熟。旗瓣白色，翼瓣白色。成熟荚褐色，软荚。籽粒种皮白色，种脐黑色，子叶颜色淡黄色，百粒重 90 g 左右。蛋白质含量 30.4%，淀粉含量 44.3%。

5. 栽培技术要点

①选种：播种前应选无霉变、无破损、籽粒饱满的种子。②播种及种植密度：适宜播种期为 4 月上旬，当土壤解冻 10 cm 左右时顶凌播种，采用宽窄行种植，3 窄 1 宽，宽行 50 cm，窄行 30 cm；种植密度：川源灌溉区 1.1 万株/667 m^2，山阴地区保苗 1.2 万～1.3 万株/667 m^2。③合理施肥：施过磷酸钙 50 kg/667 m^2、磷酸二氢铵 20 kg/667 m^2、硝铵 5 kg/667 m^2。④田间管理：在开花结荚期灌水，全生育期一般灌水 1～2 次，10 层花序时打顶摘心。⑤病虫害防治：采用低毒低残留高效杀菌（虫）防治蚕豆象、蚜虫危害。⑥收获：当植株中上部荚 80% 变时收获干籽粒，及时晒干脱粒。

6. 适宜种植区域及季节

适宜在甘肃和政、康乐、临夏、渭源等高寒阴湿区、半干旱生态区和春蚕豆产区春季种植。

（十）益民蚕豆 9 号

1. 品种登记号

GPD 蚕豆（2019）150006。

2. 申请者

内蒙古杭锦后旗益民种子有限责任公司。

3. 品种来源

9817－9×牛豆角。

4. 特征特性

春性。粮用型。茎色绿色，无限生长型，中秆株型。中晚熟。旗瓣白色，翼瓣白色。成熟荚褐色，软荚。籽粒种皮灰黄色，种脐黑色，子叶颜色淡黄色，百粒重 180 g 左右。蛋白质含量 30.41%，淀粉含量 44.3%。

5. 栽培技术要点

①选种：播种前应选无霉变、无破损、籽粒饱满的种子。②播种及种植密度：适宜播种期在 3 月 20 日至 4 月 10 日；采用宽窄行种植，3 窄 1 宽，宽行 50 cm，窄行 30 cm，株距 14 cm；种植密度：1.2 万株/667 m^2。③合理施肥：施复合肥

15～20 kg/667 m²、硫酸钾 3～5 kg/667 m²、锌硼钾肥 2 kg/667 m²。④田间管理：当幼苗达 5～6 片真叶时，结合追肥中耕培土 1 次。始花期和鼓粒期视田间持水情况灌水，并适当追施尿素。⑤病虫害防治：采用低毒低残留高效杀菌(虫)防治蚜虫。⑥收获：当植株中上部荚 80% 变时收获干籽粒，及时晒干脱粒。

6. 适宜种植区域及季节

适宜在内蒙古、甘肃、山西日平均气温 ≥ 10 ℃、年活动积温在 2 300 ℃以上的地区春播种植。

四、华中秋蚕豆区主要蚕豆品种

(一) 长蚕 1 号

1. 品种登记号

GPD 蚕豆(2018)420016。

2. 申请者

长江大学、武汉佳禾生物科技有限责任公司。

3. 品种来源

监利地方品种小蚕豆变异单株。

4. 特征特性

冬性。粮用型。茎色绿色，无限生长型，中秆株型。中熟。旗瓣紫色，翼瓣紫色。成熟荚黑色，软荚。籽粒种皮红色，种脐黑色，子叶颜色淡黄色，百粒重 70 g 左右。

5. 栽培技术要点

①选种：播种前应选无霉变、无破损、籽粒饱满的种子。②播种及种植密度：平原地区 10 月份播种，丘陵地区 10 月中旬播种。行距 50 cm，株距 23～25 cm，密度：5 000～6 000 株/667 m²。③合理施肥：施肥以基肥为主，复合肥 25 kg/667 m²。④田间管理：齐苗后长至 7～10 cm 高和现蕾开花时分别中耕除草。现蕾至盛花期降雨较多时清沟排渍，初花期除掉弱苗枝和无效分枝，开花 10～12 层时打顶，摘除有效枝顶尖的心叶和花蕾。⑤病虫害防治：采用低毒低残留高效杀菌(虫)防治赤斑病和蚜虫。⑥收获：当植株中上部荚 80% 变时收获干籽粒，及时晒干脱粒。

6. 适宜种植区域及季节

适宜在湖北省秋播种植。

（二）湘蚕鲜1号

1. 品种登记号

GPD 蚕豆(2018)430034。

2. 申请者

湖南省作物研究所。

3. 品种来源

地方品种。

4. 特征特性

冬性。粮菜兼用型。茎色绿色，无限生长型，中秆株型。中早熟。旗瓣白色，翼瓣白色。成熟荚褐色，软荚。籽粒种皮灰黄色，种脐黄色，子叶颜色淡黄色，百粒重 100 g 左右。鲜粒蛋白质含量 8.5%，淀粉含量 12.6%。

5. 栽培技术要点

①选种：播种前应选无霉变、无破损、籽粒饱满的种子，播前晒种 1～2 d。②播种及种植密度：湖南一般在 10 月中下旬播种。穴播，行距 50～80 cm，穴距 30 cm；种植密度为 3 000～5 000 穴/667 m^2，每穴 2 粒。③合理施肥：施有机肥 1 000 kg/667 m^2，配施过磷酸钙 25～30 kg/667 m^2、氯化钾 6 kg/667 m^2左右，苗期追施硫酸钾 10～15 kg/667 m^2。④田间管理：蚕豆结荚一般在中下部，上部基本没有荚，一般在盛花期打顶。在多雨季节要及时清沟排水。⑤病虫害防治：采用低毒低残留高效杀菌(虫)防治赤斑病和蚜虫。⑥适时收获：4 月中下旬，青豆荚鼓粒饱满时即可采摘上市。

6. 适宜种植区域及季节

适宜在湖南、湖北省的冬蚕豆产区秋季种植。

（三）湘蚕鲜9号

1. 品种登记号

GPD 蚕豆(2018)430036。

2. 申请者

湖南省作物研究所。

3. 品种来源

地方品种。

4. 特征特性

冬性。粮菜兼用型。茎色绿色，无限生长型，中秆株型。中早熟。旗瓣白色，翼瓣白色。成熟荚褐色，软荚。籽粒种皮紫色，种脐黑色，子叶颜色淡黄色，百粒重 60 g 左右。鲜粒蛋白质含量 7.5%，淀粉含量 12.8%。

5. 栽培技术要点

①选种：播种前应选无霉变、无破损、籽粒饱满的种子，播前晒种 1～2 d。②播种及种植密度：湖南一般在 10 月中下旬播种。穴播，行距 50～80 cm，穴距 30 cm；种植密度为 3 000～5 000 穴/667 m^2，每穴 2 粒。③合理施肥：施有机肥 1 000 kg/667 m^2，配施过磷酸钙 25～30 kg/667 m^2、氯化钾 6 kg/667 m^2左右，苗期追施硫酸钾 10～15 kg/667 m^2。④田间管理：蚕豆结荚一般在中下部，上部基本没有荚，一般在盛花期打顶。在多雨季节要及时清沟排水。⑤病虫害防治：采用低毒低残留高效杀菌（虫）防治赤斑病和蚜虫。⑥适时收获：4 月中下旬，青豆荚鼓粒饱满时即可采摘上市。

6. 适宜种植区域及季节

适宜在湖南、湖北省的冬蚕豆产区秋季种植。

（四）湘蚕肥 1 号

1. 品种登记号

GPD 蚕豆（2018）430037。

2. 申请者

湖南省作物研究所。

3. 品种来源

地方品种。

4. 特征特性

冬性。肥型。茎色绿色，无限生长型，中秆株型。中早熟。旗瓣白色，翼瓣白色。成熟荚褐色，软荚。籽粒种皮灰黄色，种脐黑色，子叶颜色淡黄色，百粒重 50 g 左右。蛋白质含量 25.1%，淀粉含量 45.6%。

5. 栽培技术要点

①选种：播种前应选无霉变、无破损、籽粒饱满的种子，播前晒种 1～2 d。②播种及密度：湖南一般在 10 月中下旬播种。密度 8 000～10 000 株/667 m^2。③合理施肥：一般施有机肥 1 000 kg/667 m^2，配施过磷酸钙 25～30 kg/667 m^2、氯化钾 6 kg/667 m^2左右，苗期追施硫酸钾 10～15 kg/667 m^2。④田间管理：蚕

豆结荚一般在中下部，上部基本没有荚，一般在盛花期打顶。在多雨季节要及时清沟排水。⑤病虫害防治：采用低毒低残留高效杀菌（虫）防治赤斑病和蚜虫。⑥适时翻压：根据后季作物农时安排适时翻压，最好选择在盛花期翻压。

6. 适宜种植区域及季节

适宜在湖南、湖北的冬蚕豆产区秋季种植。

第五节　蚕豆的良种繁育

选用良种是保持蚕豆品种优良种性和纯度，持续发挥新品种的增产、增收及市场竞争力，维持其生命力的关键。蚕豆是常异花授粉作物，自然异交率高，用种量大、繁殖系数低、制种成本高均是蚕豆新品种良种繁殖中应该重视的问题，因此，强化品种选育与保纯，选择适宜蚕豆良种繁育的新方法和新技术至关重要。

一、品种的概念

品种是人类在一定的生态和经济条件下，根据自己的需要而创造的某种作物的一种群体，它具有相对稳定的特定遗传性和生物学上、经济上、形态上的相对一致性，在一定的地区和一定的栽培条件下，在产量、品质和适应性等方面，符合生产的需要。

（一）品种应具有的特点

1. 特异性

特异性是指审定推广的作物新品种应当明显区别于在生产上应用的主栽品种或对照品种。

2. 稳定性

稳定性是指审定推广的作物新品种经反复繁殖后或者在特定繁殖周期结束时，其相关的特征或者特性保持不变。

3. 一致性

一致性是指通过审定准备推广的作物新品种经过繁殖，除可以预见的变异外，其相关的特征或者特性一致，其变异率接受95%的概率。

（二）品种的利用特点

品种是一种重要的农业生产资料，优良品种必须具有高产、稳定、优质等优点，才能受到群众欢迎，生产上广为种植。如果不符合生产要求，没有直接利用价值，不能作为农业生产资料，也就不能称为品种。利用品种必须考虑以下2个问题。

1. 品种的适应性

品种的适应性包含地区性和相应的栽培方法。品种是在一定的生态条件下形成的，也要求一定的生态条件，因而选育品种不能脱离当地的自然条件和栽培条件，利用品种也要因地制宜，良种良法配套。

2. 品种利用的时间性

任何品种在生产上被利用的年限都是有限的，每个地区，随着经济、自然和栽培条件的变化，原有品种便不能适应。因此，必须不断创造新品种，保证及时进行品种更换。日本、美国、加拿大等许多国家对种子工作都建立有一套完整的管理体系和严格的管理制度。

蚕豆同其他作物一样，新选育的品种经过审定并确定推广后，做好良种繁育是品种事业中的一个重要环节，是品种选育的继续和品种推广的准备。通过良种繁育，大量生产新品种种子，可迅速扩大其种植面积。正确地进行良种繁育，保持品种的纯度和生产性能，可使优良品种较长时期应用于生产。尤其是蚕豆作为常异花授粉作物，在连年种植的情况下，变异很快。一个良种如果连续3年不搞提纯复壮，就会很快在生产中丧失应用价值。

二、蚕豆品种混杂退化的主要原因

蚕豆是常异花授粉作物，自然异交率高，为30%～50%，原始群体的异质性高，极易引起天然混杂，造成种性退化。蚕豆品种在种子繁殖的种、收、运、藏、选等环节会人为造成机械混杂，这是蚕豆混杂退化的一个方面，但不是主要原因，是外因；另一方面，由于自然异交和群体内部的自交分离造成的自然退化，这是蚕豆新品种混杂退化的主要原因，是内因。

三、良种繁育的意义和任务

（一）加速繁殖新品种种子

良种繁育的首要任务就是迅速地大量繁殖被确定推广的优良品种种子，以满足生产上对良种种子的需要，从而保证优良品种能按计划迅速推广，在生产中发挥其应有的作用。

（二）保持品种的纯度和种性

优良品种在大量繁殖和栽培过程中，往往由于种、收、晒、藏等方面的工作不当而造成机械混杂，或由于天然杂交而造成生物学混杂，也会由于环境条件的影响而发生变异等，以致降低纯度和种性，因此，良种繁育的又一个重要任务是防止品种的混杂、退化，保持品种的纯度和种性，经常供应生产上所需要的优良品种和优良种子。

为了获得优良品种的优良种子，在良种繁育过程中，要严格实行种子检验，保证种子质量。

总之，良种繁育的主要任务是满足生产上对优良品种种子的需要，有计划地、系统地进行品种更换和品种更新，防止退化，保持种性。

四、品种保纯

（一）选优提纯生产原种

1. 选优提纯

从优良品种中选择典型的、优良的植株，经过单株选择、株行圃、株系圃、原种圃等“三圃制”法或采用株系循环法等提纯复壮程序，繁育出来的纯度高、质量好的种子，即原种。它能保持品种的纯度、典型性与原有的丰产性。由于选优，保证了质量，又由于原种量小，可以精选，从而获得纯而优的原种。因此，繁育好原种，用原种种子定期更换生产上利用的普通种子，是保证品种纯度和种性的一项治本措施，也是延长品种使用寿命与提高蚕豆产量的重要措施。

2. 生产原种

能保持原有品种性状 ·致的材料可称为原种。按一个蚕豆品种繁育阶段的先后、世代高低形成系统，则由原原种产生原种，再由原种产生一代、二代种子，这些原种的后代又可统称为良种。原原种一般是指由育种单位或个人最初提供的将质量控制得很高的繁育用种。在良种繁育中,经过选优、提纯、分系、比较,所得到的优良混合种子也可认定为原原种。

原种的标准:

(1)性状一致性,主要特征特性符合蚕豆原品种的典型性状,株间及籽粒整齐一致,纯度达98%以上。

(2)能保持蚕豆原种长势、抗逆性和生产力,或略有提高。

(3)种子质量好,籽粒饱满,成熟充分,发芽率高,无霉烂或锈斑和虫眼。

3. 生产原种的方法

选择是生产原种的主要手段,防杂去劣是原种的质量保证,纯度高、质量好是原种生产的主要目的。另外,还应程序简便、易掌握,产种量大。生产原种的方法有多种,主要采用株系选优提纯法和株系循环法。

1)株系选优提纯法。株系选优提纯法,也称"三圃制"法,即单株选择、株行圃、株系圃和原种圃。三年三圃制是当前蚕豆原种生产的主要方法。其生产程序见图8-3。

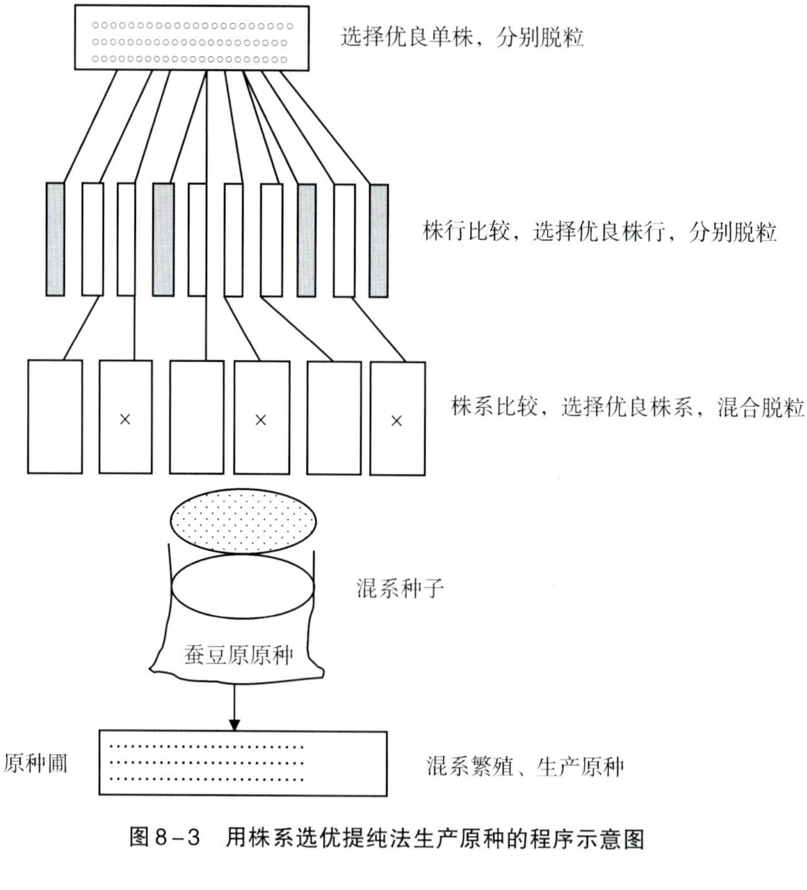

图8-3 用株系选优提纯法生产原种的程序示意图

选择方法：

(1)选择优良单株：选择典型性、丰产性等性状良好的单株，是做好选优提纯生产原种的关键。

根据本品种的特点，选择植株健壮、丰产性好、抗病力强、生育期适当的典型优良单株，分别收获，单独脱粒。收获后再按荚、粒、重等主要性状进行筛选，淘汰杂、劣株。中选单株供下年株行圃种植。通常每公顷选择蚕豆优良单株数量为2 000株左右，一般淘汰率为50%~60%。

(2)株行圃：将上年入选的单株种成株行圃。每单株种1行，行长6~10 m，每隔9行或19行种1行原种作对照。在苗期、开花期、结荚期等关键生育阶段按品种的典型性和丰产性进行观察记载和比较鉴定。成熟收获时，先拔除淘汰的杂、劣株行，将剩下的典型、优良、整齐一致的株行，分行收获，考种脱粒，经考种结果再行决选。最后中选株行供下年株系圃种植，一般淘汰率为30%~50%。

(3)株系圃：将上年入选的株行作为一个单系，种于株系圃，但必须在有隔离措施的条件下进行种植。每系一区，对其典型性、丰产性等进一步鉴定比较。种植方法和观察记载与选留的标准可仿照株行圃。凡杂株率为1%以上的株系需淘汰，可从中选择优株于下年继续种成株系圃。当选的株系可以混脱，所得的种子精选后妥为储藏，供下年原种圃种植。一般株系圃的入选株系应不少于供试材料的60%~70%。

(4)原种圃：将上年决选的株系混合种子种植于有隔离措施的原种圃内，收获时严防机械混杂和各种损害，生产的种子就是原种。

2)株系循环法。株系循环法是指经单株选择、株行圃、株系圃和原种圃，在入选株系中保留一部分种子(保留株系)作为下年的株系，以后不再进行单株选择和株行圃，只是由保留株系循环种植株系圃。株系循环法的关键就是要培育一个纯良而整齐的基础群体，所谓基础群体就是由若干个经选择的株系所组成，这样一个群体，既表现一个品种主要性状的整齐一致，又在非主要性状方面存在着一些差异。由一群株系独立繁衍的保种方式，能够有效地保存一个品种的遗传组成，使一个品种的种性相对稳定，避免循环选择可能带来的不利因素。

(二)采用隔离措施严防生物学混杂

蚕豆是常异花授粉作物，良种繁育田必须采取严格的隔离，预防天然杂交。

隔离的方法有空间隔离、时间隔离、障碍物隔离、异种作物或高秆作物隔离等。根据研究和实践经验，蚕豆良种繁育以空间隔离为最好。一级良种繁殖基地距其他蚕豆品种的空间距离应在 500 ~ 1 000 m，二级良种基地距其他品种的空间距离应在 300 m 以上。

（三）去杂去劣和选择

去杂是指去掉非本品种的植株和荚、粒，去劣是指去掉感染病虫害、生长不良的植株、荚、粒。蚕豆良种田间去杂和选择的最佳时间是蚕豆进入 50% 的开花期和成熟阶段。当蚕豆进入 50% 开花期时，应根据本品种特有的花色、茎色、抗病等性状，拔除异种花色、茎色、感病的植株。当蚕豆进入成熟阶段时，要选取具有本品种特性、植株健壮、结荚部位低的植株作留种株。在株选的基础上，也可根据本品种荚的特征选取中下部荚作种用，然后进行室内粒选，剔除瘪粒和病虫粒，选取粒大饱满的种子单独晒干储藏，作为种子田用种。

（四）全息胚定域选种法

蚕豆是以籽粒繁衍后代的作物，籽粒是期望性状。由于蚕豆是无限生长习性，不同区位籽粒的遗传势表现是有差异的，且不同部位的花的异交率是有差异的。选择中下部籽粒作种子，能使亲代的基因型在后代得到充分表达。

五、良种繁育技术

（一）品种合理布局

因地制宜，合理布局，逐步实现一地一品是防止品种混杂、保持品种纯度的重要措施，严防品种“多、乱、差”现象的发生。各地应通过试验确定最适合的品种为统一的当地主栽品种推广，或者在 1 个自然行政区或自然隔离区内种植 1 个品种。另外，在一定时期内适应当地种植的高产稳产的优良品种，要保持相对的稳定，品种更新不能过于频繁。

（二）提高繁殖系数

繁殖系数是指每粒种子能繁殖的种子数。新品种育成后，加速种子繁育，提高繁殖系数，是加快蚕豆新品种推广的重要手段。

1. 稀播栽培

蚕豆种子大，一般大田栽培条件下，其繁殖系数为10～20倍。蚕豆的繁殖系数很低。由于蚕豆是分枝力较强的作物，可以利用稀播的办法，扩大行株距，改善植株通风透光和营养条件，增加单株有效分枝数、结荚数和实粒数，从而达到提高繁殖系数的目的。春蚕豆基本苗控制在7 000～8 000株/667 m^2时，其繁殖系数可达30倍以上，但必须加强田间管理，增施磷钾肥和微量元素，才能保持较高的生产水平。

2. 异地加代

利用我国幅员辽阔、地势复杂、气候多样的有利条件，进行异地加代，可以1年繁殖2代，也是加速繁殖种子的有效途径。根据蚕豆引种规律的研究，秋播蚕豆区新育成的品种可以到青海、甘肃等高寒地区夏繁加代，春播区蚕豆也可到南方冬季加代，但有一定的困难，必须选择合适的省区。

3. 放养蜂群，提高结荚率

在蚕豆新品种繁育区内，放养一定数量的蜂群，以增加自由授粉的概率，既防止了自交退化，又可提高单位面积种子的产量。

4. 组培快繁

组织培养技术在园艺、花卉作物快繁以及马铃薯脱毒快繁等方面成效显著，繁殖系数可达100倍以上。上海农学院于20世纪80年代开始研究蚕豆组织培养技术。“十五”期间青海省农林科学院实施青海省重大科技攻关招标项目，利用组织培养技术提高蚕豆繁殖系数，经研究繁殖系数达80～100倍。

（三）蚕豆种子纯度鉴定技术

1. 利用蚕豆品种的特异性、一致性、稳定性（DUS）特性

根据新种子法的要求，新品种必须具有DUS特性，其中特异性是鉴定蚕豆纯度的重要指标之一，选育品种时要充分考虑这一点。蚕豆品种田间种子纯度鉴定，也可充分利用该品种的DUS特性，尤其是特异性。

2. 利用蚕豆品种的分子指纹图谱

在品种选育时，结合分子标记技术进行蚕豆新品种的分子指纹图谱构建，以此作为鉴定品种纯度的依据。

第六节　蚕豆的品种评价

为了使蚕豆品种在生产上发挥更大的增产增收潜力，科学客观评价蚕豆品种的综合性状显得十分重要。为评价蚕豆品种在生产或市场上的竞争力，其丰产性、稳产性、适应性、早熟性、抗逆性、品质、适口性等性状内容是重要的评价指标。

一、蚕豆区域试验

品种区域试验是指通过统一规范的要求进行试验，对新育成品种的丰产性、适应性、抗逆性和品质等进行全面的鉴定。根据品种在区域试验中的表现，结合抗逆性鉴定和品质鉴定结果，对品种进行综合评价，是评价品种的科学依据，也是品种审定、推广品种科学布局的重要依据。区域试验是科学客观地评价蚕豆品种综合性状的重要环节，也是品种审定的基础。

二、评价内容和标准

（一）丰产性

要求区域试验的5个以上试点，2年以上产量结果，比对照增产5%以上；同时，生产试验的5个以上试点，1年以上产量结果，80%以上试点比对照应增产5%以上；而鲜蚕豆试验区青蚕豆产量应比对照增产15%以上。

（二）稳产性

区域试验5个以上试点，2年以上产量结果，采用统一区域试验稳定性分析方法（软件），50%以上试点比对照增产。

（三）适应性

生产试验5个以上试点，1年以上产量结果，80%以上试点比对照增产。

（四）早熟性

以区域试验的5个以上试点，2年以上统计结果为准。春蚕豆平均生育期小于90 d，60%以上试点表现早熟；冬蚕豆平均生育期小于160 d，60%以上试点表现早熟。

（五）抗逆性

主要鉴定品种的抗病性、抗虫性、抗旱性、抗寒性，由育种者提供品种，在1～2个具有鉴定资质或具有研究优势的机构进行鉴定。

（六）品质

蚕豆品质分营养品质与商品品质。

1. 营养品质

由5个以上区域试验点提供样品（同一年），2个具有国家品质测定资质的机构重点测定蛋白质、淀粉含量以及氨基酸组成等，淀粉含量在50%以上为高淀粉品种，蛋白质含量在30%以上为高蛋白品种。测定专用品种的左旋多巴或酚类物质等特殊成分。

2. 商品品质

由2个以上省级科研单位或教学单位鉴定其硬实率、籽粒的均匀性、粒色的均一性等。

（七）适口性

组织专家在某一试验点对各参试品种进行品尝，无涩味，豆腥味较轻，略带甜味，口感较好。

三、评价方法

（一）区域试验

品种区域试验是将各育种单位新选育和新引进的优良品种，有计划地送到有代表性的不同地区进行试验，测定其利用价值，确定其适应范围和推广地区，为品种布局区域化提供依据，使新品种充分发挥其增产作用。

1. 区域试验的主要任务

(1)客观鉴定新品种的主要特征、特性,确定其是否具有推广价值。由于区域试验地点,在自然、栽培条件方面有代表性,技术条件较好,又在较大的范围内对新品种统一进行丰产性、稳定性、适应性和品质等性状的鉴定,因此,试验结果代表性强,精确性高,也更客观。

(2)确定各地适宜推广的优良品种和搭配品种。在同一农业区域内,经常同时选育出若干个具有不同特点和不同产量水平的品种。若不通过统一组织的区域试验,就不知道究竟哪个品种适合在本地区种植。这就可能存在 2 方面的问题:一方面最好的品种得不到应有的推广,不能充分发挥其增产作用;另一方面,当地种植的品种,不一定是最适宜的高产品种,会影响农业生产。通过区域试验,对各品种进行正确的鉴定,能够评选出各地最适应和最高产的品种,并作优良品种搭配,有计划地推广,促进各地的农业生产。

(3)为优良品种划定最适宜的推广区域,做到因地制宜种植良种。优良品种具有较广泛的适应能力,可以在原育成地区以外的地方推广。但任何品种的适应性又有地域性和一定的适应范围,越过这个范围,就可能增产不多、不增产甚至减产。在不同的农业区域进行区域试验,就可确定优良品种的最适宜的推广地区,因地制宜种植良种,最大限度地发挥优良品种的作用。

(4)了解新品种的适宜栽培技术,以做到良种良法配套。品种对栽培技术都有一定的要求。通过在不同农业区域的相对不同的自然、栽培条件下进行区域试验,可了解各品种的适宜栽培技术,便于做到良种良法相结合。

2. 影响蚕豆区域试验误差的主要因素

试验误差包括系统误差和随机误差。系统误差是试验过程中产生的误差,它的值恒定不变或遵循一定的变化规律,其产生的原因往往是可知的或可掌握的,如仪器或器具不标准、试验地力按一定方向有规律地变化、观察记载人员的习惯与偏向等,可通过合理选择试验地、合理安排试验小区、校正仪器设备、观察记载及操作严格按标准进行来控制,降低乃至避免系统误差的产生。随机误差是由多种偶然的无法控制的因素所引起的误差,只能降低,不能避免。

试验研究的核心是提高试验精确度,即降低试验误差。影响蚕豆区域试验误差的主要因素有 3 个:

1)参试品种的差异。区域试验的参试材料要求有一定的差异,若无差异则没有必要进行试验,但在这里所谓的差异主要指品种类型差异,如生态型差异

(春性品种与冬性品种)、适应性差异(耐高水肥品种和耐瘠品种)、利用价值差异(菜用型、粮用型、饲用型、肥用型)等。另外,所设对照与参试品种没有可比性,也会影响试验结果的精确性。

2)试验操作和田间管理技术的不一致所引起的差异。作为试验材料的农作物品种,田间生长周期较长,在试验过程中各个管理环节的任何疏忽,都会对作物的生长发育产生影响,增加试验误差。

(1)试验点生态条件的相似性:蚕豆对环境条件的反应比较敏感,不同变种对生态条件的适应性差异较大,根据品种的类型严格界定其生态区和管理条件。

(2)播种质量:播种质量直接影响整个试验的精确性,提高播种质量是保证苗齐、苗匀和苗壮的基本措施。

(3)记载标准的一致性:如生育期及抗性等一些性状的记载标准以及考种样本的代表性均会影响参试品种的客观、公正评价。

3)小区布局不合理。①采用同一种试验设计方法,如随机区组设计,但随机排列不合理。一方面,相同品种在不同重复间相距很近,甚至排在反映高肥力或低肥力的同一水平线上,随机排列品种时存在着一定的不合理性。另一方面,整个试验在田间的排列不合理,如根据土壤肥力差异应该按东西方向安排试验,却为了方便按南北向排列。②试验点设置不合理,主要是指多年多点试验时,不同年份各地的试验点不固定。

3. 区域试验设计的基本原则

区域试验设计的主要作用是控制、降低试验误差,提高试验的精确性,对试验误差做出正确的估计。为此,区域试验设计应遵循以下 3 条基本原则(图 8-4)。

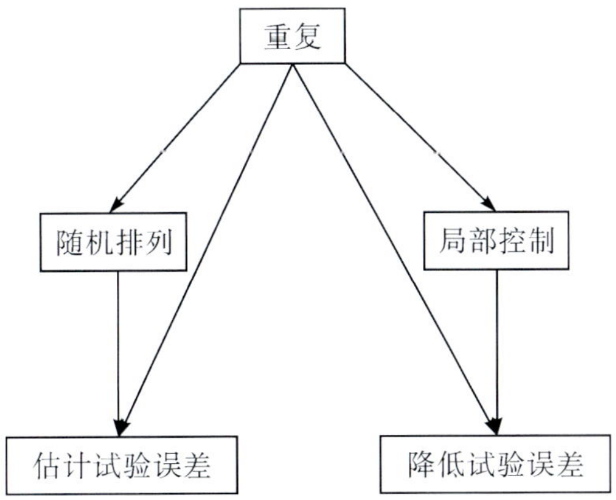

图 8-4 田间试验设计的 3 个基本原则的关系和作用

(1)设置重复。

试验中同一处理种植的小区数即为重复数。如每一处理种植 1 个小区,则为 1 次重复;如每处理种植 3 个小区,则称为 3 次重复,依此类推。

重复的第 1 个作用是降低试验误差,提高试验的精确度。数理统计学已证明试验误差($S_{\bar{x}}$)的大小与重复次数(n)的平方根成反比($S_{\bar{x}} = \frac{S}{\sqrt{n}}$)。重复多,误差小,试验精确度高。

重复的第 2 个作用是估计试验误差。如果同一处理只设置在 1 个试验单位上,那么只能得到 1 个观测值,则不能看出变异,因而无法估计试验误差的大小。只有当同一单位处理设置在 2 个或 2 个以上的试验单位上,获得 2 个或 2 个以上的观测值时,即同一处理有 2 次以上重复,就可通过重复观测值之间的差异来估计试验误差。

(2)随机排列。

随机排列是指试验中的每一个处理都有同等机会设置在一个重复中的任何一个试验小区上。随机排列和重复结合,就能获得试验误差的估计。各试验小区的随机排列可以采用抽签法、计算机产生随机数字法或利用随机数字表。

(3)局部控制。

田间试验中,当试验小区数目较多,整个试验需要面积较大,而试验环境或试验单位差异较大时,如果仅根据重复和随机 2 个原则进行设计,则不能将试验环境或试验单位差异所引起的变异从试验误差中分离出来,因而试验误差大,试验的精确性与检验的灵敏度低。为了解决这一问题,可将整个试验环境或试验单位分成若干个小环境或小组,在小环境或小组内使非处理因素尽可能一致,以实现试验条件的局部一致性,这就是局部控制。

田间试验设置重复是为了降低试验误差,但又因增加了试验地的面积而增大全试验的土壤差异,若同一处理各重复小区在全试验地完全随机排列,则因土壤差异增大而减少重复降低误差的作用。划分区组进行局部控制就能弥补这一不足。如果同一区组的不同处理设置在较小面积的试验地并相邻在一起,那么土壤差异对处理间的影响就较小,而受土壤差异影响较大的区组间的差异则可通过统计方法予以区分开来,因而试验误差仅受区组内较小土壤差异的影响,而与因重复试验扩大了的试验面积无关,所以局部控制能较好地降低试验误差。

4. 控制土壤差异的小区技术

利用合理的小区技术,可以有效地控制土壤差异及田间操作管理引起的差异,提高试验精确性,小区技术主要包括以下 4 个方面:

(1)试验小区面积。

小区面积的大小对于减少差异和提高试验精确性有密切关系。在一定范围内增加小区面积,可以减少试验误差,因为小区面积太小,更有可能使这个小区恰好占有或大部分占有土壤较“瘦”或较“肥”的区域,使小区间的差异增大。较大的小区同时包括“肥瘦”区域的可能性要大些,小区间土壤差异的程度相应缩小,从而降低误差。

蚕豆是中耕作物,种植密度较稀,小区面积较大,一般在 15~24 m^2。

(2)小区形状。

小区的形状是指小区的长度与宽度的比例。适当的小区形状也能较好地控制土壤差异。一般来说,狭长形小区相对于正方形小区,更能包含试验地的土壤复杂性,因而能降低试验误差,但从减少边际效应和生长竞争的角度考虑,以正方形小区为好,综合两者的作用,小区的形状以长方形为宜,且长边应与肥力变化方向平行。蚕豆区域试验小区的长宽比为(2~3)∶1。

(3)重复次数。

试验设置多少次重复,要根据试验所要求的精度、试验地土壤差异、参试品种的种子量、小区面积大小、试验地面积等具体而定。但作为区域试验,应至少设置 3 次重复。

(4)区组与小区的排列。

小区技术应该考虑整个重复区及小区在重复内的位置。根据局部控制的原则和土壤肥力的变化情况,分范围、分地段地控制非处理因素,是降低试验误差、提高试验精确度的有效方法。将一个重复全部处理小区分配于相对同质的一小块土地上,称为一个区组。设置区组是控制土壤差异和方便其他田间管理的最简单、最有效的方法之一。

(二)蚕豆区域试验品种观测记载

试验观察记载的内容包括 3 个方面。

(1)试验地农事操作记载。

试验地的栽培管理和其他农事操作都会改变作物生长发育的外界条件，从而引起各品种产生相应的变化。因此，详细记载整个试验过程中的农事操作（如整地、施肥、播种、中耕除草、灌溉排水、防治病虫等）的日期、数量、方法等，将有助于正确分析试验结果。

（2）品种生育动态观察记载。

这是区域试验观察记载的主要内容。观察记载项目应制订在试验计划中，主要包括生育期、主要形态特征、农艺性状等。

（3）不正常现象观察记载。

不正常现象是指会严重影响试验结果的各种现象，如动物危害、冻害、药害和意外损失等。

（三）区域试验的取样方法

在区域试验的观察记载、室内考种和分析测定中，往往不可能或没有必要对整个试验小区的所有植株进行全面调查，而是通过抽样的方法选取部分植株作为代表，由这些植株的调查结果推知整个试验小区的情况。

抽样方法主要包括典型抽样、顺序抽样、随机抽样和成片抽样等。蚕豆区域试验中常用顺序抽样法。

顺序抽样是按照某种既定的顺序抽取一定数量的抽样单位构成样本的抽样方法，如室内考种样的抽取。采用三点式、五点式、对角线式、棋盘式、平行式、“Z”字式等。

（四）蚕豆区域试验统计分析

1. 产量方差分析

方差分析是一种在若干能相互比较的资源组中，把产生变异的原因加以区分开来的方法和技术。这种方法将 k 个处理的观测值作为一个整体看待，把观测值总变异的平方和与自由度分解为相应于不同变异来源的平方和与自由度，进而获得不同变异来源总体方差的估计值。也就是将总变异分裂为影响试验结果各因素的相应变异，做出其数量估计，从而发现各个因素在变异中所占的重要程度。因此，方差分析可帮助我们掌握客观规律的主要矛盾或技术关键。下面以蚕豆区域试验为例简单讲解一下区域试验方差分析过程（表 8－1 至表 8－4）。

表 8-1　某年某地蚕豆区域试验

指标 / 品系代号	Ⅰ	Ⅱ	Ⅲ	*Ti.*	平均 *Xi*
V1	2.58	2.00	3.05	7.63	2.54
V2	2.72	2.52	2.70	7.94	2.65
V3	1.85	2.56	1.43	5.84	1.95
V4	1.40	2.54	1.95	5.89	1.96
V5	4.56	4.36	4.68	13.60	4.53
V6	1.90	1.71	1.73	5.34	1.78
V7	2.10	1.75	1.91	5.76	1.92
总和 *T.j*	17.11	17.44	17.45	52.00	2.48

（1）自由度与平均和的分解。

$$C=\frac{(\sum x)^2}{nk}=\frac{52^2}{3\times 7}=128.76$$

$$SS_T=n\sum_1^{nk}(xij-\bar{x})^2=\sum_1^{nk}x^2-C$$

$$=2.58^2+2.00^2+\cdots+1.91^2-128.76$$

$$=147.586-128.76$$

$$=18.826$$

$$SS_t=n\sum_1^{k}(\bar{i}i-\bar{x})^2=\frac{\sum_1^{k}Ti.^2}{n}-C$$

$$=(7.63^2+7.94^2+\cdots+5.76^2)/3-128.76$$

$$=16.81$$

$$SS_r=k\sum_1^{n}(\bar{x}.j-\bar{x})^2=\frac{\sum_1^{k}T.j^2}{k}-C$$

$$=(17.11^2+17.44^2+17.45^2)/7-128.76$$

$$=0.0126$$

$$SS_e=\sum_1^{k}\left(\sum_1^{n}(xij-(\bar{x}i.+\bar{x}.j)+\bar{x})^2\right)=SS_T-SS_t-SS_r$$

$$=2.0034$$

(2)求方差。

方差就是平方和与自由度的商,用 MS 表示。

$$MS_t = \frac{SS_t}{k-1} = 2.802$$

$$MS_r = \frac{SS_r}{n-1} = 0.0063$$

$$MS_e = \frac{SS_e}{(k-1)(n-1)} = 0.1670$$

(3)F 测验。

各品种间:$F_t = \frac{MS_t}{MS_e} = 16.778$

各区组间:$F_r = \frac{MS_r}{MS_e} = 0.377$

表 8-2 区域试验方差分析

变异来源	平方和 SS	方差 MS	F	$F_{0.05}$	$F_{0.01}$
品种间	16.81	2.802	16.778	3.00	4.82
区组间	0.012 6	0.063	0.377	3.88	6.93
误差	2.003 4	0.167	—	—	—
总变异	18.826	—	—	—	—

(4)多重比较。

若 $F_t > F_{0.01} >> F_{0.05}$,本试验中 $F_t = 16.778$ 则需要进行多重比较,最常用的是采用最小显著极差法(简称 LSR 法),在 LSR 法中又有新复极差测验和 q 测验法等 2 种不同的测验方法,常用新复极差法,又称 SSR 法。

首先,计算平均数的标准误 Se:

$$Se = \sqrt{\frac{MS_e}{n}}$$

$$=0.535$$

式中 MS_e 为试验误差方差,n 为被比较的品种数。然后,计算 $LSR_a = Se \times SSR_a$

表 8-3 各品种平均数的 *LSR* 值

P	2	3	4	5	6	7
$SSR_{0.05}$	3.08	3.23	3.33	3.36	3.40	3.42
$SSR_{0.01}$	4.32	4.55	4.68	4.76	4.84	4.92
$LSR_{0.05}$	1.647 8	1.728 1	1.782	1.797 6	1.819	1.829 7
$LSR_{0.01}$	2.311 2	2.434 3	2.503 8	2.546 6	2.589 4	2.632 2

表 8-4 各品种平均数的新复极差测验表

品种代号	平均数	测验水平	
		0.05	0.01
V5	4.53	a	A
V2	2.65	b	A
V1	2.54	b	A
V4	1.96	b	B
V3	1.95	b	B
V7	1.92	b	B
V6	1.78	b	B

2. 产量稳定性分析

(1)Eberhart - Rusell 回归模型。

分析作物品种稳定性的方法很多,现今国内进行稳定性分析时应用 Eberhart - Rusell 回归模型较多。

以一个试点一年中参试品种的平均产量作为反映环境因素的综合指标,这个指标称为环境指数。以环境指数为自变量(x),以每个品种在各试点的小区产量为依变量(y),建立线性回归模型($y = a + bx$),计算回归系数(b)、相关系数(r)和决定系数(r^2)。b 值为品种适应性指标,r 值为可靠性指标,r^2 可以衡量品种适应性是否稳定。当 $b = 1$ 时,说明该品种具有广泛的适应性;当 $b > 1$ 时,该品种特别适应于高产区;当 $b < 1$ 时,说明该品种特别适应于低产区。b 称为第一稳定性参数,把直线回归离差 $s_{di}{}^2$ 作为度量稳定性的参数,称为第二稳定性参数。理想品种:$b = 1$,$s_{di}{}^2 = 0$。

(2)HSC 法。

HSC 法就是高稳系数法(high stability cofficience method)的简称。

$$HSC=\frac{目标品种稳定产量 G_a-参试品种稳定产量 G_i}{目标品种稳定产量 G_a}\times 100\% \quad (8-1)$$

由于作物的表型产量由其稳定产量 G(即遗传基础产量)和环境变异产量 S 引起,固有 $G=X-S$ 恒成立;又目标品种产量一般以稳定比对照增产 10% 以上计算,且理论上认为对照品种是比较稳定的,即 S_{ck} 趋于 0,为计算方便,常省去 S_{ck} 项,经整理,高稳系数可简化为:

$$HSC=\frac{1-(X-S)}{1.1X_{ck}}\times 100\% \quad (8-2)$$

或进一步简化为:

$$HSC=\frac{(\bar{X}_i-S_i)}{1.1X_{ck}}\times 100\% \quad (8-3)$$

高稳系数是纳入了各参试品种的平均产量及标准差形成的新品种的统计参数,它依参试品种的遗传基础产量与目标品种产量的百分比来反映品种的高产性与稳定性。在式(8-1)和式(8-2)中,HSC 值越小,其高产稳产性越好,式(8-3)则相反。

因年际间差异和地域间差异,对其稍加修正,即逐年逐点加以 HSC 求值,然后以多年多点 HSC 值等权平均,求得各参试品种(系)的最终 HSC 值。

$$HSC(i,j)=\frac{[X(i,j)-S(i,j)]}{1.1X_{ck}}\times 100\% \quad (8-4)$$

$$(i=1,\ 2,\ \cdots,\ m;\quad j=1,\ 2,\ \cdots,\ n)$$

式(8-4)中,$HSC(i,j)$ 为某品种 i 年 j 点的高稳系数值,$X(i,j)$ 为某品种 i 年 j 点的平均产量,$X_{ck}(i,j)$ 为某品种 i 年 j 点对照品种的平均产量,$S(i,j)$ 为某品种 i 年 j 点的标准差。

$$HSC=\frac{\sum_{1}^{m}\sum_{1}^{n}(HSC(i,j))}{m\times n}\quad (i=1,\ 2,\ \cdots,\ m;\quad j=1,\ 2,\ \cdots,\ n)\quad (8-5)$$

以 1999—2000 年青海省蚕豆水地区域试验资料为例,具体数据见表 8-5。

表 8-5 试验品种(系)平均产量(X)、变异系数(CV)、回归系数(b)、高稳系数量 HSC 值

品种代号	平均产量 X/(kg/hm²)	较 CK_1	较 CK_2	位次	CV/%	b	HSC	位次
95-20	4 920.24	10.6	3.75	1	28.58	1.094 2	92.38	2
95-08	4 777.28	7.39	0.54	2	27.23	1.051 9	93.44	1

表 8－5(续)

品种代号	平均产量 X/(kg/hm²)	较 CK_1	较 CK_2	位次	CV/%	b	HSC	位次
CK_2	4 753.57	6.85	—	3	28.79	1.079 9	90.1	3
95－25	4 655.16	4.64	－2.21	4	24.27	0.869 0	88.44	5
95－22	4 607.54	3.57	－3.28	5	25.72	0.887 2	89.16	4
95－23	4 506.75	1.3	－5.55	6	29.25	0.991 2	82.53	7
CK_1	4 448.81	—	－6.85	7	28.87	1.031 7	82.96	6

3. 综合评判分析

农作物新品种(系)选育过程中,为了不使各优良性状控制基因发生漂移,丰富遗传资源的多样性,在考虑主要目标性状的同时,应考虑各性状与主要目标性状的关联度。构成产量性状的因子很多,影响产量的因素也很多,包括外在的和内在的因素,在不同的生态地区各性状的表现可能差异比较大。因此,在农作物新品种(系)区域化鉴定其利用价值、确定适应范围和推广地区时,应综合各性状进行评价。农作物新品种(系)产量系统实质上是一个由多个关系比较模糊的因素组成的灰色系统。虽然,在这个系统中,各子系统之间相关性比较弱,但某一子系统内部各元素之间相关性还是比较强的。蚕豆是青海省重要的出口农产品,在培育新品种时,不仅要求农艺性状优良,丰产性好,更重要的是要强调其商品品质,因此,需要进行综合评判。

将作物系统分为 2 个层次,以单层次综合评判为基础,然后进行层层综合评判。图 8－5 为作物多层次综合评判框架图。

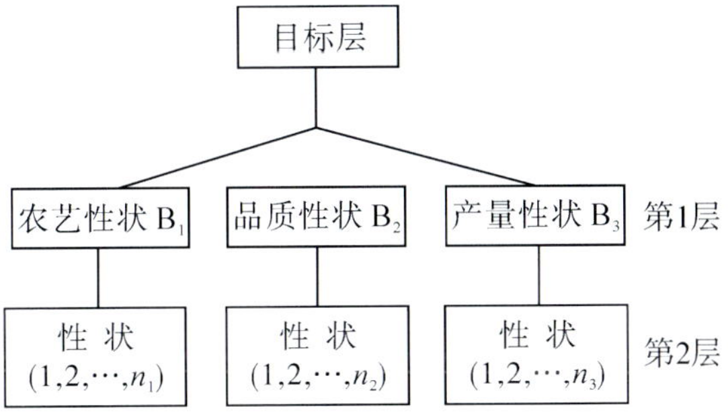

图 8－5　作物多层次综合评判框架图

以“理想品种”($i=0$)为参考序列，以“参试品种(系)”为比较序列，计算第 i 个品种第 j 项指标与“理想品种”第 j 项指标的关联系数为 ξ_{ij}($i=1, 2, \cdots, m$; $j=1, 2, \cdots, n$)。

$$\zeta_{ij}=\frac{\min\min|X'_{0j}-X'_{ij}|+\rho\max\max|X'_{0j}-X'_{ij}|}{|X'_{0j}-X'_{ij}|+\rho\max\max|X'_{0j}-X'_{ij}|} \qquad (8-6)$$

式(8-6)中，$\min\min|X'_{0j}-X'_{ij}|$为两级最小差，$\max\max|X'_{0j}-X'_{ij}|$为两级最大差，$\rho$ 为分辨系数，取值在[0, 1]之间，一般 $\rho=0.5$，得到关联矩阵。

$$E=\{\xi_{ij}\} \quad (i=1, 2, \cdots, m; \quad j=1, 2, \cdots, n) \qquad (8-7)$$

综合评判采用加权平均法，各子系统元素在其系统中的权重。设 $R=(r_1, r_2, \cdots, r_m)$为综合评判结果矩阵，其中 r_i($i=1, 2, \cdots, m$)为第 i 品种的评判结果，$W=(w_1, w_2, \cdots, w_n)$为 n 个评判指标的权重。

$$R=W\times E \qquad (8-8)$$

其中，$r_i=\square(w_j\times\xi_{ij})$。

刘玉皎等(2003)以1999—2000年青海省蚕豆水地区域试验资料为例，具体数据见表8-6、表8-7。

表8-6　参试品种和理想品种主要性状平均值

品种	农艺性状(B_1)						商品品质(B_2)		产量性状(B_3)		
	株高/cm	有效枝数/个	单株荚数/个	单株粒数/粒	单株量/g	生育期/d	百粒重/g	整齐度/%	绝对产量/(kg/hm^2)	增产率/%	高稳系数HSC
理想品种	120	3	15	40	70	140	190	1	3 500.00	15	100
95-08	120	2.3	9.37	16.84	29.5	138.5	187.1	0.92	3 311.26	10.21	94.49
95-25	119.8	2.18	9.21	16.71	29.1	140	185.4	0.90	3 157.36	5.09	87.33
95-20	118.8	2.6	10.06	18.79	33.5	138	190.2	0.96	3 357.79	11.76	92.82
95-32-3	94.1	2.2	9.55	16.93	29.1	138	181.8	0.89	3 104.11	3.31	88.03
95-158-1	115.6	2.3	8.94	18.0	33.1	138	183.9	0.90	3 093.07	2.95	83.92
青海3号 Qinghai 3	118.1	2.39	10.1	17.8	29.1	138	163.7	0.83	3 004.55	0	82.23
青海9号 Qinghai 9	119.5	2.55	9.92	18.22	30.9	140	179.7	0.85	3 226.84	7.4	90.21

表 8-7　各参试品种与理想品种的关联系数值及权重系数值

品种	农艺性状(B_1)						商品品质(B_2)		产量性状(B_3)		
	株高/cm	有效枝数/个	单株荚数/个	单株粒数/粒	单株量/g	生育期/d	百粒重/g	整齐度/%	绝对产量/(kg/hm^2)	增产率/%	高稳系数 HSC
95-08	1.000 0	0.375 8	0.349 9	0.347 1	0.349 4	0.507 5	0.832	0.523	0.806 7	0.876 4	0.875 3
95-25	0.985 6	0.339 5	0.343 5	0.345 8	0.347 1	1.000 0	0.752 4	0.466 4	0.596 8	0.622 3	0.584 6
95-20	0.919 6	0.513	0.380 2	0.367 3	0.373 4	0.435 9	1.000 0	0.690 3	0.902 6	1.000 0	0.784 3
95-32-3	0.346 5	0.345	0.357 3	0.348	0.347 1	0.435 9	0.625 6	0.442 5	0.547 6	0.565 3	0.604 2
95-158-1	0.757 3	0.375 8	0.333 3	0.358 8	0.370 8	0.435 9	0.693 8	0.466 4	0.538 3	0.555	0.504 7
青海 3 号 Qinghai 3	0.878 4	0.408 6	0.382 1	0.356 8	0.347 1	0.435 9	0.338 7	0.338 4	0.474 3	0.483	0.472 7
青海 9 号 Qinghai 9	0.964 6	0.483 6	0.373 6	0.361 2	0.357 4	1.000 0	0.569 6	0.367 2	0.676 3	0.715 9	0.674 7
W(i)	0.281	0.134	0.126	0.126	0.126	0.206	0.593	0.407	0.321	0.365	0.314

根据式(8-8),子系统 B_1、B_2、B_3的综合评判结果分别为:

$R_1=\{0.567\,7, 0.659, 0.558\,2, 0.366, 0.456\,9, 0.528\,2, 0.679\,6\}$

$R_2=\{0.709\,9, 0.636, 0.874, 0.551\,1, 0.601\,2, 0.338\,6, 0.487\,2\}$

$R_3=\{0.853\,7, 0.602\,3, 0.901, 0.571\,8, 0.533\,5, 0.477, 0.690\,3\}$

下面进行上一层次的评判,将子系统 B_1、B_2、B_3的评判结果作为指标序列,以“1”为参考序列,则得矩阵为:

$$\begin{pmatrix} 1.000\,0, & 0.567\,7, & 0.659, & 0.558\,2, & 0.366, & 0.456\,9, & 0.528\,2, & 0.679\,6 \\ 1.000\,0, & 0.709\,9, & 0.636, & 0.874, & 0.551\,1, & 0.601\,2, & 0.338\,6, & 0.487\,2 \\ 1.000\,0, & 0.853\,7, & 0.602\,3, & 0.901, & 0.571\,8, & 0.533\,5, & 0.477, & 0.690\,3 \end{pmatrix}$$

由式(8-7)求得关联矩阵为:

$$E=\begin{pmatrix} 0.563\,2, & 0.639\,7, & 0.556\,2, & 0.445\,4, & 0.509\,2, & 0.535\,5, & 0.66 \\ 0.692\,2, & 0.618\,5, & 0.940\,9, & 0.551\,2, & 0.589\,0, & 0.433\,1, & 0.509\,4 \\ 0.900\,8, & 0.589\,9, & 1.000\,0, & 0.566\,2, & 0.539\,2, & 0.503\,3, & 0.671\,0 \end{pmatrix}$$

由式(8-8)得,综合评判结果矩阵为:

$R=\{0.726\,5, 0.614\,9, 0.846\,2, 0.524\,7, 0.547\,7, 0.488\,4, 0.611\,1\}$

相对应的品种代号为95－08、95－25、95－20、95－32－3、95－158－1、CK_1（青海3号）、CK_2（青海9号），对应的位次分别为2、3、1、6、5、7、4。

（五）蚕豆区域试验总结

蚕豆区域试验总结是年终区域试验总结和交流及存档的资料性文件，也是蚕豆新品种能否通过审定的理论依据，试验结果的真实性直接关系到能否为该地区鉴定筛选出1个或几个真正在生产中发挥增产增收效益的优良品种。因此，一定要按照试验下达单位或下达计划要求认真撰写试验总结，执行单位或执行人要对试验结果的真实性负责。

蚕豆区域试验总结主要包括正文和附件。正文包括标题、承担单位与执行人、试验目的、试验材料和方法（包括田间管理等）、试验结果、结论。附件包括生育期记载表、主要农艺性状考种表、田间管理记载表和不正常现象记载或说明表。按照品种区域试验管理办法，区域试验总结应为一式5份，省级品种管理单位和县级品种管理单位各1份、试验承担单位和执行单位各1份、执行人1份。试验总结在送达各部门之前一定由承担单位领导审核后，加盖公章。

（六）蚕豆品种试验观察记载标准

1. 物候期

（1）出苗期。指田间50%以上的幼苗出土，芽叶伸直的日期。

（2）分枝期。指田间50%以上的植株第1个幼枝长达2 cm的日期。

（3）开花期。指田间50%以上的植株开花的日期。

（4）结荚期。指田间50%以上的植株第1个幼荚长达2 cm的日期。

（5）成熟期。指田间80%以上植株的下部第1、2层荚变黑的日期。

（6）生育日数。自出苗到成熟的天数。

（7）熟期。根据出苗至成熟的日数，分为3种：①早熟：出苗至成熟的日数在90 d以下；②中熟：出苗至成熟的日数在91～120 d之间；③晚熟：出苗至成熟的日数在121 d以上。

2. 植物学特征

（1）叶色。在苗期、花期分别记载，分为绿、浅绿、深绿3种。

（2）叶形。开花期观察主茎第4节叶片的形状，分为卵圆形、长椭圆形、椭圆形和阔椭圆形4种。

(3)幼苗分枝形态。在分枝至现蕾前观察分枝与地面的角度,按照该角度分为3种:①直立形:大于60°;②半直立形:30°~60°;③匍匐形:小于30°。

(4)植株生长势。在苗期和花期记载,分为强、中、弱3级。

(5)株型。根据主茎和分枝形态的收敛程度,分为3种:①紧凑:植株直立;②松散:植株半直立;③中间:介于紧凑与松散之间。

(6)幼茎颜色。分为紫、浅紫、绿、浅绿4种。

(7)茎色。在花期观察主茎颜色,分为绿、浅绿、紫、浅紫4种。

(8)花色。盛花期观测旗瓣、翼瓣和龙骨瓣的颜色及其脉纹色泽,分为纯白、白、紫、浅紫4种。

(9)现蕾节。指植株基部开始现蕾的节位。

(10)始花节。主茎第1朵花所在节位。

(11)始花高。主茎第1层花距茎基部的长度,以cm为单位。

(12)荚果长相。成熟期观测荚果与主茎间的角度,分为3种:①直立形:≤45°;②半直立形:45°~90°;③下垂形:>90°。

(13)荚果长(宽)度。随机取30个荚测量其平均长度、宽度,以cm为单位,分为3种:①长荚型:10 cm以上;②荚型:5~10 cm;③短荚型:5 cm以下。

(14)荚果集中性。指荚果在植株上着生的密集程度,分集中和分散2种。

(15)荚色。成熟期荚果的实际颜色,分黑褐、黄褐等,主色记于副色之前。

(16)粒色。籽粒成熟时种皮的颜色,分深绿、绿、浅绿、乳白、白、紫、红、灰。

(17)种子形状。分阔厚形、阔薄形、中厚形、中薄形、窄厚形、球形。

(18)种子长(宽)度。随机取10粒种子测量其平均长、宽度,以cm为单位。

(19)种皮光泽。籽粒晒干后观察,分有光泽和无光泽。

(20)种子厚度。随机取10粒种子测量其脐端、末端的平均厚度,以cm为单位。

(21)脐色。种子成熟时脐的颜色,分黑、黄、白、绿。

(22)种脐长(宽)度。随机取10粒种子测量其平均长、宽度,以cm为单位。

(23)株高。成熟时随机取30株测量,从植株第1节或地面到最长枝顶端的平均高度,以cm为单位,分为3种:①高:120 cm以上;②中:100~120 cm;③矮:100 cm以下。

(24)单株有效枝。成熟时,随机取30株统计所有结1个以上有效荚的枝,求其平均值。

(25)单株实荚数。成熟时,随机取30株统计所有结1个以上籽粒的荚的数量,求其平均值。

(26)单株粒数。成熟时,随机取30株统计其有效粒数,求其平均值。

(27)百粒重。以晒干后的种子为准,随机取样100粒,3次重复,求平均值,误差不超过2~3 g,以g为单位。

(28)经济系数。随机取干燥植株30株(含水量不超过12%),计算其籽粒质量与总质量之比。

3. 抗病性

(1)叶部病害。褐斑病、赤斑病、轮纹病、锈病等,按病斑在叶片上所占的面积,分为5级:①0级(免疫):完全无病斑;②1级(高抗):病斑占叶片面积25%以下;③2级(中抗):病斑占叶片面积25%~50%;④3级(感染):病斑占叶片面积50%~75%;⑤4级(高感):病斑占叶片面积100%,植株枯死。

(2)根部病害。枯萎病,调查病株占总株数的百分率,分为强、中、弱3级。

(七)稳定性评价模型

作物品种稳定性评价模型有多种,包括稳定性方差模型、Finlay - Wilkinson回归模型、Eberhart - Russell回归模型、加性主效乘式互作模型(AMMI)和环境方差模型5种常用稳定性分析模型,不同稳定性分析模型适用于不同的试验数据,模型选择对品种稳定性评价和品种效应差异显著性检验有较大的影响。为提高对作物品种特性评价的准确性,应针对具体的试验数据,利用Akaike信息量准则选用最佳的分析模型。

(八)特异性、一致性和稳定性测试

DUS:蚕豆品种的特异性(distinctness)、一致性(uniformity)和稳定性(stability),简称DUS,即蚕豆品种的三性。

特异性:申请品种权的植物新品种应当明显区别于在递交申请以前已知的植物品种。

一致性:申请品种权的植物新品种经过繁殖,除可以预见的变异外,其相关的特征或者特性一致。

稳定性：申请品种权的植物新品种经过反复繁殖后或者在特定的繁殖周期结束时，其相关的特征或者特性保持不变。

DUS 测试是由植物新品种保护审批机关（品种管理机关）自行或委托安排品种种植试验，采用相应植物测试技术与标准（DUS 测试指南和 DUS 审查及性状描述总则），通过田间种植试验或室内分析对申请品种的特异性、一致性和稳定性进行评价的过程。DUS 测试是品种保护、品种审定、品种登记的必要性条件，通过特征特性定义品种（通过身份界定来“发放身份证”），为品种管理提供技术依据。

参考文献

[1] 刘定富，顾正清，王曾，等. 蚕豆特矮秆突变体的遗传研究[J]. 遗传，1996(04)：8－11.

[2] 刘玉皎，袁名宜，刘洋，等. 蚕豆新品种评价方法探讨——应用 HSC 法评价蚕豆新品种高产稳产性[J]. 青海农林科技，2001(4)：42－43.

[3] 刘玉皎. 多层次灰色综合评判模型在蚕豆育种中的应用[J]. 杂粮作物，2003(4)：199－202.

[4] NY/T 2345—2013，植物新品种特异性、一致性和稳定性测试指南—蚕豆[S]. 北京：中国农业出版社，2013.

[5] 南京农业大学主编. 田间试验和统计方法(第二版)[M]. 北京：农业出版社，1991.

第九章

蚕豆的栽培技术

中国蚕豆的种植地域十分广阔，各地的气候、土壤、地势以及社会经济发展的水平和耕作制度等各有不同，形成了多种多样的耕作制度及栽培模式。

第一节 蚕豆的种植制度

我国的蚕豆栽培经过多年的实践，逐渐形成轮作、间作、套种以及混作的种植制度。

一、轮作

中国蚕豆栽培的长期实践和试验研究表明，蚕豆宜轮作，忌连作。轮作是指在同一田块上有顺序地在季节间和年度间轮换种植不同作物或复种组合的种植方式，是一种有效地用地养地相结合的耕作制度，不仅有利于均衡利用土壤养分和防治病、虫、草害，还能有效改善土壤的理化性质，调节土壤肥力以达到增产增收的目的。蚕豆在我国有悠久的种植历史，且种植地域广阔，因各地的自然环境和经济社会发展的差异形成了蚕豆多种多样的轮作方式。我国蚕豆的轮作历史悠久，长期的生产实践形成了丰富多样的轮作制度。

（一）秋播区轮作制度

一年多熟和精耕细作是蚕豆秋播区最显著的特点，同时，自然条件和经济社会条件的显著差异造成了秋播蚕豆不同亚区之间轮作制度的多样性。主要的轮作制度有：①南方丘陵亚区热量充足，降水丰富，自然条件优越，人多地少，复种指数高。水稻—蚕豆为主的水旱轮作是本区最大的特点，不论单季稻区还是双季稻区，多是水稻与蚕豆、油菜等轮作。②长江中下游亚区是我国蚕豆的主产区之一，栽培面积超过全国总面积的1/3，主要的轮作方式为单季中稻—蚕豆或大麦轮作，也有油菜、棉花、小麦和蚕豆轮作。③西南山地、丘陵亚区纬度跨度大，海拔高低差异显著，是我国蚕豆主产区之一，播种面积达到全国总面积的42.1%，主要的轮作方式为单季晚稻—蚕豆或者小麦轮作和玉米—蚕豆或者小麦轮作，也有少量烤烟—蚕豆轮作。

（二）春播区轮作制度

春播秋收，一年一熟，雨热同期，生长季节短是蚕豆春播区的主要气候特点，该区蚕豆种植面积约占全国总面积的15%。蚕豆春播区经纬跨度很大，区内生态差异较小，种植结构相对单一，轮作主要有蚕豆—小麦、蚕豆—马铃薯、蚕豆—玉米等方式。①甘西南、青藏高原亚区，主要轮作制度有蚕豆—马铃薯—小麦、蚕豆—青稞或糜子—马铃薯或油菜等。②北部内陆亚区，主要轮作制度有蚕豆—小麦—蚕豆和蚕豆—马铃薯—小麦。③北疆亚区，属大陆性干旱、半干旱气候，蚕豆栽培灌溉主要依靠雪水，轮作制度主要为蚕豆—玉米—小麦。

二、混作、间作及套种

在中国，许多地方为了更加充分地利用光能、水分、养分和地力，抑制杂草滋生，减少病虫害，增加作物产量，采用蚕豆和其他作物间作、混种和套种。

（一）混种

混种是一种比较古老的种植方式。一般的形式是蚕豆与油菜、大麦、小麦、绿肥等冷凉季节作物混种。要注意选择播种期、品种的生育期及不同作物的种植比例。

（二）间作套种

间作套种是一种复种轮作的方式，它有利于充分利用地力，调节作物对光、温、水及养分的需要。间作套种技术最重要的是播期及株行距设计、调节共生期的长短及其与作物生育特性的良性互作。蚕豆与玉米、马铃薯、棉花等作物实行间、套作较为普遍。在南方，蚕豆与小麦、蔬菜、葡萄、蚕桑等进行间套种也较为常见。

以下是6种常见的间作套种模式：

1. 蚕豆间作小麦

蚕豆和小麦间作比麦类单作增产20%～30%。蚕豆与小麦间作时，若以蚕豆为主，则蚕豆3行，小麦1行；若以小麦为主，则蚕豆1行，小麦2～8行不等；也有各一半的，即豆、麦各2行，或隔年间作，宽窄行间作。

2. 蚕豆套种棉花

江苏、上海、浙江等省（市）棉区，蚕豆/棉花套种比较普遍。蚕豆于10月下旬到11月上旬播种，一般畦宽1.2～1.5 m，畦西边各种2行蚕豆，蚕豆行距80～100 cm，株距15～20 cm，在畦中央种1～2行冬芥菜（雪里蕻）或1行绿肥，到翌年4月上旬收冬芥菜或翻耕绿肥，整地播种或移栽棉花于蚕豆行间，棉花与蚕豆共生期40～60 d。如棉花采用营养钵移栽，豆、棉共生期40 d左右。豆、棉套种，既有利于棉花苗期抗寒防冻，又能克服因蚕豆生育期较长而延误棉花的短期栽种。

3. 蚕豆套种玉米

在西北部分区域、长江流域及南方各省广为采用。一般畦宽1.7～2 m，畦两边各种1～2行蚕豆，或畦中间种植2～3行蚕豆，宽行间在翌年4月上旬播种或移栽玉米，两者共生期50～60 d。5月底蚕豆收获，之后还可在玉米行间种植甘薯，这样形成蚕豆—玉米—甘薯三熟的种植方式。

4. 稻茬套种蚕豆

属于稻茬免耕栽培，抢墒播种。在水稻蜡熟初期，将蚕豆种安置于水稻行间，然后开沟做畦排出多余的水分，一般畦宽1.5～2.5 m，主沟深30～50 cm，开沟深度和做畦宽度视田块给排水条件而定，水稻收获后蚕豆即开始出苗，水稻与蚕豆共生期10 d左右，多用于水稻收获期较晚、收获水稻后没有灌出苗水条件的区域，可以保证蚕豆出苗期和出苗率。

5. 桑园套种早秋蚕豆

在云南中西部、南部，选择排灌条件较好、土质疏松、耕作层深厚的桑园套种。播种前进行化学（人工）除草，改善田间病虫控制和温湿度环境。一般在9月上旬桑叶采摘到基部叶时为最佳播种期，一是桑叶不遮阴，可避免蚕豆长成高脚苗而倒伏；二能充分利用9月份水热条件，有利于蚕豆生长，提高产量及品质。桑树12月中上旬再进行修剪、追肥，有效地避过蚕豆盛花盛荚期霜冻和雪害，修剪后又能让蚕豆植株获取充足日照，通风透光，减少花荚脱落。若桑树种植规格为120 cm×33 cm的田块，则在桑树间条播2行蚕豆；若桑树种植规格为150 cm×33 cm的田块，在桑树间条播3行蚕豆。株距视播种蚕豆品种特性而定（大粒种宜稀播，小粒种宜密植）。桑园套种蚕豆多用于鲜销生产，宜选用中早熟品种，在来年春季桑叶发芽前完成鲜荚采收，不影响桑树正常生长。

6. 鲜食蚕豆林地间作

选用丘陵平坝或缓坡地区郁闭度0.3以下的林地，地块应排灌方便。于10月中下旬，选用具有光泽、粒大、饱满、无虫蛀、无霉变、无破裂的种子，如通蚕鲜8号等菜用大粒蚕豆。播种前晒种2～3 d，行距100 cm，穴距30 cm，穴播，每穴2～3粒种子，播种深度3～5 cm。每667 m^2宜施45%的复合肥（$N:P_2O_5:K_2O=15:15:15$）22 kg作基肥，施于种穴旁10 cm处。

播种后立即每667 m^2用96%的精异丙甲草胺乳油50～80 mL，按1 500倍液稀释后进行除草。幼苗3～4叶时，查苗补苗，每穴定苗2株，每667 m^2留苗4 000株左右。在主茎5～6叶时去除主茎心，促进分枝生长。当田间将近一半的植株茎部已结2～3个荚、荚长2～3 cm、植株平均有8苔花序时打顶，摘去顶端嫩梢3～6 cm。

坚持绿色防控，优先采用农业防治、物理防治、生物防治，合理使用化学防治。常见病虫害有赤斑病、褐斑病、锈病、根腐病、蚕豆象、蜗牛、蚜虫、斑潜蝇等。发现病株及时拔除销毁，减少病源数量；清沟排水，严防渍害；早晚人工捕捉蜗牛，蚜虫、烟粉虱等害虫可用银灰膜驱蚜，或用频振式杀虫灯、黄板引诱等方法控制虫害，也可利用瓢虫、草蛉、食蚜蝇、蚜茧蜂等自然天敌杀灭蚜虫。

三、其他栽培方式

（一）华东沿海地区

1. 蚕豆一种两收模式

蚕豆再生性较强。在江苏沿江地区一带，采用适当措施提早蚕豆播种期，充分利用晚秋初冬的有利季节，增加植株冬前的生长量，生长 60 d 左右于越冬前刈割大部分地上茎叶作肥（饲）料，每 667 m^2产鲜草量一般可达 550～750 kg，可供 1 头生猪食用 1～2 个月；留茬 5～10 cm，再生分枝越冬，供春后收割鲜草或结荚收籽。

由于蚕豆提早播种，冬前已形成强大根系，冬前刈割后长出大量再生分枝，因此，蚕豆的籽粒产量也比正常播种的蚕豆增产 5%～10%。这一技术在江浙及华中、西南部分区域有较好的推广价值。

2. 大棚蚕豆—西瓜高效栽培模式

大棚蚕豆于 9 月初至 9 月中旬移栽（经过人工春化的蚕豆芽苗），元旦前开始采收蚕豆鲜荚，4 月上中旬采收结束，清茬准备种西瓜；西瓜于 3 月下旬播种育苗，4 月中下旬定植，7 月上旬开始采收上市，至 8 月中下旬西瓜拉藤，收获完毕。

选择高产、优质、籽粒大的蚕豆品种，如通鲜 2 号、通鲜 3 号等。移栽密度为 1 500 株/667 m^2。芽苗移栽时，芽苗不必带土，地膜移栽，人工用小锹穴栽。第 1 次架膜时间在 10 月底，盖好外边的大棚膜；第 2 次架膜时间一般在 12 月中下旬（温度低于 0 ℃有花荚），晚上盖好里边的二棚膜防止花荚冻害。

苗期分枝期温度掌握在 12～15 ℃，现蕾开花期 15～18 ℃，开花结荚期 15～25 ℃；大棚内相对湿度 60%～80% 为宜。为了促使蚕豆提早开花结荚，于 12 月中下旬架内棚膜。开始结荚后，每株保持有效分枝数 10 个，将多余的清除掉。下部始花发黑，抽出黑色部分看到小荚约 1 cm 时摘除顶心。整除无头枝（冻害枝或主茎）、空枝。

施肥方面要注意 2 点：一是巧施基肥。一般在秋播前 10～15 d，按照种植布局，开挖 1 条蚕豆待栽行（沟），规格为 20 cm×20 cm，其挖出的土放置在行间，先碎土、晒土灭菌，然后按每 667 m^2标准大棚磷肥和复合肥各 20 kg 或腐熟的有机肥1 000 kg,均匀施于栽种沟内,随后覆土拉平或再起高垄 10 cm 待移栽。二是巧施花荚肥。在植株下部结第 1 个小荚时及每次采荚后,利用滴灌带施肥。

3. 夏玉米—蚕豆—马铃薯周年三熟高效种植模式

玉米播种期为5 月下旬,采收期为9 月中下旬;蚕豆播种期为10 月中旬,采收期为4 月中上旬;冬马铃薯播种期为 12 月上旬,采收期为 5 月上旬。

玉米收获后,蚕豆种子晒种 2 ~ 3 d,以提高发芽率;播种前,用钼酸铵 150 g/hm^2、福福锌 750 g/hm^2拌种,先用温水将钼酸铵溶解,与种子拌匀,再与炭疽福美拌匀,现拌现播。马铃薯播种前 2 ~ 3 d 切块,切块一定要纵切,保证芽的顶端优势。按照芽眼切,最好将种薯一切为二,每块上的芽眼分布均匀,出芽后揭膜,将种薯摊放,暴露在散射光下炼芽,使薯芽转为紫色。然后根据薯芽的长短和粗壮程度分级,分期播种。

蚕豆播种期为 10 月下旬。垄面宽 1. 2 m,在垄中间播种 1 行蚕豆,株距 35 cm,种植密度 2. 1 万株/hm^2左右,每穴播 1 粒种子。马铃薯 12 月上、中旬播种,1 垄双行种植,摆种不少于6 万株/hm^2,播种深度 10 ~ 12 cm,芽眼向上,覆土厚 7 ~ 8 cm。

整地时,施腐熟的农家肥 15 ~ 30 t/hm^2、45% 的复合肥(15∶15∶15)600 ~ 750 kg/hm^2作基肥。蚕豆于 3 ~ 4 片真叶时,视苗情追施尿素 90 ~ 150 kg/hm^2,以促进幼苗生长和根瘤形成。在蚕豆开花结荚期或 3 月上中旬,根据蚕豆与马铃薯长势,追施尿素 75 ~ 150 kg/hm^2、45% 的复合肥(15∶15∶15)225 ~ 300 kg/hm^2。在马铃薯开花和蚕豆结荚期,结合防病治虫叶面喷施硼、钼肥和 KH_2PO_4 2 ~ 3 次。

蚕豆在盛花后期,要摘花心打顶,控制徒长,减少植株养分消耗。马铃薯盛花期可摘花控制徒长,促进植株养分向地下块茎输送。

病虫害防治应遵循"预防为主,综合防治"的植保原则。蚕豆防治重点是根腐病、灰斑病、孢囊线虫、蚕豆食心虫、蚜虫等;此外,蚕豆田间杂草很多,要应用低毒、高效、低残留的化学除草剂进行化学除草,播前进行 1 次土壤化学封闭除草,结荚期再喷 1 次除草剂。马铃薯重点防治病毒病、环腐病、晚疫病等,当出现零星发病时,及时拔除病株以减少再次侵染,并喷施甲霜灵锰锌等药剂进行防治。

4. 蚕豆长季节均衡上市设施栽培模式

(1)种植密度调控:根据不同移栽期调整种植密度,设施栽培如于 8 月下旬至9月中旬移栽，密度为1.95万～2.25万株/hm^2；如于9月下旬至10月上旬移栽，密度为2.25万～2.55万株/hm^2；如于10月中旬至11月上旬移栽，则密度为2.55万～2.85万株/hm^2；如于11月中下旬移栽，密度为2.85万～3.3万株/hm^2，垄式、滴灌、孔穴移栽，移栽后的前3 d滴灌缓苗水。露地栽培于10月15日至11月下旬移栽，栽植密度为3.75万～4.5万株/hm^2。

(2)温湿度调控：根据不同生育期进行温度调控，总体适宜温度为5～22 ℃。高温段：极限高温30 ℃以下，最大限度保持移栽苗的成活率。低温段：极限低温0 ℃以上，避免花荚冻害。根据气候条件进行湿度调控，保持土壤湿润，棚内相对湿度50%～70%。

(3)株高限长：分枝始花发黑，抽出黑色部分看到小荚约1 cm时，于晴天摘除顶心，整除无头枝、空枝及多余枝，每株保持有效分枝数10～15个，喷施具有微控作用的杀菌剂等。

(4)大棚管理：架膜时间，架一膜一般在10月下旬至11月初气温10 ℃以下时，架二膜一般在12月中下旬气温－3 ℃时。开棚顺序依次为朝阳面门、背阳面门、朝阳面通风口、背阳面通风口。关棚顺序依次为背阳面门、朝阳面门、背阳面通风口、朝阳面通风口。开棚时间为上午8:00～9:00，阴雨天只开棚门通风。关棚时间为下午3:00。棚膜管理时间为11月中旬至次年3月中旬，4个月左右。

(5)肥水管理：基肥每667 m^2施磷肥50 kg及45%的三元复合肥25 kg，如前茬为瓜、茄果类则无须施基肥。蚕豆芽苗移栽后，及时滴灌2～3次缓苗水；现蕾开花后开始滴灌施肥，每667 m^2追施尿素5 kg；立春后每隔7～10 d滴灌1次，小水勤灌，保持湿润，结荚期还需结合防病喷施0.5%～1%的氮肥及其他元素如硼、锌、钾肥液等。

（二）西南地区

1. 蚕豆稻茬免耕直播模式

主要在蚕豆主产区的西南3省大面积地推广使用，主要技术是抢在土壤持水量高于20%时，采用人工方法将蚕豆豆种种脐朝下用手直接安置于软泥的土壤中，如果田块湿度低于20%导致地块稍硬，则可利用直径小于1 cm，一端呈圆锥状的工具（俗称“豆桩”）在稻田中打深度为4～5 cm的洞孔，将蚕豆安置于洞孔中，要将豆粒完整地置于泥中。

播种时，沿水稻收割后留下的稻桩行下种，单行或宽窄行条播，每隔1行稻桩下种 1 行，根据蚕豆品种不同调整株距，保证蚕豆播种密度在 18 万～37.5 万株/hm^2之间。分枝在 3 个以下的品种，需将种植密度加大，以 24 万株/hm^2左右为宜；分枝发达（高于 4 个）的品种，如云豆 2883、云豆早 7、通蚕鲜 6 号、通蚕鲜 7 号、成胡 18 号、青海 13 号、慈溪大白豆等，则适当增加株距以降低密度，密度以 22.5 万株/hm^2左右为宜。蚕豆的种植密度，一般保持为水稻种植密度的 1/2～2/3。

此外，稻后免耕蚕豆种植密度的控制还需要根据水稻田块的肥力不同而变化，肥力较好的田块适当降低密度，控制在 22.5 万～30 万株/hm^2，肥力及保水能力差的田块密度控制在 30 万～62.5 万株/hm^2。

水肥管理：下种完成后及时开沟排水。根据土壤持水量大小，如果田块位置低洼且常年水分含量高于 60%，则按 2～3 m 的厢宽开沟排水，沟宽 40 cm，沟深 40 cm 为宜；一般情况下，按厢面 3～5 m 开沟，沟深度及宽度按照 30 cm 即可。将开沟取出来的土均匀地覆盖墒面以保持墒面湿润无积水。

2. 山区旱地蚕豆免耕套作生产模式

在前茬烟草烟叶采摘至剩余约 4～5 片时播种，前茬作物是玉米则在玉米乳熟期播种。通用种衣剂包衣，用浓度 600 g/L 的吡虫啉悬浮种衣剂按照质量比 1（种衣剂）：100（种子）处理种子，或者播种前每千克种子用 1～2 g 钼酸铵，配成 3%～5% 的溶液，边喷边拌，阴干即可播种。

无须整地，免耕直播。烟草或者玉米秸秆在蚕豆整个生长期内均留置于田间，如果玉米秸秆高度较高则去除中上部分；种植的厢面宽度、行距依照前茬作物整地情况，不作调整。一般情况下，烤烟/玉米厢面宽度 80 cm，厢面与厢面之间的距离 120 cm，沟宽 40 cm。种植密度 22.5 万～37.5 万株/hm^2，此外需根据土壤肥力状况作增减调整，土壤肥力较好的田块适当减少播种量 1～2 kg。顺厢面走向开槽（条播）或者穴播（深度 3 cm 为宜），双粒播种时株距保持 12～15 cm，单粒播种时株距为 6～8 cm。将蚕豆直接种植在槽或者穴里面，播种后用土覆盖，覆盖深度 2～3 cm，建议用有机肥盖种。

病虫害的防治应采用物理防治为主、化学防治为辅的方针。苗期注意及时防治地下害虫和斑潜蝇，花荚期防治真菌病害（赤斑病、褐斑病、锈病等）、蚜虫、花蓟马等。蚜虫、斑潜蝇等害虫对颜色较敏感，一般可用银灰膜避蚜，用频振式杀虫灯、黄板引诱等方法控制不同的害虫。对地老虎的防治，可用黑光灯诱杀成虫。物理防治无法满足病虫害控制需求的情况下采取化学防治。地下害虫的防治可以采用种衣剂处理种子,防治方法绿色高效;潜叶蝇主要是幼虫为害叶片,发现幼虫取食留下的虫道后需要立刻施用阿维菌素;真菌病害用75%的百菌清可湿性粉剂600~800倍液或25%的嘧菌酯悬乳剂100~200倍液等广谱杀菌剂多次喷雾防治。

3. 无霜区的早熟鲜食秋蚕豆膜侧种植模式

选取早熟大粒蚕豆种子,于天气晴朗的播种当天,按浓度为10 g/L的水溶性钼肥∶戊唑醇(2%)∶蚕豆种子质量比为0.1∶1∶100进行拌种处理,拌种后立即播种;若为多雨天气,则于播种前7~10 d,按浓度为10 g/L的水溶性钼肥∶戊唑醇(2%)∶蚕豆种子质量比为0.1∶1∶100进行拌种处理,并及时阴干待播种使用。

主要选择玉米、烤烟等旱作茬口,选择海拔1 100~2 200 m的台地、山地及坝区平地无霜种植区域或最低温度不低于5 ℃且持续低温不超过3 d的种植区域,并尽量避免在冬季蔬菜种植区周边种植。

上季作物收获后,于蚕豆播种前7~10 d,根据土质及上季土地处理情况,按土深30~40 cm犁地,按土深20 cm耙地。耙地后,按墒宽40 cm、沟宽60 cm,机械起垄开墒。

播种前,用宽60 cm、厚0.004 mm的黑色地膜覆盖墒面,以墒面为中心,墒面两侧各覆盖10 cm地膜,在距离膜侧5 cm按条盖土压膜;于10月上旬播种,在地膜侧边正下方,即墒面与沟接合处打塘,塘深5 cm,塘距13 cm,每塘单粒播种,播种时种子种脐朝下放置,轻轻按入土中,密度约为15万~16.5万株/hm^2。

播种后,立即以喷灌或滴灌方式充分灌溉1次;开花期、结荚期各灌溉2~3次;于始花期及盛花期各喷施叶面肥1次,浓度为450 mL/hm^2,搭配施用那氏齐齐发混合液;按鲜荚采摘情况,每收获鲜荚2~3次喷施1次叶面肥,共喷施叶面肥2~3次,浓度为450 mL/hm^2,搭配施用那氏齐齐发混合液。

在苗期,喷施50%的多菌灵可湿性粉剂1 200~1 500倍液、50%的速克灵可湿性粉剂1 500~2 000倍液或75%的百菌清可湿性粉剂500~800倍液防治锈病、赤斑病等病害发生;喷施90%的晶体敌百虫1 000倍液、2.5%的功夫乳油4 000倍液或25%的斑潜净乳油1 500倍液防治斑潜蝇、蚜虫等虫害发生;于花期施用0.3%的苦参碱1 000倍液防治虫害发生。苦参碱为天然植物性农药,具有杀虫、杀菌活性及调节植物生长的功能,对人畜低毒,绿色环保。选择蚜虫、斑潜蝇及蓟马等害虫较为敏感的黄色黏虫板，规格为25 cm×30 cm，悬挂于植株生长点上方15 cm处，并根据生长情况不断调整虫板高度；蚜茧蜂投放成蜂为主，每667 m^2投放量为1 000头，其间禁止使用杀虫农药。

苗期除草1次。次年1～3月分批次采摘鲜荚，每10 d采摘1次。

（三）北方及西北地区

1. 地膜覆盖种植模式

覆膜具有增温、保湿、保肥、除草、防虫等功能，覆膜种植已成为旱作农业区作物高产栽培的一项重要技术措施，发展前景较广。该技术使用后，可以提高旱作农业区的蚕豆综合生产能力，产量可提高30%以上，对于优化蚕豆的区域布局和旱作农业区的作物布局具有重要作用。

（1）播前准备：即选种，选地，整地，施肥。播前施有机肥45～60 t/hm^2。微肥采用拌种方式一次性施入，用量为硼酸0.04 g/kg、钼酸铵0.8 g/kg。

（2）覆膜：选用宽1.2 m、厚0.08 mm的地膜，秋覆膜于冬季土壤封冻前，春覆膜在土壤解冻10～15 cm后。膜间距为50 cm，要求膜面平展，膜边压实，每隔1 m在膜上覆土压膜。

（3）播种：采用人工点播，播深10 cm，行间的植株呈“三角”式排列。

（4）播种密度：膜上种植4行，行距30 cm，株距15～16 cm，保苗18万株/hm^2。

（5）田间管理：田间出苗时，对没有出膜的幼苗采用人工放苗，对缺苗穴孔要及时补苗或移栽。及时叶面追肥，适时打顶，预防病虫害，收获、脱粒和储藏后清除废膜。

2. 全程机械化生产模式

蚕豆全程机械化生产技术模式核心技术是选择适于机械化生产的蚕豆品种、适用于蚕豆的专用生产机械以及采取化学除草等化学调控措施。

1）品种选择。选择籽粒均匀的蚕豆品种，如青海13号（图9-1）；选择结荚集中适合于机械化收获的蚕豆品种，如青蚕19号（图9-2）。“青海13号”与“青蚕19号”初荚节位如图9-3所示。

2）播前土壤处理。播种前采用二甲戊灵200～300 mL/667 m^2土壤处理控制杂草，于天晴无风、田间墒情较好时均匀喷施。药剂施用后，随即用旋耕耙翻8～10 cm，耙平。防除对象为田间野燕麦、藜、萹蓄、猪殃殃、酸模叶蓼等一年生杂草。

图 9-1　适合于机械化播种小粒蚕豆品种“青海 13 号”(滕长才供图)

图 9-2　适合于机械化收获的蚕豆品种“青蚕 19 号”(滕长才供图)

1. 青海 13 号；2. 青蚕 19 号

图 9-3　“青海 13 号”与“青蚕 19 号”初荚节位(周仙莉供图)

3）机械化精量播种技术。调整开沟铲相对于机架的高度和水平位置得到适宜的播种深度，大粒蚕豆播深要求 8～10 cm，小粒蚕豆为 6～8 cm；调节排种轮的间距得到适宜的粒距，大粒蚕豆品种粒距为 10 cm，小粒蚕豆品种粒距为 8 cm，行距均为 35 cm。播种时行进速度控制在 4～6 km/h。播种后必须及时进行不同方向的耙磨镇压（图 9－4）。

图 9－4　蚕豆机械化播种技术（滕长才供图）

4）机械式精量施肥铺膜播种一次性技术。该技术同时完成种床整形、分层施肥、铺膜、膜上穴播、机械覆土和镇压等作业工序。

（1）品种选择：适合于机械化播种的蚕豆品种，如青海及青蚕系列、临蚕系列。

（2）机械选择：天成 2MBJ－1/4 型机械式精量铺膜播种机。

（3）地膜选择：地膜厚度不小于 0.01 mm，幅宽 1.2 m，将膜卷紧，使两端紧实。

（4）机械分层施肥：每 667 m^2施有机肥 600～800 kg、蚕豆配方肥 40 kg。

（5）播种方式：在肥料箱中加入蚕豆配方肥 40 kg/667 m^2，在种箱中加入蚕豆种子，小粒蚕豆为 15 kg/667 m^2，大粒蚕豆为 20 kg/667 m^2。播种行数为 4 行。行距 27 cm，株距 18～22 cm 可调，播种深度 5～8 cm，每穴 1～2 粒（图 9－5）。

5）田间杂草处理。出苗后 20 d 左右，用 48% 的排草丹加精喹禾灵控制苗期杂草。48% 的排草丹（灭草松）水剂 200 mL 加植物源助剂（SDP）2 g/667 m^2，每 667 m^2兑水 15～20 kg，于天晴无风、田间墒情较好时均匀喷施。防除对象为田间野芥菜、自生油菜、密花香薷等杂草。田间有野燕麦的田块可添加 5% 的精喹禾灵 EC 60 ~ 80 mL/667 m^2。若田间野燕麦的密度小,使用浓度为 60 mL/667 m^2;田间野燕麦密度中等,则 70 mL/667 m^2;田间野燕麦密度大,使用 80 mL/667 m^2的浓度防除。

图 9-5　蚕豆施肥覆膜播种一次性技术(滕长才供图)

6)收获前植株杀青。为了保证蚕豆的商品品质,采用杀青处理使蚕豆群体 98% 以上的植株完成干熟后进行收割。在蚕豆成熟期植株和豆荚 70% ~ 80% 变黄时喷施催熟剂草胺膦,每 667 m^2 用草胺膦水剂 200 mL,加入用水量 0.2% 的洗衣粉作表面活性剂,兑水 15 kg,进行无人机全田喷雾。遇到雨天,田间杀青不完整时,再次进行杀青。

7)蚕豆联合收割技术。喷施催熟剂后,根据天气情况选择收获日期。保证田间豆荚、茎秆和杂草含水率在 10% ~ 20%。气温较高、天气晴朗喷药后 7 d 进行收获;气温较低、连续下雨,收获时间相应推迟。选择适于蚕豆联合收割的收割机,脱粒筛尺寸在 2.5 ~ 4 cm,脱粒辊速度为 500 r/min。

第二节　蚕豆的土壤耕作和整地

耕作与整地是保证与促进蚕豆根系改良的重要技术措施,有利于蚕豆苗齐、苗匀、苗壮,为后期蚕豆高产奠定良好的基础。

一、土地选择

蚕豆对土壤的适应性较广，但为求优质高产，仍应选择土层深厚、有机质丰富、排水良好的黏质壤土或沙质壤土。蚕豆喜轮作不耐连作。蚕豆根瘤菌适宜在中性或微碱性土中生长发育，连作情况下，豆根分泌的有机酸使土壤酸性加重，影响根瘤菌和土壤微生物的繁殖，致使蚕豆植株生长矮小，结荚少，病害加重，产量降低。

通常情况下，旱田应间隙 3 年以上，稻田亦需间隙 1 年。蚕豆前茬作物多为水稻、玉米、麦类作物、棉花、白菜、萝卜，后茬多为瓜类、甘薯、包菜、花椰菜等，也可与冬菜、小麦、油菜、芥菜等间套作。间种于幼龄的果树及桑树空隙地，可以充分利用土地提高地力。合理轮作是节约能源、保护环境、促进农业持续发展的重要举措。

二、整地做畦

蚕豆主根粗壮，入土深，根系发达，要创造适宜蚕豆生长的疏松、湿润的土壤环境，整地非常重要，必须做到深耕细耙。长江流域及东南地区冬春雨水较多，湿度较大，土壤比较疏松，可结合有机肥的施用，耕翻整地，开沟做畦，沟深 30 cm。若地力较差，保水弱，可做成平畦，低湿黏质土可做成狭高畦。

第三节　蚕豆的施肥

根据作物需肥规律、土壤供肥性能与肥料效益，提出氮、磷、钾和微量元素肥料的适宜用量、比例以及相应的施肥技术，可以提高肥料的利用率，节省化肥，降低生产成本，保证蚕豆产量和品质，也可以减少农业面源污染。

一、氮肥

蚕豆属高蛋白作物，需氮量较多，通常每生产 100 kg 蚕豆籽粒需 7.8 kg 氮，氮素是构成蛋白、核酸、叶绿素、多种酶和维生素的重要元素。蚕豆的氮素主要来源是土肥氮素、氮肥、根瘤固氮,然而,蚕豆是固氮能力最强的豆类作物,在固氮环境好的土壤环境中可通过自身固氮满足 2/3 左右的氮素需求,因此,蚕豆生长过程中对氮肥的依赖性很小。蚕豆对外源氮肥需求最关键的阶段为蚕豆三叶期之前,在这段时期蚕豆根瘤还未发育成熟,自身固氮能力极弱,需要吸收外源氮素来满足生长需求。

在生产中,氮肥一般作为基肥施用,施用时常与农家肥或者磷钾肥混合后施用,施用基肥时要深施,以免影响根瘤发育,同时,有利于根系伸长后对肥料的吸收。蚕豆基肥施氮量一般为尿素 75~150 kg/hm^2,可根据土壤肥力适当增加或者减少,土壤肥力较高的田块可不施氮肥。

二、磷肥

蚕豆属吸磷能力较强的作物,施用磷肥对蚕豆有显著的增产效果,通常每生产 100 kg 蚕豆籽粒需 3.4 kg 磷。磷是构成核酸、核蛋白、磷脂、植素、核苷酸等衍生物(ATP)的有机磷化合物的重要元素。施用磷肥可促进蚕豆根瘤发育,增加侧根数和根瘤数,提高根瘤的固氮能力。在蚕豆生长中期,磷肥可增加蚕豆分枝数和结荚数,提高蚕豆抗逆性。磷肥对作物肥效的发挥与土壤水肥耦合效应密切相关,且磷肥在土壤中容易被固定而降低肥效,因此,蚕豆磷肥常作为基肥施用,尽量增加与根系的接触以利于蚕豆对磷肥的吸收,若蚕豆生长后期缺磷肥,可作叶面肥喷施。磷肥的施用量以 375~450 kg/hm^2 为宜,过多的磷肥施入反而使增产效益下降,在有效磷含量丰富的土壤可适当降低磷肥施入。

三、钾肥

钾是蚕豆许多生理生化反应的活化剂,钾有利于促进光合作用和糖代谢,促进蛋白质合成,提高对氮的吸收并转化为蛋白质,能够增强蚕豆的抗旱、耐霜冻、抗倒伏和抗病虫能力。施钾肥可提高蚕豆根瘤固氮能力,使根瘤活性延长,提高蚕豆单株产量和品质,通常每生产 100 kg 蚕豆籽粒需 8.8 kg 钾。在生产中,蚕豆钾肥宜作基肥施用,后期可根据植株营养状况进行叶面喷施补充钾肥,钾肥施用量一般为 150~200 kg/hm^2 硫酸钾,根据土壤中全钾和速效钾含量及田块历年缺钾症状的轻重适当增减，若是缺钾症状严重的田块，钾肥的施用量为不少于 225 kg/hm^{2}硫酸钾。钾肥作基肥施用时不可与种子直接接触，以免灼伤蚕豆幼苗，施用时应与磷肥等混合深施。

四、其他微肥

钼是硝酸还原酶的组成元素，也是固氮酶的组成元素，适量施用钼肥可提高蚕豆根瘤固氮效率，蚕豆生产中常用的钼肥是钼酸铵，通常用在种子处理和根外施肥，用量一般为 150～750 g/hm^2，可与过磷酸钙混合后施用。硼能促进蚕豆花器官的发育，促进花粉萌发，提高结荚率，同时还能影响蚕豆根瘤菌的活性，调节蚕豆的生物固氮，在生产中硼肥可作为基肥、种肥和根外追肥，施用量一般为硼砂 12～18 kg/hm^2，与磷肥或者细土均匀混合后施用效果最佳。

五、有机肥料

施用有机肥料可培肥土壤，维持地力，补充蚕豆生长所需的绝大多数营养元素，在蚕豆高效绿色生产中必不可少。有机肥的肥源广泛，养分全面而且肥效持久。施用有机肥不仅可以提高蚕豆根瘤菌的固氮效率还可促进根瘤的形成和根瘤菌的繁殖。在生产中可根据实际条件将厩肥或畜类粪便用作基肥集中施用，采取沟施或者穴施，一般施用量为 30～40 t/hm^2。

第四节　蚕豆的播种与密度

播种是农业生产的前提与基础，播种期随着不同生态区的气温变化而不同；作物产量是以群体为基础的，群体结构的合理与否是影响后期蚕豆确保花荚的关键。播种量与密度要结合品种特性、当地的气候特点、农事操作、田间管理条件等综合考虑。

一、播种期

播种期与种植地区气候条件高度互作，温度是决定播种期的主要因素，要因地制宜地选择各地最适宜的播种期。中国蚕豆产地的适宜期分为春播和秋播，播期选择不同，面临的问题不同。

春播区一般在 3 月上旬至 4 月中旬播种，在气温回升至 0～5 ℃时力争早播，以利获得壮苗；秋播区适宜播期在 10 月。

播种过早，苗期气温高，易导致幼苗徒长，分枝减少；播种过迟，气温低导致出苗时间延长，冬前分枝减少，均不利于形成壮苗。因此，最适宜的播种期应根据当地气温确定，以生殖生长期避开低温冻害为原则设计播期。因此，播种期应随种植地海拔高低、纬度的变化而不同。

二、种植密度

合理密植有利于协调群体与个体生长，充分利用光能、空气和肥水条件，从而协调好单位面积上的分枝数、单枝结荚数、单荚粒数及粒重的关系而获得高产。种植过稀，群体总量小，产量不高；种植过密，植株间叶冠过多重叠造成荫蔽，光照不足，单株生长发育不良，荚数和粒数下降，难以获得高产。

单位面积的有效枝数是获得高产的基础。种植密度应根据品种株型、土壤肥力及供水条件、播种时期等综合考虑，在保证有效枝总数的前提下，保荚增重。

选用中等肥力土壤、中粒形品种，在适宜播期播种，蚕豆生长期间降水量大的区域适宜稀播，一般不超过 15 万株/hm^2，反之要密植，密度为 22.5 万～30 万株/hm^2，干旱区域播种量可加大到 24 万～45 万株/hm^2。

第五节　蚕豆的田间管理及收获

“三分种，七分管”是我国几千年来农业生产的经验总结。蚕豆田间管理，是指蚕豆从出苗到收获期间内，各项田间管理技术措施的实施。通过田间管理，保证蚕豆正常生长发育，以达到理想的产量。蚕豆田间管理不仅受遗传类型、品种特性、气候条件、土壤的影响，还受生产条件、接种质量以及苗情的影响。因此，蚕豆田间管理要因天气、土壤、品种和生长势不同而具体实施。

一、田间管理

田间管理主要包括水管理和病、虫、草害控制。蚕豆是对干旱和涝灾承受力较差的作物，花期是蚕豆的“水分临界期”，水分不足或水分供给过量都将严重影响蚕豆生长。各生育期适宜的土壤含水量分别是：播种期 18%，苗期 18%~19%，现蕾期 19%~20%，开花期 20%~21%，结荚期 20%~19%，及时排灌对蚕豆高产十分重要。中耕除草对蚕豆生育中后期的杂草控制，可根据当地的生产水平和管理要求，采用化学除草。根际培土与改善土壤通气条件极其有效，可在花期前进行 1~2 次。蚕豆是大田生产作物，从轻简化栽培的角度出发一般不考虑进行整枝打顶，但为了下茬栽种季令的需要，常通过打顶抑制生长促进提早成熟收获。

（一）苗期管理

蚕豆的苗期管理是指从出苗至现蕾期前的田间管理。苗期是蚕豆营养生长的关键时期，也是夺取蚕豆丰收的基础阶段。

1. 生长特点及管理目标

（1）壮根。蚕豆根系发达，主根 90~120 cm，侧根在表土 40~80 cm 向下垂直生长，苗期生长中心在根部。

（2）长苗。蚕豆出苗以后，植株长高，分枝增加，叶片增加，构建了蚕豆丰产的基本框架。其中最重要的是争取分枝早生快发，形成有效分枝。

（3）促进花芽分化。现蕾前蚕豆花序基本有效。因此，争取十层露顶前的花序，提高有效性。

管理目标：苗全、菌齐、苗匀、苗壮；分枝早生快发；根系发达，主根深，侧根多；根瘤发生快、多、大。冬性品种要求植株是塌棵盆子状，保证安全越冬和越冬后快发搭成丰产的架子；半冬性品种植株，主茎与分枝呈 $n-3$ 同伸关系；春性品种主茎强壮，有 1~2 个分枝。

2. 主要管理措施

（1）选择最佳时间，适时播种。春播地区播期选择要充分利用有限的高温时段，保证蚕豆充分生长发育和出苗时土壤墒情。播种时降水较少，只能满足种子出苗的 30%~40% 水分，依靠土壤早春化冻返浆。气温稳定回升后，适时早播。秋播地区播期选择重点避开花荚期重霜危害和鼓粒期高温逼熟。

(2)精细整地,保证全苗。春播地区深翻耕地10~15 cm,气候干燥、土壤含水量低,种子要深播15~19 cm,有条件的增加覆盖物,如地膜、秸秆、农肥等。秋播地区稻田蚕豆抢耕晒垡,抢墒播种。半免耕种豆的,开好排水沟用沟土覆盖厢面;稻田套种蚕豆的,共生期7~10 d;旱地套种的,抓住节令整理耕地,适时播种;沿海地区灰土保温催芽;河网地区或雨水过多形成田间积水的,要疏通沟渠,清沟排水。

(3)中耕松土,助芽出苗。土壤板结或带烂泥播种或土块过大的要及时中耕松土,细垡帮助出苗。播种过深要清棵,将下部2个分枝节扒出土面,促进分枝成长、发育。稻茬豆田及时松土碎垡,增温通气,促进分植枝早生快发。春播地区出苗后,结合除草进行中耕松土,减少土壤水分蒸发。

(4)育苗补缺。可在播种时按计划增加10%左右播种量,主茎3~5个叶节时带土移栽,或集中育苗,缺苗补栽或移密补稀,移栽时要浇足定根水。江苏省沿江地区农业科学研究所有带土、带肥、带水移栽提高成活率的经验。

(5)覆盖追肥。秋播区,出苗后增加覆盖物,如:秸秆、农肥,以提高土温,减少蒸发,减少根病,增加土壤有机质。为了冬蚕豆产量,需增加冬前分枝。用20 t/hm^{2}左右腐熟人畜肥或37.5~75 kg/hm^{2}碳酸氢铵追肥,保证优势分枝安全越冬。

(6)防治病虫害,加强病虫害测报。防治蚜虫,早播田块防治斑潜蝇、锈病。春蚕豆地区第2复叶展开时用粉锈宁喷雾防治蚕豆火肿病,防效可达85%以上。还应防治地下害虫、鼠害,保证全苗。

(二)现蕾期田间管理

现蕾期是指从中腋蕾出现到初花的这段时期。秋播地区,出苗至现蕾时间,因品种而异。

1. 生长发育特点及管理目标

1)生长发育特点。现蕾期是营养生长、生殖生长同时进行是并进期的开始。此期具有2个特点。

(1)根、茎、叶等营养器官不断增加,分枝出现高峰并向两极分化,强势分枝不断长高、长粗,弱势分枝不断死亡。植株长高,茎秆增粗。

(2)花蕾等生殖器官不断形成和发育。现蕾是进入生殖生长期的开始,也是开始进入生理活跃时期的标志。

2）管理目标。植株敦实、稳健、茎秆粗壮，叶绿素含量较高，叶片肥厚，色泽亮绿，强势分枝挺拔粗壮，弱势分枝逐渐死亡。壮秆，蹲苗，促根瘤，争取总蕾数。

2. 主要管理措施

（1）整枝定苗。整枝是指剔除计划外的基本苗、分枝。通过定苗、整枝建立合理的群体结构，提高群体素质，降低光呼吸消耗，减缓群体内的竞争。冬性品种分枝多，历期长，对产量贡献大。春性品种分枝少，半冬性品种介于春性品种和冬性品种之间，对整枝要求不严。冬性品种普遍需要整枝。鲜食蚕豆发展区，为了保证鲜荚的商品性，多采取疏花整枝的措施，整出的无效分枝可作为牛羊的青饲料。

（2）稳施追肥，构建丰产基础。长江流域，立春以后早生分枝现蕾，生长速度加快，越冬期气温低，根瘤菌繁殖慢，固氮能力不足。特别是干旱年份、迟播田、冬发差的田、营养不足的田增施适量速效肥。一般追施人畜粪 7.5～15 t/hm^2 或标准氮 30～38 kg/hm^2，可以提早返青。云南一带，针对低产田、迟播田、缺磷钾的田，现蕾期增施氮、磷、钾肥料，有明显增加生物产量和一定的增产作用。施尿素和过磷酸钙，后期根瘤鲜重增加显著。

（3）除草中耕。在大田中普遍拔除杂草，群体过大的深锄，切断根系，控制营养体。春蚕豆地区，现蕾时进行第 1 次中耕除草，要求行间深锄，根际周围浅锄壅根，具有减少水分蒸发、消灭杂草、中耕松土防止倒伏的作用。

（4）春播地区适时灌水。蚕豆需水关键期是现蕾至初花期，此时也是当地最为干燥的时期。现蕾期灌溉，增产效果最为明显。现蕾初期灌溉比苗期灌溉增产 43%，比现蕾后期灌溉增产 50%，而初花期灌溉仅增产 26.5%。因此，此类地区以现蕾期灌溉最为重要。

（5）防治病虫害。使用高效、低毒、低残留的杀虫剂防治早播蚕豆的斑潜蝇、蚜虫为害。

（三）花荚期管理

花荚期是指蚕豆从开花到结荚的过程。半冬性品种正常播种的花历期 90～95 d，结荚期 80～90 d，其中花荚重叠一半以上。花荚期是蚕豆一生中生理活动最旺盛的时期。

1. 生长发育特点及管理目标

1)生长发育特点。花荚期是生理活动最旺盛时期,也是各个器官争夺同化物最激烈时期。此期的生长发育具有4个明显的特点。

(1)植株高度、茎粗生长速度最快时期。

(2)地上部分营养体迅速加大,进入大生长量时期,花、荚、粒形成,是器官间争夺同化物最激烈时期。

(3)根系继续生长,花期根瘤固氮能力增强,根干重达到6~7.5g/株,瘤重0.5~2 g/株,根瘤比为76:24。结荚以后,地下部分活性减退,部分根系衰老,根瘤老化逐渐变黑丧失固氮能力,根瘤比有所下降为79:21,根冠比也分别调整到花期23:77和结荚期16:84。

(4)花荚期蚕豆进入对光照、温度、水、肥条件的敏感期。低温寡照、冻害、湿害、干旱对蚕豆的生长和发育有很大影响。同时,病、虫、鼠害比较集中。花荚期是蚕豆通过田间管理获得稳产、高产、优质的最重要时期。

2)管理目标。花荚期管理的目标是壮根保瘤,壮秆保叶、增花、保荚、增粒重,提高光能利用率。保持根系活性,延长根瘤固氮周期,延长叶片功能期,提高生物产量光能利用率和籽粒光能利用率,减少落花落荚,提高收获指数。

2. 主要管理措施

(1)排渍和灌水。秋播地区地下水位高以及冷浸田结合高培土,重壅根,排除地表积水,降低地下水位,防止湿害。盛花期整枝定苗,后培土壅根。壅土要壅到根,行间呈船底状,根旁不留槽,防止积水烂根。春播地区,开花封垄前灌水,无水灌溉地区松土保墒。以花期的中耕松土最为重要。

冬春干旱地区,随蚕豆生育期推移,空气干燥度增加,蚕豆蒸发量增大。花荚期是需水临界期,是灌溉的关键时期。灌水时间在结荚期增产效果最好,根据当年降水丰歉和植株生长情况,适时灌排。

涝害对蚕豆为害的不可逆转性,蚕豆灌水要速灌速排,田间不留积水,以免造成水害。

(2)施好花荚肥,根外追肥。蚕豆开花结荚期需要大量养分,氮、磷、钾等营养元素占“一生”的80%、90%和63%,其中花期占48%、60%和46%,是需肥高峰期。花荚期施氮肥调整碳/氮比,有保花、增荚、增粒重的作用,施花荚肥比不施花荚肥增产15%~20%。

施肥数量、时间视土壤肥力、前作用肥水平、蚕豆种肥施用情况和蚕豆植株生长情况而定。

花荚期根外追肥。蚕豆结荚期以后,干物重、淀粉、蛋白质含量不断增长,根系活性下降,部分根瘤死亡,大部分根瘤固氮能力开始下降,为延长叶片功能期,增加后期功能叶面积,提高光合效率,可在花荚期喷施尿素、磷酸二氢钾、钼肥和硼肥,提高结荚率, 增加粒重。钼酸铵溶液、硼酸或硼酸钠溶液在始花、盛花期作根外追肥,显著增产。用尿素作根外追肥时,加皂液调成弱碱性,促进养分吸收。

(3)打顶。我国蚕豆品种主要是无限花序。营养生长与生殖生长并进期长,为了抑制顶端生长优势,我国大多数地区采取打顶的措施,打顶摘心是增产的有效途径之一。干旱年、严重冻害、涝害、病虫害严重、群体不足、营养体偏小、植株矮小的田块一般不宜打顶。随着新品种的创新,有限型或亚有限型蚕豆品种将逐步在生产中推广应用,可解决打顶费工、费时的难题。

(4)防治病虫害。随着蚕豆生长发育的推移,群体结构不断加大。花荚期是营养生长与生殖生长并进的后期,病、虫、鼠危害种类多,危害严重。主要病害有赤斑病、褐斑病、轮纹斑病、锈病、萎蔫病、根腐病、立枯病。主要害虫有蚜虫、豆象、斑潜蝇等以及鼠类危害等等。要针对病虫害种类,选好农药,选择最佳防治时期进行综合防治。

(5)中耕除草。随着气温上升,杂草为害种类多、为害重,盛花期封行前,进行一次中耕除草。

二、蚕豆的收获

福建、浙江和上海等东部沿海地区以常年采收蚕豆鲜荚为主,其他长江流域地区收青和收干兼收,西南地区一般在春节后到 5 月之间收获鲜荚和干籽粒,北方及西北地区主要是 6 月下旬开始收获鲜荚和干籽粒,以干籽粒为主。

一般大粒品种采收青荚和青籽粒直接上市或速冻加工,中小粒品种收获干籽粒。采收鲜荚的最佳时期为盛花后 25 d 左右,即青荚是在植株下部叶片开始变黄,中下部的嫩荚已充分长大、荚面微凸或荚背筋刚刚明显褐变,豆荚开始下重,种子已肥大,但种皮尚未硬化时收获,分 2 ~ 4 次。干籽粒在中下部荚 1/3 ~ 1/2 变黑褐色且干燥时采收。

三、蚕豆的质量标准

蚕豆质量包括品种与种子质量。蚕豆品种的适应性较为狭窄,对土壤、气候等生态条件的要求比较严格,因此,因地制宜地选用良种是获得高产的第一步。

要考虑品种的耐湿抗旱能力、在当地气候条件下的熟性、适宜土壤肥力及酸碱度等。例如,秋播蚕豆生长期间,长江中下游沿岸降水充沛的蚕豆产区应选择启豆、通蚕鲜等耐湿品种,而长江上游西南一带及西部蚕豆产区,蚕豆生长期间干旱严重,秋播区应选择云豆、凤豆系列、成胡系列等品种;春播区应选择青海或青蚕、临蚕系列品种。

种子质量主要是指发芽率和生活力,最重要的是纯度,前者影响成苗的质量和数量,后者影响植株群体长势和产品质量。从种子公司购买的标准种子质量比较可靠,一般经过包衣,无须进行种子处理。如果使用在农贸市场零售及自留的种子,精选种子并进行种子处理十分重要。

蚕豆种子大,在其发芽、出苗及其幼苗生长的一段时间里,主要依赖子叶供给养分。选用成熟度高、籽粒饱满、无病虫侵袭的种子是保证全苗、壮苗的基础。种子处理主要包括晒种、浸种和拌种,首先应在阳光下露晒 1 ~ 2 d。用钼酸铵浸种有利于促进与根瘤菌的共生和发育。在土壤湿度过大、根茎病害常发的地块可选用药剂拌种(按所购药品说明的标准计量和方法使用)。

参考文献

[1] 吴春芳. 蚕豆长季节均衡上市设施栽培技术[J]. 江苏农业科技报, 2019, 9(4): 003.

[2] 刘水东, 俞庚戌, 卞晓春, 等. 南通地区“大棚蚕豆—西瓜”一年两熟高效栽培技术[J]. 北方园艺, 2016, 11: 43-44.

[3] 刘芳, 李飞, 王文龙, 等. 夏玉米—蚕豆—马铃薯周年三熟高效种植技术[J]. 现代农业科技, 2019, 7: 36-37.

[4] 叶茵. 中国蚕豆学[M]. 北京: 中国农业出版社, 2003.

第十章

蚕豆的植物保护

为了保障蚕豆生产稳定，不受外界生物的侵害，必须加强病、虫、草以及鸟、鼠等危害的预防与控制。危害蚕豆的主要有赤斑病、褐斑病、锈病、尾孢叶斑病、白粉病、霜霉病、油壶火肿病、镰孢茎基腐、根腐和枯萎病、病毒病等病害，有豆象、蚜虫等虫害，还有一些鸟害、鼠害等。蚕豆的稀播作物，有利于田间杂草滋生。

第一节　蚕豆的病害防治

蚕豆主要病害种类有赤斑病、褐斑病、锈病、白粉病等，明确其症状，掌握其发生规律，采取科学的物理防治、化学防治、生物防治的技术措施，保障蚕豆不受病害为害，既保证了产量和商品性，又能减少化学农药对蚕豆品质的影响与农业面源污染。

一、赤斑病

赤斑病是一种世界性蚕豆病害，在全球蚕豆产区普遍发生，适宜天气条件下可导致严重的产量损失。有报道表明，在地中海地区，赤斑病严重流行时造成的产量损失高达60%～100%，在非洲一些国家赤斑病导致的产量损失在感病品种上达到60%~80%,在耐病品种上也高达34%。蚕豆赤斑病在我国各蚕豆产区均有发生,其中以长江中下游和东南沿海、西南地区的秋(冬)播蚕豆区发生严重,轻者减产30%~50%,严重时造成绝产。近年来由于气候条件的改变,蚕豆赤斑病在甘肃省、青海省等春蚕豆种植区的发生也逐年加重。

(一)病害症状

迄今已报道的蚕豆赤斑病病原菌有3种,即蚕豆葡萄孢(*Botrytis fabae*)、灰葡萄孢(*B. cinerea*)和拟蚕豆葡萄孢(*B. fabiopsis*)。其中,蚕豆葡萄孢为主要病原菌,拟蚕豆葡萄孢目前仅在我国报道,在江苏省、重庆市、四川省、河北省等蚕豆产区为优势病原菌。蚕豆葡萄孢与拟蚕豆葡萄孢引起的症状相似,主要侵染叶片、叶柄、茎秆,严重时亦在花瓣、幼荚上形成病斑。发病初期,叶片上产生针尖大小的小赤点,小点逐渐扩大成赤褐色病斑,病斑为圆形、卵圆形或长圆形,病斑直径为2~4 mm,中央稍凹陷,周缘深褐色,病斑交界处明显,散布在叶片的正反两面,病斑常愈合形成面积较大、不规则的铁灰色枯斑,引起落叶。茎和叶柄发病,产生赤褐色条斑,边缘深褐色,病斑表皮破裂后产生裂纹。花受害后遍生棕褐色小点,严重时花冠褐色枯萎,从下而上逐渐凋落。豆荚上产生赤褐色斑点,病菌能穿透豆荚,侵入种子内部,在种皮上产生小红斑。病情严重时,整个叶片、花器、幼荚及茎秆都发黑干枯,叶片大量脱落,田间植株一片焦黑,如同火烧(图10-1)。

图10-1 蚕豆赤斑病田间为害及叶部症状(朱振东供图)

(二)病原及特征

蚕豆葡萄孢和拟蚕豆葡萄孢属于真菌半知菌亚门丝孢目葡萄孢属。蚕豆葡萄孢分生孢子梗直立,大小为(300~2 000)μm×(8~21)μm,具隔膜,于主梗

1/3 处先端部位分枝，顶端略膨大，上生小梗，簇生分生孢子；分生孢子无色或灰色，单胞，卵圆形或近圆形，大小为（11～25）μm×（8～23）μm。在马铃薯葡萄糖琼脂（PDA）培养基上菌落呈白色，菌丝呈绳索状，后期产生褐色至黑色小菌核，菌核圆形至椭圆形，菌核散布整个培养皿，大小为（0.5～6.2）mm×（0.3～4.5）mm。有性态为子囊菌蚕豆葡萄孢盘菌（*Botryotinia fabae*），但在自然界很少见。

拟蚕豆葡萄孢分生孢子梗淡褐色，细长，大小为（521～1 459）μm×（13～18）μm，单生或束生，顶端分枝，分枝末梢略膨大，伸出小梗，小梗上着生分生孢子，聚生成葡萄穗状；分生孢子单胞，透明，表面不光滑，卵圆至椭圆形，大小为（14.8～26.2）μm×（8.9～20.1）μm；在 PDA 培养基上菌落呈白色至灰白色，菌丝绒毛状，菌核形状不规则，球形或椭圆形，菌核排列比较规则，呈同心环状或轮纹状，菌核大小为（1.9～12.1）mm×（1.5～5.9）mm。

（三）侵染循环

病菌以菌核或菌丝在土壤或病株残体上越冬和越夏。菌核遇适宜条件萌发产生分生孢子，分生孢子借气流或风雨传播到蚕豆植株上引起初侵染。在潮湿条件下，病斑上产生大量分生孢子，通过风雨在田间传播，进行多次再侵染，或通过气流进行远距离传播。蚕豆葡萄孢除侵染蚕豆外，还侵染菜豆、豌豆、华黄芪、紫花苜蓿、小巢豆、巢豆等，拟蚕豆葡萄孢寄主范围较蚕豆葡萄孢窄，这些病原菌寄主可以作为病害的侵染源。

（四）发生规律

蚕豆赤斑病的流行受温度、湿度、栽培措施等影响。病害发生的最适宜温度为 20 ℃，饱和的空气湿度或寄主表面有水膜是分生孢子萌发和侵染的必要条件。高湿、温暖多雨气候有利于病原菌分生孢子的产生、萌发和侵染，造成病害流行。连作发病严重。播种过早，冬前发病重。密度高、排水不良等容易引起发病。一般来说，土壤酸性大、土质黏重、土壤贫瘠、钾肥不足、地势低洼、排水不良等情况下发病严重。缺素特别是缺钾容易导致荚感病。

（五）防治方法

1. 种植耐病品种

目前我国已育成一些适于不同生态区种植的对赤斑病有较好抗性或耐性的蚕豆品种，如通蚕鲜 7 号、通蚕鲜 8 号、成胡 14、凤豆 20 号、青蚕 15 号等。

2. 农业防治

高畦深沟栽培,雨后及时排水,降低田间湿度,适当密植,注意通风透光;少施氮肥,增施草木灰、磷钾肥,增强抗病力;与禾本科作物轮作 2 年以上;收获后及时清除病残体,深埋或烧毁。

利用生物多样性也是蚕豆赤斑病的有效防治方法。油菜与蚕豆多样性间作对主要病虫害具有持续控制效果,尤其对蚕豆赤斑病、锈病和斑潜蝇控制效果显著;小麦和蚕豆多样性间作对蚕豆赤斑病控制效果显著;蚕豆与马铃薯多样性间作也能有效控制蚕豆赤斑病的发生,协调蚕豆产量构成因素,提高产量和经济效益。

3. 药剂防治

用种子质量 0.3% 的 50% 的多菌灵可湿性粉剂拌种,可以减轻苗期病害的侵染。蚕豆赤斑病主要发生在蚕豆开花结荚期,开花前或始花期是喷药控制赤斑病的关键期。在蚕豆开花前或发病初期可喷施 80% 的代森锰锌可湿性粉剂 500~800 倍液、60% 的唑醚・代森联水分散粒剂 600~800 倍液、75% 的百菌清可湿性粉剂 1 000 倍液、40% 的嘧霉胺悬浮剂 800~1 000 倍液、60% 的甲基硫菌灵・乙霉威可湿性粉剂 600~800 倍液、50% 的多菌灵可湿性粉剂 1 200~1 500 倍液等。视病情发展情况,隔 7~10 d 再喷施 1 次,连续防治 2~3 次。不同药剂交替使用,避免病原菌产生抗药性。

4. 诱导抗性

喷施化学或生物诱导剂能够显著提高蚕豆对赤斑病的抗性。研究表明,播种后 30 d 和 70 d 喷施 2 次 20 mM 的碳酸氢钾($KHCO_3$)或磷酸二氢钾(KH_2PO_4),可分别减轻 74.2% 和 71.2% 的蚕豆赤斑病严重度;利用 10 mM 抗坏血酸和草酸处理蚕豆种子 24 h 能够显著降低蚕豆赤斑病的严重度;叶面喷施腐殖酸、氨基酸可以促进蚕豆生长和矿物质含量的提高,降低赤斑病和锈病导致的产量损失;从苗期开始每间隔 30 d 喷施 1 次植物激活蛋白 1 000 倍液能够诱导蚕豆对赤斑病、根腐病、病毒病的生物抗性并提高产量;此外,施用甲壳素、纳米银、堆肥茶、硼、钙、钼等也能有效减轻赤斑病的发生。

二、褐斑病

蚕豆褐斑病是世界性的蚕豆病害之一。该病最早于 1927 年在英国被观察到,随后在世界各地均有发生,地中海地区尤为严重,产量损失可高达 34%~35%,

同时影响籽粒的外观而降低其商品性。在我国,蚕豆褐斑病最早于20世纪30年代初被观察到,1947年俞大绂将在我国发生的褐斑病病原菌鉴定为豌豆壳二孢蚕豆变种(*Ascochyta pisi* var. *fabae*)。之后该病在我国大部分地区均有发生,但危害并不严重。

(一)病害症状

植株的地上部均能受害。叶片感病初期产生圆形或椭圆形病斑,稍微凹陷,深褐色,边界明显。而后病斑扩展,中央变为灰褐色,其上产生数量不等的小的黑色分生孢子器,分生孢子器通常以同心圆方式排列。随着病情发展,一些病斑合并成大的不规则黑色斑块,严重时覆盖整个叶片。茎部感染最初产生长椭圆形病斑,病斑为红褐色,凹陷,上面产生分生孢子器,并随时间延长变黑,在高度感病的品种上,病斑穿透很深,茎常在侵染点折断。在荚上,病斑呈圆形,棕褐色到黑色,具深褐色边缘,凹陷较深,严重侵染的荚干枯(图10-2)。染病荚形成的种子也常常被侵染,种子瘪小,皱缩,表面形成褐色或黑色污斑。

图10-2　蚕豆褐斑病危害叶片和荚的症状(朱振东供图)

(二)病原及特征

蚕豆褐斑病病原菌为蚕豆壳二孢(*Ascochyta fabae*),属半知菌亚门真菌。分生孢子器球形或扁球形,浅褐色,有圆形孔口。分生孢子长椭圆形或卵形,无色,直或弯曲,具1个隔膜,少数有2~3个隔膜,大小为(4~5)μm×(12~15)μm。病菌生长适温为20~27 ℃,最高35 ℃,最低4 ℃。病原菌有性态于1991年在越冬的蚕豆残体上被发现,为一种新的子囊菌,被定名为蚕豆亚隔孢壳(*Didymella fabae*)。

（三）侵染循环

病原菌以菌丝体、分生孢子器或假囊壳存在于病残体或种子内，成为翌年初侵染源。自生苗也可能是重要的初次侵染源。在湿润条件下，病残体上或带菌种子上的成熟分生孢子器释放分生孢子，通过雨溅或气流传播，侵染植株的幼茎或嫩叶，形成发病中心。越冬的病残体上有时也产生有性繁殖结构的假囊壳，假囊壳释放子囊孢子启动侵染。之后，茎、叶上病斑产生分生孢子器，分子孢子从成熟的孢子器中渗出，借风雨在田间传播蔓延，进行再侵染。带菌种子是将病害传入到新蚕豆种植区的主要途径，其对传统蚕豆种植区病害发生影响不大。

（四）发生规律

病菌侵染和病害发展的温度范围为5～30 ℃，最适温度为20 ℃。保持一定时间（12～24 h）叶面湿润是侵染发生的必要条件。冷凉、潮湿的天气条件易引起病害的快速流行。

（五）防治方法

及时采取综合措施是成功防治蚕豆褐斑病的关键。

（1）种植抗病品种：田间观察表明，我国近期选育的一些蚕豆品种对褐斑病有较强的抗性，如青海 11 号、青海 12 号、凤豆 15 号、凤豆 16 号、慈溪大粒 1 号等。

（2）种子处理：带菌种子是初次侵染源，种植无菌种子或进行种子处理是防治病害的有效途径之一。

（3）农业措施：与非寄主作物轮作 3 年；适时播种，高畦栽培，合理施肥，适当密植，增施钾肥，以提高植株抗病力；收获后及时清除病残体，深埋或烧毁；播种前，清除田间及周边的禾生苗。

（4）药剂防治：可用种子质量 0.4% 的 50% 的福美双可湿性粉剂、60% 的噻菌灵可湿性粉剂或 75% 的百菌清可湿性粉剂拌种。发病初期喷施百菌清、嘧菌酯或代森锰锌等杀菌剂，病情严重时，隔 7～10 d 再喷施 1 次。

三、锈病

锈病是蚕豆的主要病害之一，广泛发生于世界各蚕豆产区，尤其在地中海、中东地区、欧洲、印度、加拿大等为害严重。在我国，蚕豆锈病最早于 1927 年在浙江省和湖北省被报道，之后全国各产区均有记载，但在各地为害的程度不同，其中以西南蚕豆种植区，特别是在高海拔、昼夜温差较大的地区为害严重。病菌在蚕豆叶片上产生大量孢子堆，破坏植株的光合作用，消耗植株的营养，造成植株早衰和减产，一般可造成 10%～40% 的产量损失，严重时产量损失高达 70%～80%，甚至绝产。

（一）病害症状

病菌主要为害叶、茎和叶柄。发病初期在叶的两面形成白色或淡黄色、稍隆起的夏孢子堆，直径约 1 mm。夏孢子堆颜色逐渐加深，变为黄褐色或褐色，病斑扩大和隆起，表皮破裂，释放大量的深褐色夏孢子。夏孢子堆常常被淡黄色晕圈包围。在条件适宜时，老的夏孢子堆周围常常依次形成新的孢子堆，最后形成夏孢子堆同心环。被严重侵染的叶片很快干枯和脱落。茎和叶柄上的夏孢子堆与叶上的相似但较大，略呈纺锤形。荚上也常常产生一些夏孢子堆。到后期，叶、叶柄和茎上的夏孢子堆逐渐形成深褐色椭圆形或不规则形凸起的疱斑，即冬孢子堆，其表皮破裂后向左右两面卷曲，散发出黑色的粉末即冬孢子（图 10－3）。

图 10－3　蚕豆锈病危害叶片的症状（朱振东供图）

（二）病原及特征

引起蚕豆锈病的病原菌为蚕豆单胞锈菌（*Uromyces viciae－fabae*，异名 *U. fabae*），属担子菌亚门。单主寄生。性孢子器小，黄色。锈孢子器多生于叶背，杯形，包被白色，边缘破裂外翻。锈孢子球形，具瘤，淡黄色，大小为（21～27）μm ×（17～24）μm。夏孢子堆生于叶的两面、叶柄和茎上，褐色，后突破表皮。夏孢子淡褐色，有刺，球形至椭圆形，大小为(22~33) μm × (16~27) μm，具有3~5个芽孔。冬孢子堆生于叶的两面、叶柄及茎上，早期裸露或后期破裂，黑褐色至黑色。冬孢子亚球形至椭圆形，顶部圆或平，下部稍窄，平滑，褐色，大小为(22~42) μm × (15~39) μm。柄不脱落，黄色到褐色，长达100 μm。

除蚕豆外，蚕豆单胞锈菌还侵染小扁豆、豌豆、香豌豆、紫花豌豆、矩叶山野豌豆、三齿萼野豌豆、广布野豌豆、香豌豆属、茳茫香豌豆、沼生香豌豆、细叶香豌豆、兵豆、硬毛果野豌豆、救荒野豌豆、野豌豆、歪头菜、长柔毛野豌豆、野豌豆属等。

（三）侵染循环

蚕豆单胞锈菌以冬孢子堆在病残体上越冬。翌春，冬孢子萌发产生担子和担孢子。担孢子借气流传播到寄主叶面，萌发时产生芽管直接侵染蚕豆，在病部产生性孢子器、性孢子、锈孢子器及锈孢子，然后形成夏孢子堆。夏孢子重复产生，借气流传播进行再侵染，在病害流行中起着重要作用。秋季形成冬孢子堆及冬孢子越冬。

（四）发生规律

蚕豆锈病的发生与温度、湿度、品种及播种期等有密切关系。夏孢子萌发温度为5~26 ℃，最适萌发温度为20 ℃，20~25 ℃易引起病害流行。因此，3~4月为南方蚕豆产区锈病流行期，尤其春雨多的年份发生严重。云南省冬春气温高，早播蚕豆年前即开始发病，形成发病中心，翌年3~4月是锈病发生的高峰期，一般低洼积水、土质黏重、生长茂密、通透性差的地块发病重。

（五）防治方法

种植抗病品种是防治蚕豆锈病最经济且对环境安全的途径。迄今，我国在蚕豆抗锈病育种方面取得了显著进展，选育出一批抗锈病品种，如大理农业科学院选育的凤豆系列新品种。但是，我国尚未开展蚕豆抗锈病遗传研究，抗性品种的遗传基础尚不明确。国外研究表明，蚕豆对锈病的抗性多为数量抗性，在较大的病害压力下可造成较大损失。因此，蚕豆锈病有效的防治方法是以种植抗病品种为主，辅以农业防治、化学防治和生物防治。

防治蚕豆锈病的农业措施包括：①选用早熟品种或在适宜播种期适当提早播种，在锈病大发生前蚕豆接近成熟，以避开锈病为害。②与非寄主作物轮作

1～2 年,可以有效降低田间病原菌。③与麦类间作,改善田间小气候,能够有效减少锈病的发生。④高垄栽培,合理密植,保持通风透光,避免田间积水,适量增施磷、钾肥,增强植株抗病力,减轻锈病的发生率和严重度。⑤收获后及时清除病残体,深埋或烧毁,减少锈菌在田间的越冬基数。⑥播种前铲除田间豌豆、蚕豆自生苗及其他野豌豆属禾苗,因为这些自生苗是豌豆锈菌“绿桥”,可能是重要的初次侵染源。

药剂防治应在发病初期进行,可喷施 43% 的菌力克悬浮剂 6 000～8 000 倍液、40% 的福星乳油 6 000～8 000 倍液、30% 的特福灵可湿性粉剂 4 000～5 000 倍液、50% 的多硫悬浮剂 600 倍液、50% 的混杀硫悬浮剂 500 倍液、15% 的三唑酮可湿性粉剂 1 500～2 000 倍液、10% 的世高水悬浮剂(苯醚甲环唑)2 000～3 000 倍液、43% 的戊唑醇悬浮剂 3 000 倍液等,根据病害发生情况每隔 10～14 d 喷施 1 次,连续防治 3～4 次,不同药剂交替使用。

叶面喷施腐殖酸、氨基酸、水杨酸和苯并噻二唑等可以诱导蚕豆对锈病的系统抗性,能够有效降低蚕豆锈病的严重度并提高产量。

四、尾孢叶斑病

尾孢叶斑病,又称尾孢霉轮斑病,是蚕豆上普遍发生的一种真菌性病害。该病在世界上一些蚕豆种植区有分布,但长期以来很少被关注。自 2004 年以来,蚕豆尾孢叶斑病在澳大利亚南部普遍发生并为害严重。在我国,蚕豆尾孢叶斑病最早报道于 1947 年,现在各蚕豆种植区均有发生,其中在甘肃省发生较重。

(一)病害症状

病菌主要危害叶片,也侵染茎和荚。最初在下部叶片上产生红褐色小病斑。随后,上部叶片也渐次发病。在适宜条件下,病斑迅速扩大,呈圆形、长圆形或不规则形,直径可达 15 mm。病斑红褐色到深灰色,具有稍微隆起、深褐色的清晰边缘。病斑内常形成同心环轮纹。在潮湿气候条件下,病斑上可产生大量分生孢子,呈银灰色,该症状可以区别交链孢叶斑病、赤斑病和褐斑病(图 10－4)。茎上病斑梭状或长圆形,中央灰色,常凹陷,边缘深褐色。荚上病斑圆形或不规则形,黑色,凹陷,具清晰边缘。

图 10－4　蚕豆尾孢叶斑病叶部症状（朱振东供图）

（二）病原及特征

蚕豆尾孢叶斑病由真菌轮纹尾孢菌（*Cercospora zonata*，异名 *C. fabae*）引起。病菌的子实体生于叶片两面的病斑上，子座无或小，气孔下生，球形，褐色，直径10～30 μm。分生孢子梗2～20根，稀疏簇生或多根紧密簇生，褐色，顶部渐细，颜色逐渐变浅，0～2个隔膜，不分枝，有时屈曲，顶端圆或亚平切状，有孢子痕，大小为（12.5～65）μm×（4～8）μm。分生孢子无色，圆筒形至倒棒形，3～15个隔膜，直或略弯，基部亚平切状至长倒圆锥形，顶端圆锥形，大小为（16～151）μm×（3～7）μm。除蚕豆外，轮纹尾孢菌还侵染大野豌豆、救荒野豌豆和小扁豆。

（三）侵染循环

病原菌以菌丝体或子座在土壤中或病残体上越冬，成为翌年的初侵染源。Kimber等（2016）研究表明，土壤中病残体上的病原菌在收获后至少30个月仍具有侵染性，土壤中接种体数量与病害发生率和严重度显著相关。在适宜条件下，土壤中或病残体上的病原菌产生分生孢子，分生孢子借气流、水流传播到植株下部叶片，产生初侵染，被侵染叶片产生的病斑在潮湿条件下产生大量分生孢子借风雨扩散，进行重复侵染。在病害流行的早期阶段，接种群体主要进行短距离传播。

（四）发生规律

长期阴雨、重露，气温在18～26 ℃易引起病害的发生和发展。低洼潮湿地，种植过密时，病害发生较重。

（五）防治方法

国外研究表明，蚕豆品种间存在对尾孢叶斑病的抗性差异，且抗性由单个显性基因控制，这为开展抗性资源筛选和抗病品种选育提供了简单途径。蚕豆尾孢叶斑病在我国尚未有防治研究和抗性研究相关报道。

土壤中病残体是蚕豆尾孢叶斑病的初次侵染源，病原菌在病残体上存活3~4年。因此，与非寄主作物进行轮作，收获后及时清除蚕豆植株的病残体，深耕促进带菌病残体的腐烂是防治病害的有效方法。湿度也是影响病害严重度的重要因素，高畦深沟栽培、雨后及时排水、合理密植，降低田间湿度，可减轻病害的发生。

药剂防治应该在病害发生前进行，可以利用其他作物尾孢叶斑病防治药剂，如代森锰锌、多菌灵、戊唑醇、丙硫菌唑等广谱性杀菌剂，根据病害发生的情况隔10~14 d喷施1次，连续防治2~3次。

五、白粉病

蚕豆白粉病在我国最早于1941年在云南被发现，之后在辽宁、新疆、广西、四川、河北等地均有记载，但该病害一般不造成较大为害。在国外，蚕豆白粉病在欧洲、中东一些国家及南非、加拿大、巴基斯坦、印度、韩国均有报道，局部地区如在苏丹为害较重，影响产量和品质。

（一）病害症状

病害主要发生于蚕豆开花后，但在温室里苗期也发病。叶片、茎、豆荚均可染病。叶片被侵染时，首先在叶面上产生小的褪绿或白色区域，这些区域逐渐扩大并形成大小不一的白色粉斑。病斑扩大并合并，最后整个叶面被白粉覆盖，被侵染区域也变紫色或褐色。极嫩叶片染病时，生长受阻，作纵向卷曲，同时叶片增厚，病害继续发展导致叶变色和枯萎，最后引起茎端凋萎。嫩茎、叶柄和荚被感染，染病区域为褐色，上面布满白粉层。严重染病的嫩荚常畸形和早熟。在病害后期，病部菌丝层上可以产生大量黑色闭囊壳（图10－5）。

图 10-5　蚕豆白粉病症状（朱振东供图）

（二）病原及特征

迄今，蚕豆白粉病病原菌尚未明确。1946 年俞大绂首先将引起蚕豆白粉病的病原菌鉴定为蓼白粉菌（*Erysiphe polygoni*）。之后，国外一些学者也将蚕豆白粉病病原菌鉴定为蓼白粉菌、叉丝壳属的苦木叉丝壳（*Microsphaera penicillata* var. *ludens*）、豌豆白粉菌豌豆变种（*Erysiphe pisi* var. *pisi*）、粉孢属（*Oidium* sp.）等，但鉴定结果都是基于形态学特征。2002 年，Okamoto 等（2002）发现蚕豆白粉病病原菌与洋桔梗白粉病菌、紫茉莉白粉病菌的核糖体 DNA 内转录间隔区（rDNA ITS）序列具有 100% 的一致性，且与鲍勒白粉菌（*E. baeumleri*）和三叶草白粉菌（*E. trifolii*）具有很近的遗传关系。

（三）侵染循环

病原菌在其他寄主上越冬或越夏，也可以闭囊壳形式在病残体上越冬。在适宜条件下，在其他寄主上产生的分生孢子通过气流传播到蚕豆上造成侵染，或土壤中病残体上的闭囊壳释放子囊孢子进行初侵染，被侵染植株发病部位产生分生孢子，通过风传迅速在田间扩散进行再侵染，造成病害流行。

（四）发生规律

气温较高、干燥的气候条件易于造成蚕豆白粉病的流行。气候干燥是诱发病害的主要因素。适宜病害发生的平均温度为 20～24 ℃，低于 18 ℃发病较少或潜育期延长。

（五）防治方法

蚕豆白粉病的防治可以借鉴其他作物白粉病防治方法，包括：①种植耐病品种。②收获后及时清除病残体，集中烧毁或深埋，减少初次侵染源；加强栽培管理，合理密植，多施磷钾肥，以增强植株抗性；在发病前连续喷施硅酸钾、硫胺素、碳酸氢钾等可以有效控制病害的发生。③病害严重发生的地区，在病害发生前或初期喷施40%的氟硅唑（福星）乳油5 000～8 000倍液、10%的世高水分散粒剂1 500～2 500倍液、25%的粉锈宁可湿性粉剂2 000倍液等。重病田隔7～10 d再喷1次。然而，药剂防治虽然有效，但并不能显著提高产量。

六、霜霉病

蚕豆霜霉病在全球大多数蚕豆产区均有发生，其中在西欧北部发生最为频繁和严重。我国最早于1922年在江苏报道该病，南方蚕豆产区也有发生，但一般不造成较大的危害。然而，严重流行时可导致大量植株顶端枯死，造成较大产量损失。2010年3～4月江苏省南通市蚕豆霜霉病严重发生，部分田块发病率100%，有80%以上植株死亡；2016年田间平均病株率为21%，最高达到60%。

（一）病害症状

病原菌可以侵染蚕豆叶、茎和荚。叶片染病首先在上表面出现轮廓不明显的淡黄色斑块，同时变色区域内夹杂褐色的小斑点和不规则的斑块。叶片变色部分逐渐扩大，有时可达整个叶面。在叶片变色区域的背面，在潮湿条件下产生浅紫色绒毛状霉层，即孢囊梗和孢子囊。随着病情发生，病斑逐渐变为深褐色，最后干枯。顶部幼叶被侵染，病斑快速扩大，导致整个叶片被侵染，有时顶部的所有叶片和叶柄都被侵染，最后变为深褐色并枯死。土壤中接种体侵染导致系统侵染幼苗，植株叶片淡绿色、矮化和扭曲，并很早死亡（图10－6）。

图10－6 蚕豆霜霉病症状（朱振东供图）

（二）病原及特征

引起蚕豆霜霉病的病原菌为野豌豆霜霉蚕豆专化型（*Peronospora viciae* f. sp. *fabae*）。该菌属霜霉目卵菌，活体营养型。在寄主表面，孢囊梗单生或丛生，长 300～500 μm，主轴粗 6～11 μm，叉状分枝 4～9 个，顶枝直或微弯。孢子囊椭圆形，浅黄褐色，大小为（19～35）μm ×（12～29）μm。卵孢子黄褐色，表面有密集的齿状凸起，齿间沟呈网状，球形，直径 25～42 μm。

（三）侵染循环

病原菌以卵孢子在土壤中或病残体上越冬。土壤内的卵孢子萌发侵染蚕豆幼苗下胚轴和根，菌丝向上扩展进入生长点，然后随生长点向上蔓延，进入芽或真叶，产生系统侵染的病苗。在适宜条件下，系统侵染苗产生大量孢子囊，借风雨传播蔓延，进行再侵染。

（四）发生规律

低温和潮湿的气候条件易于造成病害流行。

（五）防治方法

在国外，一些对霜霉病具有高水平部分抗性且抗性稳定的蚕豆品种已被发现，因此筛选和利用抗性品种是最有效的防治途径。与非寄主作物实行轮作、收获后及时清除病残体、耕翻土地等农业措施也能显著减轻霜霉病的流行。药剂防治可以用种子质量 0.3% 的 25% 甲霜灵可湿性粉剂进行拌种；发病初期喷施吡唑醚菌酯、嘧菌酯、精甲・丙森锌等杀菌剂。

七、油壶菌火肿病

蚕豆油壶菌火肿病，在我国又称蚕豆疱疱病，于 1936 年首次在日本千叶县被发现。20 世纪 70 年代在我国四川西北高原春蚕豆区严重发生了一种以叶片起疱为主要症状的蚕豆未知病害，80 年代初辛哲生等报道了该病为野豌豆油壶菌引起的油壶菌火肿病，调查发现该病在甘肃、西藏、陕西也有发生。病害一般造成的产量损失为 10%～15%，严重发病时减产 40% 以上，甚至绝产。近年来，蚕豆油壶菌火肿病在埃塞俄比亚蚕豆产区普遍发生并造成严重损失。

（一）病害症状

病菌主要危害蚕豆的叶和茎，也危害叶柄和果柄，但对豆荚及籽粒无影响。初期在叶两面产生淡绿色小疱，后病疱扩大，呈圆形或椭圆形，浅褐色，直径数毫米，表面粗糙，单生或群生。随着病害发展，单个小病疱相连为大病疱，形成更大的隆起，导致叶片卷曲和畸形。后期病疱变为锈褐色，组织溃烂，叶片出现穿孔，导致叶片凋枯。茎上病疱症状与叶片相同（图 10－7）。重病株常不同程度矮缩，结荚极少或不结荚。

图 10－7　蚕豆油壶菌火肿病为害症状（项超供图）

（二）病原及特征

蚕豆油壶菌火肿病由鞭毛菌亚门蚕豆油壶菌（*Olpidium viciae* Kusano）引起。该菌于 1912 年由 Kusano 从歪头菜（*Vicia unijuga*）上鉴定，之后发现该菌是引起蚕豆油壶菌火肿病的病原菌。病原菌营养体为单细胞圆形原生质团。无性繁殖结构为游动孢子囊，球形或椭圆形，无盖，无色，壁薄，直径为 13～62.2 μm。游动孢子囊萌发时产生数根排孢管释放游动孢子。游动孢子卵圆形［（6～7）μm × 5 μm］，无色，单尾鞭。游动孢子在寄主组织表面运动后，失掉鞭毛，静止并形成外膜。菌体在膜上开孔，将其中的原生质输入寄主表皮细胞内，发育为游动孢子囊。游动孢子囊球形或不规则形，壁薄而透明，直径为 20～120 μm。游动孢子成对结合，形成双鞭毛接合子，短暂游动后休止，在体外形成囊膜，同时把原生质输入寄主细胞。接合子又能形成外壁黄色的壁厚的球形休眠孢子囊，直径为17～47 μm。在自然条件下，蚕豆油壶菌侵染歪头菜、蚕豆、豌豆、毛苕子、箭舌豌豆、多花菜豆、白芸豆和巢豆。

（三）侵染循环

以休眠孢子囊在病残体上或土壤中越冬。翌年春天，休眠孢子囊萌发，释放出游动孢子，游动孢子通过风雨在田间短距离传播，侵入蚕豆幼芽、幼茎及幼叶，致使幼苗发病。发病潜育期为10～14 d，1年能够完成3～4次再侵染。后期在寄主细胞内形成厚壁休眠孢子囊越冬，从而完成其侵染循环。

（四）流行规律

蚕豆油壶火肿病发生在海拔2 400 m以上的高海拔地区，冷凉多雨的气候条件易于造成病害流行。

（五）防治方法

1. 选用耐病品种

研究表明蚕豆品种间存在抗病性差异，青海牛角胡豆、丰来胡豆、马尔康胡豆、西昌胡豆、蒲西大白胡豆、金川胡豆等品种较为抗病。

2. 栽培措施防治

适时播种；豆—麦—麦或马铃薯3年轮作制或豆/麦或马铃薯带状间作，具有明显的防病作用；收获后清除田间病残体，并集中烧毁。

3. 种子处理

种子用质量0.1%的15%的三唑酮（粉锈宁）可湿性粉剂拌种，具有显著的防治效果。

4. 药剂防治

发病初期喷施25%的三唑酮可湿性粉剂600倍液、70%的甲基托布津可湿性粉剂1 000倍液、50%的多菌灵可湿性粉剂1 000～1 500倍液、65%的代森锌可湿性粉剂600倍液等，防治2～3次。

八、镰孢茎基腐、根腐和枯萎病

由镰孢菌引起的蚕豆茎基腐、根腐和枯萎病是蚕豆最主要的病害之一，在世界各地广泛发生，严重为害时可造成70%以上的产量损失。该病害复合体在我国也普遍发生于各蚕豆生产区，是影响蚕豆生产的主要限制因子。阮兴业等(1986)对云南省东川市蚕豆苗期根腐病调查结果表明，该市有266.7 hm^2蚕豆发生根腐病，占蚕豆播种面积的67%，死亡率10%～100%。李春杰和南志标(1996)对甘肃临夏地区春蚕豆根腐病调查发现，所有调查田块都有不同程度的根腐病发生，死亡率在1%～90%，其中有近20%的田块死亡率在30%以上。鲍建荣等(1992)在浙江的调查结果表明，每年3～5月在蚕豆开花结荚期或荚成熟前发生根腐病可造成大量植株枯死，一般田块枯死率在10%～30%，重病田块枯死率可超过40%。

（一）病害症状

蚕豆镰孢茎基腐、根腐和枯萎病病原菌由多个镰孢菌种引起，不同镰孢菌所引起的病害症状在田间条件下很难区分，且大多为复合侵染。病原菌主要侵染蚕豆的根或茎基部。早期侵染可以导致种子腐烂、出苗期或出苗后幼苗死亡，有时导致幼苗土面处或近土面处茎部腐烂和缢缩。根腐病病菌如茄镰孢、燕麦镰孢等侵染根和茎基部产生黑褐色到黑色病斑。随着病情发生，侧根和主根大部分变黑色并腐烂，茎基部病斑扩大、凹陷和环茎，导致茎腐烂和萎缩。叶部症状也反映根腐病的发展进程，首先植株下部叶片变黄、边缘变褐或死亡，最后所有叶片完全变黄和枯死。严重感病植株明显矮化。根腐病菌仅引起根和茎基部皮层组织腐烂。尖镰孢引起的蚕豆枯萎病症状包括叶片黄化并逐渐枯萎，最后叶片变黑枯死，根系和茎秆维管束系统变褐色到黑色，根系和茎基部不显著地变为黑褐色并腐烂(图10－8)。

图10－8 蚕豆根腐、枯萎病症状(朱振东供图)

（二）病原及特征

有10多种镰孢菌可以引起蚕豆镰孢茎基腐、根腐和枯萎病，包括茄镰孢（*Fusarium solani* f. sp. *fabae*）、尖镰孢（*F. oxysporu m* f. sp. *fabae*）、燕麦镰孢（*F. avenaceum* f. sp. *fabae*）、轮枝镰孢（*F. verticillioide*）、木贼镰孢（*F. equiseti*）、禾谷镰孢（*F. graminearum*）等，不同地区报道的病原菌种类及优势病原菌存在差异，但以茄镰孢、燕麦镰孢、尖镰孢为主要病原菌。

（三）侵染循环

病原菌以菌丝体及厚垣孢子在土壤中或病残体上越冬，并可以腐生形式在土壤中存活多年，因此，土壤带菌是病害发生的主要侵染源。此外，病菌可在种子上存活或传带，如阮兴业等（1987）从不同来源的蚕豆种子上分离到燕麦镰孢菌、尖镰孢菌、禾谷镰刀菌等6种根腐病镰孢菌，其中茄燕麦镰孢菌的种子带菌率为1.2%～14.2%，并证明种子带菌引起根腐病。在田间，病原菌主要通过病土移动、雨水或灌溉、农具及人畜活动等传播。种子带菌是病害远距离传播和新区病害发生的主要途径。

（四）发生规律

病害的发生与土壤含水量、温度、土壤类型、耕作制度、栽培措施、品种等关系密切。土壤含水量过高或过低，病害较重。蚕豆初荚期如遇高温，极易造成病害发展蔓延。土壤偏酸性（pH值为6.3～6.7），土质黏重，土壤贫瘠，地势低洼，排水不良和连作地发病重。地下害虫和线虫为害，也加重病害发生。

（五）防治方法

由于蚕豆镰孢茎基腐、根腐和枯萎病为土传病害，病原菌种类较多，单一防治措施很难有效，必须综合治理。

1. 种植抗病或耐病品种

田间观察表明，蚕豆品种间对根腐或枯萎病的抗性存在差异，种植抗性较好的品种能够显著减少病害发生率和严重度。

2. 农业防治

与其他作物轮作以减少土壤中病菌的数量。陈占全（1999）所做的试验表明:一年轮作(前茬小麦)就能够显著减轻枯萎病发生的严重程度;与合适的小麦品种间作可提高蚕豆根际微生物的活性和碳源利用强度,改变根际微生物的群落结构,降低蚕豆根际尖孢镰刀菌的数量,促进蚕豆生长,抑制蚕豆枯萎病的发生;选择排水好的田块或高垄栽培,合理密植;收获后清除田间病残体并深翻土壤;施用充分腐熟的有机肥、磷肥和钾肥,提高植株抗病力;适量施氮能增加根际细菌、放线菌数量,改变微生物代谢功能,降低病原菌数量,可有效抑制蚕豆枯萎病的发生。

3. 药剂防治

Chang 等(2014)的研究表明,利用咯菌酯 + 甲霜灵、萎锈灵 + 福美双处理蚕豆种子能够提高出苗率和种子产量。

4. 生物防治

陈志谊等(2002)研究表明,戊唑醇和枯草芽孢杆菌协同防治蚕豆枯萎病效果明显,戊唑醇对枯草芽孢杆菌 B－916 在土壤中的定殖有促进作用,能减缓 B－916 群体数量大幅度下降,帮助 B－916 发挥生物防治作用。木霉菌等生防菌处理种子能够提高出苗率和减轻根腐,木霉菌或芽孢杆菌与化学诱变剂水杨酸或过氧化氢组合使用可以提高蚕豆猝倒、根腐和枯萎病的生防效果和产量。蚕豆接种丛枝菌根(AM)真菌(摩西球囊霉、幼套球囊霉)能显著提高蚕豆根际微生物的活性,改变微生物群落结构并抑制枯萎病病原菌的增殖,减轻蚕豆枯萎病的为害程度。此外,用 10 mM 茉莉酸处理蚕豆种子能够诱导蚕豆对枯萎病的抗性。

九、菌核病

蚕豆菌核病在我国南方和西南冬蚕豆种植区,如江苏、浙江、湖北、四川、云南等地均有发生,但没有严重危害的报道。近年来,在进行豆类病害调查时发现,蚕豆菌核病在江苏省一些蚕豆生产区的发生有加重的趋势。在国外,蚕豆菌核病在新西兰、英国、希腊、加拿大、美国等均有报道,其中在希腊发生较重。

(一)病害症状

病害一般从下部茎秆开始发生,病斑最初呈水渍状,后逐渐变为苍白色,并纵向扩展、环茎,导致植株上部萎蔫和枯死。潮湿时病部密生白色棉絮状菌丝。被侵染组织软化,后期变干枯和灰白色,表皮撕裂,病茎髓部变空,茎秆易折断;在菌丝体内或染病茎腔内产生菌核,初为白色,渐变为褐色,最后呈黑色,扁圆形或鼠粪状。除茎秆外,病原菌还侵染叶片和荚,在叶片上产生大的圆形病斑,初为水渍状,后为苍白色。被害豆荚软腐,潮湿时产生絮状白色霉层(图 10-9)。

图 10-9　蚕豆菌核病为害症状(朱振东供图)

(二)病原及特征

在国外,引起蚕豆菌核病的病原菌有 2 种,即核盘菌(*Sclerotinia sclerotiorum*)和三叶草核盘菌(*S. trifoliorum*)。在我国记载的蚕豆菌核病病原菌均为核盘菌,但俞大绂(1979)在江苏、浙江、安徽、江西和湖北分离到的蚕豆菌核病病菌分离物为三叶草核盘菌(*S. trifoliorum*)。迄今我国尚未有蚕豆菌核病菌的系统研究报道。

核盘菌菌核为不规则形或似老鼠屎状,直径 2~20 mm。菌核萌发产生 1 至多个杯形子囊盘,着生在细长菌柄上。子囊盘盘形,淡红褐色,直径 0.5~11 mm,上生栅状排列的子囊。子囊棒状,大小为(81~252)μm×(4~22)μm,内含 8 个子囊孢子。子囊孢子单胞,无色,椭圆形,大小为(11.7~15.1)μm×(5.9~7.3)μm。侧丝无色,丝状,夹生在子囊间。三叶草核盘菌与核盘菌形态近似,但在培养基上生长相对较慢,产生大小不同的二态性子囊孢子,其中大子囊孢子大小为(13.3~19.7)μm×(7.7~8.8)μm,小子囊孢子大小为(11.1~14.8)μm×(6.1~7.7)μm。

（三）侵染循环

病菌以菌核在土壤中越冬，可以在土壤中存活 6～8 年。在冷湿条件下，菌核萌发产生子囊盘和子囊孢子，成为田间初侵染源。子囊成熟弹射出子囊孢子侵染四周植株。病菌也可以在土壤表面形成大量菌丝体，然后侵染植株的茎。

（四）发病规律

阴湿多雨和冷凉的气候条件容易诱发病害；蚕豆与豆科作物或油菜邻近种植或轮作，常发病严重；播种过密，偏施氮肥，田间湿度高，通风不良发病严重。

（五）防治方法

由于病原菌广泛的寄主范围和土传特性，蚕豆菌核病防治十分困难，必须进行综合治理。

1. 种植抗病品种

国外研究表明，蚕豆品种对三叶草核盘菌存在显著的抗性差异，抗性由单个显性基因控制。但目前，尚未有抗核盘菌的蚕豆品种的相关报道。

2. 农业防治

重病地块应与非寄主作物如大、小麦等禾本科作物进行 3 年以上的轮作，与水稻轮作 1 年即可；避免与油菜等感病作物邻作；高垄栽培，适当晚播，合理密植，改善田间通风透光条件，增施磷、钾肥，提高植株抗病性；收获后及时清理病残体，进行深耕，将菌核埋入。

3. 生物防治

可以利用其他作物菌核病生物防治技术防治蚕豆菌核病，如木霉、盾壳霉、绿黏帚霉、粉红黏帚霉、芽孢杆菌等生物农药进行土壤处理、种子处理和叶面喷施等。

4. 药剂防治

在发病初期或开花前期交替喷施丙环唑、氟啶胺、吡唑萘菌胺、乙烯菌核利、异菌脲、腐霉利等。

十、花叶病毒病

蚕豆花叶病毒病广泛发生于我国各蚕豆产区，其中在西南地区的云南、四川和重庆发生严重。引起蚕豆花叶病的病毒有多种，在我国已鉴定的有菜豆黄花叶病毒（*Bean yellow mosaic virus*，BYMV）、豌豆种传花叶病毒（*Pea seedborne mosaic virus*，PSbMV）、蚕豆真花叶病毒（*Broad bean true mosaic virus*，BBTMV）、黄瓜花叶病毒（*Cucumber mosaic virus*，CMV）等，其中 BYMV 是最主要的病毒。在云南蚕豆田随机采集的标样中，BYMV 侵染率高达 96%，而在具有病毒病症状的样本中，侵染率为 100%。

（一）病害症状

病毒病可以发生在蚕豆整个生育期，症状类型因病毒、品种感病性等不同而存在差异。BYMV 导致蚕豆系统花叶，在幼叶被侵染初期出现明脉，随后表现为轻花叶、脉带以及褪绿；PSbMV 引起蚕豆叶片花叶、斑驳或明脉症状，叶片卷曲，植株轻度矮缩，种子变小，种皮开裂并有坏死条斑；BBTMV 引起蚕豆叶片褪绿斑驳、花叶，新叶卷曲畸形，植株节间缩短；CMV 导致蚕豆新叶褪绿和花叶症状（图 10－10）。

图 10－10　蚕豆花叶病毒病症状（朱振东供图）

（二）侵染循环

BYMV、PSbMV、BBTMV、CMV 寄主范围均较广，种传。BYMV 在蚕豆的种传率为 5%～17%，PSbMV 为 6%，BBTMV 为 2.5%～28%，CMV 为 0.1%。在田间，BYMV、PSbMV 和 CMV 主要通过蚕豆蚜（*A. fabae*）、桃蚜（*Myzus persicae*）、豌豆蚜（*Acyrthosiphon pisum*）等蚜虫介体以非持久方式传播。BBTMV 通过小象甲（*Apion vorax*）、根瘤象甲（*Sitona* spp.）等传播。病毒也可以通过机械摩擦和花

粉传播。带毒的蚕豆种子和蚜虫、象甲是病毒病发生的初侵染源，其中带毒蚜虫和象甲是主要侵染源。

（三）发生规律

春季温暖干旱和生长季少雨有利于蚜虫种群的繁殖，加剧病害的发生。种子带毒对下季生产中的病毒病发生有明显影响。

（四）防治方法

目前，没有能够直接治愈病毒病的方法，因此，病毒病防治策略的重点是避免和减少病毒侵染，避免或减少传毒介体和综合治理。

1. 利用抗、耐病品种

国外已筛选出抗 BYMV、BBTMV、CMV 的蚕豆品种。我国虽然尚未开展蚕豆抗病毒育种，但田间调查表明，品种间存在对病毒病的抗性差异。因此，种植在田间表现抗病毒病或耐病毒病的品种是一种有效防治方法。

2. 农业栽培防病

一些农业措施是避病和避蚜虫的有效手段，如使用无病毒种子、调整播期避开蚜虫传毒高峰、调整播种密度（增加播种量、缩小行距）、使用早熟品种、及时拔除病苗等。

3. 药剂防治

药剂防治分为蚜虫或象甲防治和病毒病防治两部分。蚜虫可以用吡虫啉、噻虫嗪拌种防治；在蚜虫或象甲发生初期喷施 20% 的啶虫脒可溶性粉剂、35% 的吡虫·异丙威可湿性粉剂、25% 的吡蚜酮可湿性粉剂、10% 的吡虫·火多威可湿性粉剂、0.7% 的印楝素乳油等。病毒病防治可在病害发生前或发病初期叶面喷施 NS－83 或 88－D 耐病毒诱导剂，或甾烯醇、香菇多糖、毒氟磷、病毒A 等。

十一、蚕豆萎蔫病毒病

1947 年，Stubbs 首先在澳大利亚蚕豆中发现蚕豆萎蔫病毒（*broad bean wilt virus*, BBWV），目前该病毒病在世界蚕豆产区广泛发生，是危害蚕豆最严重的病毒之一，在中东和北非地区常导致严重损失。1982 年，奚仲兴等在我国首次从豇豆上发现蚕豆萎蔫病毒，1985 年陈燕芳等从蚕豆上分离出该病毒，血清学和核苷酸序列分离表明蚕豆萎蔫病毒分离物为同属的 2 个种，即蚕豆萎蔫病毒 -1(BBWV -1)号和蚕豆萎蔫病毒 -2(BBWV -2)号。在我国 BBWV -2 普遍发生，而 BBWV -1 尚未被发现。蚕豆萎蔫病毒病在南方地区为害严重，严重田块发病率高达 80%。

（一）病害症状

蚕豆萎蔫病毒病在蚕豆上的症状主要是花叶，但因侵染早晚、品种抗性差异等而有所不同。主要症状为叶片花叶、斑驳、明脉、皱缩、少花、不结实或结实率低。若冬前感染，还出现植株矮化，有些品种产生萎蔫，有的嫩茎上出现黑色长条斑并很快枯萎死亡(图 10 -11)。

图 10 -11　蚕豆萎蔫病毒病为害症状(朱振东供图)

（二）病原及特征

蚕豆萎蔫病毒 -2(BBWV -2)号隶属于豇豆花叶病毒科(*Comoviridae*)蚕豆病毒属(*Fabavirus*)，在国际病毒分类委员会(ICTV)中的编码为 00.018.0.02.002。病毒粒子球形，直径约为 30 nm，其基因组为 2 条单链 RNA 分子，长度分别为 6.0 kb(RNA1)和 3.6 kb(RNA2)。病毒衣壳蛋白由 2 种亚基构成，大亚基 42.5 kD，小亚基 21.0 kD。蚕豆萎蔫病毒 -2(BBWV -2)号的寄主范围很宽，可以侵染 39 科 177 种以上植物种，其中有一年生草本植物、多年生木本植物和观赏植物。该病毒可以通过蚕豆种传，种传率为 0.4%~0.6%。

（三）侵染循环

在自然条件下，BBWV 在秋、冬季可侵染蚕豆、豌豆、菠菜和小青菜等而越冬；在夏季则可侵染反枝苋、苍耳、大豆、灰藜等双子叶植物而越夏，从而完成其侵染循环。在田间 BBWV 可通过 20 多种蚜虫以非持久性方式传毒。秋播区蚕豆可在冬前或春季被侵染，在夏季，蚜虫将蚕豆上的病毒传至其他寄主，秋季再传回蚕豆。春播蚕豆的侵染源为越冬的多年生牧草以及部分蔬菜、杂草等植物。

（四）发生规律

干旱气候下，有翅蚜大量发生并迁飞，导致田间植株发病重。

（五）防治方法

病害防治方法包括：

1. 农业防治

使用无毒种子、铲除田间杂草、调整蚕豆播种时期以避开蚜虫迁飞高峰、及时销毁病毒苗等措施是避病和降低病毒病发生率的有效手段。

2. 药剂防治蚜虫

用吡虫啉、噻虫嗪拌种防治蚜虫，或在蚜虫发生初期喷施 20% 的啶虫脒可溶性粉剂、35% 的吡虫·异丙威可湿性粉剂、25% 的吡蚜酮可湿性粉剂、10% 的吡虫·灭多威可湿性粉剂、0.7% 的印楝素乳油，可以避免和减轻蚜虫传播病毒。

3. 药剂防治病毒

病毒病防治可在病害发生前或发病初期叶面喷施 NS－83 或 88－D 耐病毒诱导剂，或甾烯醇、香菇多糖、毒氟磷、病毒 A 等。

第二节　蚕豆的虫害防治

蚕豆害虫主要有蚕豆象、蚕豆蚜虫、美洲斑潜蝇以及地下害虫，明确其形态特征，掌握其发生时期与危害规律，采取科学的物理防治、化学防治、生物防治的技术措施，保障蚕豆不受病害危害，既能保证产量和商品性，又能减少化学农药对蚕豆品质的影响与农业面源污染。

一、蚕豆象

（一）分布与为害

蚕豆象（*Bruchus rufimanus* Boheman），属鞘翅目豆象科，又称豆牛虫、蚕豆红足象，主要为害蚕豆，可造成20%～30%的产量损失。蚕豆象原产于欧洲，后来传到伊朗和非洲北部，1909年传入北美，是蚕豆生产中为害最严重的害虫之一，抗日战争期间从日本传入中国，成为为害蚕豆籽粒的一种主要害虫，现已广泛分布于中国西北、华北、华中、华南、中南、华东、西南等地区的许多省份，是国内植物检疫对象之一。

蚕豆象主要为害蚕豆，还为害野豌豆、山黧豆、兵豆、鹰嘴豆和羽扇豆等。蚕豆象成虫在花期采食花粉和花蜜，雌雄虫交配产卵，在鲜荚表面产卵，卵孵化后幼虫咬破豆荚，蛀入豆粒内取食为害，被害豆粒内部被蛀成空洞（图10－12）。蚕豆象幼虫生活史是在豆粒内完成的，常造成蚕豆籽粒空瘪、霉变，产量降低，品质下降，食用价值丧失。

图10－12　蚕豆象为害症状（刘昌燕供图）

（二）形态特征

卵呈椭圆形，一端略尖，乳白色或淡黄色。

幼虫（见图10－13）长约5 mm，乳白色，肥胖，头小，淡褐色。

蛹长约5 mm，椭圆形，淡黄色。

成虫（见图10－13）体长4～5 mm，宽2.6～2.8 mm，椭圆形，黑色。触角基部1～4节或1～5节。上唇与前足浅褐色。头部密布小刻点。前胸背板横宽，呈不规则的四边形或梯形。侧齿位于侧缘中央，短而钝，水平外指向后缘稍凹，侧齿上布小刻点，被褐色或灰白色毛，形成明显小毛斑。近翅缝向外缘有灰白色毛点形成的横带。臀板中间两侧有2个不明显的斑点，腹板两侧各有1个灰白色毛斑。后足腿节近端部外缘有1个短而钝的齿。

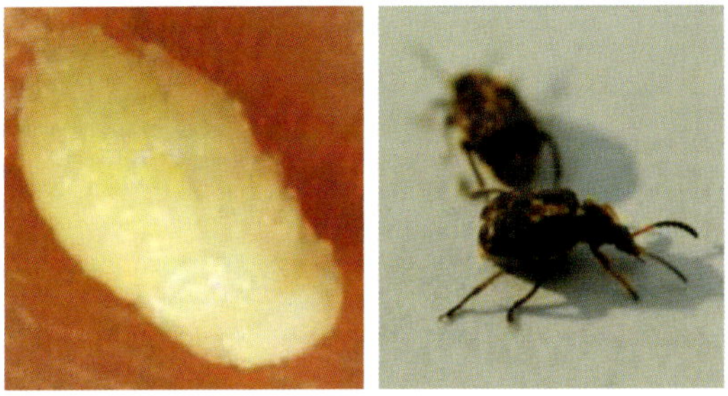

图10-13 蚕豆象幼虫、成虫（杨晓明供图）

（三）发生规律

蚕豆象1年发生1代，以成虫在豆粒内、仓库角落、包装物缝隙以及田间、晒场、作物遗株内、杂草或砖石下越冬。越冬成虫于翌年3月下旬飞入豆田活动、取食、交配、产卵，卵散产在嫩青荚上，每雌虫一生产卵35~40粒，最多达96粒。卵期7~12 d，4月中旬起孵化后即侵入豆荚并蛀入豆粒中，被蛀豆粒表面留有1个小黑点。蚕豆收获后，幼虫在豆粒内被带到仓内继续为害，幼虫在豆粒内蛀食并度过整个幼虫期，幼虫老熟后，在豆粒内化蛹，并在豆子上咬食形成一圆形羽化孔，8月下旬至9月上旬左右基本羽化完毕。成虫寿命极长，一般在250~330 d，有的可达14~16个月。成虫耐饥力强，可以4~5个月不食，喜欢荫蔽，有假死习性，飞翔力很强，可随种子传播。

（四）防治方法

1. 植物检疫

加强检疫，杜绝外来虫源进入和本地虫源传出。

2. 农业防治

精选种子，剔除蛀害种粒，并集中处理，避免把尚未出粒的蚕豆象带到田间；与非豆科作物实行3年以上轮作，阻断蚕豆象的寄主植物；选育并种植抗蚕豆象的新品种。

3. 物理防治

①暴晒法：将新收获的蚕豆放在水泥晒场上暴晒，并及时翻动。②浸烫法：

把蚕豆倒入竹筐或筛子内，待水煮开后，将容器浸入，边烫边搅拌种子，经 25～28 s 后，迅速取出，入凉水中冷却，摊开晒干后储藏。此法适用于少量蚕豆，杀虫效果非常显著，且不影响种子发芽和品质。③低温冷冻法：将原料置于冰箱冷冻室或冰柜 12 h 左右，取出晾干后，放入已进行清洁预防处理的仓库。如果量大，可在 0～5 ℃商业冷库放置 30 d 以上以完全防控蚕豆象，在 －10 ℃商业冷库放置 10 d 以上也可完全防控蚕豆象。

二、豆蚜

（一）分布与为害

豆蚜（*Aphid craccivora* Koch），属同翅目蚜科，又名花生蚜、苜蓿蚜等，主要危害豇豆、菜豆、豌豆、蚕豆、大豆、花生、紫云英、苕子、苜蓿等豆科作物，以成虫聚集在嫩芽、嫩茎、花蕊及豆荚处吸汁为害，致叶片发黄卷缩、生长停滞，影响开花结荚。同时，虫子大量排泄的蜜露还可诱发煤烟病，使叶片被 1 层黑色霉所覆盖，影响植株光合作用，造成荚果品质变劣、产量降低等明显损失（图 10－14）。目前，在中国除西藏自治区未见报道外，其余各地均有豆蚜分布。

图 10－14　豆蚜危害蚕豆的症状（左图杨晓明供图，右图张红岩供图）

（二）形态特征

有翅胎生蚜体长 1.6～1.8 mm，翅长 5～6 mm。虫体黑绿色或黑褐色，有光泽。触角 6 节，总长 4.0 mm，第 1 节、第 2 节黑褐色，第 3 节至第 6 节黄白色，节间褐色，第 3 节有 4～7 个感觉圈，排列成行。腹管较长，末端黑色。无翅胎生蚜体长 2 mm 左右,体肥胖,黑色、浓紫色或墨绿色,具光泽,有 25~26 根毛和 11~51 个次生感觉圈,各胸节具大缘斑,后胸有断续中侧小斑,第 1~6 腹节各具 2 对中毛、2 对侧毛、2~3 对缘毛,第 1 节缘毛 1 对,第 7~8 腹节各具横带,腹管长筒状,具 2 个前大后小的方形斑块,约与尾片等长。尾片黑色,长锥形,有 11~16 根长曲毛。

(三)发生规律

豆蚜在我国各地区发生情况存在明显差异,发生代数不同。在山东和河北,豆蚜每年发生 20 代,广东和福建则发生 30 余代,在长江流域发生 20 代以上。豆蚜冬季在蚕豆、冬豌豆等豆科植物心叶或叶背处越冬。当月平均温度达 8~10 ℃时,豆蚜在冬寄主上开始正常繁殖。4 月下旬至 5 月上旬,成、若蚜群集于留种紫云英和蚕豆嫩梢、花序、叶柄、荚果等处繁殖为害;5 月中下旬以后,随着植株的衰老,有翅蚜迁向夏或秋刀豆、豇豆、扁豆、花生等豆科植物上寄生繁殖;10 月下旬至 11 月间,随着气温下降和寄主植物的衰老,有翅蚜又迁向蚕豆等冬寄主上繁殖并在其上越冬。

豆蚜对黄色有较强的趋性,对银灰色有忌避习性,且具较强的迁飞和扩散能力。在适宜的环境条件下,每头雌蚜寿命可长达 10 d 以上,平均胎生若蚜 100 多头。适宜豆蚜生长、发育、繁殖的温度范围为 8~35 ℃,最适宜环境温度为 22~26 ℃,相对湿度为 60%~70%,每年以 5~6 月和 10~11 月发生最多。

(四)防治方法

1. 黄板诱杀

利用豆蚜对黄色的趋性诱杀蚜虫。

2. 农业防治

蚕豆收获后及时清理田间残株败叶,铲除杂草,蚕豆周围种植玉米屏障,可阻止蚜虫侵入。

3. 药剂防治

10% 的吡虫啉可湿性粉剂 2 500 倍液、10% 的蚜虱净可湿性粉剂 2 500 倍液、50% 的避蚜雾可湿性粉剂 2 000 倍液喷雾防治。

4. 生物防治

利用草蛉、瓢虫、食蚜蝇等天敌昆虫进行防治。

三、豌豆蚜

（一）分布与为害

豌豆蚜[*Acyrthosiphon pisum*(*Harris*)]，又称豌豆长须蚜、豌蚜，属半翅目蚜科无网长管蚜属，是世界性的害虫之一，也是蚜虫种类中最重要的害虫。豌豆蚜具有复杂的生活周期，以孤雌生殖为主，发育周期较短，繁殖量大，主要为害蚕豆、豌豆、苜蓿等多种豆科植物，常以成、若蚜群集于嫩茎、叶片、花与荚果上为害（图 10－15）。

（二）形态特征

豌豆蚜身体椭圆形，体形较小，体长大约在 0.5～7.5 mm，多数为 1.0～4.0 mm，触角丝状，口器为刺吸式，头部与胸部之和小于其腹部，腹部共有 9 节，在腹管部位第 6 节的背面两侧，有 1 对管状结构即为腹管。在为害植物的时候，它会从腹管中排出蜜露，将其滴落到叶片上，从而引发霉菌病。严重时，可损害植物叶片的生理机能，同时也是多种植物传播病毒的介体，能够传播多种植物病毒，对豆科作物造成严重影响。

豌豆蚜主要有红色型豌豆蚜和绿色型豌豆蚜 2 种，它们的形态特征基本相似。在我国绿色型豌豆蚜存在的历史比较久远，分布在全国各地；红色型豌豆蚜分布范围较小，根据调查，红色型仅分布在我国新疆、甘肃、青海、宁夏、内蒙古等部分地区。

图 10－15　豌豆蚜为害蚕豆症状（杨晓明供图）

（三）发生规律

豌豆蚜具备一种史无前例的吸收太阳光用作代谢能量的特殊能力，是到目前为止已知的唯一能进行光合作用的动物物种。豌豆蚜繁殖力很强，1 年能繁殖 10～30 个世代，世代重叠现象明显，每年以 5～6 月和 10～11 月发生较多。适宜豌豆蚜生长、发育和繁殖的温度范围为 8～35 ℃，当 5 d 的平均气温稳定上升到 12 ℃时，便开始繁殖。在气温较低的早春和晚秋，完成 1 个世代需 10 d，在夏季温暖条件下，只需 4～5 d。

（四）防治方法

1. 农业防治

蚕豆收获后及时清理田间残株败叶，铲除杂草。

2. 化学防治

可用 25% 的蚜螨清乳油 50 mL、吡虫啉系列产品 1 500～2 000 倍液、10% 的蚜虱净 60～70 g、20% 的吡虫啉 2 500 倍液、25% 的抗蚜威 3 000 倍液喷雾防治。

3. 生物防治

利用草蛉、瓢虫、食蚜蝇等天敌昆虫进行防治。

四、美洲斑潜蝇

（一）分布与为害

危害蚕豆的潜叶蝇为美洲斑潜蝇，属双翅目潜蝇科斑潜蝇属。该虫原产地在南美洲，主要分布在巴西，自 1983 年入侵中国后，很快在全国范围内暴发成灾，目前在中国除青海、西藏和黑龙江以外均有不同程度的发生，尤其是我国的热带、亚热带和温带地区。

美洲斑潜蝇共有 2 个虫态对蚕豆造成危害，即幼虫和成虫。对蚕豆叶片造成毁灭性危害的主要是幼虫，幼虫在叶片基部孵化后，就向叶片顶端方向打潜道蛀食叶肉细胞。潜道呈隧道状，长短不一，潜道末端加大。严重时 1 片叶有 8～10 头幼虫，整片叶子的叶肉细胞被蛀食一空，只留下 2 层叶表皮。被蛀食过的叶片开始为白色，逐渐变为褐色或黑色，最终枯死。成虫夜晚静伏，白天活动，用口针刺透叶表皮吸叶汁。取食孔初为白色，逐渐变为黄白色，严重时取食孔布满整个叶片,取食孔直径大小为0.3~0.7 mm。

(二)形态特征

卵呈椭圆形,淡黄色,长为0.2~0.3 mm,宽为0.1~0.5 mm。

幼虫初为透明无色,逐渐变为乳白色、黄白色或黄色,长为1.6~4.0 mm,宽为0.5~1.0 mm。头黑色,很小,有一黑色的口钩,尾部圆钝,有3个黑色突具气门。

蛹长为1.8~2.1 mm,宽为0.8~1.0 mm,椭圆形,鲜黄色或黄褐色,有9节。

成虫体长1.3~2.3 mm,翅展1.3~2.3 mm,头黄色,复眼红褐色,有1对较短的红黄色触角。身体灰黑色,腹部两侧浅黄色,中间黑色,胸部扁平。翅1对,后翅退化为平衡棒。足3对,每只3节,前2节黑色,跗趾褐色。成虫迁飞较弱,一般能迁7~10 m 。

(三)发生规律

1年可发生10~12代,具有暴发性,以春、秋两季为害较重。美洲斑潜蝇适应性强,寄主范围广,繁殖能力强,世代周期短,在我国南部周年发生,无越冬现象。成虫产卵时间以上午10:00~12:00最盛,产卵选择幼嫩叶片,用产卵器将卵散产于靠近叶柄处的叶片边缘的叶肉里,1次产卵1粒,1头雌虫可产卵50~100粒,叶片被产卵器刺伤处出现灰白小斑点。

(四)防治方法

1. 严格检疫

加强检疫,防止该虫为害扩大蔓延。

2. 农业防治

适当疏植,增加田间透气性,收获后及时清洁田园,将被为害作物残体集中处理;把蚕豆与其他斑潜蝇不为害的作物进行套种或轮作。

3. 生物防治

释放潜蝇姬小蜂,平均寄生率可达78.8%;喷洒0.5%的楝素杀虫乳油(川楝素)800倍液、6%的绿浪(烟百素)900倍液。

4. 物理防治

采用诱蝇纸诱杀成虫。

5. 化学防治

用2%的阿维菌素乳油2 000倍液、0.5%的高效氯氰菊酯乳油1 500倍液、70%的吡虫啉水分散粒剂10 000倍液、25%的噻虫嗪水分散粒剂3 000倍液等药剂防治。防治时间掌握在成虫羽化高峰期的上午8:00～12:00时效果好，注意交替用药。

第三节　蚕豆的鼠害与鸟害防治

蚕豆鼠害主要有中华鼢鼠、仓鼠等，危害农作物的鸟类主要是一些雁类如鸠鸽类、鹦鹉、鸦科、鹎类、椋鸟、拟椋鸟科、文鸟科及雀科的少部分鸟类。

一、中华鼢鼠

（一）发生及为害规律

中华鼢鼠俗称瞎瞎、瞎老，终年生活在地下，春秋两季为害最重。3月中下旬土壤解冻后开始活动，4～6月活动频繁，喜食播种在土壤中的蚕豆种子和刚出生的幼苗，造成缺苗断垄，严重时缺苗可达50%以上，直接影响产量。8~9月出现第2次活动高峰，咬食其他植物地下部分，并迁移至阳坡，于11月份大地封冻时停止活动。

（二）防治方法

4月上中旬田间鼢鼠活动初盛期，弓箭射杀、石板地剑和挖洞灭鼠等方法防效甚佳。用鼢鼠灵（或溴敌隆、氯鼠酮等）与马铃薯（或葱、生芽的玉米、小麦）加少许食油制成毒饵（饵料与鼠药比例为99:1）投放于鼢鼠经常出没的鼠洞内，封严洞口诱杀鼢鼠。

二、仓鼠

（一）发生及为害规律

仓鼠食性很杂，喜食蚕豆、豌豆、苦荞麦、小麦等。当豆荚内籽粒形成时，仓鼠爬上蚕豆植株，剥取籽粒并运入洞中；当蚕豆成熟时，仓鼠盗运极为严重，不分昼夜为害，1 窝仓鼠 1 年运贮蚕豆 10～30 kg。

（二）防治方法

蚕豆结荚始期投放捕鼠夹、捕鼠笼、电子灭鼠器，同时注意保护猫头鹰、猫、狐、蛇等天敌，对防治鼠害有长效作用。

三、鸟害

危害农作物的鸟类主要有一些雁类如鸠鸽类、鹦鹉、鸦科、鹎类、椋鸟以及拟椋鸟科、文鸟科及雀科的少部分鸟类。鸟害的防治措施主要是物理防治，包括扎草人、设防鸟网、挂彩带或设仿真猎人，其次为人工驱赶和投放驱鸟剂。

第四节　蚕豆的草害防治

蚕豆在农田生态系统中发挥着重要的作用，但其田间杂草是很难解决的一个问题。目前生产上尚未有抗除草剂的转基因蚕豆品种，而通过辐射诱变获得了抗列当寄生杂草的蚕豆品种。由于蚕豆自身的生长习性和生态学特点，在我国不论北方春播区还是南方秋播区，蚕豆田间杂草种类多，种群密度大，杂草与蚕豆共生期长，杂草成为蚕豆减产和品质下降的主要因素。杂草常常导致一些蚕豆病害的发生和流行，导致劳动力等成本的增加，是严重制约中国蚕豆产业发展的关键因素。在一些蚕豆种植区域，田间杂草清除不及时，清除方法不恰当常常造成蚕豆产量损失和生产成本的增加。我国每年因草害造成的蚕豆产量损失为 15%～50%，同时劳动力等生产成本增加 20% 以上。特别在北方春播蚕豆区,6~8月份的杂草发生期正值雨季,由于人少地多、管理粗放、除草剂应用不广泛等因素常常造成蚕豆田间草荒。

一、蚕豆田间主要杂草及危害

蚕豆在我国从南到北种植范围很广,处于不同地区的蚕豆田间杂草分布特点差异很大。北方春播蚕豆和南方秋播蚕豆不仅种植目的(鲜食、干籽粒)、品种特点、播期时间、收获时间等不同,而且海拔、气候类型、土壤类别、作物种类、复种指数、轮作方式、种植模式、栽培措施、管理水平等方面也不尽相同。如此复杂的农业生产系统及长期的杂草物种进化,导致了南北蚕豆在农田杂草种类、发生分布、为害规律、除草剂使用等方面有显著的差异。南方秋播蚕豆田杂草主要有30多种,北方春播蚕豆田杂草有20多种。北方蚕豆田间除草剂应用以土壤处理为主,而南方蚕豆田间杂草处理以土壤封闭处理为主。

从化学防除杂草方面,蚕豆田间杂草可分为4种:一年生禾本科杂草、阔叶杂草、莎草科杂草及寄生杂草。①禾本科杂草主要有早熟禾、野燕麦、千金子、牛筋草、马唐、芦苇、看麦娘、狗牙根、狗尾草、稗草、白茅等;②阔叶杂草主要有猪殃殃、泽漆、苘麻、蒲公英、牛繁缕、马齿苋、鳢肠、藜、苣荬菜、反枝苋、刺儿菜、苍耳、播娘蒿、鸭跖草等,这类杂草常与禾本科杂草混生,发生密度不如禾本科杂草大,但由于繁茂,生长快,无有效的化学除草剂,对蚕豆生长造成了严重的影响;③莎草科杂草主要有香附子和异型莎草,前者为多年生杂草,后者为1年生杂草,二者主要发生在黄淮海及长江流域秋蚕豆区,以湿润地块危害较为严重;④蚕豆田间寄生杂草主要是菟丝子。

二、蚕豆田间杂草发生特点

蚕豆田间杂草受各种因素的影响,其发生规律和消长动态不同。田间杂草的发生和危害除受播种时间影响外,还与降水、温度、茬口、种植模式等多种因素有关。在北方春播区,田间杂草有3次发生高峰,即苗期、花荚期和成熟期。蚕豆苗期杂草发生数量占全年总量的5%~10%,杂草发生基数少,田间较易防治;成熟期杂草占杂草总量的20%~30%,往往导致蚕豆后期病害的发生和流行;花荚期杂草数占全年总发生量的60%,田间防治较难,对蚕豆生长影响最大，5~7 月份降水是影响蚕豆花荚期草害发生的主要因素。

北方春播区蚕豆的播种日期一般为 3 月下旬至 4 月下旬，出苗时间一般在 5 月上旬。蚕豆的萌发起始温度为 3 ℃，适宜的萌发温度为 6~12 ℃，适宜萌发的土壤含水量为 20% 以上。而这个温度和湿度几乎接近荠菜、蒲公英、大蓟、野燕麦、藜、荞麦蔓、节蓼、萹蓄和苣荬菜等蚕豆田主要春季杂草萌发的最适条件，这些杂草较蚕豆同时或稍晚 10 d 左右出苗，并在 5 月中下旬形成杂草发生的第 1 个高峰。制约此次杂草发生的主要因素是温度，但一般蚕豆播种后，大部分地区的气温都能稳定度过 10 ℃，因此除反枝苋等萌发起始温度较高的杂草外，温度对多数蚕豆田杂草出苗不是限制因子。此时杂草危害表现集中，来势猛，基数大。苗期杂草与蚕豆在出苗特性上有 1 个很大的区别，就是杂草的萌发出苗往往参差不齐、出苗持续时间长。

在春季干旱过后进入 5 月下旬时，随着降水或浇灌水的出现，狗尾草、藜、反枝苋等杂草出苗，出现第 2 个杂草发生高峰，此时正值蚕豆初花期，水分是决定蚕豆生长状况和杂草发生的决定性因素。不同地区和不同年份，春旱解除得有早有晚，一般在 5 月下旬至 6 月下旬。随着降水的增多，这些降水足以使一些晚春性杂草如稗草、狗尾草、菟丝子、鸭跖草、马齿苋、苍耳、野黍和多年生的刺菜、大蓟、芦苇等大量出土，形成蚕豆田第 2 个杂草发生高峰，这批杂草密度大、来势猛，往往难于防治。特别是如果蚕豆种植密度小，前期生长势弱，不能有效地遏制杂草的生长，则往往造成蚕豆草荒。

蚕豆田间第 3 批杂草发生在 7 月上中旬至 8 月上旬，即蚕豆鼓粒、成熟期，喜温杂草如苋菜、马唐、铁苋菜、狼把草、猪毛菜等纷纷出土，发生严重时常常导致蚕豆后期病害的发生和流行。

三、蚕豆田间杂草综合防控

蚕豆田杂草种类繁多、发生时间长，基本伴随蚕豆的一生生长，一次性除草很难解决全生育期杂草难题，因此必须根据土壤状况、气候特点、杂草群落以及前茬用药情况，合理选择除草方式。蚕豆田间杂草防治总体包括 5 个方面：①必须做好杂草的检疫，杜绝和预防外来杂草危害；②做好预防蚕豆田间杂草的播前准备工作，对蚕豆种子进行清选，彻底清除混杂在蚕豆中的杂草种子。及时清除蚕豆田间地埂、沟渠、道旁杂草，可采用百草枯、草甘膦等持效性除草剂进行彻底清除;③蚕豆生长关键阶段及时中耕除草;④充分利用轮作倒茬、间作套种、适度密植、适期播种、控水控肥、品种搭配等措施从生态学意义上调控杂草;⑤有效利用除草剂进行杂草防治。利用化学除草剂清除田间杂草,省时省工,杂草防除效果显著(图 10-16)。蚕豆田间杂草化学防除主要分为播前土壤处理、播后苗前土壤封闭处理、苗期茎叶处理以及收获前杂草灭除 4 个不同时期。国外针对蚕豆田间杂草注册了 20 多个除草剂品种(表 10-1),而中国在蚕豆上注册的除草剂极少。蚕豆对除草剂较为敏感,前茬作物使用除草剂后的残留和化学除草剂的选择、浓度、剂量等使用不当均会影响蚕豆的生长发育(图 10-17)。

图 10-16 蚕豆分枝期高效氟吡甲禾灵除草剂除草效果(杨晓明供图)

1 2 3

1. 根系正常前期幼苗正常,后期逐步畸形;2、3. 根系生长受到影响,前期叶片出现畸形

图 10-17 前茬油菜二氯吡啶酸除草剂残留对后茬蚕豆生长的影响(杨晓明供图)

表 10－1　蚕豆不同时期除草剂

类别	通用名称	商品名称	剂型	每 667 m^2 剂量	评价和注意事项
蚕豆播前土壤处理	阿畏达	阿畏达、燕麦畏	40% 的乳油	166～200 mL	对后茬作物安全。
	西玛三嗪	西码津	40% 的可湿性粉剂	200～500 mL	残效期长，可持续 12 个月，对后茬敏感作物有不良影响，对小麦、大麦、棉花、大豆、水稻、十字花科蔬菜等有药害。受土壤质地、有机质含量、气温等影响很大。
	二甲戊乐灵	除草通、施田补、胺硝草、二甲戊灵	33% 的乳油	100～167 mL	正常用量以防除禾本科杂草为主，土壤干旱时效果差；加大用量时对阔叶杂草亦有效，但加大用量遇多雨会抑制蚕豆生长。因而在以阔叶杂草为主的蚕豆地不宜应用。对土壤无毒化作用，在体内传导性能差；与氟乐灵根相比，不须混土。可与赛克、普施特、广灭灵、都尔、拉索等除草剂混用。
	氟乐灵	氟乐灵、氟特力、茄科宁、特福力	48% 的乳油	80～160 mL	见光易分解。可与扑草净、赛克等混用以扩大杀草谱。
	硝苯胺灵	双丁乐灵、丁乐灵、仲丁灵、比达宁、止芽素、地乐胺	48% 的乳油	200～300 mL	对后茬作物安全。

表 10-1(续)

类别	通用名称	商品名称	剂型	每 667 m^2 剂量	评价和注意事项
蚕豆播后苗前土壤封闭处理	精异丙甲草胺	金都尔	96%的乳油	60~130 mL	在蚕豆播种前、播种后出苗前施药,播种前施药又可分秋季施药和春季施药,秋季施药药效最好。干旱不利于药效发挥,最好是在降水或灌溉前施用,若土壤过于干旱或短期内不会降水,则于施药后浅层混土 2~3 cm。
	敌草隆	地草净、达有龙、敌草隆、敌芜伦	25%的可湿性粉剂	200~300 g	主要防除一年生禾本科杂草和某些阔叶杂草。
	嗪草酮	立克除、甲草嗪、特丁嗪、赛克津	70%的可湿性粉剂	53~76 g	药效受土壤类型、有机质含量、湿度、温度影响较大,使用条件要求较严,若使用不当,或无效,或产生药害。对下茬或隔后茬白菜、蚕豆之类有药害影响,注意使用时间的把握。
	咪唑乙烟酸	普杀特、咪草烟、豆草唑、普施特、灭草烟	5%的水剂	80~150 mL	施药后第 1 年仅能种大豆、小麦、玉米,不能种油菜、水稻、蔬菜等作物。与氟乐灵、广灭灵、都尔、除草通等混用,可扩大杀草谱,减少对后茬作物的影响,克服普施特在干旱条件下对禾本科杂草药效差的缺点。
蚕豆苗期至开花前茎叶处理	甲氧咪草烟	金豆、甲氧咪草酸、甲氧咪草烟	4%的水剂	75~83 mL	对甜菜、茄科等作物敏感。土壤水分适宜、杂草生长旺盛及杂草幼小时用低剂量,干旱条件及难防治杂草多时用高剂量。使用低剂量时须加入喷液量 2%的硫酸铵。

表 10－1(续)

类别	通用名称	商品名称	剂型	每 667 m^2 剂量	评价和注意事项
蚕豆苗期至开花前茎叶处理	喹禾糠酯	R－糖草酯、喷特、糖草酯	4%的乳油	40～60 mL	对一年生狭叶杂草和自生小麦、大麦防除效果好。
	精喹禾灵	快伏草、盖草灵、精喹禾灵、盖草能、精禾草克、喹禾灵、草除灵、精稳杀得、稳杀得、氟草除、氟草灵	10.8%的乳油	20～100 mL	防除一年生禾本科杂草;在单、双子叶杂草混生田,可与防除阔叶杂草的虎威隔天搭配使用。防治一年生禾本科杂草,3～4 叶期,20～30 mL/667 m^2;4～5 叶期,30～35 mL/667 m^2;5 叶期以上,用药量适当增加;若杂草已长至 4～6 叶期,用药量 40～60 mL/667 m^2。如以多年生杂草为主,用药量 80～100 mL/667 m^2。
	丁苯草酮	丁苯草酮、丁氧环酮	25%的乳油	50～80 g	使用丁氧环酮与铵盐的组合物对杂草可产生比单独使用每种化合物的预期活性更高的除草效果,而且对作物没有有害的植物毒性作用。
	稀禾啶	硫乙草丁、硫乙草灭、西杀草、乙草丁、拿捕净	20%的乳油	66.7～133 mL	在禾本科和阔叶植物(双子叶植物)间选择性很强,对阔叶植物无影响。空气相对湿度低于 65%或长期干旱、晴天中气温高时不要施药。
	烯草酮	收乐通、赛乐特、乐田特、氟烯草酸	24%的乳油	25～40 mL	不宜用在小麦、大麦、水稻、谷子、玉米、高粱等禾本科作物;对一年生禾本科杂草施药适期为 3～5 叶期,对多年生杂草于分蘖后施药最为有效。
	吡喃草酮	得杀草、醌肟草、吡草酮	20%的乳油	25～40 g	非激素型内吸性芽后除草剂。由杂草的根和基部吸收后,抑制叶绿素生成,引起白化现象使其逐渐枯死。持效期 45～50 d,在土壤中向下移动在 1 cm 以内。使用剂量根据施药地区、防除杂草种类、施药时间而有所变动。

（一）蚕豆播前混土处理

播前混土处理为选择性芽前土壤处理，是在播前 5～7 d 或更长时间（春播豆种可以在秋季进行药剂土壤处理）将药剂兑水进行地表喷雾土壤处理。应选用易被杂草幼芽、幼根吸收的除草剂，主要用以抑制杂草幼芽和次生根的生长而达到除草效果。该方法优点是早期控制了杂草，可以推迟或减少中耕次数；不足之处是使用药量与药效受土壤质地、有机质含量和 pH 值制约。目前，蚕豆上常用的播前混土处理除草剂有 7 种：阿畏达（燕麦畏）、西玛三嗪、二甲戊乐灵（除草通、施田补、胺硝草）、氟乐灵（氟利克、氟特力、茄科宁、特福力）、地乐胺、敌草隆（地草净、达有龙、敌芜伦）、嗪草酮（赛克、赛克津）。不同的除草剂有不同剂型，因剂型不同剂量有很大的差异。二甲戊乐灵、氟乐灵、地乐胺均属于硝基苯胺类除草剂，是土壤处理剂，在作物播种前或播后苗前使用，防治一年生禾本科杂草，对藜、马齿苋、萹蓄、繁缕等一年生小粒种阔叶杂草也有效。除草剂在生产使用过程中一定要按照除草剂使用说明，并根据土壤、气候、播种时间等因素因地制宜地选取合适的剂量和施用方法。

（二）蚕豆播后苗前土壤封闭处理

播后苗前土壤封闭处理为选择性芽前土壤处理，宜于播种后出苗前 5～7 d 施药。选择易被植物幼芽、幼根吸收的内吸性除草剂，以抑制杂草幼芽和次生根的生长，从而杀死各种杂草。该处理优点是药剂相对挥发性小，不易被光解，除草效果受土壤影响小；省时省力，操作简便容易，于播种后直接喷施于地表即可，无须混土；当杂草出苗时，可被其幼芽吸收而生长受到抑制，以致枯死。不足之处是在沙质土遇大雨时可能将某些除草剂淋溶到蚕豆种子上而产生药害。播后苗前土壤处理必须保持土壤湿润才能使药剂发挥作用，如在干旱条件下施药，除草效果差，甚至无效。目前适用于蚕豆田苗前土壤封闭处理的除草剂有 3 种：敌草隆（地草净、达有龙、敌芜伦）、嗪草酮（立克除、甲草嗪、特丁嗪、赛克津）、咪唑乙烟酸（普杀特、咪草烟、豆草唑、普施特、灭草烟）。

（三）蚕豆苗期至开花前茎叶处理

苗期茎叶处理是当杂草出苗后，选用内吸传导型芽后茎叶处理除草剂进行叶面喷雾施药，而使杂草茎叶吸收药剂后在其体内进行传导以致破坏细胞而中毒死亡。适宜于蚕豆苗后茎叶处理的单剂主要有7种:精禾草克(快伏草、精喹禾灵)、拿捕净(稀禾啶、硫乙草丁、硫乙草灭、西杀草、乙草丁)、氟吡甲禾灵(高效氟吡甲禾灵、精盖草能、氟吡乙草灵)、精吡氟禾草灵(精稳杀得、氟草除、氟草灵、高效盖草能)、烯草酮(收乐通、赛乐特、乐田特、氟烯草酸)、甲氧咪草烟(金豆、甲氧咪草酸)、烯草酮。精禾草克、拿捕净主要用于防除一年生和多年生禾本科杂草,对阔叶杂草无效;烯草酮主要用于防治禾本科杂草,如芦苇、看麦娘、千金子、野燕麦等;蚕豆田间复配除草剂主要有甲氧咪草烟与二甲戊乐灵(施田补)混合剂,目前推广应用的为4%的水剂,主要用于防治一年生禾本科与阔叶杂草,如野燕麦、稗草、狗尾草、金狗尾草、看麦娘、稷、千金子、马唐、鸭跖草、龙葵、苘麻、反枝苋、藜、小藜、苍耳、香薷、水棘针、狼把草、繁缕、柳叶刺蓼、鼬瓣花、荠菜等,对多年生的苣荬菜、刺儿菜等有抑制作用,适用于蚕豆、豌豆和其他豆科植物,对甜菜、茄科等作物敏感。

参考文献

[1] Abdel - Monaim M F. Improvement of biocontrol of damping - off and root rot/wilt of faba bean by salicylic acid and hydrogen peroxide [J]. Mycobiology, 2013, 41(1): 47 - 55.

[2] Ahmed H F, El - Araby M M, Omar S A. Differential effect of jasmonic acid on the defense of faba bean against fusarium wilt: modulation of other phytohormones and simple phenols [J]. International Journal of Agriculture and Biology, 2002, 4(4): 447 - 453.

[3] Ahmed S, Abang M M, Maalouf F. Integrated management of ascochyta blight (*Didymella fabae*) on faba bean under Mediterranean conditions [J]. Crop Protection, 2016, 81: 65 - 69.

[4] Asuyama H. New diseases and pathogenes reported recently on the cultivated plants in Japan [J]. Japanese Journal of Phytopathology, 1937, 6(4): 339 - 342.

[5] Bao S, Wang X, Zhu Z, et al. Survey of faba bean and field pea viruses in Yunnan Province, China [J]. Australasian Plant Pathology, 2007, 36(4): 347 - 353.

[6] Baumann D, Bastiaans L, Kropff M. Intercropping system optimization for yield, quality, and weed suppression combining mechanistic and descriptive models [J]. Agronomy Journal, 2002, 94: 734.

[7] Bulson H A J, Snaydon R W, Stopes C E. Effects of plant density on intercropped wheat and field beans in an organic farming system [J]. The Journal of Agricultural Science, 2000, 128(01): 59 - 71.

[8] Chang K F, Conner R L, Hwang S F, et al. Effects of seed treatments and inoculum density of *Fusarium avenaceum* and *Rhizoctonia solani* on seedling blight and root rot of faba bean [J]. Canadian Journal of Plant Science, 2014, 94(4): 693-700.

[9] Cook R T A, Fox R T V. *Erysiphe pisi* var. *pisi* on faba beans and other legumes in Britain [J]. Plant Pathology, 1992, 41(4): 506-512.

[10] Elhendawy S, Shaban W, Sakagami J I. Does treating faba bean seeds with chemical inducers simultaneously increase chocolate spot disease resistance and yield under field conditions [J]. Turkish Journal of Agriculture and Forestry, 2010, 34(6): 475-485.

[11] El-Mougy N S, Abdel-Kader M M. Long-term activity of bio-priming seed treatment for biological control of faba bean root rot pathogens [J]. Australasian Plant Pathology, 2008, 37(5): 464-471.

[12] Fenάndez-Aparicio M, Sillero J C, Rubiales D. Intercropping with cereals reduces infection by *Orobanche crenata* in legumes [J]. Crop Protection, 2007, 26(8): 1166-1172.

[13] Habtegebriel B, Boydom A. Integrated management of faba bean black root rot (*Fusarium solani*) through varietal resistance, drainage and adjustment of planting time [J]. Journal of Plant Pathology & Microbiology, 2016, 7(7): 363.

[14] Haile M, Adugna G, Lemessa F. Reactions of improved faba bean varieties to chocolate spot (*Botrytis fabae* Sard.) epidemics across contrasting altitudes in southwest Ethiopia [J]. African Journal of Agricultural Research, 2016, 11(10): 837-848.

[15] Hampton J G. The significance of *Ascochyta fabae* in broad beans in the Manawatu, and methods for its control [J]. New Zealand Journal of Experimental Agriculture, 1980, 8(3-4): 305-308.

[16] Harrison J G. The biology of *Botrytis* spp. on *Vicia* beans and chocolate spot disease-a review [J]. Plant Pathology, 1988, 37(2): 168-201.

[17] Hu X, Roberts D P, Xie L, et al. Seed treatment containing *Bacillus subtilis* BY-2 in combination with other *Bacillus* isolates for control of *Sclerotinia sclerotiorum* on oilseed rape [J]. Biological Control, 2019, 133: 50-57.

[18] Huang H C, Bremer E, Hynes R K, et al. Foliar application of fungal biocontrol agents for the control of white mold of dry bean caused by *Sclerotinia sclerotiorum* [J]. Biological Control, 2002, 18(3): 270-276.

[19] Huang X P, Song Y F, Li B X, et al. Baseline sensitivity of isopyrazam against *Sclerotinia sclerotiorum* and its efficacy for the control of *Sclerotinia* stem rot in vegetables [J]. Crop Protection, 2019, 122: 42-48.

[20] Ijaz U, Adhikari K N, Stoddard F L, et al. Rust resistance in faba bean (*Vicia faba* L.):

status and strategies for improvement [J]. Australasian Plant Pathology, 2018, 47(1): 71-81.

[21] Jabran K, Chauhan B S. Non - Chemical Weed Control [M]. London: Academic Press, 2018.

[22] Jellis G J, Smith D B, Scott E S. Identification of *Sclerotinia* spp. on *Vicia faba* [J]. Mycological Research, 1990, 94(3): 407-409.

[23] Jellis G J, Punithalingam E. Discovery of *Didymella fabae* sp. nov., the teleomorph of *Ascochyta fabae*, on faba bean straw [J]. Plant Pathology, 1991, 40(1): 150-157.

[24] Jordan N. Prospects forweed control through crop interference [J]. Ecological Applications, 1993, 3(1): 84-91.

[25] Joseph M E, Hering T F. Effects of environment on spore germination and infection by broad bean rust (*Uromyces viciae - fabae*) [J]. The Journal of Agricultural Science, 1997, 128 (1): 73-78.

[26] Jurado - Expósito M, Garcia - Torres L, Castejón - Muñoz M. Broad bean and lentil seed treatments with imidazolinones for the control of broomrape (*Orobanche crenata*) [J]. The Journal of Agricultural Science, 2000, 129(3): 307-314.

[27] Kharbanda P D, Bernier C C. Powdery mildew of *Vicia faba* in Manitoba [J]. Canadian Journal of Plant Science, 1977, 57(3): 745-749.

[28] Kharrat M, Abbes Z, Amri M. A new faba bean small seeded variety najeh tolerant to *Orobanche* registered in the Tunisian catalogue [J]. Tunisian Journal of Plant Protection, 2010, 5: 125-130.

[29] Kimber R B E, Paull J G. Identification and genetics of resistance to Cercospora leaf spot (*Cercospora zonata*) in faba bean (*Vicia faba*) [J]. Euphytica, 2011, 177(3): 419-429.

[30] Kimber R B E, Paull J G, Scott E S, et al. Temporal and spatial development of Cercospora leaf spot of faba bean influenced by in situ inoculum [J]. Plant Disease, 2016, 100(9): 1823-1830.

[31] Kobayashi Y O, Kobayashi A, Nakano M, et al. Analysis of genetic relations between broad bean wilt virus 1 and broad bean wilt virus 2 [J]. Journal of General Plant Pathology, 2003, 69(5): 320-326.

[32] Kumari S G, Makkouk K M. Virus diseases of faba bean (*Vicia faba* L.) in Asia and Africa [J]. Plant Viruses, 2007, 1(1): 93-105.

[33] Kwon J, Kang S, Park C. Powdery mildew on broadbean (*Vicia faba*) caused by *Oidium* sp [J]. Research in Plant Disease, 2001, 7(2): 120-122.

[34] Liebman M, Dyck E. Croprotation and intercropping strategies for weed management [J].

Ecological Applications, 1993, 3(1): 92-122.

[35] Lithourgidis A S, Tzavella - Klonari K, Roupakias D G. The causal fungus of stem rot disease of faba beans in Greece [J]. Journal of Phytopathology, 2003, 151 (11 - 12): 631-635.

[36] Lithourgidis A S, Roupakias D G, Damalas C A. Inheritance of resistance to sclerotinia stem rot (*Sclerotinia trifoliorum*) in faba beans (*Vicia faba* L.) [J]. Field Crops Research, 2005, 91(2-3): 125-130.

[37] Liu S, Jiang J, Che Z, et al. Baseline sensitivity and control efficacy of fluazinam against *Sclerotinia sclerotiorum* in Henan Province, China [J]. Journal of Phytopathology, 2019, 167(2): 75-81.

[38] Makkouk K M, Kumari S G, Bos L. Broad bean wilt virus: host range, purification, serology, transmission characteristics, and occurrence in faba bean in west Asia and north Africa [J]. Netherlands Journal of Plant Pathology, 1990, 96(5): 291-300.

[39] Matloob A, Safdar M E, Abbas T, et al. Challenges and prospects for weed management in Pakistan: A review [J]. Crop Protection, 2020, 134: 1-15.

[40] Mejri S, Mabrouk Y, Belhadj O, et al. Orobanche foetida resistance in two new faba bean genotypes produced by radiation mutagenesisz [J]. Int J Radiat Biol, 2018, 94(7): 671-677.

[41] Chandran S, Unni M R, Thomas S. Organic Farming[M]. Cambridge: Woodhead Publishing, 2019: 117-180.

[42] Njambere E N, Chen W, Frate C, et al. Stem and crown rot of chickpea in California caused by *Sclerotinia trifoliorum* [J]. Plant Disease, 2008, 92(6): 917-922.

[43] Okamoto J, Limkaisang S, Nojima H, et al. Powdery mildew of prairie gentian: characteristics, molecular phylogeny and pathogenicity [J]. Journal of General Plant Pathology, 2002, 68(3): 200-207.

[44] Pannacci E, Tei F, Guiducci M. Evaluation of mechanical weed control in legume crops [J]. Crop Protection, 2018, 104: 52-59.

[45] Rashid K Y, Bernier C C. The effect of rust on yield of faba bean cultivars and slow - rusting populations [J]. Canadian Journal of Plant Science, 1991, 71(4): 967-972.

[46] Sillero J C, Rojas - Molina M M, Ávila C M, et al. Induction of systemic acquired resistance against rust, ascochyta blight and broomrape in faba bean by exogenous application of salicylic acid and benzothiadiazole [J]. Crop Protection, 2012, 34: 65-69.

[47] Sillero J C, Villegas - Fernández A M, Thomas J, et al. Faba bean breeding for disease resistance [J]. Field Crops Research, 2010, 115(3): 297-307.

[48] Stubbs L L. A destructive vascular wilt virus disease of broad bean (*Vicia faba* L.) in Vic-

toria [J]. Journal of the Department of Agriculture, Victoria, 1947, 46: 323-332.

[49] Teferi T A, Weldemichael G B, Wakeyo G K, et al. Fungicidal management of the newly emerging faba bean disease "gall" (*Olpidium viciae* Kusano) in Tigray, Ethiopia [J]. Crop protection, 2018, 107: 19-25.

[50] Uyemoto J K, Provvidenti R. Isolation and identification of two serotypes of broad bean wilt virus [J]. Phytopathology, 1974, 64(12): 1547-1548.

[51] Van derGaag D J, Frinking H D. The infection court of faba bean seedlings for oospores of *Peronospora viciae* f. sp. *fabae* in soil [J]. Journal of Phytopathology, 1997, 145(5-6): 257-260.

[52] Verret V, Gardarin A, Pelzer E, et al. Can legume companion plants control weeds without decreasing crop yield? A meta-analysis [J]. Field Crops Research, 2017, 204: 158-168.

[53] Voegele R T. *Uromyces fabae*: development, metabolism, and interactions with its host *Vicia faba* [J]. FEMS Microbiology Letters, 2006, 259(2): 165-173.

[54] Woodward R C. *Cercospora fabae* Fautrey, on field beans [J]. Transactions of the British Mycological Society, 1932, 17(3): 195-202.

[55] Yu T F. Cercospora leaf spot of broad bean in China [J]. Phytopathology, 1947, 37(3): 174-179.

[56] Yu T F. Ascochyta blight and leaf and pod spot of broad bean in China [J]. Phytopathology, 1947, 37(4): 207-214.

[57] Zhang J, Hu S, Xu Q, et al. Baseline sensitivity and control efficacy of propiconazole against *Sclerotinia sclerotiorum* [J]. Crop protection, 2018, 114: 208-214.

[58] Zhang J, Wu M D, Li G Q, et al. *Botrytis fabiopsis*, a new species causing chocolate spot of broad bean in central China [J]. Mycologia, 2010, 102(5): 1114-1126.

[59] Zimdahl R L. Fundamentals of weed science (Fifth Edition) [M]. London: Academic Press, 2018: 271-335, 391-416.

[60] 鲍建荣，王拱辰，叶琪明. 浙江省蚕豆镰刀菌病害的病原种类及其分析[J]. 浙江大学学报，1992，18(3)：61-64.

[61] 曹建国，张夕林. 40%盖草灵乳油防除蚕豆田杂草技术研究[J]. 杂草科学，2009(3)：61-62.

[62] 陈占全. 蚕豆枯萎病在我省主产区发病危害调查研究[J]. 青海农林科技，1999(3)：14-17.

[63] 陈志谊，任海英，刘永锋，等. 戊唑醇和枯草芽孢杆菌协同作用防治蚕豆枯萎病及增效机理初探[J]. 农药学学报，2002，4(4)：40-44.

[64] 戴芳澜. 中国真菌总汇[M]. 北京：科学出版社，1979.
[65] 丁守伟，李彦勇. 种传蚕豆真花叶病毒的研究[J]. 植物病理学报，1985，15(4)：205－210.
[66] 董艳，杨智仙，董坤，等. 施氮水平对蚕豆枯萎病和根际微生物代谢功能多样性的影响[J]. 应用生态学报，2013，24(4)：1101－1108.
[67] 董艳，董坤，郑毅，等. 不同品种小麦与蚕豆间作对蚕豆枯萎病的防治及其机理[J]. 应用生态学报，2014，25(7)：1979－1987.
[68] 董艳，董坤，杨智仙，等. 间作减轻蚕豆枯萎病的微生物和生理机制[J]. 应用生态学报，2016，27(6)：1984－1992.
[69] 董艳，董坤，杨智仙，等. AM 真菌控制蚕豆枯萎病发生的根际微生物效应[J]. 应用生态学报，2016，27(12)：4029－4038.
[70] 杜成章，陈红，李艳花，等. 蚕豆马铃薯间作种植对蚕豆赤斑病的防控效果[J]. 植物保护，2013，39(2)：180.
[71] 段银妹，尹雪芬，陈国琛，等. 大理试点蚕豆病毒病绿色防控试验[J]. 云南农业科技，2019(1)：39－41.
[72] 高惠仙，张晓红. 除草剂对蚕豆根尖微核细胞率的影响[J]. 山西农业科学，2011(12)：1274－1276.
[73] 郭永旺，王登，施大钊. 我国农业鼠害发生状况及防控技术进展[J]. 植物保护，2013，39 (5)：62－69.
[74] 胡英敏. 蚕豆田杂草化除药剂筛选试验[J]. 云南农业科技，2010(2)：47－48.
[75] 黄燕，段灿星，陆鸣，等. 蚕豆赤斑病病原菌鉴定[J]. 植物保护，2012，38(6)：115－118.
[76] 蒋春廷，赵彤华，王兴亚，等. 关于花生蚜 *Aphis craccivora* 的生物学和生态学的研究进展[J]. 辽宁农业科学，2010(6) ：38－40.
[77] 来有鹏. 蚕豆象的发生与防控研究进展[J]. 植物检疫，2019，33(3)：58－62.
[78] 李春杰，南志标. 临夏地区春蚕豆根腐病发生与为害调查[J]. 植物保护，1996，22(6)：25－26.
[79] 李春杰，南志标. 土壤湿度对蚕豆根病及其生长的影响[J]. 植物病理学报，2000，30(3)：245－249.
[80] 李秀培，陈国琛，段杰珠，等. 大理州蚕豆潜叶蝇危害规律及防治措施[J]. 云南农业科技，1999(5)：35－37.
[81] 林大武，崔广程. 西藏蚕豆油壶菌火肿病发生调查简报[J]. 西南农业学报，1989，2(2)：86－87.
[82] 刘昌燕，焦春海，仲建锋，等. 食用豆虫害研究进展[J]. 湖北农业科学，2014，53(24)：5908－5912.

[83] 刘培培，赵欣如，张红娟，等．中国常见农业害鸟及其防治研究进展[J]．江苏农业科学，2010(2)：139－141.
[84] 刘勇，李凡，李月月，等．侵染我国主要蔬菜作物的病毒种类,分布与发生趋势[J]．中国农业科学，2019，52(2)：239－261.
[85] 鲁传涛．除草剂原理与应用原色图鉴[M]．北京：中国农业科学技术出版社，2014.
[86] 卢鹏，袁红银，蔡良华，等．不同杀菌剂对蚕豆霜霉病的田间防治效果[J]．浙江农业科学，2018，59(4)：598－600.
[87] 马连坤，董坤，朱锦惠，等．小麦与蚕豆间作系统施氮对蚕豆赤斑病发生和冠层微气候的影响[J]．应用生态学报，2019，30(3)：951－960.
[88] 马亚玲，刘长仲，李春杰．光周期和强度对豌豆蚜子代生物学特性的影响[J]．草业科学，2019，36(12)：3182－3190.
[89] 农业部种植业管理局，农业部农药检定所．新编农药手册 2 版[M]．北京：中国农业出版社，2015.
[90] 全国农业技术推广服务中心．2018 年全国农区鼠害发生趋势预报[J]．中国植保导刊，2018，38(2)：32－34.
[91] 任品会，李朋玉，黄连华．农田杂草识别与防除原色生态图谱[M]．北京：中国农业科学技术出版社，2018.
[92] 阮兴业，王家和，唐嘉义，等．蚕豆苗期根病病原菌区系和优势种的分析[J]．云南农业大学学报，1986，1(12)：15－22.
[93] 阮兴业，王家和，罗文富，等．蚕豆根病种子带菌检验和带菌种子的传染实验[J]．云南农业大学学报，1987，2(1)：21－26.
[94] 史英红．春蚕豆主要病虫鼠害及防治技术[J]．农业科技与信息,2014(15)：47－48.
[95] 水清．蚕豆田茎叶处理除草剂及使用要求[J]．农药市场信息，2009(22)：45.
[96] 苏少泉，宋顺祖．中国农田杂草化学防治[M]．北京：中国农业出版社，1996.
[97] 孙家隆．新编农药品种手册[M]．北京：化学工业出版社，2015.
[98] 王督宁，彭慧峰，肖永清．四种药剂防治蚕豆田禾本科杂草示范试验[J]．农村科技，2009(5)：41.
[99] 王淑英，柴琦．甘肃省春蚕豆叶部病害病原鉴定及主要病害[J]．植物保护学报，2002，27(2)：120－125.
[100] 王晓鸣，朱振东，段灿星，等．蚕豆豌豆病虫害鉴别与控制技术[M]．北京：中国农业科学技术出版社，2007.
[101] 王家和，王崇德．云南省蚕豆枯萎病发生特点及复合侵染研究[J]．云南农业大学学报，2002，17(4)：449.

[102] 王昶, 张丽娟, 郭延平, 等. 6 种杀虫剂对蚕豆象成虫的室内毒力测定及田间药效评价[J]. 植物保护, 2018, 44(4): 207-211.

[103] 谢汝琼. 蚕豆田阔叶杂草防除技术探索[J]. 云南农业, 2007(8): 27.

[104] 辛哲生, 熊春兰, 欧钰, 等. 川西北高原蚕豆油壶菌疱疱病的初步研究[J]. 植物保护学报, 1982 (2): 18-19.

[105] 辛哲生, 熊春兰, 张永华. 蚕豆油壶菌疱疱病及其防治的初步研究[J]. 植物病理学报, 1984, 14(3): 165-173.

[106] 许志刚, 濮祖芹, 曹琦, 等. 长江流域蚕豆病毒病的发生情况[J]. 南京农业大学学报, 1985, 8(4): 42-48.

[107] 许志刚, 刘得虎, 方中达. 江苏省蚕豆萎蔫病毒病侵染流行的研究[J]. 南京农业大学学报, 1988, 11(2): 43-47.

[108] 许志刚, 王道文. 侵染蚕豆的黄瓜花叶病毒的分离和鉴定[J]. 南京农业大学学报, 1989, 12(1): 60-66.

[109] 严吉明, 叶华智. 蚕豆油壶菌火肿病的发生规律[J]. 四川农业大学学报, 2012, 30(3): 319-325.

[110] 叶茵. 中国蚕豆学[M]. 北京:中国农业出版社, 2003: 438-487.

[111] 易红娟, 孙雪梅. 药剂防治蚕豆蚜虫效果试验[J]. 浙江农业科学, 2015, 56(4): 536-537.

[112] 尹雪芬, 陈国琛, 段银妹, 等. 多抗优质高产蚕豆新品种凤豆 20 号选育及栽培技术[J]. 农业科技通讯, 2018, 557(5): 266-267.

[113] 俞大绂. 蚕豆病害[M]. 北京: 科学出版社, 1979.

[114] 袁颖存. 扑草净对蚕豆田杂草防除试验[J]. 云南农业科技, 2009(3): 30-32.

[115] 张朝贤, 张跃进, 倪汉文. 农田杂草防除手册[M]. 北京: 中国农业出版社, 2000.

[116] 张殿京, 陈仁霖. 农田杂草防除大全[M]. 上海: 上海科学技术文献出版社, 1992.

[117] 张丽娟, 王昶, 闵庚梅, 等. 5 种茎叶除草剂对春播豌豆田间杂草的防效及安全性评价[J]. 甘肃农业科技, 2018(05): 6-9.

[118] 张武群. 蚕豆病虫草害综合防治技术[J]. 上海蔬菜, 2007(4): 78.

[119] 张燕, 王建. 40% 盖草灵乳油防除蚕豆田杂草的效果评价[J]. 安徽农学通报, 2006(11): 160.

[120] 赵永玉, 甘启芳, 喻大昭, 等. 蚕豆褐斑病菌主要生物学特性研究[J]. 湖北农业科学, 1991(10): 31-33.

[121] 赵玉林, 吴红芝. 0.7% 印楝素乳油防治蚕豆蚜虫田间药效试验[J]. 云南农业科技, 2018 (1): 12-13.

[122] 张延礼，王生元，祁效林．蚕豆疱疱病发生规律及防治研究[J]．甘肃农业科技，1993(12)：37－39.

[123] 周雪平，余永杰，戚益军，等．蚕豆萎蔫病毒 ELISA 检测系统建立及其应用[J]．植物病理学报，1996，26(4)：347－352.

第十一章

蚕豆的储藏技术

蚕豆种皮比较坚韧，子叶含丰富的蛋白质、淀粉和少量脂肪。与含有丰富脂肪的花生、大豆相比，蚕豆较易储藏，是耐储藏的食用豆类，也是重要的工业原料和良好的饲料。蚕豆在储藏过程中很少发生发热、发霉现象，但害虫侵害和褐变问题经常发生。蚕豆籽粒是否发生害虫侵害和褐变，能否具有完好的食用、工业用、饲用和种用质量，除正常的生长发育外，还取决于收获、干燥、储藏、加工过程，特别是整个储藏期的物理、生理、生化等方面的变化。这些理化性质的变化受许多因素如大气温度、湿度、储粮微生物、储粮害虫、籽粒含水量的制约，这些制约因素又同储藏条件、管理方法有密切关系。

第一节　蚕豆籽粒的化学组成与储藏中的物理特性

种子或商品的化学组成与物理特性是影响储藏的重要因素，蚕豆的化学组成主要是水分、蛋白、淀粉，少量纤维和脂肪、矿物质与维生素。研究蚕豆堆的物理特性时，应着重注意的特性有散落性、自动分级、密度、孔隙度、导热性、吸附性等。

一、蚕豆籽粒的化学组成

蚕豆中化学成分种类较多，各种化学成分的含量在不同品种之间存在较大差异，而且因气候、土壤及栽培条件的影响有很大变化，但其所含有的主要化学成分基本相同。一般来讲，蚕豆整粒种子中，子叶占 83.56% ~ 87.49%，种皮占 12.51% ~ 16.44%，主要化学组成包括水分、碳水化合物、蛋白质、脂肪、矿物质和维生素等（表 11 – 1、表 11 – 2）。

表 11 – 1　20 种蚕豆子叶的化学组成

单位：%

品种	水分	淀粉	粗蛋白	粗脂肪	粗纤维	灰分
绿叶蚕豆	12.96	45.40	32.40	1.39	1.39	3.06
大白黑脐蚕	12.31	49.64	35.17	1.60	1.60	3.03
大白白脐蚕	11.76	48.27	34.68	1.59	1.59	2.89
落叶蚕豆	12.80	41.54	37.20	1.28	1.28	3.29
曲靖小粒蚕豆	11.41	47.31	31.98	1.31	1.31	3.26
云南凤豆	11.97	42.13	37.76	1.46	1.46	3.38
保山大白蚕	12.86	45.53	34.25	1.55	1.55	3.43
保山透心绿	11.50	45.54	31.95	1.50	1.50	2.98
慈溪大粒 1 号	13.25	44.30	33.66	1.64	1.64	4.00
上虞田鸡青	12.15	42.29	34.73	1.80	1.80	3.85
通鲜 1 号	12.97	35.72	34.37	1.49	1.49	4.02
通鲜 2 号	12.02	42.62	36.61	1.43	1.43	3.58
启豆 2 号	12.81	41.28	37.63	1.67	1.67	3.67
淮安大蚕豆	13.88	43.64	31.76	1.68	1.68	3.36
早生 615	11.12	40.74	37.81	1.19	1.19	3.90
崇礼蚕豆	12.89	40.89	32.54	1.70	1.70	3.17
浙江青皮蚕豆	11.90	42.84	37.68	1.57	1.57	3.49
甘肃平凉蚕豆	12.13	45.49	36.31	1.73	1.73	3.95
青海马牙	11.49	50.98	31.70	1.73	1.73	3.66
青海 10 号	11.21	44.74	32.54	1.96	1.96	3.77

表 11-2　20 种蚕豆种皮的化学组成

单位:%

品种	水分	淀粉	粗蛋白	粗脂肪	粗纤维	灰分	种皮比例
绿叶蚕豆	13.15	10.16	3.90	0.39	52.92	2.34	16.02
大白黑脐蚕	11.92	11.09	3.96	0.42	49.81	2.30	14.84
大白白脐蚕	11.86	9.53	3.69	0.38	51.73	2.23	14.43
落叶蚕豆	11.91	9.86	4.63	0.37	49.72	2.37	15.80
曲靖小粒蚕豆	10.75	10.14	5.19	0.49	49.99	2.62	16.24
云南凤豆	12.93	10.78	5.66	0.45	51.92	2.51	16.44
保山大白蚕	12.54	10.22	3.65	0.33	50.82	2.26	15.54
保山透心绿	12.42	9.54	4.62	0.29	49.75	2.58	16.10
慈溪大粒 1 号	12.27	9.95	5.22	0.45	51.89	3.51	15.89
上虞田鸡青	13.15	12.22	4.69	0.36	52.30	2.58	16.63
通鲜 1 号	12.67	11.17	4.44	0.40	50.81	3.00	15.42
通鲜 2 号	12.07	11.87	4.90	0.42	51.10	2.70	14.95
启豆 2 号	12.74	10.92	4.92	0.41	52.28	2.65	15.99
淮安大蚕豆	12.87	11.23	4.42	0.40	52.07	3.30	15.33
早生 615	11.80	8.05	5.51	0.39	48.77	3.27	15.80
崇礼蚕豆	12.00	7.77	3.87	0.38	52.58	2.45	12.64
浙江青皮蚕豆	11.88	9.13	4.46	0.48	51.20	2.61	16.09
甘肃平凉蚕豆	11.77	11.23	4.02	0.47	50.76	2.73	12.51
青海马牙	11.94	7.89	3.90	0.47	53.59	2.23	15.98
青海 10 号	11.11	10.25	4.01	0.42	52.66	2.54	14.39

注:种皮比例为种子皮占整个籽粒重的百分比。

(一) 水分

按照在蚕豆和油料籽粒中的存在形式,水分可分为自由水和结合水 2 大类。自由水存在于蚕豆和油料作物的细胞中,可溶性物质就溶解在这类水中。自由水容易蒸发,储藏期间失去的就是这类水分。结合水与籽粒中的蛋白质、糖类等相结合，这类水分不易蒸发。蚕豆籽粒中的水分受储藏环境的温度和湿度影响。空气湿度大时，蚕豆容易吸湿回潮。空气温度高时，蚕豆受热使水分迁移，引起蚕豆堆内水分的再分布。如果蚕豆堆内某一处蚕豆内的水分含量高，会滋生微生物，微生物呼吸和蚕豆呼吸又会产生更多的热量和水分，造成蚕豆堆内部的结露和霉变。小麦、大麦、玉米、稻谷等主要粮种安全储藏的最高水分含量在12%~14%，芝麻、花生、油菜籽等油料作物安全储藏的最高水分含量在6%~8%，蚕豆收获后，一般带壳晒种，经晾晒后，其含水量达到12%以下时可安全储藏。

（二）碳水化合物

碳水化合物是蚕豆的主要成分，淀粉是含量最高的碳水化合物，约占整粒种子的36%~51%，不同品种之间淀粉含量差异甚大。碳水化合物还包括纤维素和木质素。特别引人注目的是，蚕豆种皮中有50%以上的纤维素，因此，蚕豆作为动物饲料时最好去壳，外壳可用作反刍动物饲料。

除上述成分外，在蚕豆碳水化合物中，还含有不到10%的可溶性糖，在外壳中，其比例更低。蔗糖及其同系列的低聚糖是可溶性糖的主要组分，它们是食用蚕豆后产生胃胀气的主要因素。此外，还有少量的单糖，如葡萄糖、果糖、鼠李糖、木糖和半乳糖等。

（三）脂类

脂类物质包括脂肪和类脂，前者以储藏物质的状态存在于细胞中，后者是构成原生质的必要成分。一般禾谷类作物含脂肪较少，油料含脂肪很高。与其他豆类如大豆相比，蚕豆属于高蛋白、低脂肪作物，脂类化合物占籽粒质量的比例不足1%，这种特性决定了蚕豆比大豆及花生等作物耐储藏，加之种皮比较坚韧，很少有发热发霉现象，更不会发生酸败变质等情况。

蚕豆中主要脂肪酸为油酸和亚油酸。根据不同研究汇总，亚油酸含量占脂肪酸总量的40.6%以上，饱和脂肪酸含量为13.13%，不饱和脂肪酸为63.76%，脂质中有6%属于磷脂化合物。

蚕豆籽粒中含有多种酶，有着特殊的豆腥味。这种豆腥味，并非蚕豆本身所有，而是脂肪氧化酶在蚕豆磨碎时，水与脂肪分散接触，急速氧化形成的。不饱和脂肪酸如油酸、亚油酸、亚麻酸等，其中亚麻酸是腥味最主要的前体化合物。不饱和脂肪酸在脂肪氧化酶的催化下，氧化形成氢过氧化物的中间体，它们极不稳定，裂解后形成腥味物质（正乙醇、己醛和酮类等）。在豆奶中含有极微量的（几千分之一）油脂氧化物，就足以使产品出现难以饮用的豆腥味，而这些氧化物又与蚕豆中的蛋白质具有亲和性，利用提取或洗净等方法难以去除。但是，脂肪氧化酶热钝化性比较强，在 100 ℃以上进行蒸汽处理或利用其他加热方式（如微波加热）处理，即可瞬间使其钝化。蚕豆先进行加热钝化，脱腥效果比单纯浸泡去腥效果好。

（四）蛋白质

蚕豆及油料籽粒中的大部分蛋白质是储藏蛋白，属于简单蛋白质，主要以蛋白体或糊粉粒的形态存在于细胞内，只有极少数的蛋白质是复合蛋白质，主要有脂蛋白和核蛋白。在蚕豆品质（营养品质和食用品质）评价中，蛋白质的质和量占有很重要的地位。

蚕豆富含蛋白质，其含量仅次于大豆，比稻谷高 1 倍多，比薯类高 9～14 倍，在各种食用豆类作物中，蚕豆的蛋白质含量是很高的。表 11－1 表明，在 20 个蚕豆品种的子叶中，蛋白质含量为 31.70%～37.81%，不同品种之间存在差异。蚕豆蛋白质主要以 2 种球蛋白形态存在，即豆球蛋白和豌豆球蛋白，二者的分子量分别为 360 000 和 180 000，沉降系数分别为 12 S 和 7 S，在 pH 值为 4.7 时，豆球蛋白不溶，但豌豆球蛋白可溶。蚕豆种子中豆球蛋白含量是豌豆球蛋白的 2～3 倍。据研究，在种子发育过程中，这 2 种蛋白并不是同步产生的，首先合成的是豌豆球蛋白，但在受精后 40 d 左右，豆球蛋白以更快速度进行生物合成，最后成为主要的蛋白质组分。

酶是具有特殊催化能力的蛋白质，能催化各种生化反应的进行。由于蚕豆是酶学研究的良好材料，因此，许多人用蚕豆的不同器官研究各种酶。例如用根系研究酸性磷酸酶，用种子和上胚轴研究乙醇脱氢酶，用子叶研究精氨酸酶和天冬酰胺酶，用叶片研究谷氨酸合成酶和 RuDp 羧化酶等。

蚕豆种子氨基酸含量约占总量的 20%。据报道，蚕豆品种西昌大白豆和西昌绿蚕豆种子含有全部 18 种氨基酸。在这些氨基酸中，人和动物体内不能合成的 8 种必需氨基酸含量丰富。据测定，8 种必需氨基酸总量达 9%～10%，虽低于大豆（13.65%），但分别是小麦（2.94%）的 3.3 倍、玉米（8.29%）的 2.95 倍和马铃薯（2.11%）的 4.6 倍。8 种必需氨基酸中，除色氨酸和蛋氨酸略低以外，其余6种较充裕且比例平衡，尤以赖氨酸含量较高，可以弥补其他作物中赖氨酸之不足。

（五）矿物质和维生素

矿物质是蚕豆籽粒中无机物的总称，也是蚕豆种子在生长发育过程中的必需元素。作为营养元素又被人类所食用，为人类提供必需的营养。蚕豆籽粒中的矿物质元素有30多种，根据其含量可分为大量元素和微量元素2类。蚕豆中所含的矿物质有磷、钙、铁、硫、锰、锌等多种。根据表11－1和表11－2可知，蚕豆子叶中灰分含量为2.89%～4.02%，种皮中灰分含量为2.23%～3.51%。

蚕豆籽粒中含有多种水溶性维生素（B族维生素和维生素C）和脂溶性维生素（维生素E），不含维生素A，但含有维生素A的前体胡萝卜素，食用后，在酶的作用下能分解为维生素A。维生素C一般在成熟的蚕豆籽粒中不存在，但在种子萌发过程中大量形成。B族维生素的种类很多，功能各异。蚕豆中含有丰富的维生素B_2（又名核黄素），每100 g蚕豆中维生素B_2的含量（0.27 mg）相当于小麦（0.06 mg）的4倍，高于大豆（0.25 mg）和豌豆（0.12 mg）。另外，硫胺素和烟酸含量也较高。

二、储藏期间的物理特性

蚕豆的物理性质是指蚕豆在储存运输过程中反映出的多种物理属性。储藏期间的物理特性是指籽粒群体——蚕豆堆的物理特性。储藏过程中蚕豆籽粒发生的一切变化都是在蚕豆堆中进行的。一般情况下，蚕豆堆由蚕豆粒、杂质、储粮害虫、储粮微生物和空气等组成。蚕豆粒是蚕豆堆组成的主体。杂质包括其他植物的种子、植株残体、碎片、泥沙和尘埃等。蚕豆堆的4种成分之间相互关联、相互制约，共同影响蚕豆堆的物理特性。例如，同是蚕豆的蚕豆堆，因蚕豆的颗粒形状、成熟度、饱满度、比重、含水量、入仓条件的不同，各蚕豆堆的物理特性表现出明显的差异。蚕豆堆中的空气直接参与蚕豆堆内部的一切变化，诸如热量传递、水分转移、影响蚕豆堆内气体组成等，它在储藏中具有特殊意义。因此，掌握蚕豆堆组成成分的物理特性，对安全储藏有重要意义。研究蚕豆堆的物理特性时，应着重注意的特性有散落性、自动分级、密度、孔隙度、导热性、吸附性等。

（一）散落性

蚕豆从高处自然落下形成蚕豆堆时，因颗粒小、内聚力小，向四面流动形成一个圆锥体的性质称为蚕豆的散落性。蚕豆的散落性是蚕豆储藏、装卸输送机械及储藏设施设计中的一个重要因素。在实际工作中，合理地运用蚕豆的散落性既可以检测粮情，又可以保证仓墙的安全，还可以节省劳力提高工效。蚕豆散落性的好坏通常用静止角表示。静止角（也称自然休止角）是指蚕豆由高点自然下落到平面，形成圆锥体，此圆锥体的斜面与底面水平线之间的夹角。静止角的大小与蚕豆的散落性成反比，即蚕豆散落性好，静止角小；蚕豆散落性差，静止角大。影响蚕豆散落性的因素包括蚕豆粒的大小、形状、表面光滑程度、籽粒饱满度、杂质含量、水分含量等。粒大、圆形粒形、表面光滑、饱满、杂质少、水分低的蚕豆散落性好，反之则散落性差。蚕豆品种多样，不同品种之间，上述外观特征明显不同，因此，散落性差异较大。

（二）自动分级

任何一批蚕豆，都是非均质的聚集体。蚕豆粒有饱满、瘪瘦、完整、破碎之分，形态多种多样。同时杂质也轻重不同，大小不一。在散落时彼此受到的摩擦力和重力不同，运动状态也不同。因此蚕豆在振动、移动时，同类型、同质量的蚕豆粒和杂质就集中在蚕豆堆的某一部位，引起蚕豆堆组成成分的重新分布，这种现象称为自动分级。在蚕豆储藏过程中，可利用蚕豆的自动分级对蚕豆进行清理除杂，但自动分级也给储藏带来不利的一面。自动分级使蚕豆堆组成重新分配，导致个别区域蚕豆粒的生理作用增强，且蚕豆堆内杂质较多的部位水分含量较高，孔隙度较小，虫霉容易滋生，易发热霉变，增加了日常管理的难度，降低通风及环流熏蒸的效果，同时也影响检查取样的代表性和准确性。防止自动分级最有效的方法是预先清理蚕豆，降低蚕豆中的杂质含量。此外，在入粮口或机械设备的卸粮端安装一些机械装置，可使蚕豆均匀地向四周散落，减轻自动分级现象，常见的有皮带输送机头部和浅圆仓入粮口的散粮器、浅圆仓多点均匀落料布料器和立筒仓和浅圆仓中的气浮式减分级、降破碎多功能中心系统等。

（三）密度与孔隙度

蚕豆堆密度和孔隙度是反映蚕豆籽粒和坚硬物以及两者间的空隙，各占蚕豆堆总容积多少的 2 个物理量，它们均以百分数表示。蚕豆堆密度（t）是蚕豆粒及其他坚硬物的实际容积（V）与蚕豆堆总容积（W）的比值，计算公式为：

$$t = \frac{V}{W} \times 100\% \tag{11-1}$$

蚕豆堆孔隙度（S）是空气的容积（$W-V$）与蚕豆堆总容积的比值，计算公式为：

$$S = \frac{W-V}{W} \times 100\% \tag{11-2}$$

蚕豆堆密度和孔隙度与蚕豆粒的大小、形状、表面状态、杂质的数量和特性、蚕豆粒的水分含量及储藏时间等均有直接的关系。蚕豆堆由大小不同的蚕豆粒组成时，孔隙度小密度大。反之，由均匀、饱满、带壳粒多的蚕豆粒组成，孔隙度就大，密度就小。大而坚硬的杂质会增加孔隙度。细小而柔软的杂质会缩小孔隙度，增加密度。蚕豆粒水分的增加也会增加蚕豆粒密度，降低孔隙度。

蚕豆堆的孔隙度在蚕豆储藏上具有重要的意义。孔隙度的存在，决定了蚕豆堆气体交换的可能性，提供了蚕豆粒正常生命活动的环境。孔隙中空气的流通，使得蚕豆堆内湿热易于散发与周围平衡，蚕豆就耐储藏；如果孔隙度小，气体交换不足，当某些部位湿热程度高时，蚕豆堆内部就会郁积不散，易引起发热、霉变。所以蚕豆堆中有一定的孔隙度，保证蚕豆的安全储藏是必要的。气调储藏、自然通风、机械通风、药剂熏蒸及化学保管都依赖于蚕豆堆内部孔隙度的存在，孔隙度大，蚕豆堆气体交换快，通风效果就好，熏蒸时药剂易渗透，杀虫抑菌效果好；孔隙度小，蚕豆堆气体交换慢，通风效果就差，熏蒸时药剂不易渗透，影响熏蒸效果。通过对青海 13 号、青蚕 14 号、青蚕 15 号和 Z005－OD 进行测定，发现蚕豆堆的相对密度为 1.14～1.26，蚕豆堆的孔隙度为 38.7%～40.56%。

（四）导热性

蚕豆堆传递热量的性能称为蚕豆堆导热性。导热性能的强弱，取决于蚕豆堆自身的特性。通常以导热系数表示导热性能的大小。导热系数是指 1 m^2 的蚕豆堆在厚度为 1 m 的粮层间，温度相差 1 ℃时，1 h 内的传导热量，单位为 W/m · K。

具有一定的导热性是蚕豆堆进行通风降温、干燥去水的条件之一。蚕豆堆内热量的传导方式有传导传热、对流传热和辐射传热3种，以传导传热和对流传热为主，介质均为蚕豆堆内的空气，2种形式经常是同时起作用。

蚕豆堆的导热性，包括蚕豆粒的导热性和蚕豆堆空气的导热性。蚕豆粒导热性较差，由于空气的存在，蚕豆堆的导热性仅是蚕豆籽粒导热性的20%左右，是热的不良导体。蚕豆堆导热性不良，有2方面的后果：一是当外温高于粮温时，粮温不易快速上升；二是已发热的蚕豆堆，积热不易散发，易造成蚕豆堆长期高温状态，加速虫霉活动，引起霉变，前者有利而后者有弊，关键在于合理运用这种导热不良的特性。通常，粮温高于外温时，要降低蚕豆堆高度，增加蚕豆堆与空气的接触面积，以散发湿热。粮温低于外温时，应缩小蚕豆堆与外温接触的面积，及时采取密闭措施预防外温影响。蚕豆堆孔隙度大又有温差的情况下，热交换较快。密封储藏的蚕豆堆，热能向外传递慢，粮温较稳定；而通风储藏的蚕豆堆则相反，蚕豆籽粒水分高，导热系数大，热传导能力强。

（五）吸附性与平衡水分

蚕豆堆吸收与吸附各种气体和水蒸气的性能，称为吸附性。在不同条件下，蚕豆堆吸附各种气体或蒸气的能力，称为吸附容量。单位时间内吸附各种气体或蒸气的数量，称为吸附速度。蚕豆堆吸附现象包括吸着、吸收、毛细管凝结和化学吸附4种形式。这4种吸附形式很难互相区分，往往是交错进行的。当蚕豆堆中被吸附的气体或水蒸气达到一定浓度，外界环境中该种气体或水蒸气又很稀薄或完全不存在时，就会发生相反的扩散作用，即部分或全部吸附的气体或水蒸气从蚕豆堆中散发到周围空气中的解吸作用。蚕豆堆中不断进行着吸附作用和解吸作用，在一定条件下持续相当长时间后，这2种作用使蚕豆堆内外部所吸附物质的浓度出现动态平衡。一旦条件改变，这种平衡就会被打破，需再经过一段时间才能建立起新的平衡。

通常又把蚕豆堆吸附和解吸水蒸气的性能称为吸湿性。由于蚕豆粒具有多孔毛细管的结构并含有相当比例的亲水胶体，所以蚕豆的吸湿性较强。当含水量不同的蚕豆粒混存时，含水量高的蚕豆粒蒸发出部分水蒸气，并与间隙空气中的水蒸气达到平衡。间隙中的空气湿度增大后，含水量少的蚕豆粒就会吸收部分水蒸气，逐渐与间隙中的水蒸气达到平衡。混存的蚕豆粒经过一段时间（3 d左右）后，原来含水量不同的蚕豆粒就会出现含水量近乎相等的情况，这种现象称为水分再分配。因此，储存时，必须将干蚕豆和湿蚕豆（特别是新收获的蚕豆）分开，分别堆放以防干蚕豆吸湿，增加水分，降低耐储性。蚕豆堆的吸湿程度，主要取决于蚕豆粒的化学组成和细胞结构。蚕豆籽粒中淀粉、蛋白质、纤维等亲水性物质的含量较高，亲水胶体比例较大，吸湿性能较强。

蚕豆堆对水蒸气的吸收或放出，也是按吸附平衡规律进行的，即蚕豆粒的含水量随外界环境中水分条件的变化而变化。在一定的空气、湿度和温度状况下，蚕豆粒吸收或蒸发一定量的水蒸气与外界空气达到平衡时，蚕豆粒的含水量便固定在某一数值上，称为此温湿度条件下的平衡水分。平衡水分随蚕豆粒结构、空气温度、湿度的变化而变化。在相同的相对湿度下，蚕豆的平衡水分含量与温度并不呈现正相关，而表现为温度越低，平衡水分含量越大，温度越高，平衡水分含量越小。由于温度上升时，解吸过程加强，平衡向解吸作用增强方向移动，加热会引起蚕豆粒吸附物上的水分子部分脱离，因而水分吸附量随之减少，平衡水分含量就相应减小。温度下降时，平衡则向吸湿作用增强方向移动，水蒸气吸附量反而趋于增长，平衡水分含量就相应增大。当温度由 30 ℃下降到 0 ℃时，各种蚕豆的平衡水分含量会相应地增加 1.3%～1.49%。

吸湿性的研究为蚕豆储藏工作提供了理论依据。蚕豆粒的吸湿性质和平衡水分，指出了空气相对湿度对蚕豆水分含量的影响，当水分含量高的蚕豆存放于相对湿度较低条件下，蚕豆水分则会散发；反之，如把干燥的蚕豆存放在空气潮湿的环境中，蚕豆则吸湿而增加水分。因此，了解蚕豆堆吸附性，掌握平衡水分，对蚕豆进行日晒、通风干燥、密闭熏蒸以及运输等作业均有实际意义。

三、储藏期间的生理变化

蚕豆是具有生命的活体，它们虽然脱离了母株和栽培的环境条件，但在储藏期间仍不断地进行合成、分解代谢，以维持其生理活动，主要表现为呼吸、后熟等生理现象。蚕豆生理活动的结果往往使其在储藏期间发生温湿度、水分、化学成分等一系列的变化，总的来说，是以分解代谢为主，逐步走向陈化和衰老，直接影响蚕豆的储藏稳定性。因此，储粮工作的目的就是采用一切措施来控制储粮的代谢过程，使之处于最低限度，借以推迟其陈化、延长其寿命，并在储藏期内保持其食用品质、种用品质和工艺品质。在储藏过程中，蚕豆籽粒的生理活动包括呼吸作用、后熟、萌发、陈化等。

（一）呼吸作用

蚕豆籽粒是有生命的有机体，在不断地进行呼吸作用。蚕豆的呼吸作用是以有机物质的分解、消耗为基础的，呼吸放出的热量是造成蚕豆堆发热的原因。蚕豆粒的呼吸有强弱之分，呼吸形式又分为有氧呼吸和无氧呼吸 2 种。呼吸强度高是安全储粮的不利因素。蚕豆呼吸越强，干物质的消耗就越多，因此，为了减少干物质的消耗，应把蚕豆的呼吸控制在较低水平。蚕豆呼吸强度的大小，因品种、收获期、成熟度、种子大小、完整度和生理状态等的不同而不同，同时还受环境条件的影响，其中水分、温度和通气状况的影响最大。

1. 水分

水分是蚕豆呼吸过程中一切生化反应的介质。蚕豆含水量的大小，是决定呼吸强弱的重要因素。游离水出现以前，水分的增加对呼吸作用影响不大。一旦蚕豆粒中出现游离水，蚕豆粒的生命活动旺盛，呼吸强度便加大。蚕豆粒的质量不同，出现游离水的临界水分也不一样。临界水分一般是指与接近 75% 的相对湿度相平衡时的蚕豆含水量(14% 左右)。值得注意的是，含水量在临界水分以上时，即使增加微量水分，蚕豆粒的呼吸作用也会明显增强。储粮实践中，在常温下短期储藏的最高安全水分相当于 75% 相对湿度下的蚕豆水分；长期储藏或高温过夏的蚕豆最高含水量则应相当于更低的相对湿度，长期储藏(1～3 年)的蚕豆，其最大安全水分应降低到相当于 65% 相对湿度下的蚕豆水分。为了保证蚕豆在储藏过程中的品质及延长储藏时间，必须控制其含水量，使其不超过安全储藏所要求的数值，更不能超过“临界水分”。从安全储藏角度要求，蚕豆储存环境的相对湿度要小于 65%。在我国青海省西宁种质库，自然状态下，库内年平均气温 8.8 ℃，相对湿度 68.6%。根据罗伯茨公式推算出 12%、10% 和 8%，3 种含水量的蚕豆发芽率降至 50% 时的储存年限分别为 11 年、20.9 年和 39.6 年。

2. 温度

温度是直接影响呼吸作用的重要因素。温度对呼吸作用的影响主要是影响酶的活性。在一定的温度范围内，温度对蚕豆呼吸作用的关系基本符合一般化学反应的温度系数 Q10 为 2～2.5 的规律。它指温度每升高 10 ℃，呼吸强度可增加 2～2.5 倍。通常，蚕豆温度受仓房温度影响，而仓房温度又受气温影响。秋播地区蚕豆收储后，温度一直上升，气温高于仓房温度和蚕豆温度；春播地区与此相反，收储季节进入秋天，气温逐渐下降，气温低于仓房温度和蚕豆籽粒温度。由于仓房温度导致蚕豆籽粒温度发生变化，特别是秋播地区的春秋季节更为明显。为了避免蚕豆籽粒温度与气温之间的差距，要采用通风方法进行调节。

3. 通气状况

气体成分是影响呼吸作用的另一个重要因素。蚕豆堆中的气体成分对呼吸有影响的是氧气和二氧化碳。蚕豆堆的空气流通改变氧气和二氧化碳的比例而影响蚕豆的呼吸。含有安全水分的蚕豆在空气充分流通的条件下可以进行正常的有氧呼吸。含水量高，通气不良，会导致氧气不足而出现无氧呼吸，使酒精含量和二氧化碳含量增加。因此，储藏高水分蚕豆时，要保持空气流通。对于干燥的蚕豆籽粒，应在密闭条件下储存，隔绝外界空气，以抑制蚕豆生命活动，减少物质消耗，从而使蚕豆保持丰富营养和旺盛的生命力，且密闭还可以防止空气中水汽和热量进入蚕豆籽粒。

（二）后熟

蚕豆籽粒的成熟包括形态上的成熟和生理上的成熟 2 个方面。蚕豆在田间达到形态成熟后即收获入仓，但籽粒在生理上并未达到成熟，表现为种子发芽率较低、加工成品率低、食用品质较差、呼吸作用强、耐储性差。储藏一定时期后，蚕豆籽粒继续完成内部的生理变化，逐步达到生理上的完全成熟，使得上述现象得以改善。蚕豆从收获到生理成熟的变化过程，称为后熟作用。完成后熟作用所经历的时间，称为后熟期。通常以蚕豆种子的发芽率达到 80% 以上作为完成后熟作用的标志。蚕豆后熟期的长短随品种以及储藏条件的不同而有很大差异，蚕豆的后熟期长达几个月。

在后熟过程中，蚕豆粒内部发生一系列物理和生理生化方面的变化，一些较小的分子结合成为较大的分子，一些松散的物质聚积成较为紧密的物质，糖类、氨基酸减少，淀粉、蛋白质增加，脂肪酸含量减少，脂肪含量增加，酸度降低，酶活性减弱。同时，后熟期间呼吸作用等各项生理活动仍然很旺盛。由于后熟期间生理生化的变化，新收获的蚕豆储藏稳定性较差，即使水分含量不高，但后熟期间释放出一部分水和热量，使蚕豆堆温度升高，蚕豆堆表面出现“出汗”及“乱温”现象。后熟所引起的水分增加和温度升高随其后熟作用的完成自动停止后，由水分增加和温度升高所引起的虫霉活动却不会随之停止，故应特别注意新收获的蚕豆后熟期间的管理,做到及时散湿降温,以防发生霉变。

（三）萌发

凡是具有生活力的蚕豆籽粒,在生理上完成了后熟休眠之后,只要供给足够的水分、适宜的温度和充足的氧气,就能发芽。蚕豆籽粒(即种子)的萌发能力,随储藏时间的延长而逐渐降低。蚕豆籽粒发芽后,对储粮影响较大。首先是干物质含量降低,食用品质下降,加工成品率低;其次是酶活性增强,同时放出大量的热量和水汽,使蚕豆堆温度升高,含水量增加,为虫、霉繁殖创造了条件,严重时蚕豆会结块霉烂,损失严重。因此,必须防止蚕豆在储藏过程中发芽。控制发芽必须控制发芽的三要素:一是控制水分,保持储粮干燥;二是控制温度,进行低温储藏;三是严格限制氧气的进入,进行密闭或气调储藏。

（四）陈化

蚕豆在储藏期间,随着时间延长,虽未发热霉变,但酶活性减弱,呼吸强度降低,生活力减弱,物理化学性质改变,种用品质和食用品质劣变,蚕豆种子这种由新到陈、由旺盛到衰老的现象,称为蚕豆陈化。蚕豆的陈化过程是一个逐步发生的过程,是蚕豆在生理成熟期后,生存能力降低的不可逆变化。

蚕豆陈化是不可避免的,但减缓蚕豆陈化速度是可行的。通过采用先进的蚕豆储藏技术、提高蚕豆质量、加强日常管理等方法,能有效减缓蚕豆陈化的速度,达到保持蚕豆食用品质和种用品质的目的。首先,搞好粮仓设施建设是减缓蚕豆陈化速度的硬件条件。普通粮仓可以吊双层顶棚,贴墙体隔热、防潮保护层,铺设地面隔热、防渗层;新建粮仓要做到顶棚、墙体、地面全方位隔热、防潮、防渗设施完备,并具有合理通风功能,粮仓门窗应有密闭和隔热性能,也可挂棉帘加强保护。提前搞好空仓消毒,并设置防虫线、防鼠板、防雀网,防止虫、鼠、雀为害。其次,把好蚕豆入仓质量关,是减缓蚕豆陈化速度的前提条件。蚕豆入仓时要利用一切可利用的手段,尽可能地清除蚕豆中的有机杂质,将杂质总量控制在0.5%以下;将蚕豆含水量降到安全水分范围内,尽可能地降低蚕豆温度,可采用翻晾、通风、低温入仓等措施。最后,建立健全管理制度,加强日常管理,是减缓蚕豆陈化速度的软件条件。严格检查粮情,适时搞好防虫检查,定期检测粮温、水分,发现问题后及时处理。秋凉后适时撤除压盖、解除密闭、加强通风,将粮温降下来。春暖前及时压盖、密闭,保持较低粮温,做到低温储粮。

第二节　蚕豆储藏的微生物与霉变

蚕豆微生物就是寄附在蚕豆籽粒及其加工产品和副产品上的微生物，主要包括霉菌、酵母菌、细菌和放线菌，其中对储粮危害最大的是霉菌。与储粮发热霉变关系密切的是细菌类、霉菌（真菌）类和酵母菌类。其中，以霉菌类最为密切。

一、储粮微生物

微生物是形体微小、结构简单、分解能力特别强的所有低等生物的总称。微生物与人类的生产和生活有着非常密切的关系，人类可利用微生物生产出各种预想的食品和抗生素，但微生物也可使人类致病。微生物与其他生物相比，其基本特点是体形极其微小，一般仅为几微米至几十微米，肉眼看不见，需借助显微镜才能观察到。从基本特点可知微生物的 5 大共性：①体积小、面积大；②吸收多、转化快；③生长旺、繁殖快；④适应强、易变异；⑤分布广、种类多。由于微生物的这些特点，在自然条件下，田间生长或收获之后的蚕豆及其加工产品上，均带有大量的微生物，也就是说不带微生物的蚕豆是不存在的。蚕豆微生物就是寄生在蚕豆籽粒及其加工产品和副产品上的微生物，主要包括霉菌、酵母菌、细菌和放线菌等，其中危害最大的是霉菌。蚕豆微生物不仅寄生于蚕豆及其制品的外部，也寄生在蚕豆粒的内部。储粮微生物的种类很多，现已确认的就有几百种之多。与储粮发热霉变关系密切的是细菌类、霉菌（真菌）类和酵母菌类，其中，以霉菌类最为密切。

（一）细菌类

影响储粮品质的细菌，大部分只能在与 95%～100% 相对湿度达到平衡水分的蚕豆籽粒上生长繁殖。当蚕豆含水量较高时，细菌对储粮的危害往往是在霉菌使粮温达 55 ℃并出现可利用的游离水之后才发生，此时好热性细菌大量增殖，可使粮温继续上升到 70～75 ℃，这时它们再与好热性霉菌共同使储粮严重霉变。

（二）霉菌（真菌）类

现已发现蚕豆上的霉菌超过 150 种，其中大部分都是经消毒杀死表面菌后,用洋菜培养基培养分离出来的。籽粒内部和表皮下的霉菌微生物在条件适合时,滋生蔓延,几乎可达无所不在的程度。一般将霉菌分为田间霉菌和储藏霉菌 2 大类。

1. 田间霉菌

田间霉菌的种类和数量很多,其中交链孢霉、芽枝霉、镰刀菌和长蠕孢菌是代表属。它们为害收获前或已收获但未脱粒的籽粒。所有田间霉菌均需要在与 90%～100% 相对湿度平衡水分的蚕豆粒上生长繁殖,即蚕豆粒含水量为 18% 左右才能生长。田间霉菌可使蚕豆籽粒变色、萎缩和杀伤胚部,少数可产生毒素。

2. 储藏霉菌

主要指曲霉属 10～15 个群中的若干种和几种青霉。这些霉菌常见于储粮严重变质之前。所有储藏霉菌都在蚕豆粒水分高达与 70%～90% 相对湿度平衡的水分条件下才有生长能力。同时,有些霉菌只在高渗透压条件下才能生长。储粮开始霉变时,局限曲霉和灰绿曲霉首先出现,接着才出现白曲霉、棕曲霉、黄曲霉和青霉。这些霉菌均最先侵害富含脂肪的胚,均可使储粮发热、"点翠"结块和变苦,甚至霉臭。

（三）酵母菌

酵母菌生长最适温度为 20～30 ℃,最高温度为 40 ℃,适宜湿度是 100%。所以,在高温季节只要含水量较低就能抑制酵母菌的发育。在蚕豆堆靠墙处、柱脚下或地面容易结露的地方,酵母菌容易繁殖,并引起储粮变质。不论有氧或无氧,酵母菌都能生活,所以即使在密封储藏时,仍有因酵母菌使储粮品质劣变的现象发生。

二、发热与霉变

（一）发热的过程

储粮发热变质的过程大致如下,储粮受潮或者经过水分转移后,局部含水量达到能够使局限曲霉和灰绿曲霉生长的程度,它们便开始滋长。局限曲霉生长缓慢,不能明显地使粮温和水分提高。但如果灰绿曲霉迅速生长,则可使粮温迅速升高到35～40 ℃。由于这2种曲霉的生长繁殖，使其生长部位及紧邻蚕豆堆表层的蚕豆籽粒含水量增加。当水分达到15%～15.5%时，白曲霉就能生长和繁殖，造成储粮水分和温度大幅度上升。当蚕豆籽粒含水量达到与蚕豆堆空间相对湿度85%相平衡时，黄曲霉也开始参与活动。这样可使粮温上升到55 ℃，持续一段时间后进而由局部扩大到四周，此时储粮质量遭受严重损害。这一阶段即早期发热阶段，始终是曲霉属的几个种起主要作用。这时用肉眼可看到蚕豆粒表面有菌丝体存在，并可嗅出霉味和酒精味。粮温达到55 ℃以后，好热性霉菌继续为害，造成蚕豆堆被害部位结块。在结块部位，喜温性细菌开始大量繁殖，使粮温迅速提高到70～75 ℃，进而产生可迅速氧化的低燃点碳氢化合物。只要有氧气存在，这类化合物就会使粮温进一步增高，并达到燃点而着火。在最初始阶段有臭味发出，当水分完全蒸发后，臭味变淡薄，被害的储粮呈干涸状，颜色变黑，基本丧失使用价值。与此同时，某些微生物还排泄一定数量的毒素，使储粮完全丧失使用价值。黄曲霉、棕曲霉、青霉和镰刀菌等产生毒素较多。分泌毒素是需要一定条件的，如黄曲霉素是一种强致癌物质，但它必须在储粮水分达18.5%以上、温度为27 ℃左右时才能产生，其毒素量依温湿条件、菌种活性、活动时间等而异。

（二）蚕豆发热的后果

蚕豆堆发热、霉变是相互关联的，而不是孤立的过程，对储粮的危害也是多方面的。

1. 干重损失明显

一般发过热的蚕豆干重损失在3%以上。

2. 营养品质降低

由于微生物的作用，蚕豆营养物质被消耗，导致各种营养物质含量下降，营养品质降低。

3. 种用品质降低

蚕豆发热、霉变后，胚部被微生物感染，导致活力下降，发芽率降低，甚至失去种用价值。

4. 工艺品质和食用品质变劣

蚕豆发热、霉变后，出粉率降低，容重、硬度下降。

5. 变色变味

伴随着蚕豆发热，在蚕豆堆中会出现不同的、特殊的异味，如霉味、酸味、酒味等，被蚕豆粒吸附后很难除去，影响蚕豆品质。

6. 带毒

蚕豆发热、霉变后，微生物生理活性增加，某些微生物（如黄曲霉）分泌的真菌毒素使蚕豆带毒，其中许多为强致癌物质，严重影响了蚕豆的卫生安全，对人畜健康均会造成严重后果。

7. 结块

蚕豆发热霉变后由于微生物的生长、菌丝体的缠绕、分泌物的黏结以及蚕豆含水量升高等原因，轻则导致其散落性下降，重则结块成团，甚至完全失去流动性。

（三）蚕豆发热的预防和控制

1. 做好蚕豆入仓前准备工作

蚕豆入仓前一定要做好空仓消毒、空仓杀虫，完善仓房结构（主要是仓墙、地坪的防潮结构和仓顶的防漏雨）。

2. 把好蚕豆入库关

入仓蚕豆要做到干、饱、净，严禁“三高”（高温、高含水量、高杂质）蚕豆入仓，入仓时严格遵守“五分开”（虫粮与无虫粮、虫器材与无虫器材、潮粮与干粮、新粮与陈粮、原粮与成品粮及副产品），尽可能低温入仓，为储粮发热的预防打好基础。

3. 严格储藏管理

储粮期间加强管理，认真做好储粮的干燥、降水、合理的密闭通风。特别要密切注意质量差、入仓温度高的储粮，准确掌握储藏期间粮温的变化速度。

4. 进行劣变指标的测定

应定期检查、测定储粮的品质控制指标，如脂肪酸值、非还原糖水平及蚕豆带菌量等，及时了解储粮的品质状况及发热出现的可能性。

5. 利用现代储粮技术及时处理险情粮

充分利用现代科学储粮技术，如低温储藏、气调储藏、机械通风储藏和化学保管等技术，有效地预防储粮发热和处理已发热的蚕豆堆。

第三节　蚕豆储藏的害虫防治

蚕豆在储藏中的主要害虫有蚕豆象、黑斑豆象、菜豆象、绿豆象、埃及豌豆象、五斑豆象、草香豌豆象、灰豆象等，明确鉴定其形态特征，掌握其生活史、生活习性与危害，有利于做好蚕豆储藏的防护与管理，采取有效的防治技术与方法。

一、蚕豆储藏中的主要害虫

蚕豆在储藏中的主要害虫有蚕豆象、黑斑豆象、菜豆象、绿豆象、埃及豌豆象、五斑豆象、草香豌豆象、灰豆象等，其中埃及豌豆象、五斑豆象、草香豌豆象、灰豆象在我国没有分布。

（一）蚕豆象（*Bruchus rufimanus* Boheman）

1. 形态特征概述

成虫（图 11－1）体长 4～5 mm。表皮黑色，仅触角基部 4～5 节及前足淡黄褐色。触角向后伸达前胸背板后缘，第 1 节长为第 2 节的 2 倍以上，第 3、第 4 节几乎等长，短于第 1 节，第 4 节稍宽于第 3 节，第 5 节长大于宽，其余节稍横宽。前胸背板显著横宽，侧齿位于侧缘中央，短而钝，水平外指向；侧缘在齿后的部分稍凹。鞘翅两侧缘近平行，长约为肩宽的 1.5 倍，淡色毛形成明显的小毛斑，在近小盾片处形成 1 个大斑，在翅的端半部形成不明显的弧形横带。臀板不横宽，上面的暗色斑不明显。后足腿节腹面的端前齿钝，近直角；雄虫中足腿节远比前足腿节粗，中足胫节明显弯曲，具 3 条纵脊。幼虫形同豌豆象幼虫，不同之处是背面有背线。

图 11－1　蚕豆象成虫

2. 生活习性与危害

1 年发生 1 代，以成虫在豆粒内、仓内角落、包装物缝隙、田间、晒场、作物遗株内及杂草或砖石下越冬，春季大量飞往豆田活动，交尾产卵。成虫需要补充营养，取食蚕豆的花瓣和花粉。卵产于蚕豆嫩荚上，散产，每头雌虫产卵 35～40 粒，最多可产 96 粒。幼虫孵化后直接穿透荚壁蛀入豆粒内食害。当蚕豆收获时，豆粒内的幼虫随豆入仓继续为害。幼虫共 4 龄，蚕豆收获时幼虫最多发育至 2 龄。豆粒被蛀后，表面留有 1 个小黑点，即 1 龄幼虫的蛀入点。幼虫在豆粒内蛀成弧形虫道，接近老熟时又移动到种皮下，蛀 1 个圆形蛹室，并在豆粒上咬出 1 个圆形的羽化孔盖，然后开始化蛹。成虫羽化后经过 1 ~ 2 d 的静止期，然后冲开羽化孔盖离开豆粒。卵期 7 ~ 12 d，平均 9 d；幼虫期 70 ~ 100 d；蛹期 6 ~ 20 d，平均 14 d。蚕豆象成虫仅掠食蚕豆叶、豆荚、花瓣、花粉，不为害豆粒，蚕豆粒主要被幼虫蛀食。幼虫将豆粒蛀成空洞，若伤害胚部，使蚕豆变色变质会影响发芽率。蚕豆象为蚕豆种植业的主要害虫，在许多国家对蚕豆造成的损失达 20% ~ 30%。

3. 分布

蚕豆象原产欧洲，现已蔓延到全世界，广泛分布于中欧、南欧、地中海地区、北非加内里群岛、日本、古巴、美国等地；国内大部分生产蚕豆的省区均有发现，主要分布于河北、内蒙古、河南、陕西、湖南、湖北、云南、贵州、广东、广西、江苏、浙江、福建、安徽、江西、四川等地。

（二）菜豆象（*Acanthoscelides obtectus*）

1. 形态特征概述

图 11-2　菜豆象成虫

成虫（图 11-2）体长 2 ~ 4.5 mm。头、前胸背板及鞘翅表皮黑色，仅鞘翅端部红褐色；触角第 1 ~ 4 节及末节红褐色，其余节黑色；触角 11 节，向后伸达肩部，第 1 ~ 4 节丝状，第 5 ~ 10 节锯齿状，末节端部尖。鞘翅部被黄褐色毛，在翅的近基部、近中部及近端部有 3 个齿，后足腿节腹面近端部有 1 个长而尖的大齿突和 2 个小齿突，其中大齿突长约为 2 个小齿突长的 2 倍。雄性外生殖器的阳基侧突端部膨大，两侧突在基部 1/5 愈合；外阳茎瓣端部稍尖，两侧缘稍凹；内阳茎有多个细的毛状骨化刺，向囊区方向的骨化刺变大变稀，囊区有 2 个骨化刺团。

2. 生活习性与危害

菜豆象只发生于仓内而很少发生于田间，以幼虫在仓库内越冬，部分在田间越冬，翌年春播时随侵染的种子被带到田间，或成虫从仓内飞到田间，也可在仓内连续繁殖。越冬成虫在春季温度升至 15～16 ℃时开始出蛰，18 ℃以上开始交尾，持续 6～7 min，交尾后 2～3 h 开始产卵。成虫寿命 20～28 d，不需要补充营养。雌虫产的卵并不黏附在豆粒上，而是分散于豆粒之间或产在仓内的地板、墙壁或包装外表上，产卵持续 10～18 d。雌虫产卵 50～90 粒。若以蜂蜜饲喂雌虫，产卵量可大大提高。卵期 6～11 d，因温湿度而异。最适宜该虫发育的温度为 30 ℃，相对湿度为 70%。幼虫共经历 4 龄。初孵幼虫胸足发达，在豆粒表面四处爬行寻找蛀入点。在最适条件下，幼虫期约为 1 个月。卵、幼虫和蛹的发育起始温度分别为 14.27 ℃、9.42 ℃和 14.4 ℃。

3. 分布

菜豆象原产于中美和南美，现已成为世界性分布的检疫性害虫，分布于日本、缅甸、阿富汗、塞浦路斯、土耳其、刚果、尼日利亚、乌干达、肯尼亚、马达加斯加、阿尔巴尼亚、波兰、匈牙利、罗马尼亚、南斯拉夫、德国、希腊、奥地利、英国、荷兰、比利时、法国、瑞典、意大利、西班牙、葡萄牙、澳大利亚、新西兰、墨西哥、巴西、智利、美国、俄罗斯等国，在我国吉林有分布。

（三）绿豆象［*Callosobruchus chinensis*（Linnaeus）］

1. 形态特征概述

成虫（图 11－3）体长 2.0～3.5 mm。体形粗短，近卵形。表皮红褐色或暗褐色至黑色，足大部分红褐色。雄虫触角栉齿状，雌虫锯齿状。前胸背板后缘中央有 2 个明显的瘤突，每个瘤突上有 1 个椭圆形白毛斑，2 个白毛斑多数情况下不融合。鞘翅表皮颜色及毛色在明色型和暗色型个体中有很大区别。明色型个体鞘翅的基部及中部近外缘各有 1 个黑斑，其余皆为褐色；暗色型个体鞘翅基部和端半部暗褐色至黑色，二者之间为褐色，常着生黄色毛，端半部暗色区中间和其前端各有 1 条灰白色横毛带。臀板上主要着生灰白色毛。腹部第 3～5 腹板两侧有浓密的白毛斑。

图 11－3　绿豆象成虫

后足腿节腹面内缘脊近端部的齿略呈棒状，两侧缘略平行，末端钝圆。雄性外生殖器的阳茎细长，外阳茎瓣枪头状，基部缢缩，内阳茎的囊区有 1 对肾形骨化板。

2. 生活习性与危害

在我国中部地区 1 年发生 5～7 代，在广东发生 10～11 代。以幼虫或成虫越冬，幼虫于次年春化蛹和羽化。成虫寿命短，在最适条件下一般不多于 12 d。雌虫喜欢将卵产在光滑的种子表面，平均产卵约 70 粒。产出的卵带有大量的黏性物质，可牢固地黏附在种皮上。幼虫孵化后直接穿透卵壳和种皮，垂直蛀入种子内，然后转向与种皮平行的方向蛀食前进。幼虫共经历 4 龄。最适于幼虫发育的温度为 32 ℃，相对湿度为 90%。在不同条件下，每完成 1 代一般需要 20～67 d，其中卵期 4～15 d，幼虫期 13～34 d，蛹期 3～18 d。最初几代一般都在仓内繁殖，当田间绿豆快要成熟时，成虫可从仓内飞往田间，将卵产于豆荚缝隙内。在田间繁殖数代后，又随收获的豆子入仓继续繁殖。当温度下降到 10 ℃以下或高于 37 ℃时，发育不能进行。绿豆象 1 年可发生 4～6 代，如条件适宜可发生 11 代，它不仅在田间繁殖，绿豆收获入仓后，其后代继续繁殖。一旦豆粒感染绿豆象而不立即处理，就会造成“十粒九空”，质量损失可达 40% 以上。

3. 分布

分布在全世界范围内，国内绝大部分省区都有分布。

二、蚕豆储藏中的害虫防治

（一）清洁卫生防治

1. 储粮场所的清洁卫生管理

蚕豆入库前储粮场所的清洁是必不可少的重要环节。储粮场所是蚕豆收获、脱粒、整晒、堆放的场所，储粮场所要求做到平整、坚实、干燥、清洁。蚕豆仓库必须建立清洁卫生制度，各种仓房和一切储粮场所，都要求做到“仓内面面光，仓外三不留（不留杂草、垃圾、污水）”。每次蚕豆出完后都应该把剩余的零星蚕豆和尘杂从仓房中清扫干净，防止对后期来粮的感染。对使用过的空仓，要彻底清扫，必要时用化学药剂进行杀虫，然后密闭备用。对于加工厂主要是经常维持厂房、机具的清洁，使害虫不适于生存。在机器检修时，应清除积存在各个部位的原粮、成品、副成品和尘杂、害虫等，必要时可用药剂杀虫。必须使仓储器材、装具和粮仓机械保持清洁无虫的状态。

2. 入仓前蚕豆质量的管理

为了减少仓内害虫的滋生及交互感染，要保证蚕豆入库前的质量，必须组织有关部门和检验人员严格按照国家规定的蚕豆检验标准及操作规程，对接收入库的蚕豆质量进行认真检查验质，验质时可采用感官检验与仪器检验相结合的办法进行。对质量差的粮源，入库前应进行相应的处理（如过筛除杂、降水等），达到标准后再进仓储存。原则上应当做到无虫粮入仓，对于有虫粮要分别处理，及时杀虫。

3. 蚕豆储藏期间的管理

（1）控制环境条件。利用季节温差在不同时期采取和制定不同防范措施。冬春季节以通风降温为主，抓住低温干燥、外界虫源少的时机，及时降低粮温；夏秋季应以密闭、保温为主，有效保持蚕豆堆低温。同时，做好隔离工作，做到储粮“五分开”，即有虫粮与无虫粮、有虫器材与无虫器材、潮粮与干粮、新粮与陈粮、原粮与成品粮及副产品均应严格分开储存。通过门窗隔离防止外界害虫感染到仓内，要定期喷布防虫线，一般采用防虫网、防鼠板、防雀帘或防雀网等，防止飞虫入仓，通过防虫线防止爬虫入仓，并采用防护剂拌粮防虫。

（2）及时检查。仓库要建立管理清洁检查制度，及时检查发现害虫，检查范围一般应包括蚕豆仓房、加工车间、仓储器材及储粮环境等。由于虫种和季节的不同，导致了它们生活习性和活动规律也不相同，因此设点取样部位可采取定点与易发生害虫部位相结合的办法灵活掌握。在储藏过程中也可以通过检查储粮温度来间接检查害虫发生情况。发现害虫及时查杀，保证储粮安全和减少储粮损失。

（二）物理防治

1. 高温防治

储粮害虫对高温的抵抗能力较差，当环境温度在40～45 ℃时，害虫就停止发育、繁殖，新陈代谢也不正常，如果温度升高到45～48 ℃时，绝大多数害虫呈热昏迷状态，生命活动衰弱，如温度再升至48～52 ℃时，害虫可在短时间内死亡。具体方法如下：

（1）日光暴晒杀虫。日光暴晒是防治虫、霉，提高粮质的有效方法之一。具体做法是：选择晴天，先把晒场清扫干净，四周喷布一道防虫线，然后将蚕豆搬出，堆在晒场上，待地坪晒热以后，再将虫粮摊开，摊晒厚度以 3～5 cm 为宜，随即勤加翻动，使粮温达到 48 ℃以上，翻晒 1～2 h 后，将蚕豆聚堆，以保持粮内高温，达到杀虫目的，待粮温下降到接近气温时再入仓。

（2）开水浸烫防治豆象类害虫。感染了豆象的蚕豆，如果数量较少，可以采用浸烫方法杀治。具体做法是：烧一锅开水，用箩筐盛 10～20 kg 蚕豆，放进开水锅中浸烫，浸 30 s，立即取出薄摊晒干，可以杀死全部害虫。采用此法，水的温度必须保持沸点，时间掌握要准确，并要使豆子受热均匀。如果温度不够或时间短，就杀不死害虫；如果时间太长，又会影响蚕豆的发芽力。

（3）高频和微波加热杀虫。高频加热和微波加热同属于电磁场加热，是通过调节同轴馈线至极板间引线的长短来达到较佳工作状态。采用微波处理虫粮时，低火至中低火处理 60 s、解冻 50 s 及中火至高火 40 s 以上时间时，绿豆象成虫死亡都过半，为 55.75%～100%；而中火处理 70 s、中高火至高火 60～70 s，可使成虫全部死亡。但经高频和微波处理后可能会影响蚕豆发芽率，有时甚至失去种用价值。因此，处理种用粮时应慎重。

2. 低温防治

由于储粮害虫对低温具有较强的抵抗力，因此，在利用低温杀虫时，要使蚕豆持久地处于低温状态，才能杀死害虫。储粮害虫一般在环境温度降至 8～15 ℃时，就停止活动；温度降至 -4～8 ℃，就陷入冷麻痹（冬眠）状态；温度低于 -4 ℃，即可达到害虫的致死范围。若含水量在 17% 以上则不能使用冷冻法。利用低温防治储粮害虫的具体方法如下：

（1）仓外薄摊，冷冻杀虫。选择寒冷干燥、有风的晴天，在下午 5:00 左右，将虫粮搬出摊在晒场上，厚度 7～10 cm 左右，气温最好在 -5 ℃以下，每隔 1～2 h 翻动 1 次。在夜间下霜结露前，将蚕豆盖好，防止结露返潮。于次日清晨日出前，将蚕豆趁冷入仓，然后密闭仓房，以保持长期低温。冷冻的时间，可根据粮温和害虫的死亡情况，连续冷冻 2～3 d，然后再入仓。此法对杀死蚕豆象等耐寒力强的害虫，有良好的效果。有条件的地方，可结合清杂将冷冻过的蚕豆过风、过筛，除去冻死和冻僵的虫体，并及时将这些杂质烧掉或挖坑埋掉。

（2）仓内通风，冷冻杀虫。在寒冷干燥季节，平均气温低于 0 ℃，当环境温度低于粮温和仓温时，可将仓库门窗打开，使干燥的冷空气在仓内进行对流，自然降温。为了扩大冷却面，可将粮面耙成波浪形，并及时翻动蚕豆，使其上下均匀冷却。根据仓房和蚕豆堆的实际情况，也可采用内外结合的杀虫方法，即把仓外薄摊冷冻和就仓自然降温相结合。可将一部分蚕豆运出仓外薄摊冷冻，另一部分留于仓内进行自然通风降温，当仓内外粮温基本一致时再混合密闭储藏。低温冷冻杀虫不仅要达到杀虫效果，也要注意保护蚕豆品质。冷冻原粮的含水量不宜过高，否则将会影响蚕豆的工艺品质。一般要求蚕豆的水分应在15%以下。种用蚕豆水分在20%左右时，不宜在 -2 ℃以下冷冻；水分在18%~19%时，不宜在 -5 ℃以下冷冻；水分在17%时，不宜在 -8 ℃以下冷冻。除一些不宜受冻的物品外（如塑料薄膜），其他仓储用品、包装器材等均可采用该方法冷冻杀虫。

（三）气调防治

1. 缺氧气调

蚕豆堆只用塑料薄膜密封进行缺氧处理叫自然缺氧。之所以能够达到缺氧，是利用蚕豆本身和蚕豆堆中的微生物等所具有的呼吸作用，这种呼吸作用不仅消耗了蚕豆堆中的氧气，而且增加了二氧化碳含量。豆类的降氧能力较其他谷物差，因此可以采用微生物辅助降氧或脱氧剂降氧。微生物辅助降氧一般以酵母菌、糖化菌为菌种，采用3级扩大培养方法：一级为试管斜面培养，二级以稻壳和麸皮为原料，进行曲盘培养，三级为培养箱培养。在培养箱与蚕豆堆间设置通气管，进行气体交换。当蚕豆堆内的氧气浓度降低到气调要求后，拆除培养箱，密封好蚕豆堆，保持缺氧状态。

目前使用的脱氧剂主要有铁型脱氧剂、硫酸盐脱氧剂和碱性糖制剂3类。在蚕豆气调储藏中使用的主要是铁型脱氧剂。使用脱氧剂降氧时，应做好蚕豆堆的密闭工作。使用时将脱氧剂分别装于透气性强的纸袋内，每袋装1 kg左右，均匀地散布在蚕豆堆表层和四周，然后严格密闭蚕豆堆。影响脱氧剂脱氧效果的主要因素有粮温、蚕豆水分、相对湿度以及剂量等。一般情况下，粮温高、水分大的蚕豆堆脱氧速率快于粮温和水分低的蚕豆堆。

2. 二氧化碳气调

一般蚕豆堆中的二氧化碳浓度维持在35%以上，粮温为25 ℃以上，密闭时间为15 d以上便可达到较好的气调杀虫效果。可把密封蚕豆堆下部的进气管与二氧化碳钢瓶或二氧化碳发生器送气管连通接牢，同时把密封蚕豆堆顶部的排气口全部打开,打开钢瓶上的控制阀门,慢慢地向蚕豆堆内充加二氧化碳。由于二氧化碳气体比重大于空气,当蚕豆堆下部充入二氧化碳后,下层空气即自下而上逐渐上升到顶部,不断地由上部排气孔排出。当测定顶部排气孔处的二氧化碳浓度在40%~45%以上时,即可停止充气,密封进、出气口,密闭蚕豆堆。或把密封蚕豆堆下部的进气管与二氧化碳钢瓶或二氧化碳发生器送气管连接,顶部的排气口与真空泵或风机连接,首先开启真空泵或风机,将蚕豆堆抽为负压后,再打开二氧化碳钢瓶的阀门,慢慢向蚕豆堆充气,及时打开蚕豆堆顶部的排气口。当测定顶部排气孔处的二氧化碳浓度在40%~45%以上,或蚕豆堆内二氧化碳浓度达75%以上时,即可停止充气,然后密闭蚕豆堆。

3. 氮气气调

利用氮气置换掉密封蚕豆堆内的空气,使氮气浓度达到98%以上,氧气含量达到2%以下时,密闭13~15 d或更长时间。氮气气调较常用的方法有充氮气和利用制氮设备富集氮气。

充氮气气调是利用真空泵等机械设备,把密封蚕豆堆内的空气基本抽尽,再充入氮气,使蚕豆堆处于高氮缺氧状态。首先将由密封蚕豆堆中引出的导气管与真空泵的进气口连接,开启真空泵,抽空蚕豆堆内气体。当蚕豆堆内真空度为80 kPa时,即可充入氮气,直至密闭蚕豆堆内外气压平衡为止。

(四)化学防治

在蚕豆收获后10~15 d内尽早进行药剂熏蒸,把蚕豆象杀死在2~3龄的幼虫阶段,可大大地减少损失。为了在较短时期内集中歼灭蚕豆象,在蚕豆收割后,必须及时脱粒整晒入仓,突击用磷化氢进行熏蒸,由于蚕豆象的幼虫是在豆粒内为害,而且往往各个虫期都同时存在,施药时要根据具体情况适当加大剂量,方能达到彻底歼灭的目的。在磷化氢熏蒸时,若熏杀对象为一般无明显抗性的虫种时,在整个熏蒸密闭期间磷化氢浓度不低于100 mL/m^3,密闭时间在14 d以上;熏蒸对象属于抗性虫种或种群时,磷化氢浓度应在150 mL/m^3以上,并保持密闭14 d以上。熏蒸结束后,要开封,打开门窗通风1~2 d才能入库。经过熏蒸处理的蚕豆,只要含杂少、水分在12%以内并已切实做好防潮工作,一般可以安全储藏。熏蒸过的蚕豆至少要经过1周才能食用。把豆粒内的幼虫消灭在羽化成虫之前,防止成虫飞出后到来年继续繁殖为害,所有的豆秸也应及时作柴烧掉或作沤肥以便消灭残留在植株上的带虫豆粒。

第四节　蚕豆储藏的粮情检测

蚕豆的安全储藏与蚕豆在储藏过程中的状态以及影响其变化的各种因素密切相关。粮温既是蚕豆储藏期间粮情检测的主要指标，也是掌握蚕豆堆状况的常用指标。因为粮温变化与蚕豆本身的状况、含水量高低、虫霉活动等多方面的因素关系密切，当储粮发生问题时，如发热、霉变、生虫、水分高等，必然会引起粮温的增高，所以定期检查蚕豆温度，及时掌握粮温的变化趋势，是确保蚕豆安全储藏的必要手段。控制蚕豆堆生物体所处环境的温度，限制有害生物体的生长、繁育，延缓蚕豆品质的陈化，即可达到蚕豆安全储藏、减少储粮损失的目的。

一、温度检查

蚕豆中粮温的检测可按照国家标准《谷物和豆类散存粮食温度测定指南》（GB/T 22184—2008）、《粮油储藏技术规范》（GB/T 29890—2013），在蚕豆堆内放置一系列温度探测器或定期人工检测，以检测温度的变化。

（一）检测位置

采用粮情检测系统测定粮温时，房式仓水平方向行列间距不大于 5 m，垂直方向间距不大于 3 m。浅圆仓、立筒仓测温电缆按环形布置，水平方向相邻电缆间距不大于 5 m，垂直方向间距不大于 3 m，上层、下层及四周检测点应分别设在距粮面、底部、仓壁 0.3 m 处。房式仓人工检测粮温时，应分区设点，每区不超过 100 m^2，各区设中心与四角共 5 个点作为检测点，2 区界线上的 2 个点为共有点。蚕豆堆高度在 2 m 以下的，分上、下 2 层；蚕豆堆高度在 2～4 m 的，分上、中、下 3 层；蚕豆堆高度在 4～6 m 时，分 4 层；蚕豆堆高度 6 m 以上的酌情增加层数。上层、下层检测点应分别设在距粮面、底部 0.3 m 处，中间层检测点垂直均等设置，四周检测点距墙壁 0.3 m。对包装蚕豆堆应结合入仓分层预埋测温电缆，固定测点的设置，一般分上、中、下 3 层，每层设若干组，每组 3～5 个测点。仓温检测点应设在蚕豆堆表面中部距粮面 1 m 处的空间，检测点周围不应有照明灯具及其他热源。气温检测点应设在仓外空旷地带距地面 1.5 m 外的百叶箱内。

（二）检测周期

采用粮情检测系统时，应每天查看粮温。人工测温时，如果蚕豆的储存条件较差（高温和高水分），温度检测周期应较短，如 1 次/24 h；如果蚕豆的储存条件较好（干燥低温），温度检测周期可以较长，如每周 1 次。仓储管理负责人应根据储存蚕豆的特性、水分、季节和害虫侵蚀程度等因素来决定温度检测的周期。温度不正常升高或降低者，应仔细检查原因，查看是否因为电阻线头与测温表头接触不良引起温度不正常，还是因为电线脱焊引起的。若排除这些故障后，仍显示不正常，则为电阻损坏或蚕豆出现异常情况，要迅速处理。

二、水分检查

蚕豆储藏过程中水分含量的监测可按照国家标准《粮油储藏技术规范》（GB/T 29890—2013）进行。

（一）检测位置

应在水分含量容易变化的地方设置检测点。具体要求为：平房仓检测点分上、中、下 3 层在距粮面、仓底、仓壁 0.3 m 处均匀设点，并应按蚕豆堆大小在蚕豆堆中部增设 3～10 个检测点，靠近门、窗和通风道的部位应增设检测点；立筒仓检测点分上、中、下 3 层，各仓按东、南、西、北、中 5 个方位在距粮面、仓底、筒壁 0.3 m 处均匀设点，并应按蚕豆堆大小在蚕豆堆中部增设 3～10 个检测点，靠近检查孔、进粮口、出粮口和通风道的部位应增设检测点；浅圆仓检测点分上、中、下 3 层，各仓按东、南、西、北、中 5 个方位在距粮面、仓底、筒壁 0.3 m 处均匀设点，并应按蚕豆堆大小在蚕豆堆中部增设 3～10 个检测点，靠近检查孔、自然通风孔、进粮口、门、出粮口和通风道的部位应增设检测点。其他仓型参照以上要求设置检测点。

（二）检测周期

采用粮情检测系统时，应每天查看。若为人工检测，处于安全水分的蚕豆每季度至少检测 1 次，对半安全水分蚕豆每月至少检测 1 次，危险水分蚕豆应根据粮温每 3～5 d 检测 1 次，发现粮温升高时应随时抽样检测。

三、虫害检查

蚕豆储藏过程中虫害监测可按照国家标准《粮油储藏技术规范》(GB/T 29890—2013)进行。

(一)检测位置

平房仓在每个仓间的四角,距粮面 1 m 深内各设置 1 个检测点,另外应根据仓虫生活习性在仓虫容易滋生的地方适当布置检测点;立筒仓每个独立单仓和单仓的东、南、西、北 4 个方位靠筒壁、距粮面 1 m 深内各设置 1 个检测点,另外应根据仓虫生活习性在仓虫容易滋生的地方适当布置检测点;浅圆仓在每个独立单仓的东、南、西、北 4 个方位靠筒壁、距粮面 1 m 深内各设置 1 个检测点,并根据仓虫生活习性在仓虫容易滋生的地方适当布置检测点。其他仓型参照以上原则执行。

(二)检测周期

采用粮情检测系统时,应每天查看。若为人工检测,粮温低于 15 ℃时,每月检测 1 次;粮温在 15~25 ℃时,15 d 内至少检测 1 次;粮温高于 25 ℃时,7 d 内至少检测 1 次;危险虫粮处理后的 3 个月内,每 7 d 至少检测 1 次。

第五节　蚕豆储藏的仓储设施及储藏技术

仓储设施的选择与管理也是蚕豆储藏的重要条件。根据储藏设施条件、仓库的类型选择不同的储藏技术,有常规储藏、干燥储藏、低温储藏、气调储藏、综合储藏等。

一、蚕豆仓房及设备

仓库是大批蚕豆储藏的场所,也是种子生存的环境。环境对于保存蚕豆的商品质量和生活力具有十分重要的意义。

蚕豆的库房要求与蚕豆储藏仓库基本相同。目前,所采用的仓房有简易仓、房式仓、机械化仓等。简易仓造价低,施工方便,多在蚕豆生产地,用于短期周转。房式仓、机械仓主要用于国家蚕豆部门和大型企业。不论何种库型,都必须考虑蚕豆储藏的安全性和仓库的牢固性。重点注意以下 3 方面问题。

(一)选址

首先根据蚕豆的供需情况和发展前景,确定仓库地址。在具体地段上的选择,要求坐北朝南,地势高燥,地下水位低,高于洪水水位线,土质结构坚实,尽量靠近铁路、公路、水路交通沿线、生产基地和市场。

(二)建仓

标准仓房牢固,能承受蚕豆籽粒对仓壁的压力,具有密闭条件,隔绝梅雨潮湿和高温等不良气候因素的影响;能够密闭使用药剂熏蒸杀虫;能够通风,降低仓内气温和散去热量,防止仓房高温;具有防虫、防鼠、防火功能;仓房附近应有晒场、保管室和实验室。

(三)主要库房类型

1. 房式仓

外形如一般住房,多为钢筋水泥结构,四周和地下有沥青层防湿,可储藏包装和散装籽粒。

2. 机械化仓

仓房比较高大,一般配有温度检测仪、进出仓输送装置和自动过磅、自动清理设备。这种仓房容积大,占地面积小,比房式省地 6～8 倍,但造价高,要求严格。

3. 低温仓

主要是保证种子储藏安全的低温、干燥、防虫等条件要求。四周有防护层,墙壁及天花板,有隔热层,有降温和机械设备,能使温度保持 20 ℃以下,相对湿度 65% 以下。

4. 简易仓

利用民房改造而成。主要进行修补漏洞,用石灰抹平喷白,地面夯实,铺上 13～16 cm 干河沙,压平后,上层铺油毛毡或沥青纸,再铺 1 层砖,水泥抹平。要求做到仓内无洞、无缝、不漏、不湿、平整、光滑。

不论何种仓房，均要在蚕豆入库前全面检查、维修、杀菌、消毒。在仓库设备方面，有 4 个具体要求：①大型蚕豆仓库要求具有装卸、输送设备，包括风力吸运机、移动式皮带输送机、堆包机、升降机等，并能联合作业。②具有机械通风设备，包括风机管道等。③具有种子加工设备，包括清选机、晒场、人工干燥机、消毒机等。④具有熏蒸设备，如防毒面具、投药器、熏蒸药等。

二、蚕豆储藏技术

（一）常规储藏

常规储藏是在自然气候条件下，对储藏的蚕豆主要采取清洁卫生、自然通风、定期检查粮情等一般技术和常规管理措施的储粮方法。在一个储藏周期内，通过提高入库质量，做到种类分开、好次分开、不同水分分开、新陈分开、有虫无虫分开存放，加强储藏期间的粮情检查，根据季节变化采用适当的管理措施等，基本上能够做到安全保管。蚕豆脱粒后水分含量较高，不宜立即入库储藏，收获后要晾晒降水，秋播蚕豆区在豆粒含水量为 11%～12% 时入库常规储藏，春播蚕豆区可在水分含量为 13% 以下时入库储藏。在此之前，要将杂质降至国家标准规定以内。在储藏期间做好日常管理工作，则很少发生发热霉变等不良变化，可安全度夏。

（二）干燥储藏

刚收获的蚕豆含水量高，生理代谢旺盛，籽粒本身呼吸作用强，所释放出的热量较大。因此，收获后必须立即进行干燥。

蚕豆籽粒蛋白质含量高，子叶肥厚，结构比较致密，毛细管较细，传湿能力较弱，种皮疏松易失水。如果采取太阳暴晒的高温快速干燥的方法，由于子叶失水慢、种皮失水快而形成种皮炸裂，不仅影响蚕豆的农艺性状，降低经济价值，而且在高温条件下，蛋白质容易变性而失去亲水性，影响种子的生活力。

1. 自然干燥法

蚕豆自然干燥多采用两段法。首先整株暴晒或是连荚暴晒。此次脱水，主要通过降低植株、荚壳、种皮含水量来降低籽粒含水量，一般含水量应为 13%～15%。

第二次脱水是将脱粒后的种子进行晾晒，达到安全含水量，冷却后入仓。晾晒籽粒，必须选择晴朗天气，清理晒场，扫除泥沙、石块，然后让晒场预晒增温，即“晒种先晒场”。晾晒时间不宜过早，否则影响干燥效果。要薄摊勤翻。

2. 自然风干燥

若蚕豆收获时正遇连绵阴雨，为了防止蚕豆霉烂，可以利用鼓风机、仓房以及仓库的排气孔进行自然风干燥。这种方法对于降低蚕豆的含水量有一定作用，但当籽粒中水分与空气中含水量持平时，不能继续干燥。

3. 热风干燥

在一定条件下，提高温度可以改变种子水分与空气湿度的平衡。温度愈高，平衡籽粒相对湿度的能力愈大。空气持水量大，热风干燥效果愈好。但热风干燥要注意不要把籽粒放在加热器上烘干，否则容易被灼伤。通过导入热空气进行间接烘干，要严格控制最高温度，防止灼伤。含水量高的蚕豆，一次失水不宜过多，可用两段间隔干燥法，防止种皮破裂。烘干种子冷却后才能储藏。

（三）低温储藏

温度对蚕豆籽粒的呼吸、褐变、蚕豆堆内微生物的生命活动等有很大的影响。低温储藏是保持蚕豆品质最好的方法之一。蚕豆种子的采收基本在夏季，温度通常较高，入仓后应及时降温，保证蚕豆的储藏品质。实现低温的途径有2种：一是利用机械通风将秋冬低温空气通入蚕豆堆，使仓内蚕豆温度降至低温状态，并利用蚕豆热容量大、导热系数小的特性，使蚕豆较长时间处于低温状态；二是在夏秋季高温季节机械制冷补充冷源，以保持粮温的准低温状态。

1. 自然低温储藏

利用自然通风或机械通风将冬季的自然低温空气送入蚕豆堆，将蚕豆温度降低至15～20 ℃，待春暖前对蚕豆进行低温密闭储藏。

2. 机械制冷低温储藏

储藏采用自然低温密闭储藏法，虽然可以延长蚕豆的安全储藏期，但不能完全度过夏季的高温期。因此，在自然低温隔热密闭的基础上，南方地区可以结合谷物冷却机、空调器等制冷设备降低粮温和仓温，这是确保蚕豆过夏的一个重要措施。

少量的蚕豆可放入冰箱或冰柜中保存。

（四）气调储藏

气调储藏是指将蚕豆置于密闭环境内，并改变这一环境的气体成分或调节原有气体的配比，将气体浓度控制在一定的范围内，并维持一定的时间，从而达到杀虫抑霉、延缓蚕豆品质变化的蚕豆储藏技术。一般气调储藏的方法也适用于蚕豆的储藏，主要有自然缺氧、真空气调、充二氧化碳、充氮、生物降氧和化学剂除氧等。

1. 自然缺氧密闭储藏

自然缺氧密闭储藏是利用密封蚕豆堆中的蚕豆粒、蚕豆微生物和害虫等蚕豆堆生物群自身的呼吸作用，逐渐消耗蚕豆堆中的氧气并增加二氧化碳含量，使蚕豆堆自身逐渐趋于缺氧状态，达到杀虫、抑菌、保持储粮品质的目的。自然缺氧密闭储藏操作简便，成本低廉。控制蚕豆水分是自然缺氧密闭储藏的关键：水分含量高，蚕豆呼吸旺盛，蚕豆堆内湿度也高，度夏后产生异味；水分含量低，蚕豆呼吸微弱，不能达到缺氧的目的。因此，自然缺氧密闭储藏应选择水分适宜的蚕豆。密封时的粮温高低，直接影响自然缺氧储藏蚕豆的呼吸强弱和降氧速度，一般以 20 ℃左右较为适宜。

2. 真空气调储藏

真空储藏又称减压储藏、负压储藏，主要是用真空泵将蚕豆堆空间抽成负压，使空间氧含量降低至低氧或绝氧，达到接近真空或真空的状态，抑制虫霉活动，保持蚕豆的新鲜。如今在蚕豆的小包装储藏、食品保鲜方面应用广泛，其方法为将蚕豆装入聚酯或聚乙烯复合薄膜塑料袋中，用真空包装机进行抽真空后直接封口，袋内呈负压状态，塑料薄膜紧贴蚕豆籽粒形成硬块状。因袋内呈真空状态，储粮害虫缺氧窒息死亡，霉菌的生长也受到抑制，从而能保持蚕豆的品质。

3. 氮气气调储藏

氮气气调储藏是在密闭的蚕豆堆内，充入氮气来取代富含氧气的正常大气，在蚕豆堆或仓库内形成并保持低氧状态。氮气的来源是通过空分法取得钢瓶液化氮，通常采取分子筛或膜分离技术来实现。具体操作是：利用真空泵等机械设备，把密封在蚕豆堆内的空气基本抽尽，再充入氮气，使蚕豆堆处于高氮缺氧状态。首先将由密封蚕豆堆中引出的导气管与真空泵的进气口连接，开启真空泵，抽空蚕豆堆内气体。当蚕豆堆内真空度为 80 kPa 时，即可充入氮气，直至密闭的蚕豆堆内外气压平衡为止。一般蚕豆堆充氮气气调时，充氮浓度应达 95% 以上。

4. 二氧化碳气调储藏

二氧化碳气调同真空气调一样，在蚕豆小包装储藏方面应用广泛。充二氧化碳气调包装储藏是利用蚕豆吸附二氧化碳的机制，采用抗拉性强、不透气的特殊复合薄膜作为包装材料，用包装机将蚕豆和二氧化碳同时装入袋内，合口密封，经过一段时间后便成为胶实状的硬块。这一储藏技术不仅能防止害虫和微生物侵害，而且由于二氧化碳的作用，有效地抑制了蚕豆中呼吸酶的活性，降低蚕豆的呼吸强度，防止蚕豆中脂肪的氧化和分解，从而达到延缓蚕豆陈化的目的。具体操作方法是：将蚕豆用阻气性能较好的聚酯或聚乙烯复合塑料袋密封包装，先抽真空再充入 30% 以上二氧化碳气体封口密闭。经充气后塑料袋稍微鼓起，放置 12 h，蚕豆吸附二氧化碳后呈胶实硬块状。

5. 脱氧剂缺氧储藏

脱氧剂是一种能与氧气反应从而去除空气中氧气的物质，常见的脱氧剂有特制铁粉、连二亚硫酸钠等。将脱氧剂与蚕豆密封在一起，能吸收蚕豆堆中的氧气，使蚕豆处于基本无氧的环境中，从而抑制蚕豆的生理活动和虫霉为害，达到安全储藏的目的。脱氧剂脱氧具有无毒、无味、无污染、除氧迅速、操作简单等优点，弥补了蚕豆自然降氧无法降至低氧状态的不足。

（五）综合储藏技术

综合储粮技术是我国储粮工作者在长期储粮实践中，开发出具有我国特色、利用多种储粮技术进行综合治理的技术，如“双低”（低氧、低剂量）储粮和“三低”（低氧、低剂量、低温）储粮。

“双低”储粮是在自然缺氧储藏的基础上，再施加低剂量的磷化铝，确保储粮安全。在密闭条件下，利用蚕豆本身和微生物的呼吸作用，降低蚕豆堆内的氧气浓度，恶化虫霉的生态条件；将适量磷化铝投入薄膜内，可减少药剂挥发空间，相应地增大了蚕豆堆内磷化氢的有效浓度。蚕豆在综合因素的影响下，生命活动受到抑制，害虫死亡，微生物也不能繁殖，因而处于稳定状态。

“三低”储粮是在“双低”储粮的基础上发展起来的，“三低”即低温、低氧和低剂量磷化氢熏蒸的简称。它用于蚕豆储藏,可有效地防止虫霉为害,延缓蚕豆陈化。对于水分在安全范围以内、基本无虫、杂质少的蚕豆,充分利用冬季寒冷天气进行通风降温,可将粮温降至 10 ℃以下。春暖前用塑料薄膜密封粮面,起到保冷和降氧作用。进入高温季节后,将适量磷化铝投入薄膜内,密封投药口,即可使蚕豆安全过夏。

(六)防止变色

蚕豆变色是一种极其复杂的生化过程,其反应速度与温度、水分、光线、氧气以及害虫等外界因素密切相关。蚕豆在储藏中的变色现象比较明显。干燥、低温、避光、密闭缺氧(或真空)、充二氧化碳储藏,都能有效地防止蚕豆变色。少量蚕豆也可采用夹糠夹沙密闭保存,即在储存蚕豆的大缸或小仓中,1 层蚕豆夹 1 层糠(稻壳或麦糠)或沙(干河沙),使蚕豆处于密闭环境中,防止蚕豆变色。散装储存的蚕豆,上层的变色比较严重,通常经过 1 个夏季的储藏,变色粒至少增加 10%~20%,多的可达 40%~50%,而蚕豆堆 60 cm 以下,变色程度就逐渐减轻。在低温下储藏蚕豆,可以延缓其变色。低温降低了多酚氧化酶的活性和空气中氧分子的活化能,使酶促反应和非酶促反应速度降低,因而蚕豆中的酚类物质不会大量氧化成醌,故能有效地抑制或延缓蚕豆褐变。试验表明,将蚕豆储存在 5~7 ℃的低温下,防止褐变的效果可达 98.5%~98.9%,温度越低,防止褐变效果越好。通常储存蚕豆的温度控制在 25 ℃以下,即可获得较好的防变色效果。

参考文献

[1] 白旭光. 储藏物害虫与防治 2 版[M]. 北京:科学出版社, 2008.

[2] 邓精华, 饶楚奎, 汪国杰. 浅谈蚕豆豌豆绿豆的储藏及其害虫的防治[J]. 蚕豆仓储科技通讯, 1995(4):10-12.

[3] 姜晓琳, 康玉凡. 蚕豆种皮褐变的研究进展[J]. 食品工业, 2015, 36(8):255-258.

[4] 谭洪卓, 谭斌, 田晓红, 等. 20 种中国蚕豆的化学组成、物理特性及其相互关系[J]. 中国粮油学报, 2009, 24(12):153-157.

[5] 王若兰. 粮油储藏学[M]. 北京:中国轻工业出版社, 2018.

[6] 王若兰, 王志山, 黄亚伟, 等. 粮油仓储工艺与设备[M]. 北京:中国轻工业出版社, 2016.

[7] 叶茵．中国蚕豆学[M]．北京：中国农业出版社，2003.
[8] 张民照，金文林，王进忠，等．微波处理对绿豆象的杀虫效果及对红小豆发芽率的影响[J]．昆虫学报，2007，50(9)：967－974.
[9] 张生芳，樊新华，高渊，等．储藏物甲虫[M]．北京：科学出版社，2016.
[10] 张巫信．粮食种子的综合储藏技术[J]．长江蔬菜，1998(2)：36－37.

第十二章

蚕豆的营养与品质

蚕豆营养丰富，具有广泛的用途，可加工成多种食品，如怪味胡豆、蚕豆罐头、蚕豆酱、油炸蚕豆、水煮蚕豆等。蚕豆蛋白质含量达30%左右，淀粉含量40%~49%，脂肪含量仅为0.8%~1.4%，与大豆高蛋白、富脂肪的特点相比，蚕豆则是一种富淀粉、低脂肪、高蛋白的作物。

蚕豆富含淀粉、蛋白质，氨基酸种类齐全，镁、磷、硒等矿物质含量较高，而脂肪含量较少。蚕豆用途广泛，食药兼具，自古就被用作蔬菜、饲料。传统中医认为其味甘、微辛，有健脾、降血脂的功效，对食欲不振、消化不良等均有疗效。随着科技发展，蚕豆除了被加工成种类多样的食品外，还被广泛应用于饲料、提取药用成分等方面。

第一节　蚕豆的营养特点及营养价值

蚕豆的主要营养成分是碳水化合物（淀粉是主要成分）、植物蛋白、矿质元素以及维生素。同时，蚕豆含有原花青素、黄酮类物质、嘧啶葡糖苷、活性蛋白和肽类、植酸、多酚类物质等生物活性成分，但目前开发利用率较低，具有一定的新产品开发潜力。

一、蚕豆主要营养成分

蚕豆营养丰富，富含蛋白质，世界范围内的蚕豆栽培品种籽粒蛋白质含量为20.3%~41%，比稻谷蛋白含量高1倍多，比薯类高9~14倍，是豆类作物中仅次于大豆的植物蛋白资源。蚕豆籽粒富含淀粉，籽粒中碳水化合物占其质量的52%，其中淀粉占碳水化合物总量的80%，是该作物食品中的重要热量来源。与其他豆类如大豆相比，蚕豆属于低脂肪作物，籽粒中脂类含量仅占1%~1.6%（子叶和胚芽），其中不饱和脂肪酸占88.6%，主要为油酸（45.8%）、亚油酸（30%）和亚麻酸（12.8%）。蚕豆种子的氨基酸含量约占总量的20%，人和动物不能合成的8种必需氨基酸达总量的9%~10%，在豆类中仅次于大豆，显著高于其他植物蛋白源，而且其氨基酸种类齐全，人体中不能合成的8种必需氨基酸中，除色氨酸和蛋氨酸含量稍低外，其余6种氨基酸含量均较高，尤其是赖氨酸，所以蚕豆被认为是植物蛋白质的重要来源。

另外，蚕豆的维生素和微量元素含量也比较高，其维生素含量超过大米和小麦。成熟蚕豆中B族维生素含量是其他豆类无法比拟的，其维生素B_2含量（0.27 mg/100 g）相当于小麦（0.06 mg/100 g）的4倍，高于大豆（0.25 mg/100 g）和豌豆（0.12 mg/100 g）。而未成熟的蚕豆则是维生素A和维生素C的上等来源。此外，蚕豆中微量元素含量较高，尤其是磷、镁、硒的含量远远高于青豆、菜豆、豇豆和扁豆。蚕豆营养成分见表12-1，干蚕豆氨基酸含量见表12-2。

表12-1 蚕豆营养成分（每100 g蚕豆中各营养成分的含量）

项目	干蚕豆	炸盐蚕豆	鲜蚕豆	蚕豆芽
水分/g	13.0	11.0	77.1	63.8
蛋白质/g	28.2	28.2	9.0	13.0
脂肪/g	0.8	8.9	0.7	0.8
碳水化合物/g	48.6	47.2	11.7	19.6
热量/kJ	1 313.7	1 598.3	372.4	577.4
粗纤维/g	6.6	1.3	0.3	0.6
灰分/g	2.7	3.4	1.2	2.2

表 12-1(续)

项目	干蚕豆	炸盐蚕豆	鲜蚕豆	蚕豆芽
钙/mg	71.0	55.0	15.0	109.0
磷/mg	340.0	222.0	217.0	382.0
铁/mg	7.0	6.7	1.7	8.2
胡萝卜素/mg	0	—	0.15	0.03
维生素 B_1/mg	0.39	—	0.33	0.17
维生素 B_2/mg	0.27	—	0.18	0.14
维生素 B_3/mg	2.6	—	2.9	2.0
维生素 C/mg	0	0	12.0	7.0

表 12-2　干蚕豆中氨基酸含量

单位:%

氨基酸	含量	氨基酸	含量
天冬氨酸	2.12~3.86	异亮氨酸	0.88~1.87
苏氨酸	0.58~1.14	亮氨酸	1.47~2.78
丝氨酸	0.32~1.58	酪氨酸	0.43~1.15
谷氨酸	3.28~6.68	苯丙氨酸	0.41~1.90
甘氨酸	0.88~1.48	赖氨酸	1.39~2.25
丙氨酸	0.87~1.50	组氨酸	0.26~0.93
胱氨酸	0.11~0.77	精氨酸	1.54~3.96
缬氨酸	0.99~1.86	脯氨酸	0.53~2.30
蛋氨酸	0.07~0.56	色氨酸	0.09~0.21

蚕豆子叶(包括胚芽)作为种子的主要组成部分,其蛋白质、碳水化合物、脂类和矿物元素的含量占到其本身质量的90%以上。蚕豆种皮约占种子质量的13%,其纤维素含量占种子纤维素质量的86.8%。绝大部分的单宁也存在于种皮中,因此种皮是蚕豆作为食品利用的主要限制因素。

总体来说,蚕豆是一种营养价值丰富的食用豆类,其高蛋白、低脂肪以及富含的多种维生素和矿物质元素可以改善我国人民膳食结构中长期以淀粉为主形成的营养组成不合理等缺陷。

二、蚕豆中的生物活性物质

（一）原花青素

原花青素又叫缩合单宁，在蚕豆中含量高达6%~12%，主要分布于蚕豆壳中，其分子量在500~20 000 Da之间。由于单宁易与蛋白质结合产生沉淀，机体摄入单宁后，会使消化酶的活力降低，从而影响蛋白质在动物体内的消化吸收，因此早期研究认为单宁是一种抗营养因子。但近期研究表明，蚕豆中原花青素具有抗氧化、抑菌、抗癌和抗突变等生理活性。动物实验表明，少量摄取(0.1%~0.3%)原花青素不仅不会影响蛋白质消化率和生物价，而且还会降低动物组织中丙二醛含量及盲肠内半乳糖苷酶活力，增加血浆中维生素E的含量。在欧美国家原花青素享有"皮肤维生素""口服化妆品"的美誉。原花青素具有抗皱作用，因为它能维护胶原的合成、抑制弹性蛋白酶、协助机体保护胶原蛋白，从而减少或避免皱纹的产生。原花青素也能抑制酪氨酸酶的活性，可将黑色素的邻苯二醌结构还原成酚型结构，使色素褪色，可抑制因蛋白质氨基和核酸氨基发生的美拉德反应，而抑制了脂褐素、老年斑的形成，可与维生素C或维生素E之间起协同效应，因而具有防晒美白功能。另外，原花青素还具有免疫调节活性、抗疲劳、抗过敏及抗炎、改善视觉等功能。目前原花青素被广泛地应用于保健食品、药物和化妆品中。

（二）黄酮类物质

目前，对于大豆中的生理活性物质研究较多，而对其他豆类如蚕豆的研究很少。有研究表明，异黄酮在大豆中含量较高，达0.1%~0.5%，主要来源于荚。大豆已作为具有生物活性的2种成分——金雀异黄素和大豆黄酮的主要饮食来源。

蚕豆是大豆素的主要来源。现有研究表明，蚕豆中约含有0.1 g/kg的大豆素，与野葛根中大豆素含量相当。在新鲜蚕豆可食性部分含有约26 g/kg六羟黄酮醇和约20 g/kg五羟黄酮醇，而其他黄酮类物质含量很少。有人从蚕豆壳中检测出六羟黄酮醇、五羟黄酮醇和四羟黄酮醇。在蚕豆的表皮细胞如蚕豆叶和蚕豆荚中，采用HPLC方法可分离出5种游离的黄酮类物质，主要有三羟黄酮(THF)、二羟黄酮(DHF)、7，4′－二羟基－3′－甲氧基异黄酮和4′－羟基查耳酮等。另外还分离出8种黄酮醇糖苷,主要有五羟黄酮醇苷和四羟黄酮醇苷等。研究表明,这些黄酮类物质具有消炎、消肿、降血压、降血脂、抗动脉硬化、抗肿瘤、抗骨质疏松以及清除氧自由基等多种重要的生理活性,是极有医学价值的一类物质。

(三)嘧啶葡糖苷

蚕豆嘧啶葡糖苷(2，6－二氨基－4，5－二羟基嘧啶－5－β－葡萄糖苷Vicine,分子式为$C_{10}H_{16}N_4O_7$)和伴蚕豆嘧啶核苷(Covicine,分子式为$C_{10}H_{15}N_3O_5$)在巢菜和木薯中被首次发现,后从蚕豆中也发现其存在,因此又称为巢菜碱苷。它们的配糖体分别为香豌豆嘧啶和异5－氨基巴比妥。体外实验表明,香豌豆嘧啶和异5－氨基巴比妥钠可使缺乏6－磷酸葡萄糖脱氢酶的红细胞中谷胱甘肽的含量迅速下降。谷胱甘肽的氧化作用,可认为是蚕豆产生溶血作用导致蚕豆病的主要原因。但巢菜碱苷在医学上具有抗心律失常的作用,其将由电引起的离体豚鼠心脏的心律失常的半数有效量(ED50)抑制为18 μg。测定58种蚕豆中嘧啶葡糖苷的含量,发现蚕豆壳中嘧啶葡糖苷含量达0.07%,而子叶中含量在0.23%~0.61%之间。

(四)活性蛋白和肽类

活性肽是指具有特殊生理功能的肽类物质。有学者从蚕豆花中分离出具有抗微生物活性的肽类,这种肽含有47个氨基酸,其中有8个胱氨酸,属于γ－竹劳氏紫类化合物。该活性肽对革兰氏阳性菌和革兰氏阴性菌均有抑制作用。另外,日本学者还从蚕豆中分离出具有抗氧化活性的水溶性蛋白组分。这些水溶性蛋白具有清除过氧化物、过氧化物自由基及络合金属离子的能力。豆科植物中超氧化物歧化酶(SOD)含量较高,已从大豆、菜豆、豌豆和饭豆等豆科植物中提纯出铜锌超氧化物歧化酶(Cu，Zn－SOD)。郭振飞等(1996)研究了蚕豆种子超氧化物歧化酶的性质,该酶对氰化钾(KCN)和过氧化氢(H_2O_2)敏感,说明它为Cu，Zn－SOD。酶分子量和亚基分子量分别为31 000和14 400,说明它是由2个相同亚基组成。该酶在70 ℃以下和pH值在5~9条件下稳定。紫外区最大吸收峰为273.5 nm。

（五）植酸

植酸即肌醇六磷酸、环己六醇六磷酸，在蚕豆中含量约为 900 mg/100 g 干基，一直被认为是蚕豆的抗营养因子。但目前许多研究表明，植酸有一系列生理活性，能够抗氧化、抗肿瘤、缓解心血管疾病和肾结石。

（六）凝集素

凝集素在抗癌和防治艾滋病方面有潜在利用价值。有人研究了蚕豆凝集素对结肠癌细胞的作用，癌细胞的分化与糖基化分子的黏附有关，蚕豆凝集素作用于这一分子，刺激结肠癌细胞系分化成腺样结构，饮食服用蚕豆凝集素可能延缓结肠癌的发展。

（七）SOD 酶

SOD 属体内抗氧化酶类，它具有清除过氧自由基、降低脂质过氧化的作用，并对因超氧自由基引起的各种疾病有一定的疗效。为此，SOD 可作为抗衰老、抗炎、自身免疫性疾病患者广泛使用的药物。有文献报道 SOD 可从新鲜蚕豆中分离制备，即将新鲜蚕豆磨成浆液，用纱布过滤，滤液离心后取上清液用丙酮沉淀得到粗品 SOD，再经过层析即可得到终产品 SOD。

蚕豆中存在大量优质的生物活性物质，而我国对蚕豆中活性物质的研究才刚刚起步，还不够重视，在蚕豆的加工中造成了大量的浪费，对蚕豆的综合利用水平远远低于日本、德国。因此，中国在蚕豆活性物质的提取和应用方面还有很大的开发潜力。

第二节 蚕豆中主要抗营养因子的功效

蚕豆中的缩合单宁具有抗氧化、抑菌、抗癌和抗突变等生理活性，它不仅不会影响维生素的含量，反而增加了血浆中的维生素 E 的含量。有学者利用鱼的肌肉组织研究了缩合单宁的抗氧化机理，研究结果表明，缩合单宁可以和鱼肌肉组织所含的 2 个重要抗氧化组件维生素 E 和维生素 C 建立抗氧化还原系统，减少维生素 C 的损耗甚至修复维生素 E，从而防止脂质的氧化，并且结合后的

可通过调节 pH 值来抑制羰氨反应。豆皮发硬是因为蚕豆皮中含有大量纤维素，可在浸泡时加入纤维素酶来分解纤维素。而淀粉回生则是在蒸煮过程中淀粉发生糊化，而储藏后糊化的淀粉又发生老化导致的，影响淀粉回生的主要因素为储藏温度、水分含量和淀粉结构。

陈惠等(2015)探索了烫漂后各器官品质和过氧化物酶(POD)活性的变化，结果表明，随着漂烫时间的增加，蚕豆的叶绿素保留率明显下降，L 值逐渐变小(即蚕豆的亮度变暗)，蚕豆 POD 相对活性逐渐降低，硬度也会逐渐降低。另外，陈惠等(2015)还研究了铜离子质量分数对蚕豆的叶绿素保留率、色度值的影响，以及叶绿素保留率与色差计测定颜色间的关系。

刘春菊等(2015)采用固相微(SPME)萃取技术和气相色谱—质谱联用(GC/MS)技术分析鉴定醋浸干燥加工对鲜蚕豆和蚕豆种子挥发性风味成分的影响。鲜蚕豆经过醋浸干燥后醇类风味化合物的数量大大减少，由 12 种醇类化合物下降到 3 种，含量由 52.3% 降到 3.37%，醛类化合物在醋浸干燥后数量和含量都大大提高，由鲜蚕豆的 1.44% 提高到了 13.21%。醋浸干燥加工影响最大的是酮类物质，在鲜蚕豆挥发性风味物质中未检测出酮类物质，而在醋鲜蚕豆脆粒中检测出 3 种酮类化合物。同时，对酯类、酸类、烯烃类和杂环类化合物的变化也进行了研究。在另一实验中，刘春菊等(2014)研究了醋浸渍对不同蚕豆样品抗氧化能力和抗营养因子的影响。醋浸渍后，鲜蚕豆的维生素 C 和植酸含量均降低，总酚含量和总抗氧化能力均增加。醋浸渍 1 d 后，蚕豆样品 1,1-二苯基-2-三硝基苯肼(DPPH)自由基清除率达 90% 以上，继续醋浸渍对 DPPH 自由基清除率的影响不显著。

第四节　蚕豆饲用对动物生长的影响

蚕豆籽粒蛋白质含量比小麦、玉米、薯类等都高，是动物饲料重要的蛋白质来源之一，其蛋白质含量占总量的 25%~33%，淀粉含量占总量的 40%~48%，氨基酸种类和比例接近动物理想氨基酸比例。但蚕豆籽粒中还含有几种具有生理活性的有害化学成分，主要包括缩合单宁、胰蛋白酶抑制剂、低聚糖、植酸和凝集素，含量极微却严重制约着动物对蚕豆营养的充分吸收利用。因此蚕豆籽粒作为动物饲料一般先采用物理、化学和生物方法去除其中的抗营养因子后再利用。

蚕豆秸秆含有丰富的粗蛋白、纤维素、木质素和微量元素等成分。相比其他作物的秸秆，蚕豆秸秆的营养成分更均衡，用蚕豆秸秆饲喂动物有更高的营养价值和经济价值。陈君琛等(1997)发现，蚕豆秸秆的蛋白质及蛋白质消化率分别为12.52%和76.17%，均高于其他6种秸秆(水稻秸秆、玉米秸秆、牧草秸秆、大麦秸秆、小麦秸秆和大豆秸秆)。而席冬梅等(2005)研究表明，蚕豆秸秆中钙、磷、钾和镁的含量也十分丰富。现有研究结果充分说明了与其他秸秆中营养成分含量(干基)和体外干物质消化率(in vitro digestibility of dry matter，IVDMD)等相比，蚕豆秸秆的营养价值处于较高水平，因此蚕豆秸秆作为动物饲料的应用潜力较大。

一、蚕豆在水产养殖业的饲用现状

许多学者研究了蚕豆饲料在鱼类养殖中应用的可行性。研究报道饲喂蚕豆饲料可增加草鱼的细胞密度和细胞壁厚度，提高胶原蛋白的含量，肉质也比其他草鱼结实、鲜嫩、爽口，肉味清新；饲喂蚕豆饲料，能改善罗非鱼鱼肉品质，显著增加鱼肌肉中粗脂肪含量和胶原蛋白含量；日粮中添加15%~30%的蚕豆粉使虹鳟鱼生长性能增加；在海水鲑鱼日粮中用蚕豆部分代替鱼粉或大豆(20%)，能使鲑鱼体重显著增加，肠道炎症发病率显著降低；另外有研究表明，蚕豆对鲈鱼生长具有促进作用，对鲫鱼、斑点叉尾鮰的肌肉品质有积极影响。需要注意的是，蚕豆中赖氨酸含量高，蛋氨酸缺乏，需配合其他饲料以补充蛋氨酸来提高鱼类对蚕豆中蛋白的利用率。根据不同鱼种，在日粮中添加适量比例的蚕豆，对鱼生长性能的提升能起到积极作用。

为改善养殖草鱼的肉质，人们进行了许多有益的探索。其中，以蚕豆饲喂草鱼，脆化其肉质，是改善养殖草鱼肉质的一种独特方式，此种模式养殖的草鱼俗称“脆肉鲩”。有研究以配合饲料为对照组，蚕豆为实验组，考察蚕豆对草鱼的生长、营养、肉质、抗氧化性、脂质代谢和血清的影响。结果表明，在生长方面，蚕豆组草鱼的增重率、肥满度较配合饲料组极显著降低，但饲料系数极显著增加($P<0.01$)；在肌肉品质方面，蚕豆组的失水率极显著降低，粗脂肪含量、胶原蛋白含量和肌纤维直径显著增加($P<0.05$)，咀嚼力、黏聚性、恢复力和硬度方面等均显著提高，即生长性能降低，肌肉品质优化。

计算公式为：

增重率 = 增质量($w_0 - w_1$)/w_0 × 100%(w_0为末重，w_1为初重)；

饲料系数 = 投饲量/增质量($w_0 - w_1$)；

饲料效率 = 增质量($w_0 - w_1$)/投饲量 × 100%；

肥满度 = 去内脏重/体长。

肌原纤维长度与喂养时间呈现正指数关系，计算公式为：

$y = 25.789\ln x + 43.007$($R^2 = 0.9946$)；

失水率与喂养时间呈现负指数关系，计算公式为：

$y = -7.4083\ln x + 28.441$($R^2 = 0.9983$)。

在营养方面，蚕豆组草鱼肌肉中的胶原蛋白和钙离子的质量分数比配合饲料组分别提高了 36.7% 和 154%。投喂蚕豆草鱼肌肉中氨基酸总量为(16.802 ± 1.823)%，而投喂配合饲料草鱼氨基酸总量为(18.444 ± 0.850)%；蚕豆组的 4 种鲜味氨基酸(天冬氨酸、谷氨酸、甘氨酸和丙氨酸)也低于配合饲料组。投喂蚕豆和投喂普通配合饲料的草鱼肌肉中不饱和脂肪酸(UFA)总量分别占脂肪酸总量的 73.857% 和 76.334%，其中单不饱和脂肪酸(MUFA)分别占脂肪总量的(55.598 ± 2.403)% 和(33.832 ± 2.755)%。蚕豆组的胶原蛋白和钙离子含量显著提高，但其鲜味程度、氨基酸以及不饱和脂肪酸含量不如配合饲料组。同样，饲喂蚕豆对罗非鱼、异育银鲫和斑点叉尾鮰也有类似的影响，蚕豆能改善其质构特性，但降低其生长性能和营养价值。

在抗氧化性及免疫机能方面，蚕豆组草鱼血清的总抗氧化能力(T－AOC)、血清丙二醛(MDA)含量及肝胰脏超氧化物歧化酶(SOD)活力产生显著变化，但肝胰脏 T－AOC、MDA、谷胱甘肽(GSH)含量及血清 SOD 活力无显著变化。蚕豆组草鱼血液红细胞(RBC)及白细胞数量(WBC)在 100 d 时显著高于配合饲料组。在 30 d 时，蚕豆组草鱼血清总蛋白、白蛋白、球蛋白(TP、ALB、GLB)含量显著低于投喂配合饲料的草鱼，60 d 时与投喂配合饲料的草鱼无显著差异，100 d 时又显著低于投喂配合饲料的草鱼。另外，投喂蚕豆对草鱼脾指数及脾脏中免疫相关基因的表达造成了显著的影响，实验末期，投喂蚕豆的草鱼脾脏中白介素 1β、主要组织相容性复合体Ⅱ、Ⅰ型干扰素、肿瘤坏死因子－α(IL－1β、MHC Ⅱ、IFN－1、TNF－α)的表达量显著高于投喂配合饲料的草鱼。总之，初期蚕豆组鱼体抗氧化能力增强，随着投喂时间的增加，鱼体抗氧化能力回到与配合饲料组相当的水平，投喂蚕豆能激发草鱼的免疫应答。

在脂质代谢方面，蚕豆组草鱼腹腔脂肪组织二十二碳六烯酸(DHA)含量比对照组草鱼显著降低($P < 0.05$)，蚕豆组草鱼背部肌肉与肝胰脏 DHA 含量极显著($P < 0.01$)低于对照组草鱼。蚕豆组肝胰脏和腹脂亚油酸(C18:2n－6)含量极显著($P < 0.01$)高于对照组，但在肌肉中蚕豆组与对照组并没有显著差异($P > 0.05$)。蚕豆组肌肉二十碳五烯酸(EPA)含量与对照组相比未发现显著差异($P > 0.05$)，但其在蚕豆组肝胰脏和腹腔脂肪组织中的含量则显著降低。

二、蚕豆在生猪养殖业的饲用现状

以蚕豆为主要蛋白质原料饲喂生猪，与普通鱼粉和大豆饲料相比，可提高猪的屠体品质和屠宰率，减少生猪体内脂肪的含量，如低单宁蚕豆部分代替豆粕能使育肥猪肉质更多汁可口，适口性显著性提高；在琴塔猪日粮中添加蚕豆，瘦肉颜色和背膘的指标更优；在母猪生长中饲喂蚕豆秸秆饲料可在一定程度上改善其繁殖性能；育肥猪日粮中用蚕豆代替 1/3 的豆粕，生产性能、屠宰率和肉品质都无显著差异，但蚕豆饲料价格低廉，故可显著提高养殖的经济效益。

三、蚕豆在禽类养殖业的饲用现状

用添加量低于 50% 的蚕豆日粮饲喂蛋鸡后，能明显地降低日粮的消耗，提高产蛋性能，增加蛋黄含量，而饲料的转换率并无差异；在肉鸡日粮中添加蚕豆，更有利于肉鸡的生长；在火鸡的育肥日粮中添加蚕豆(高达 30%)对火鸡的生长速率没有影响，其中缩合单宁含量低的蚕豆试验组能显著提高饲料转化率；在饲养鸭鹅方面，除大豆饼粕、花生饼粕、菜粕和棉籽粕等可作为常规植物源蛋白质饲料外，蚕豆经过加热熟化后，抗营养因子含量降低，也可用于饲养鸭鹅。

四、蚕豆在草食动物养殖业的饲用现状

用蚕豆荚壳饲喂奶牛，可增加奶牛头均日产奶量、乳糖率、乳蛋白和乳脂

率，明显提高了养殖的经济效益，搭配青绿饲料效果更佳；在相同的蛋白和能量水平下，用菜粕和蚕豆(1∶2)代替豆粕饲喂奶牛，产奶量和乳成分差异不显著，这表明蚕豆可以作为奶牛日粮的一部分；在育肥羔羊的日粮中，可通过在羽扇豆中加入蚕豆缓解单独饲喂羽扇豆对肌内脂肪酸的组成产生的不利影响；蚕豆秸秆经过氨化处理，适口性和消化率会得到改善，饲料中蚕豆秸秆和精料各占50%饲养细毛羊，采食量提高41%，能获得理想的收益；在南方蚕豆的播种期恰好为冬闲，在冬闲田种植蚕豆，不仅可以提高土地的利用率，还可解决草食动物冬季饲草缺乏的问题。在北方，蚕豆为春季作物，每年9～10月份收获，其秸秆可作为冬季牛和羊的补给饲料，大大减缓了牛羊冬季饲料供给不足问题。

五、蚕豆提取物对动物生长的影响

上面阐述了饲喂蚕豆对鱼类的影响，那么究竟是蚕豆中的什么成分影响了鱼体的代谢及成长呢？郑小淼等(2016)发现草鱼脆化后红细胞葡萄糖六磷酸脱氢酶(G6PD)和血红蛋白含量显著下降，进而导致红细胞出现功能性障碍，这与人类的“蚕豆病”相似。而蚕豆病的主要原因是蚕豆苷，因此他们推测蚕豆苷在草鱼肉质的改变中发挥了重要作用。

沈冠超、陈度煌等(2014)比较添加不同提取物(1号为添加蚕豆醇提物，2号为添加蚕豆酮提物，3号为添加蚕豆酯提物，4号为添加大豆异黄酮，5号为添加大豆皂苷)对罗非鱼生长速度、饲料效率、肌肉营养成分及脆化度的影响。结果表明：在生长性能各指标上各组差异表现不显著($P>0.05$)。1号、5号罗非鱼在肌肉品质方面，水分含量降低，粗蛋白含量、粗灰分含量提高，差异不明显($P>0.05$)，而粗脂肪含量、胶原蛋白含量、肌原纤维耐折力显著提高($P>0.05$)，肌肉滴水损失显著降低($P>0.05$)。国外也有学者用含0.7 g/kg和10.1 g/kg的蚕豆苷的饲粮饲喂肉鸡，发现含10.1 g/kg蚕豆苷的饲粮组的表观代谢能与总消化能显著降低。

综上可知，蚕豆醇提取物和大豆皂苷在一定程度上脆化了罗非鱼的肉质，而蚕豆醇提取物中导致肉质脆化的成分可能是皂苷类。

第五节　蚕豆的药用价值

蚕豆的药用价值鲜为人知。除根外，蚕豆的种子、茎、叶、花、荚壳均可入药。中医上认为蚕豆味甘性平，是一味很好的药材，具有健脾、利湿、治隔食、降血脂的功效。蚕豆籽粒中含有丰富的蛋白质，但却不含胆固醇，可以很好地防治心脑血管疾病。蚕豆中含有的维生素C能够软化血管，防止动脉硬化的发生。蚕豆叶中含有丰富的山柰酚－3－葡萄糖－7－鼠李糖苷、D－甘油酸、天冬酰胺、多巴、蛋白质和叶绿醌，是治疗出血症和解毒的良药。蚕豆种皮和荚壳中含有β－[3－(β－D－吡喃葡萄糖氧基)－4－羟苯基]－L－丙氨酸、D－甘油酸、左旋多巴，具有止血、利尿的作用，其中左旋多巴还是一种治疗帕金森病的良药。蚕豆的花则具有很好地降血压的效果。蚕豆苗具有解酒的作用。此外，蚕豆皮中的膳食纤维还具有降低胆固醇、促进肠胃蠕动的效果。蚕豆中的钙，有利于骨骼对钙的吸收与钙化，能促进人体骨骼的生长发育。科学研究发现蚕豆还具有一定的抗癌效果，尤其对预防肠癌的发生具有很好的作用。

嫩蚕豆可以益气健脾，利湿消肿。此外，其营养丰富，每100 g蚕豆中含有9 g蛋白质、19 g碳水化合物，还富含膳食纤维、钙、磷、钾、维生素B、胡萝卜素等多种有益健康的营养元素。嫩蚕豆含有大脑和神经组织的重要组成成分——磷脂和丰富的胆碱，有增强记忆、健脑的作用。

一、蚕豆在治疗帕金森病中的应用

近年来发现适量食用蚕豆有助于治疗震颤性麻痹(帕金森病)。震颤性麻痹是一种由于人脑中枢神经系统中的一个重要组成部分——锥体外系统缺乏一种神经化学递质“多巴胺”而产生的慢性退行性疾病，症状主要表现为全身肌肉僵硬、活动困难、四肢不停抖动等。现有分析表明适量食用蚕豆可提高机体的多巴胺水平，说明蚕豆中有类似多巴胺的活性成分。该物质在蚕豆的豆荚中含量极为丰富，以游离态或β－糖苷存在的左旋多巴(L－DOPA)含量高达0.25%。此外蚕豆的叶和茎中也含有丰富的L－DOPA，新鲜的蚕豆苗中含量高达5~7 mg/g(质量比)，干燥的茎叶中含量高达60 mg/g。适量食用蚕豆后机体的L-DOPA水平会提高，其在体内代谢后转变成多巴胺，从而有利于缓解患者的病情。

二、蚕豆在治疗肾病中的应用

有文献报道蚕豆能治疗肾炎，方法是用蚕豆150 g、红糖100 g，加水2 500 mL，浓煎成600 mL，每天早上空腹喝100 mL，同时吃蚕豆，6 d吃完，连续几个疗程后，症状如水肿、蛋白尿、血尿、高血脂等均有明显改善。也有文献报道可利用蚕豆衣提取物治疗肾炎，方法是蚕豆衣10 kg，煮成浸膏5 000 mL，内加红糖2.5 kg，分装成50瓶，每次服20~30 mL，每天服2~3次，30 d为1个疗程，一般服3个疗程。试验表明这2种方法不仅能显著改善临床症状，还能明显降低肾病患者的血肌酐(Scr)、尿素氮(BUN)水平，疗效显著。

参考文献

[1] Iglesias J, Pazos M, Torres J L, et al. Antioxidant mechanism of grape procyanidins in muscle tissues: redox interactions with endogenous ascorbic acid and α-tocopherol [J]. Food Chemistry, 2012, 134: 1767-1774.

[2] Jordinson M, El-Hariry I, Calnan D, et al. *Vicia faba* agglutinin, the lectin present in broad beans, stimulates differentiation of undifferentiated colon cancer cells [J]. Gut, 1999, 44: 709-714.

[3] Kampa M, Theodoropoulou K, Mavromati F, et al. Novel oligomeric proanthocyanidin derivatives interact with membrane androgen sites and induce regression of hormone independent prostate cancer [J]. Journal of Pharmacology and Experimental Therapeutics, 2011, 337: 24-32.

[4] Martinez-Micaelo N, González-Abuín N, Ardèvol A, et al. Procyanidins and inflammation: molecular targets and health implicationsr [J]. Biofactors, 2012, 38: 257.

[5] Power K A, Thompson L U. Ligand-induced regulation of ERα and ERβ is indicative of human breast cancer cell proliferation [J]. Breast Cancer Research and Treatment, 2003, 81: 209-221.

[6] Vilariño M, Métayer J P, Crépon K, et al. Effects of varying vicine, convicine and tannin contents of faba bean seeds (*Vicia faba* L.) on nutritional values for broiler chicken [J]. Animal Feed Science and Technology, 2009, 150: 114-121.

[7] Vojtíšková P, Kráčmar S, Hoza I. Content of phytic acid in selected sorts of legumes [J]. Acta Universitatis Agriculturae Et Silviculturae Mendelianae Brunensis, 2014, 58: 217 - 222.

[8] Vucenik I, Shamsuddin A M. Protection against cancer by dietary IP6 and inositol [J]. Nutrition and Cancer, 2006, 55: 109 - 125.

[9] Xu B, Chang S K. Comparative study on antiproliferation properties and cellular antioxidant activities of commonly consumed food legumes against nine human cancer cell lines [J]. Food Chemistry, 2012, 134: 1287.

[10] 陈惠，唐明霞，宋居易，等. 烫漂对蚕豆感官品质及过氧化物酶活性的影响[J]. 江苏农业学报，2015，13(03)：708 - 710.

[11] 陈惠，唐明霞，宋居易. Cu^{2+}质量分数对速冻加工蚕豆色泽的影响与分析[J]. 农产品加工，2015(03)：4 - 6.

[12] 陈度煌，李学贵，樊海平. 不同蚕豆和大豆提取物对罗非鱼生长和肉质脆化的影响[J]. 福建农业学报，2014，29(01)：12 - 16.

[13] 黄蓉，刘敦华. 水煮蚕豆加工中存在的问题及防治措施[J]. 农业科学研究，2010，31(02)：73 - 75.

[14] 李宝山，冷向军，李小勤，等. 投饲蚕豆对草鱼生长和肌肉品质的影响[J]. 中国水产科学，2008(06)：1042 - 1049.

[15] 李宝山，冷向军，李小勤，等. 投饲蚕豆对异育银鲫生长、肉质及肠道蛋白酶活力的影响[J]. 动物营养学报，2007(05)：631 - 635.

[16] 刘邦辉，王广军，郁二蒙，等. 投喂蚕豆和普通配合饲料草鱼肌肉营养成分比较分析及营养评价[J]. 南方水产科学，2011，7(06)：58 - 65.

[17] 刘春菊，王海鸥，李大婧，等. 醋浸干燥加工对不同蚕豆原料挥发性风味成分的影响[J]. 食品与发酵工业，2015，41(02)：135 - 140.

[18] 刘春菊，朱丹宇，李大婧，等. 醋浸渍对蚕豆抗氧化能力和植酸含量的影响[J]. 江苏农业学报，2014，30(05)：1147 - 1152.

[19] 伦峰，冷向军，李小勤，等. 投饲蚕豆对草鱼生长和肉质影响的初步研究[J]. 淡水渔业，2008(03)：73 - 76.

[20] 伦峰，冷向军，孟晓林，等. 蚕豆对罗非鱼肉质影响的初步研究[J]. 上海水产大学学报，2007(01)：83 - 86.

[21] 沈冠超. 蚕豆中肉质脆化活性成分的提取及应用[D]. 福州：福建农林大学，2014.

[22] 谭斌，谭洪卓，田晓红，等. 20种中国蚕豆的烹煮加工适用性分析[J]. 中国粮油学报，2009，24(11)：146 - 152.

[23] 王春明，刘洋. 蚕豆组成及加工利用进展[J]. 农业机械，2011(17)：91 - 93.

[24] 王一飞. 投喂蚕豆对草鱼脂质代谢的影响[D]. 杨凌：西北农林科技大学，2015.

[25] 吴康，黄晓声，金洁南，等．饲喂蚕豆对草鱼抗氧化能力及免疫机能的影响[J]．水生生物学报，2015，39(02)：250－258.

[26] 席冬梅，邓卫东，毛华明，等．云南省反刍家畜主要饲料中钙、磷、钾和镁的含量与分布[J]．畜牧与兽医，2005(02)：28－29.

[27] 杨希娟，刘玉皎，耿贵工．蚕豆罐头加工工艺研究[J]．食品工业，2011，32(05)：32－34.

[28] 赵艳，杜双奎，王晗欣，等．5 种杂豆体外抗氧化性研究[J]．中国粮油学报，2015，30(10)：6－10.

[29] 郑小淼，李小勤，魏静，等．蚕豆及其提取物对草鱼生长、肌肉成分和血清生化指标的影响[J]．水生生物学报，2016，40(01)：173－180.

[30] 宗绪晓．蚕豆的营养特点加工技术和利用途径[J]．中国粮油学报，1993(S1)：51－54.

[31] 朱耀强，李道友，赵思明，等．饲喂蚕豆对斑点叉尾鮰生长性能和肌肉品质的影响[J]．华中农业大学学报，2012，31(06)：771－777.

第十三章

蚕豆食品的制作与加工

蚕豆营养丰富，食用方法多样，既可作为主食，又可作为副食。根据加工方法和食用要求，加工产品可分为炸炒类（如盐炒、沙炒、土炒蚕豆，油炸豆、五香豆、怪味豆等）、酿造类（如酱油、甜酱、豆瓣酱等）、淀粉类（如粉丝、粉皮、凉粉等）。

第一节　蚕豆食品的手工制作方法

本节重点介绍了蚕豆糕、红糖蚕豆糕、低热粗粮点心蚕豆糕、蚕豆饼等蚕豆传统食品的手工制作方法。还介绍了许多蚕豆菜肴食品的制作方法。

一、蚕豆糕点类食品制作

（一）蚕豆糕

1. 材料

黄油适量、白砂糖 40 g、新鲜的蚕豆 400 g。

2. 制作方法

（1）蚕豆去皮后清洗干净，放在盘子里备用。

(2)向锅里加入适量的清水,开大火煮至沸腾。

(3)将蚕豆放进锅里煮,盖上锅盖,等到 3 min 以后熄火,将蚕豆捞出来放在盘子里晾凉。

(4)把煮好的蚕豆放进保鲜袋里,平整地放在一个案板上,拿擀面杖来回碾压,直到蚕豆被压碎为止。

(5)把白砂糖以及黄油放进压制好的蚕豆泥里,搅拌均匀。

(6)密封好以后放进冰箱里,2 h 后将其取出来。

(7)最后把蚕豆泥放进不同的模具里塑造成不同形状的蚕豆糕。

(二)红糖蚕豆糕

1. 材料

干蚕豆 150 g、红糖 50 g。

2. 制作方法

(1)干蚕豆提前 1 夜用水泡发后剥去外皮。

(2)剥好的蚕豆放入煮锅里。

(3)加入 1 小碗水大火煮沸后改小火,慢慢把蚕豆煮熟。

(4)蚕豆煮熟出粉后放入红糖同煮至水分干。

(5)关火后用汤匙把煮熟的蚕豆压成粉末。

(6)放入半匙橄榄油搅匀,开小火,慢慢炒干。

(7)把炒好的蚕豆粉放凉后用模具压成饼状,摆在盘内即成。

(三)低热粗粮点心蚕豆糕

1. 材料

鲜蚕豆 320 g(去皮后约 220 g,蒸熟后约 240 g)、糯米粉 20～30 g、蜂蜜 45 g(也可用糖粉、白糖、木糖醇或其他代糖)。

2. 制作方法

(1)鲜蚕豆洗净去皮,锅中烧开水。

(2)水开后放入蚕豆瓣蒸 15～20 min,至豆瓣酥软开裂。

(3)蒸好的豆瓣取出晾凉,用擀面杖或者石舂将其碾碎。

(4)少量多次地反复碾,使豆瓣粉末尽可能细腻,然后加入糯米粉。

(5)用手将糯米粉和豆瓣粉混合,倒入搅拌机中略微搅打。

(6)往糕粉中加入适合口味的蜂蜜(用糖也可),继续搅打(蜂蜜的加入会使糕粉湿润,搅打时糕粉贴着搅拌器内壁是正常的,用刮刀将其轻轻刮下就好)。

(7)将搅拌均匀的糕粉倒入抹过1层薄薄香油(方便脱模)的模具里(杯子蛋糕模、小酒杯等都可,但特别浅而大的模具不适合,如派模这类),可以颠一颠模具,但不要刻意去压糕粉。

(8)锅中烧开水,水开后移入模具,蒸15 min左右,现做现吃口感最佳。

(四)蚕豆饼

1. 材料

蚕豆、糯米粉、黏米粉、玉米粒、小葱、盐、玉米粒。

2. 制作方法

(1)把蚕豆煮熟沥干后碾成泥,有点颗粒没关系。

(2)配料加糯米粉、黏米粉、玉米粒、小葱和盐。

(3)蚕豆泥、糯米粉和黏米粉的比例为2∶2∶1。黏米粉还可以略少点,视蚕豆淀粉多少而定。

(4)加入一把半玉米粒,注意不要使最后的面团太硬。

(5)面团分成若干份,压成圆形后,小火两面煎黄即食。

二、蚕豆菜肴类食品制作方法

(一)蚕豆炒腊肠

1. 材料

蚕豆、红椒、腊肠、大蒜、油、盐。

2. 制作方法

(1)把所有的原料都清洗干净。

(2)将腊肠和红椒都切成片,蚕豆去掉壳和皮之后取豆瓣,然后切成片。

(3)向锅里加入油,开大火预热。

(4)将腊肠放进油锅里,转到小火,把它炒到透明出油。

(5)放进去大蒜片,炒出香味。

(6)放进去蚕豆炒至断生。

(7)把红椒放进锅里一起炒,等到炒熟以后倒入适量的盐即可出锅。

（二）清炒蚕豆

1. 材料

鲜蚕豆 400 g，植物油、精盐、鸡精、白糖、葱末各适量。

2. 制作方法

（1）将蚕豆洗净，晒干水分。

（2）在锅中加油，烧至七成热，并放入葱末、蚕豆，大火翻炒。

（3）爆香后，加水焖煮，水量需与蚕豆持平，保持蚕豆的青绿色。

（4）当蚕豆表皮裂开后，加入精盐。

（5）烧熟后调入白糖、鸡精即可。

（三）酸菜炒蚕豆

1. 材料

咸菜、蚕豆、油、鸡精、蚝油。

2. 制作方法

（1）首先将咸菜或酸菜切碎，再将蚕豆去外衣分成两半。

（2）油锅烧热，放咸菜和蚕豆炒一会，加少许水和盐焖一下。

（3）再放点蚝油或鸡精，炒匀即可出锅。

（四）清鲜蚕豆烩时蔬

1. 材料

鲜蚕豆 300 g、鲜香菇 5 朵、南瓜 1 小块、韭菜花 30 g（用雪菜或榨菜也可）、酱油 1/2 茶匙（3 mL）、盐 1/2 茶匙（3 g）、糖 1 茶匙（5 g）、水淀粉 1 汤匙（15 mL）。

2. 制作方法

（1）鲜香菇放在淡盐水中浸泡 10 min 后洗净，用手轻轻按压一下香菇表面的水分，切小丁备用。将鲜蚕豆去外皮，洗净备用。南瓜削去外皮挖去内芯，洗净后切丁。

（2）锅中倒入油，加热至七成热时，倒入蚕豆、香菇丁和南瓜丁翻炒 2 min 后，倒入韭菜花炒匀，加入酱油、盐、糖和少许水翻炒均匀后，盖上锅盖用大火焖 3 min。

（3）打开盖子，淋入水淀粉勾芡即可出锅。

（五）蚕豆炒肉片

1. 材料

蚕豆、猪肉。

2. 制作方法

(1)猪肉切片，用料酒和淀粉腌制一下。

(2)蚕豆去皮，洗净。

(3)炒锅置火上，放入油烧至五成热，放入腌制好的肉片，滑炒至变色，盛出。

(4)留底油，烧热，放入葱丝和姜丝，爆香。

(5)放入蚕豆和肉片翻炒，再放入蚝油、盐调味，翻炒均匀即可。

（六）水煮蚕豆

1. 材料

蚕豆300 g、食盐适量、水适量。

2. 制作方法

(1)蚕豆洗净，沥干表面水分。

(2)加入适量的盐，用手拌匀，静置5 min左右。

(3)加入适量的清水(无须没过蚕豆，1/3左右)，约8 min煮熟即可。

（七）蚕豆炒虾仁

1. 材料

虾仁500 g、嫩蚕豆120 g、鸡蛋1个、大油600 g(实耗约50 g)，盐、味精各4 g，料酒15 g、胡椒粉1 g、姜3 g、葱5 g、湿淀粉20 g、汤25 g。

2. 制作方法

(1)将虾仁用葱、姜、盐、味精各1.5 g和胡椒粉1 g、料酒5 g拌匀腌一下，烹调时挑出葱姜，浆上湿淀粉(12 g)和蛋清糊。

(2)蚕豆去皮掰成两半，2次开水氽过后再过冷水。葱、姜均切片。用味精、盐各3 g，湿淀粉、料酒各8 g与汤兑成汁。

(3)锅内留油少许,将蚕豆翻炒几下后,下入虾仁,再翻炒几下,将兑好的汁倒入,汁开后翻匀即可。

(八)雪菜蚕豆米

1. 材料

新鲜的蚕豆 250 g,雪菜 150 g,油、盐、姜、葱各适量。

2. 制作方法

(1)起锅放油把姜、葱煸香,再放雪菜、蚕豆煸炒。

(2)放水焖煮约 5 min 后,放盐调味即可。

(九)剁椒蚕豆

1. 材料

蚕豆米、鸡蛋、红剁椒。

2. 制作方法

(1)将鸡蛋打散,入油锅炒熟捞起备用。

(2)利用炒鸡蛋的油,先下入红剁椒,煸出香味,然后下入蚕豆米炒至颜色变翠绿后放入炒好的鸡蛋,下少许盐、鸡精调味。

(3)倒入少量高汤,略煮即可。

(十)黄油蚕豆蛋炒饭

1. 材料

黄油、蚕豆米、鸡蛋、胡萝卜、米饭、盐。

2. 制作方法

(1)蚕豆米放入沸水锅里煮熟,去皮。

(2)鸡蛋磕入碗中打散成蛋液。

(3)炒锅烧热转小火,放入 1 小片黄油滑锅,倒入蛋液摊成蛋饼熟透后铲碎。

(4)胡萝卜洗净切小丁。

(5)炒锅烧热转小火,放入黄油。待黄油化开,放入米饭、胡萝卜丁、适量盐翻炒均匀。最后放蚕豆米、鸡蛋翻炒装盘即可。

（十一）鱼汁蚕豆瓣

1. 材料

蚕豆、鲫鱼、盐、料酒、白糖、鸡精、酱油、胡椒粉、葱、姜、食用油。

2. 制作方法

（1）将蚕豆洗净，放入沸水锅中，加盐、葱段、姜片，煮熟后装入盘中。

（2）将鲫鱼去鳃、鳞，内脏洗净。坐锅点火倒入油，油至四成热时放入鲫鱼，煎至两面金黄时加入清水，用大火煮至鱼肉烂、汤色白，放入盐、鸡精、胡椒粉、白糖、料酒、酱油。

（3）将鲫鱼和汤放在煮好的蚕豆上面，最后在上面撒一些葱花。

（十二）香酥蚕豆

1. 材料

干蚕豆 150 g，油、盐各适量，花椒 30 粒，八角 3 个。

2. 制作方法

（1）将干蚕豆用水清洗一下。

（2）将花椒、八角用开水冲泡，放入盐，晾凉，放入蚕豆浸泡 1 d。若天热，可放冰箱冷藏浸泡，一直泡到豆子完全涨发，用手可以掐开。

（3）用刀将蚕豆从豆脐的一端切开，刀口切到 2/3 的位置即可，不要切断，也不要太浅。

（4）切好的豆子用密封盒装起来放入冰箱冷冻 1 d，这是豆子酥脆的关键要领。

（5）冷冻后的豆子随时可以炸，不用解冻，可直接炸，油温四成热即可下锅炸，炸之前油中放少许盐，可以防止油飞溅。

（6）炸到稍微变色捞出，然后用五成热的油再复炸一下，炸至豆子变浅黄色即可。

（十三）蚕豆炖羊蹄

1. 材料

（1）主料：羊蹄 500 g。

（2）配料：蚕豆 100 g、红枣 10 g、枸杞子 4 g、薏米 15 g。

(3)调料:干辣椒2 g、姜片2 g、葱段2 g、鲜汤2 kg、盐4 g、胡椒粉1 g、料酒5 g、味精2 g、色拉油40 g、鸡精3 g。

2. 制作方法

(1)羊蹄用火烧去羊毛,洗净后用刀背敲掉羊蹄甲,将羊蹄劈成两半,入沸水汤锅内汆一下去羊腥膻味,捞起沥干水分待用。

(2)蚕豆用温开水浸泡1 h,取出后洗净,红枣、薏米、枸杞子分别洗净。

(3)炒锅置火上,加油烧热后放入姜片、干辣椒、葱段、羊蹄爆炒,烹入料酒,掺鲜汤,烧沸后拣去姜片、葱段、干辣椒,去尽浮沫,再下蚕豆、红枣、薏米、枸杞子,并移至小火上炖约2 h,至羊蹄酥烂后即可起锅装碗。

(十四)火腿炒蚕豆

1. 材料

熟火腿、鲜蚕豆若干,白糖、味精、奶汤、熟鸡油、精盐、精制油、淀粉各少许。

2. 制作方法

(1)蚕豆剥皮去豆眉洗净,熟火腿切丁。

(2)往锅中加入适量清水煮沸后倒入蚕豆煮熟。

(3)起锅,倒入适量精制油,油热后倒入蚕豆炒10 s左右,倒入火腿丁、奶汤、白糖和精盐,炒1 min左右。

(4)最后加入味精,用湿淀粉调稀勾芡,淋上鸡油即可。

(十五)蚕豆山药拌

1. 材料

蚕豆、山药、胡萝卜、橄榄油。

2. 制作方法

(1)蚕豆去表皮后洗净,先用清水浸泡,水里加1/2小匙的盐。

(2)小锅煮一些清水,水开后再放入泡过的蚕豆。

(3)焯蚕豆的时候,加入1小匙白糖。

(4)煮熟的蚕豆,捞出时马上投入凉白开水中浸泡,吃时再取出,不能将其直接放入碗中。

(5)吃前,在剥蚕豆表面的那层绿皮时,要在水里剥皮,然后取出放入碗里凉拌或炒菜。

(6)山药、胡萝卜去皮洗净后，切成小片，小锅内烧水，水开后放入山药、胡萝卜。锅内加少许盐、橄榄油，焯一下捞出。

(7)与煮好的蚕豆混合，调味后即可装盘。

（十六）酸菜蚕豆粉丝汤

1. 材料

酸菜 100 g、新鲜嫩蚕豆 100 g、粉丝 50 g、姜末 15 g、油 1 大匙(15 mL)，盐、胡椒粉各适量。

2. 制作方法

(1)将四川酸菜切成细末，新鲜嫩蚕豆去豆荚和蚕豆皮洗净待用，粉丝用温水泡软待用。

(2)锅烧热，放入 1 大匙油，放入姜末炒香，放入酸菜末炒出香味。

(3)加入嫩蚕豆炒至变色。

(4)加入 500 mL 水，煮开后转小火煮 10 min 左右，至蚕豆酥烂，加入泡好的粉丝，煮开。

(5)用盐和胡椒调味即可。

第二节　蚕豆食品的加工技术

本节介绍了蚕豆酱油、蚕豆酱等发酵食品加工技术与工艺，蚕豆淀粉和蛋白及其产品加工技术与工艺。

一、蚕豆发酵食品加工技术

（一）蚕豆酱油

1. 原料配方

蚕豆 130 kg、面粉 35～40 kg。

2. 生产工艺流程

蚕豆清洗 → 浸泡 → 蒸料 → 冷却 → 制曲 → 下缸 → 发酵 → 滤油 → 加热 → 配制 → 检验 → 成品

3. 操作要点

(1)蚕豆清洗、浸泡:蚕豆洗净后,加水浸泡4~6 h,以豆粒两指一捏易成两瓣为适度,使蚕豆吸水率达到100%~110%。

(2)蒸料、冷却:浸泡过的蚕豆沥干水,加压蒸煮,120~150 MPa维持30 min左右即可蒸熟透。蒸熟出锅晾凉至80 ℃左右,加入面粉拌匀,冷却至40 ℃左右装入竹匾,中间薄,周围稍厚3 cm。

(3)制曲:将蒸熟的蚕豆放入曲室,利用自然微生物制曲,保持室温25~28 ℃,至24 h左右温度逐渐上升,待品温升到37 ℃左右时,敞门散热换气,同时翻曲1次,促使曲霉菌均匀繁殖,一般翻曲1~2次,制曲时间一般为66~72 h。

(4)下缸、发酵:将曲料装缸内压实,加入18~20 °Bé的盐水,加盐水量为原料质量的45%,使得酱醅水分达到60%左右。次日立即把表面干曲压入下层酱醅日晒夜露发酵,经一定时间的晒露后,酱醅表面呈红褐色,即可翻酱1次,再经过三伏热天烈日暴晒,酱醅呈现滋润的黑褐色,并有酱香味,即可进行抽油。发酵时间一般6个月以上,经夏天者也要3个月以上。

(5)滤油:成熟酱醅的缸内加入13 °Bé适量盐水后,进行浸泡压榨,取出浸出酱油,即为头油。如此反复浸泡淋油2 d。分别得到二淋油和三淋油。放出的头油、二淋油混合后为成品酱油。三淋油可循环使用。

(6)加热、配制、检验:将滤出的生酱油注入夹层锅内,采用蒸汽法由外层通入蒸汽进行加热,控制温度在65~70 ℃,维持加热30 min。通过加热达到灭菌、调香、增色、澄清的目的。经加热处理完的酱油配置成统一规格后进行检验,得到成品酱油。

4. 产品特点

(1)色泽:棕褐色、有光泽。

(2)香气:酱香醇厚,无不良气味。

(3)滋味:味道鲜美,无酸、苦、涩等异味。

(4)体态:汁浓,不浑浊,无沉淀。

(二)蚕豆酱

1. 原料配方

蚕豆曲100 kg,15 °Bé盐水140 kg;固态低盐发酵成熟后,再补加细盐8 kg、水10 kg。

2. 工艺流程

干豆瓣浸泡→蒸豆瓣→拌面粉→制曲→发酵制酱→成品

3. 操作要点

(1) 干豆瓣浸泡:将脱壳干豆瓣,按颗粒大小分别倒入浸泡容器,用不同水量浸泡,使豆瓣充分吸收水分泡涨,一般质量增加1.8~2倍,体积涨大2~2.5倍,断面无白色硬心时,即为适度。浸泡时间长短随水温而异,如在10 ℃左右需2 h,20 ℃左右需1.5 h,30 ℃左右仅需1 h。

(2)蒸豆瓣:将浸泡好的湿豆瓣沥干,放入锅内蒸至面层冒气后,维持5~10 min,然后停火焖10~15 min出锅。

(3)拌面粉:面粉放锅内用文火炒,边炒边翻拌,炒至黄褐色,带香味、发香气,而不焦黑为度。然后按照豆肉100 kg拌焙炒面粉2.5 kg的比例拌入面粉,混合均匀。

(4)制曲:制作方法基本上与酱油曲相同,但由于豆肉颗粒较大,制曲时间也需适当延长,一般通风制曲时间为48 h左右。种曲用量为0.15%~0.30%,种曲用面粉拌和使豆酱中不含麸皮,种曲最好分离孢子后使用。

(5)发酵制酱:将100 kg蚕豆曲与140 kg、15 °Bé盐水按比例送入搅拌池,按比例加盐水拌匀后入发酵池中,稍予压实,最后面层加封再制盐一层,并将盖盖好,品温即能达到45 ℃左右,以后维持此温度发酵。发酵10 d后,酱醅就成熟,按每100 kg蚕豆曲补加盐8 kg及水10 kg,并以压缩空气或移至露天后熟7 d左右,酱香气更为浓厚,风味也更佳。

4. 产品特点

(1)色泽:红褐色而带光泽。

(2)香气:具有酱香及酯香,无其他不良气味。

(3)滋味:有鲜味,咸淡适口,有蚕豆酱独特的滋味,无苦味、焦煳味、酸味及其他异味。

(4)体态:黏稠适度,无霉花、无杂。

(三)蒲公英蚕豆辣酱

1. 原料配方

蚕豆酱25 kg、鲜辣椒酱25 kg、干辣椒酱20 kg、蒲公英糊30 kg。

2. 生产工艺流程

蒲公英漂烫→打成糊状→混合

蚕豆浸泡→去皮→涨发→蒸熟→制曲→酱醅发酵→混合→杀菌→成品

鲜干辣椒→制酱→混合

3. 操作要点

(1)蒲公英处理:蒲公英选好后用清水洗净,放入沸腾的水中漂烫1~3 min,其作用主要是杀酶,排除蔬菜组织中的气体,除去蒲公英本身的异味,有利于减轻加工过程中营养成分的损失和变色。将蒲公英经过上述处理后,取出送入打浆机打成糊状备用。

(2)蚕豆浸泡、去皮、涨发:将经过除杂的蚕豆放入清水中浸泡至豆粒无皱皮,断面无白心,有发芽状态时,用2%的氢氧化钠溶液在80~85 ℃下浸泡5 min左右,即可去皮。去皮的蚕豆按颗粒大小分别浸泡至体积增加到2~2.5倍、质量增加1.9倍左右、豆肉无生心时即可。

(3)蒸熟、制曲:将浸泡好的蚕豆放入蒸锅中蒸熟,按10:3的比例与面粉混合,并加入2%~3%的种曲,移入曲室。通风制曲一般为2 d。

(4)酱醅发酵:将蚕豆曲移入发酵缸,摊平稍压实,待自然升温到40 ℃左右,按100 kg蚕豆曲加入15 °Bé盐水140 kg的比例,喷洒到曲中,要求盐水温度为60~65 ℃,装完后用盐封缸。此时缸内温度能达到45 ℃左右,保持此温度发酵10 d,酱醅成熟。然后每100 kg蚕豆曲补加细盐8 kg和水10 kg,搅拌均匀,再保温发酵5 d即可。

(5)辣椒处理:鲜辣椒去蒂,洗净沥干,每100 kg加盐23 kg左右,1层辣椒1层盐压实,再用少量食盐封面,用重物压紧。2~3 d后,有卤汁压出,使辣椒不与空气接触,可防止生霉变质。腌制3个月后取出细磨,磨辣椒时可加入20 °Bé盐水,调节其稠度。1 kg辣椒可出辣椒酱1.5 kg。

干辣椒应加水浸泡,并加部分盐腌制,用20 °Bé盐水磨成糊,一般10 kg干辣椒加盐2.6 kg,加水9.1 kg。

(6)混合、杀菌:按比例将处理过的蒲公英酱、蚕豆酱、辣椒酱混合后,加热杀菌,装入陶土坛中放置15 d后,便可分装,即为成品。

4. 成品质量指标

(1)感官指标:色泽鲜亮,红润中略带黑绿色,口味香辣绵长,带有植物的味道,鲜美可口。

(2)理化指标:食盐(以 NaCl 计)≥ 12 g/100 g,氨基酸态氮(以 N 计)≥ 0.6 g/100 g,总酸(以乳酸计)≤ 2 g/100 g,水分 ≤ 60 g/100 g,铅(以 Pb 计)≤ 1.0 mg/kg,砷(以 As 计)≤ 0.5 mg/kg。

(3)微生物指标:细菌总数 ≤ 10 个/g,大肠菌群 ≤ 3 个/100 g,致病菌不得检出。

(四)蚕豆瓣辣酱

1. 原料配方

蚕豆曲(蚕豆瓣 100 kg,沪酿 3042 米曲霉 0.3~0.4 kg)70 kg,22 °Bé 盐水 100 kg。

2. 工艺流程

蚕豆瓣浸泡 → 接种 → 发酵 → 蚕豆曲 → 加盐水 → 晒露自然发酵 →
翻酱 → 调配 → 包装 → 成品
↑
辅料加工

3. 操作要点

1)蚕豆浸泡:脱壳的干蚕豆瓣,加水浸泡 1~2 h,具体视水温而定。以豆瓣含水量42%~44%、豆瓣折断无白色硬心为宜。

2)发酵制曲:按干豆瓣量接入沪酿 3042 米曲霉种曲 0.3%~0.5%,拌匀装匾或盘入室发酵,调整温度至室温,持续 30~40 h,待白色菌丝长满且品温上升至 37~38 ℃时翻第 1 次曲,控制品温 38 ℃以下,一般 4~5 d 后,待有黄绿色孢子时出曲。

3)晒露自然发酵、翻酱:将成熟豆瓣曲先盛入发酵池中,每 70 kg 豆瓣曲加 22 °Bé 盐水 100 kg,拌和均匀,使其自然晒露发酵,发酵期每 1~2 d 翻酱 1 次。待发酵至七八成熟,酱体呈红褐色或棕褐色时,将该酱体用瓦缸分装,继续进行晒露发酵;后发酵阶段每月翻酱 1~2 次促其后熟。约经 8~10 个月,待其氨基酸态氮达 0.75% 以上时,即成原汁豆瓣。

4)辅料加工。

(1)辣椒酱:选用鲜红嫩辣椒,除去蒂柄,淘洗干净,沥干,切碎。每 100 kg 鲜椒加盐 17 kg,拌匀,装坛进行腌制。约 3 个月后,即成辣椒酱,用时取出,加适量盐水或甜米酒汁混合,用钢磨磨细成辣椒酱。

(2)红油:菜油 100 kg,加鲜红干辣椒 10 kg,共同熬煮,提炼至断生味,辣椒呈焦煳状时，取出辣椒，即成红色味辣的红油。

5)调配：按下列配方调制成各种豆瓣(质量百分比)。

原红豆瓣：以原汁豆瓣 100 g 计，加辣椒酱 100 g，混合搅匀而成。

香油豆瓣：以原汁豆瓣 100 g 计，加香油 4 g、辣椒酱 16 g、芝麻酱 6 g、麻油 0.6 g、甜酱 2 g、白糖 1 g、香料粉 0.2 g，混合搅拌均匀而成。

红油豆瓣：以原汁豆瓣 100 g 计，加红油 10 g、辣椒酱 30 g、芝麻酱 12 g、糖 2.4 g、香料粉 0.3 g、甜酒酿 5 g。

金钩豆瓣：以原汁豆瓣为 100 g 计，加金钩 5 g、辣椒酱 30 g、芝麻酱 12 g、麻油 4 g、香油 8 g、白糖 2.4 g、香料粉 0.3 g、甜酒酿适量。

火腿豆瓣：除不加金钩外，其余均与金钩豆瓣相同，但加肉干 10 g。

6)包装：用 500 g 纸罐、陶瓷坛、塑料盒等包装。将新配制的各种豆瓣酱封坛后熟半个月后包装出厂，风味更好。

4. 产品特点

(1)色泽：鲜红，有光泽。

(2)气味：醇香，无其他不良气味。

(3)滋味：香辣味，无酸、苦及其他异味。

(4)体态：瓣子酥软，不翻泡，无酸败霉变、杂质。

(五)瓶装豆瓣南瓜辣酱

1. 原料配方

豆瓣辣酱 55 kg、南瓜块 18 kg、鲜酱油 24 kg、白砂糖 3 kg。

2. 生产工艺流程

(1)蚕豆曲制备工艺流程：

蚕豆洗净 → 浸泡 → 去皮 → 混合 → 接种 → 厚层通风培养 → 蚕豆曲

(2)南瓜豆瓣辣酱生产工艺流程：

南瓜块、砂糖、鲜酱油 ↓

蚕豆曲、辣椒酱 → 固态低盐加辣发酵 → 精制 → 杀菌 → 包装

3. 操作要点

1)南瓜块的制备：选用皮较硬，肉厚、呈橘红色、含糖量高、纤维少，九成熟以上的南瓜为原料，洗净去皮、去蒂，对剖去籽，然后用刀或切片机切成

1 cm×1 cm×0.3 cm 的小块，浸入沸水中 2～3 min 后冷却备用。

2）辣椒酱的制备：将红辣椒利用粉碎机磨成细粉，按 100 kg 辣椒粉加 20 °Bé 盐水 600 kg 的比例浸泡，并搅拌使其成酱状。

3）蚕豆曲的制备。

（1）洗净、浸泡：利用自来水洗去蚕豆中的泥土及其杂质，在常温下将蚕豆放进自来水中浸泡 8～12 h，以表皮开裂、易于去皮为宜。

（2）去皮：采用人工剥皮或橡胶双辊筒轧豆机去掉蚕豆的表皮。

（3）蒸面：将小麦粉放入锅内干蒸，时间为 50 min，出锅后经过冷却，将结块打碎。

（4）制曲：将蚕豆（1 000 kg）和面粉（600 kg）混合均匀，按 0.3% 的比例将米曲霉种曲撒入冷却后的蚕豆和面粉中拌匀，然后放入制曲池中摊平，厚度为 30 cm，入池品温保持在 30～32 ℃，曲室温度保持在 33～35 ℃，相对湿度保持在 90%，制曲过程中温度控制在 36～40 ℃。当品温达到 42 ℃时进行第 1 次翻曲，此时蚕豆表面已长有少量菌丝，翻曲后通风使品温降至 35～36 ℃。之后每当品温上升到 40 ℃时，则通风降温至 35～36 ℃。在第 1 次翻曲后的 6～7 h 进行第 2 次翻曲，并打碎结块。此时蚕豆基本长满了菌丝，第 2 次翻曲后再培养 6 h 即可出曲，整个制曲时间为 48 h。

4）固态低盐加辣发酵：原料配比为，豆瓣曲 200 kg、水 80 kg、辣椒酱 150 kg，保温发酵后补加 23 °Bé 的盐水 280 kg。先将辣椒酱与水加热到 60 ℃，再与豆瓣曲搅拌均匀，放入发酵池内，用铲压平，上盖清洁白布 1 层，布上每池用 50 kg 食盐加封（可反复使用），防止品温发散及杂菌侵入。发酵期间醅温维持在 40～45 ℃，8 d 后取出。加入 23 °Bé 的盐水，充分混合均匀，室温发酵 3～4 d，即得成熟酱醪。

5）精制、杀菌：按豆瓣辣酱 55 kg、南瓜块 18 kg、鲜酱油 24 kg、白砂糖 3 kg 的比例置于夹层锅内，将上述配料搅拌混合均匀，再加热到 80 ℃，保温 10 min 进行灭菌。因为酱醪较黏稠，加热时温度不均匀，所以必须不断搅拌，同时在成品酱醪中再加入 0.1% 的苯甲酸钠，使其彻底溶解，以防酱醪变质。

6）包装：成品用四旋玻璃瓶包装，其容量为 0.25 kg。玻璃瓶要洗净并经加热灭菌后才能装入辣酱，每瓶表层要加入麻油 6.5 g，然后加盖旋紧，盖内衬 1 层蜡纸，以免麻油渗出。

（六）胡玉美蚕豆辣酱

1. 原料配方

蚕豆2 000 kg、盐水2 125 kg（温度为18～18.5 ℃）、辣椒酱830 kg，红曲、麻油、甜酒酿、面粉各适量。

2. 生产工艺流程

原料处理→制曲→制酱→灭菌→包装

3. 操作要点

（1）原料处理：主料有：蚕豆、面粉、辣椒、食盐和水；辅料有麻油、甜酒酱、红曲。先腌制辣椒，辣椒处理好坏与成品质量关系极大。将鲜辣椒洗净沥干，除去蒂柄。每50 kg辣椒加食盐7.5 kg，先腌制在缸中，1层辣椒1层盐，压实。2～3 d后汁液渗出，即行取出，然后将卤汁移入另一缸内，再加5%的食盐，平封于面层。食盐上层放1张竹篾，上压重石，压出卤水。鲜辣椒腌制3个月后成熟，腌椒在使用时，还需要磨细成酱，一般含水量为60%，水量不足时加适量浓度的盐水，同时加入2.5%～3%的黄曲。

（2）制曲：将蚕豆和面粉按常规方法制成豆瓣曲。

（3）制酱：将豆瓣曲、盐水及辣椒酱按上述配比投入发酵容器后翻拌1次，要求升温至42～45 ℃，保温12 h，发酵期为12.5 d，每天日夜各翻1次，酱温应逐步升至55～58 ℃，直至第12 d升温至60～70 ℃（夏季65～70 ℃，冬季60～65 ℃），继续保温36 h，第14 d冷却，第15 d即得成品。

（4）灭菌：为了包装后不变质，一般需进行加热灭菌。灭菌方法有直接火法和蒸汽法2种，但必须注意，避免由于温度太高而发生焦煳，加温时要稍加灭菌盐水，灭菌温度为80 ℃，维持10 min。成品酱中应加入0.1%的苯甲酸钠，以利于防腐。

（5）包装：一般用广口玻璃瓶包装，玻璃瓶容量为250 mL。玻璃瓶必须用清水洗净，沥干，在蒸汽灭菌箱内灭菌后，再装入成品。每瓶层面加入6.5 g香油，然后加盖，盖内垫上1层蜡纸板，以免油分渗出，最后贴标，包装入箱即可出售。用于封面的香油应加入0.01%的苯甲酸钠，以利于防腐防霉。

（七）安庆蚕豆辣酱

1. 原料配方

蚕豆 20 kg、红大椒酱 18 kg、面粉 1.45 kg、种曲 4 g、甜酒 1 kg、红曲 0.1 kg、食盐 4.5 kg、水 17.5 kg。

2. 生产工艺流程

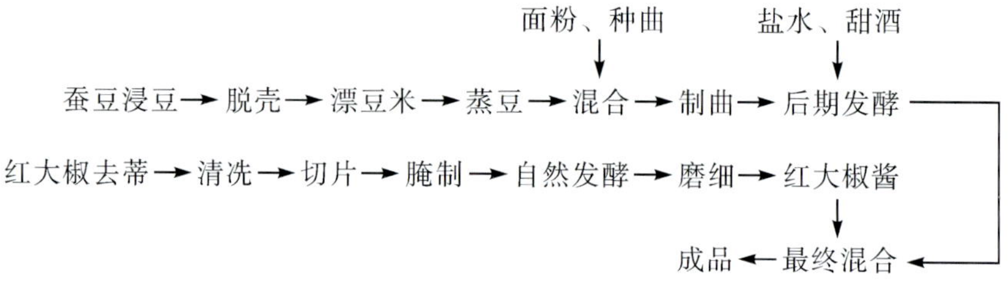

3. 操作要点

（1）红大椒酱的制备：先将鲜椒除去蒂柄，用刀切成 1 cm^2 左右的椒片，加入 20% 的食盐水腌制，待膨胀后，即移入水泥池或罐中，并另外用食盐平封面层，让其自然发酵，一般隔年使用，至少应贮存 6 个月。使用时取出椒片，加入红曲，磨细，否则其中夹有少量的大椒籽、大椒皮会影响质量，特别是夏天，红大椒酱应煮沸消毒。

（2）浸豆：除去灰尘的蚕豆放到清水中浸泡，豆子以饱和状无凹、无皱纹、剥开豆壳发芽为止，豆子在发芽时能分泌出一定的酵素，能增进产品质量和促进发酵。春秋两季浸豆时间为 30 h 左右，夏季较短，冬季较长。

（3）脱壳、漂豆米：将浸好的蚕豆脱去豆壳，即成洁白的豆米。将得到的豆米放入清水中浸泡，一方面除去豆米中的不良气味，另一方面使豆米湿润，浸泡的时间不得超过 12 h。

（4）蒸豆：将豆蒸熟，而后倒出进行降温，豆瓣中心开花，用手指捏能成粉状，不带水珠，口嚼无腥味。

（5）混合：将蒸熟的豆米另置于晾筛中，晾至常温，使其散发一部分水分，再混合面粉和种曲（种曲和面粉先混合均匀），使其附着于豆米上吸收水分。

（6）制曲：蚕豆辣酱制曲方法基本上与黄豆酱、酱油制曲相同，但其特点是温度较高，一般在 30～40 ℃之间，水分要少，温度相差在 2～3 ℃之间，因而制曲用具以竹制曲匾为宜，因其下面有孔隙，容易散发水分，在制曲时应注意翻曲和控制水分。

(7)后期发酵：已制好的蚕豆酱曲呈草绿色，十分干燥，置于发酵罐中注入约占蚕豆量75%的19 °Bé的盐水，一般盐水为酱曲体积的1/2，并同时注入甜酒。后期发酵方法与制黄豆酱、豆饼酱相同，可采用自然发酵，也可采用地灶保温。若采用水浴式保温，应保持品温中心温度45 ℃。用发酵罐盛放，每罐约放成品酱坯0.5 t，每日翻拌1次，约18~20 d成熟。后期发酵后的半成品叫蚕豆酱坯，发酵时间一般比黄豆酱要短，为黄豆酱发酵期的4/5，酱坯中心呈老黄色即可。

(8)最终混合：按配料取定量的蚕豆酱与红大椒酱置于大罐内，均匀地混合，也可视红大椒的辣度、色泽而作增减，可不受配料的限制。经过混合后，放置数日后即可。

4. 成品质量指标

鲜艳呈酱红色，鲜美而微辣，富于营养，口感细腻。

（八）豆瓣辣酱

1. 原料配方

蚕豆酱50 kg、鲜辣椒酱50 kg，或蚕豆酱60 kg、干辣酱40 kg。

2. 生产工艺流程

蚕豆浸泡 → 去皮 → 涨发 → 制曲 → 发酵 → 酱醅 → 混合 → 杀菌 → 熟化 → 成品

↑

鲜辣椒 → 洗涤 → 盐渍 → 磨浆 → 鲜辣椒酱

3. 操作要点

(1)浸泡、去皮：蚕豆除杂后，投入清水中浸泡至无皱皮，断面无白心，并有发芽状态时，在80~85 ℃下用2%的氢氧化钠溶液浸泡4~5 min，即可去皮，再用清水漂洗去碱。

(2)涨发：去皮的蚕豆按颗粒大小分别浸泡至体积增加2~2.5倍、质量增加1.8~2倍、豆肉无生心即可。

(3)制曲：将蚕豆移入蒸锅内蒸熟，按100∶30质量比例与面粉混合，并加入蚕豆与面粉中质量1.5%~3%的种曲，移入曲室。一般通风制曲时间为2 d。

(4)发酵制酱醅：将蚕豆曲移入发酵缸，摊平稍压实，待自然升温到40 ℃左右时，按100 kg蚕豆曲加入15 °Bé的盐水140 kg的比例，喷洒到曲中，要求盐水温度为60~65 ℃，然后用1层盐封。此时品温能达到45 ℃左右，保持自然温度发酵 10 d 后，酱醅成熟。酱醅成熟后，蚕豆曲可补加细盐和水，搅拌均匀，再保温发酵 5 d 即可。

(5)鲜辣椒酱：鲜辣椒去蒂柄，洗净沥干，每 100 kg 加盐 22 ~ 24 kg，1 层辣椒 1 层盐压实，再用少量食盐封面，用重物压紧，腌 3 个月取出磨细。磨辣椒时可加入 20 °Bé 的盐水，调节其稠度，1 kg 可出 1.5 kg 辣椒酱。干辣椒应加水浸泡，并加部分盐进行腌制，利用 20 °Bé 的盐水磨成糊，一般 10 kg 干辣椒，加盐 2.6 kg、水 9.1 kg，可产干辣椒酱 20 kg 以上。

(6)混合：按比例将 2 种酱混合均匀后，加热杀菌，装入陶土坛中发酵 15 d 以后，便可分装作为成品出售。

4. 成品质量指标

(1)感官指标：呈酱红色，鲜艳而有光泽，鲜美而辣，无苦味、霉味。

(2)理化指标：水分 < 60%，食盐 14% ~ 15%，全氮 > 1.8%，氨基酸 > 0.7%，总酸(以乳酸计) < 1.3%。

(九)天然晒制香辣豆酱

利用庭院、屋顶、瓷缸等天然晒露法生产辣豆瓣酱，可利用日晒夜露、温差较大等条件促进多种有益微生物的速生繁殖，发酵时间可缩短到 20 ~ 25 d，原料粗蛋白利用率明显提高，在光照下可加速酱类具有芳香气味的有机物的合成，而形成特有的风味。

1. 原料配方

以容纳 50 kg 原料的瓷缸为例，蚕豆 11 kg、鲜辣椒 25 kg、面粉 3 kg、食盐 6 kg。

2. 生产工艺流程

原料处理 → 制曲 → 下缸 → 下辣椒 → 晒酱 → 成品

3. 操作要点

(1)原料处理：将脱皮去壳的蚕豆装入滤袋内，在 100 ℃沸水中浸烫 1 min，取出后迅速放入冷水中降温，搓去豆皮，浸泡 3 ~ 4 min。

(2)制曲：捞出豆瓣，拌进加入 0.03% 的接种酱曲精的麦粉，充分拌匀后入竹质曲盘，控制料温在 33 ~ 36 ℃，3 d 后可长出黄绿色曲霉，制曲成功。

(3)下缸：按清水 13 kg、食盐 3.25 kg 的比例制备食盐水，将霉豆瓣放进缸内，混合均匀，并每天翻晒。

(4)下辣椒、晒酱：豆瓣白天翻晒，晚上夜露，下雨要遮盖避雨，经 15~30 d 暴晒，待豆瓣变为红色时，加进粗细适中的牛角辣椒和食盐，充分混合均匀，再经翻缸，日晒夜露 1 个月左右，即可成熟。可单独佐食，也可用作拌炒调味品。

(十) 蚕豆酸豆奶

蚕豆酸乳和乳酸菌饮料，是以蚕豆为原料经乳酸菌发酵而制成的。前者类似于"酸牛奶"，后者是通过加酶处理后，淀粉被水解为葡萄糖，然后经发酵、离心、过滤等工艺制成。这 2 种饮料都具有乳酸饮料酸甜爽口、营养丰富、气味芳香的固有特点。

1. 原料配方

蚕豆 100 kg、水 250 kg、绵白糖 17 kg、脱脂奶粉(菌体培养用)、琼脂 0.5 kg、精盐 0.25 kg、10% 奶液 37 kg，保加利亚乳杆菌与嗜热乳酸链球菌按照 1∶1 比例用量 7.5~12.5 kg。

2. 生产工艺流程

(1)蚕豆酸乳：

蚕豆浸泡→脱皮→热处理→磨浆→过滤→调浆→灭菌→冷却→接菌→发酵→速冻后熟→成品

(2)乳酸菌饮料：

蚕豆浸泡→脱皮→热处理→磨浆→过滤→调浆→灭菌→加酶水解→恒温水浴→冷却→接菌→发酵→离心→过滤→分装→成品

3. 操作要点

(1)蚕豆浸泡、脱皮：在 50~60 ℃稀碱溶液中浸泡 2~3 h(如用水浸泡需 5~6 h)，脱皮后，用 85 ℃的热水浸泡 20~30 min，水的用量为蚕豆的 2~2.5 倍，用以钝化蚕豆中的脂肪氧化酶，消除豆腥臭味。

(2)热处理、磨浆：蚕豆脱皮后，用 85 ℃的热水浸泡 20~30 min，水的用量为蚕豆的 2~2.5 倍，用以钝化蚕豆中的脂肪氧化酶，消除豆腥臭味。然后将其倒入搅拌机中进行磨浆。

(3)过滤、调浆：磨浆后的蚕豆浆通过振动筛粉机过滤，控制其相对密度在 1.015 左右，加蔗糖 7%、氯化钠 0.1%、琼脂 0.2%。稳定剂除琼脂外，还可选用羧甲基纤维素、果胶、明胶、海藻酸钠等。

(4)灭菌、冷却：处理好的豆浆，可加入少量的脱脂奶粉液作发酵时的诱发剂，奶粉液浓度 10%，占豆浆用量的 15%~20%，混合均匀后，90 ℃左右杀菌 20 min 即成发酵基质，然后冷却至 30 ℃以下即可接菌发酵。

(5)接菌、发酵：从牛奶培养基中纯培养的乳酸菌经过不同比例梯度的蚕豆奶液的纯化，使菌种适应豆奶的加工条件，发酵一段时间凝固后，才可用作生产母种。发酵时，乳酸菌接种量为3%~5%，如混合使用嗜热乳酸链球菌和保加利亚乳杆菌，可使产品风味更加优良，且有自然香味，两者比例为1:1。发酵温度控制在40~41 ℃，时间4~8 h，即可成熟。此时发酵液pH降至4.3~4.5，酸度在0.8%~1.0%，从外观上看，呈均匀细密的凝乳状。发酵时间对于乳酸菌饮料，可适当延长发酵时间，使其出现更多的上清液。

(6)速冻后熟：发酵的蚕豆酸乳保存在10 ℃以下4 h。

(7)乳酸菌饮料加酶水解：用酶水解时，α-淀粉酶的水解条件为60 ℃，1~2 h；糖化酶为50~55 ℃，3~5 h。先在各自酶水解温度下浸泡30 min，取其滤液，配成1/1000的酶液，加入量为5%，若以每瓶200 mL计算，应加入10 mL酶液，即2种酶液各加入5 mL。

4. 成品质量指标

(1)感官指标：表面光洁，色泽乳白，组织状态良好，无上清液，无豆腥味，酸甜适中，口感细腻，富有弹性，香气宜人。

(2)理化指标：①凝固态(不加酶)：蛋白质3.16%、可滴定酸0.63%、还原糖0.02%、总糖27.03%、水分89%、灰分6.82%；②液体态(加酶)：蛋白质1.47%、可滴定酸0.71%、还原糖0.02%、总糖27.03%、水分89.8%、灰分6.77%。

(3)风味物质：双乙酰、3-羟基丁酮、乙醇、乙酸乙酯等适量。

(十一)蚕豆发酵乳品

以蚕豆为主要原料，采用复合酶解技术充分利用蚕豆中的淀粉和蛋白质等营养物质，再通过复合益生菌发酵技术，研制出含活性益生菌的发酵蚕豆乳。另外，以发酵蚕豆乳或风味发酵蚕豆乳为基础，加入水，以及白砂糖、甜味剂、酸味剂、果汁、茶、咖啡、植物提取液中的1种或几种调制后，经杀菌处理或不经杀菌处理，得到发酵型蚕豆酸乳饮料，其蛋白质含量不低于不经热处理的发酵型蚕豆酸乳饮料，保质期内乳酸菌数 ≥ 1.0×10^6 cfu/g。

1. 原料配方

蚕豆50 kg、淀粉酶(BAN)0.1%~0.2%、糖化酶(AmyLase AG)0.04%~0.06%。

2. 工艺流程

蚕豆浸泡脱皮 → 打浆过滤 → 糊化 → 酶水解 → 调配 → 均质 → 灭菌 → 接种 → 发酵 → 后发酵 → 成品

3. 操作要点

(1)原料前处理:称取一定量的干蚕豆,加 4~6 倍自来水在 25~30 ℃条件下浸泡 10~14 h,之后进行脱皮,脱皮后的蚕豆加入干蚕豆质量 5~7 倍的 50 ℃纯净水打浆 2~6 min,60 目、80 目分级过滤,得滤液备用。

(2)糊化:将滤液水浴加热至 80~85 ℃,糊化 4~6 min,得糊化液。加热过程中不断搅拌。

(3)酶水解:糊化液分步水解,第 1 步以糊化液中淀粉质量计,加入 0.1%~0.2% 的淀粉酶 BAN 480 L,80 ℃水解 30 min;第 2 步以糊化液中淀粉质量计,加入 0.04%~0.06% 的糖化酶 AmyLase AG 300 L,50~60 ℃水解。酶水解结束后,煮沸灭酶,得蚕豆浆。

(4)调配:在蚕豆浆中加水,将料液中蛋白质含量调整至 ≥ 2.9 g/100 g,或者先在蚕豆浆中加入白砂糖,再加水,白砂糖添加量为料液质量的 1%~10% 。

(5)均质:将料液在 50~60 ℃、30 MPa 的条件下均质 2 次。

(6)灭菌:将均质后料液和盛装容器在 105 ℃条件下灭菌 10 min。

(7)接种:将灭菌后的料液和容器于无菌操作台上进行室温冷却,冷却至 40 ℃接种。接种菌为嗜酸乳杆菌、植物乳杆菌与嗜热链球菌的混合物,接种量为 5 mg/100 mL。

(8)发酵:将接种好的料液,40 ℃恒温培养 6 h。

(9)后发酵:将恒温培养结束后的发酵蚕豆乳,4 ℃保存后熟,待后发酵完成,进行或不进行热处理。

二、蚕豆淀粉和蛋白加工技术

(一)蚕豆淀粉的传统制备方法

1. 原料配方

干蚕豆 50 kg。

2. 生产工艺流程

浸泡 → 磨碎 → 过滤 → 沉淀 → 第 2 次过滤 → 第 2 次沉淀 → 淀粉

3. 操作要点

(1)浸泡:放入清水 75 kg,水温夏季为 60 ℃,冬季为 100 ℃开水,浸泡 5~6 h。

然后放入淘箩中用清水淘洗，洗去杂质后，再进行第二次浸泡。用冷水浸泡，水面要高出豆粒面 12 cm 左右，随时要加水补充，勿使豆粒露出水面，夏天浸泡 10 h 左右，冬天浸泡 48 h。如表皮没有皱皮，说明已浸透；如还有皱皮，表示未浸透；如无皱皮又已破嘴（胚根伸出发芽），说明浸泡过度。

(2) 磨碎：每 50 kg 蚕豆加入清水 200～250 kg，用电磨磨细。

(3) 过滤：将得到的蚕豆浆用 80 目筛过滤，除去豆渣。

(4) 沉淀：采用酸浆沉淀方法。酸浆即老浆，每次过滤后的浆水中留下一部分，以备下次沉淀时使用，放几天后即变酸成为酸浆。把过滤去豆渣的浆水放于缸内稍沉淀后，将上层清水倒掉，然后加入酸浆，用量为浆水的 7%～10%，充分搅拌后使之沉淀，将上层清水撇净，留下浓浆水。

(5) 第 2 次过滤：进一步清除豆浆内的豆渣，过滤方法同上。

(6) 第 2 次沉淀：将浆水倒入缸内，加清水（为浆水量的 80% 左右），充分搅拌。然后待其自然沉淀，历时 8～18 h（夏短冬长）即可全部沉淀。

（二）蚕豆蛋白、淀粉的现代制备方法

1. 原料配方

蚕豆 25 kg、0.03 mol/L 的氢氧化钠水溶液（pH 值为 8.5）6.1 kg。

2. 生产工艺流程

蚕豆脱皮 → 磨碎 → 加碱水 → 离心分离 {
- 沉淀 → 水洗 → 过滤 → 淀粉
- 溶液 {
  - 酸沉 → 离心分离 → 分离蛋白
  - 超滤 → 分离蛋白

3. 操作要点

(1) 磨碎：将脱皮的蚕豆用螺旋磨磨成细粉。

(2) 加碱水：向磨碎后的蚕豆粉中，加入氢氧化钠的水溶液调成浆状物（固液质量比为 1∶4）。

(3) 水洗、过滤：经离心分离的沉淀物再调成浆状，采用多层逆流旋液分离器不断水洗、经 75 μm 孔径过滤筛过滤，最后得纯净淀粉。

(4) 酸沉：经离心分离后的上层溶液通过 0.1 mol/L 盐酸溶液调其 pH 为 4.2 左右。

(5)离心分离:将酸沉后的混合溶液在 4 200 r/min 条件下离心 20 min,取沉淀物即为分离蛋白。

(6)超滤:经离心分离后的上层溶液或采用卷式膜设备进行超滤浓缩,得到分离蛋白。

(三)蚕豆粉丝

1. 生产工艺流程

(1)淀粉提取工艺:

泡豆→淘洗→磨豆→过筛→调浆—撇浆水→过细筛→吊湿淀粉

(2)粉丝生成生产工艺:

配粉→打糊→和面→揉面→压制粉丝→晾粉→泡粉→晒粉搓粉→晒粉与整理→收粉及包扎粉丝

2. 操作要点

1)蚕豆淀粉提取。

(1)泡豆:称取一定量的蚕豆,用清水浸泡,水量为豆重的 2 倍。泡豆时间随季节不同而异,夏短冬长。泡豆适度的标志是:蚕豆吸足水后比干豆增重 1 倍;或用手指挤捏蚕豆,豆皮能顺利脱下,折断豆瓣,断面应不见亚白色(干豆瓣色)。

(2)淘洗:去掉蚕豆中夹带的泥沙及其他杂物,并清洗干净,捞出的蚕豆夏天必须在 1 h 内上磨。

(3)磨豆:先用粉碎机粉碎,再用钢磨细磨,磨浆愈细出粉率愈高。磨豆的用水量应以磨口流出的豆浆液不发热为度。磨豆时适当添加少量食用油,用以消泡。磨豆时一定要注意豆浆液不发热(不超过 30 ℃),温度太高将使淀粉部分糊化(即民间师傅所说的烧坏淀粉),淀粉得率将降低。

(4)过筛:豆浆液过振动筛,将磨好的浆料,用泵打上振动筛(50~80 目)粗滤,除去豆渣,振动筛上用冷却水喷淋,使豆渣中的淀粉完全洗出。但是用水量不能过大,用水过多将增加后处理(沉降淀粉)的工作量,也增加生产成本。

(5)调浆:用泵将振动筛的浆液打入大缸内,加入一定量的黄粉液(亦称油粉,为淀粉沉降层上面的浅黄色浓稠的胶状渣液)、中浆水(亦称甜浆)、小浆水(亦称三盆浆)和大浆水(亦称酸浆水或老浆水),充分搅拌,至 pH 值为 5.2 左右。调浆是否合适,可用白色玻璃瓶取出搅拌均匀的料液观察。静置后,应迅速出现3层，底层为白色的淀粉层，中层为浅黄色的浮渣层，上层为含蛋白质的浑浊液。分层的时间愈短，各层的界线愈分明，则调浆愈合适。

(6)撇浆水：将调好酸度的大缸浆液静置20 min后，撇出（或从缸边侧孔排出）上层浆水至酸浆缸内（为大浆，亦称老酸浆）留用，撇出2/3缸浆水后或继续加入新鲜浆料再调浆，或进一步小心撇出淀粉层上的浮渣液弃去，混有淀粉的浮渣液则收集在空的收集缸内，以回收其中的淀粉。

(7)过细筛（150～180目）：用木棒将大缸内的淀粉层撬起并搅匀，取出过细筛，粉水漏入1个小缸内（与大缸比较而言），过筛时用水冲洗渣粒，使淀粉完全洗出，残渣弃去。向小缸内再加入一定量的洁净清水（由淀粉多寡决定），用木棒充分搅拌粉水，静置1～2 h（夏天1 h，冬天2 h）后，将上层清澄的浆水（中浆水，亦称甜浆）撇至中浆缸内备用，下层浑浊的浆液弃去。若夹有淀粉则放入大浆淀粉收集缸内一起回收淀粉。然后再加入一定量洁净的清水，用木棒充分搅拌粉水，静置5 h以上（夏天宜短些，冬天宜长些）。

(8)吊湿淀粉（亦称潮粉）：淀粉水静置后将上层清液（小浆水，亦称三盆浆）撇至小浆缸内备用，淀粉层上的黄粉液小心撇出放入黄粉缸内备用。再用清水洗净淀粉层上的黄粉，这时缸内留下洁白坚实的淀粉沉降层。若遇淀粉层不坚实，则洒入1～2瓢清水，再将缸轻轻摇动，静置1～2 h，淀粉层即能坚实。将小缸内的淀粉取出，放入白细布吊起。滤去残留水分，至不滴水时称重。取出粉团转移到晒粉台上晒粉。

2)压制粉丝。

(1)配粉：称取晒1 d的湿淀粉，搓碎，加入适量玉米淀粉，充分混匀。

(2)打糊：称取适量的湿淀粉，搓碎，放入糊盆，糊盆应保温（冬天用沸水保温，夏天用温水，春、秋用70 ℃左右的热水），加入一定量的温水，充分搅拌，至不存在粉粒为止。冲入计量沸水，用竹棍迅速搅拌，使淀粉完全糊化，并且稀稠均匀，用手指沾一些粉糊向空中甩出，能拉成极细的细丝，粉糊则可用。

(3)和面：装好搅拌装置，向粉糊内加入混匀的淀粉，边搅拌边加入淀粉。加完混合淀粉后继续搅拌至不存在白色的生粉粒（用2.5 kg晒1d的湿淀粉打糊的话，加温水2 kg，冲入沸水9 kg左右，可和入混合淀粉50 kg左右）。

(4)揉面：停止机械搅拌，改用人工揉面，由上向下不断翻揉，使粉体黏韧性增加，硬性减少，一直揉至粉体很细匀，表面有光泽。用双手捧起一团粉体，可从指缝柔滑地漏下，能拉成很细线条，线条落在粉体表面仍保留条痕3～4 s后才消失,可开始压制粉丝,但仍需不停揉面。

(5)压制粉丝:先在灶上装好漏粉桶及挤压机械,漏粉桶底离锅中水面距离可根据粉丝粗细要求及粉团质量而定。漏粉时锅中水温应控制在 95~98 ℃。待粉丝转动大半圈开始浮起时,用筷子捞起拉出经过粉池(不断充入冷水),再入粉池冷却、清理、成把、截断,用 1 m 左右竹竿穿起,放入漂洗池中漂洗。漂洗池内的漂洗液为清水加 20% 的大浆水,夏天用中浆水。加入酸浆水漂洗可利用浆水的酸性,一方面抑制其他微生物的繁殖,另外,可使粉丝内残余色素溶去或不显色,从而使粉丝晒干后更晶亮洁白。

(6)晾粉:粉丝漂洗后,提出悬挂到木架上晾放,若采用冷冻处理更能增加粉丝的弹性。晾粉的时间约为 2 h,使其凉透为止。

(7)泡粉:粉丝凉透后移入清水中浸泡,要全部浸入水中,浸泡过夜第 2 d 即可晒粉,若天气不好,冬季可连续浸 2~3 d,夏天浸 1 d 即要换清水。如设有烘房则不受天气影响,可连续生产。

(8)搓粉:将清水池中的粉丝移到浆水池中浸 1~2 h,浆水池中的浆水与漂洗池中的浆水组成一样。将黏结的粉丝轻轻搓散,再放入另一浆水池中漂洗 1 次,然后,逐把移入手推车,送往晒场。

(9)晒粉与整理:将穿有粉丝的竹竿的两端挂在晒场铁丝绳索上,将粉丝理清,分散铺开,整理乱结,拉下断头,使粉条整齐挺直。在晒粉期间要将竹竿转向,使粉丝干燥均匀。

(10)收粉及包扎粉丝:晒至八九成干后连竹竿一同取下,摊放在地面片刻,让其吸潮。待脆性消失后,用大竹筐运入库房捆扎,用螺旋挤压机打包,称重。

(四)魔芋蚕豆粉条

1. 原料配方

蚕豆干淀粉 100 kg、魔芋精粉 2.4 kg。

2. 生产工艺流程

(1)魔芋精粉生产工艺:

生魔芋清洗、刮皮 → 切块 → 捣碎 → 过滤 → 酒精浸泡 → 第 2 次捣碎 → 过滤 → 魔芋精粉 → 烘干 → 粉碎过筛 → 成品

(2)魔芋蚕豆粉条生产工艺:

蚕豆干淀粉和魔芋精粉打糊 → 和面 → 揉面 → 压制粉条 → 晾粉 → 泡粉 → 晒粉 → 收粉及包装

3. 操作要点

1)清洗、刮皮:将新鲜魔芋浸在盛有水的大盆或桶中,去掉须根,用清水洗至无泥。生魔芋表面凹凸不平,不能用机械刮皮,只能手工刮皮。将清洗干净的魔芋用谷皮或尼龙刷擦去其表皮,用小刀挖掉凹进部位的表皮,再用清水洗净。

2)切块、捣碎、过滤:用刀将洗净后的魔芋切成拳头大小的小块状,以便能够捣碎均匀,且减少机械振动与切割阻力;先把亚硫酸钠配成 200 mg/kg 的溶液,魔芋块与亚硫酸钠溶液按 1∶5的比例投入捣碎机内捣碎 1 min;把捣碎后的魔芋浆迅速放入离心机内,靠离心机的高速运转甩掉水分,剩下的即为魔芋精粉。

3)酒精浸泡:将脱水后的魔芋渣倒入 90% 的酒精中搅匀,生魔芋与酒精的比例为 10∶0.3,通过酒精浸泡后的魔芋渣就不会发生黏结。

4)第 2 次捣碎、过滤:把经过酒精浸泡后的酒精魔芋浆再倒入捣碎机中捣碎 15 min,然后注入离心机。

5)烘干:用 120 目铁丝网做成盛魔芋粉的支撑物,叠放在铁架上,每片支撑物上魔芋粉放置的厚度为 0.6 cm,放入烤炉,前 2 h 温度控制在 50 ℃左右,以免温度过高,造成魔芋精粉变色,后 2 h 温度可提高到 60~70 ℃烘干。

6)粉碎、烘干:虽经 2 道工序捣碎,但粒度仍不够均匀,因此要经过粉碎与过筛,使其粒度控制在 3~10 μm 左右,成为合格的魔芋精粉,并进行烘干,使其甘露聚糖含量在 50% 以上。

7)打糊:把蚕豆干淀粉与魔芋精粉放入糊盆保温(冬天用沸水,夏天用温水,春秋用 70 ℃左右的水),加入 55 ℃的温水,充分搅拌至不存在粉粒为止;再用滚开水快速冲入调好的稀糊中,随即用竹棒搅匀,使淀粉完全糊化,变成半透明。

8)和面:按配方称取原料,充分混匀,明矾用清水化开,装好搅拌装置,把粉糊和明矾水同时掺入淀粉内,充分搅拌至不存在白色的生粉粒为止。

9)揉面:停止机械搅拌,改用人工揉面,由上向下不断翻揉,越揉粉体黏韧性越强,硬性减少,揉至粉体细致均匀,表面有光泽为止。

10)压制粉条:在灶上装好漏粉桶,漏粉桶底离锅中水面距离可根据粉条粗细要求及粉团质量而定。锅里盛上清水,用旺火烧开,并使锅中的水温始终保持在 95~98 ℃。待粉条转动大半圈开始浮起(成为熟粉条)时,随即用筷子捞起拉出经过粉池(不断充入冷水),捞入理粉池冷却,整理成把后截断,用竹竿穿起,放入漂洗池中漂洗。

11)晾粉:粉条漂洗后,提出悬挂到木架上晾凉,如果采用冷冻处理则更能增加粉条的弹性。晾粉的时间约2 h,凉透为止。

12)泡粉:粉条凉透后移入清水池中浸泡过夜(冬季可连续浸泡2~3 d,夏季浸泡1 d即要换清水),第2 d即可晒粉。

13)晒粉。

(1)搓粉:将清水池中的粉条移到浆水池中浸1~2 h,将黏结的粉条轻轻搓散,再轻轻放入另一浆水池中漂洗1次,然后逐把移入手推车,送往晒场。

(2)晒粉与整理:将穿有粉条的竹竿两端挂在晒场铁丝绳索上,将粉条理清后分散铺开,整理乱结,挂上断头,使粉条整齐挺直。在晒粉期间要将竹竿转向,使粉条干燥均匀。

(3)收粉及包装:粉条晒至八九成干后连竹竿一同取下,摊放地面片刻让其吸潮,待脆性消失后,运入库房捆扎,打包即为成品。

4. 成品质量指标

(1)感官指标:外观纯白晶亮,近乎半透明;在不过分干燥时有一定的韧性,每一单条可承受一定拉力;滋味正常,无霉味、酸味及其他异味;有一定的耐煮性,煮沸不断条、不溶化,久放不泥。

(2)理化指标:水分 ≤ 18%,砷(以As计)≤ 0.5 mg/kg,铅(以Pb计)≤ 1.0 mg/kg,黄曲霉毒素B_1 ≤ 5 μg/kg。

(3)卫生指标:菌落总数 ≤ 1 000个/g,大肠菌群 ≤ 30个/100 g,致病菌不得检出。

(五)蚕豆粉皮

1. 原料配方

蚕豆2.5 kg、豌豆2.5 kg、马铃薯淀粉5 kg、绿豆淀粉10 kg。

2. 工艺流程

蚕豆或蚕豆与豌豆粉碎 → 配粉混合 → 漏粉 → 煮制 → 冷却烘干 → 成品

3. 操作要点

(1)粉碎:将蚕豆或蚕豆与豌豆的混合物进行粉碎,得到粒径小于50 μm的全粉。

(2)配粉混合:将绿豆淀粉和马铃薯淀粉按质量比10:(5~150)混合,再向其中添加质量分数为0.1%~30%的(1)中的全粉,然后加入50~100 ℃的水搅拌均匀。

(3)漏粉:采用漏瓢来进行漏粉。漏瓢孔眼为圆形或扁形,其直径为0.1~10 mm。

(3)煮制:将漏出的粉在70~100 ℃的水中煮1~16 s。

(4)冷却烘干:冷却温度为5~30 ℃,烘干的温度为30~80 ℃,煮后的粉冷却后烘干前,在-14~-8 ℃的环境中冷冻6~15 h。

(六)蚕豆蛋白

1. 原料配方

以100 kg混合物料来计,其中蚕豆蛋白为45 kg、豌豆蛋白25 kg、麦芽5 kg、蛋清粉末25 kg。

2. 工艺流程

混合各种成分和麦芽 → 挤出 → 干燥 → 包装

3. 操作要点

(1)原料:来自豌豆的蛋白质与来自蚕豆的蛋白质的比例为1:(1.8~2.9);麦芽是大麦麦芽提取物。

(2)挤出:挤出机温度为144~147 ℃,挤出的材料包含50%~60%(质量单位g/100 g)的蚕豆蛋白,35%~45%(g/100 g)的豌豆蛋白和4%~6%(g/100 g)麦芽,挤出速度根据不同型号机器来选定。

(七)蚕豆蛋白肉

植物蛋白肉是以脱脂豆粉为原料经加热膨化等过程而制成,它的色泽、口感、结构、韧性均与动物肉相似,而蛋白质含量却比猪、牛瘦肉高2~3倍,赖氨酸含量更优于其他植物蛋白并且无毒、无害、无病菌,营养丰富,其最大优越之处是不含胆固醇没有动物肉类的副作用,是一种防止高血压、动脉硬化、心血管疾病的健康食品之一,对人体十分有益。

蚕豆蛋白肉采用蚕豆分离蛋白为原料,蛋白质含量高,口感香甜独特,纯天然,营养成分全面,富含多种氨基酸以及微量元素,更有利于人体吸收,且携带方便,老少皆宜。

1. 原料配方

蚕豆分离蛋白 90～110 kg、面粉 20～30 kg、马铃薯淀粉 15～25 kg、谷朊粉 15～30 kg、蚕豆粉 10～15 kg。

2. 工艺流程

原料混合→调整 pH 值→挤压组织化→压制成形→干燥→包装

3. 操作要点

（1）原料混合：将所有原辅料用水搅拌混合均匀，混合搅拌均匀时的速率控制在 100～200 r/min 之间。

（2）调 pH 值：pH 值调节采用摩尔浓度为 1～2 mol/L 的氢氧化钠溶液，调节至 7～9 之间。

（3）挤压组织化：采用双螺杆挤压机，螺杆转速控制在 500～600 r/min，进料速率控制在 500～600 r/min。温度设置为 3 个温度区间：第 1 区温度为 50～65 ℃，第 2 区温度为 155～160 ℃，第 3 区温度为 140～150 ℃。

（4）干燥：干燥温度控制在 80～90 ℃，干燥至水分含量在 8% 以下。

三、蚕豆面点类产品

面点是中国烹饪的主要组成部分，素以历史悠久、制作精致、品类丰富、风味多样而著称于世，是人们生命活动所需能量的主要提供者，是人类赖以生存的主要食品。它包括谷类、薯类和粮豆类食品做成的米饭、馒头及各种花样的米、面等食物。

（一）蚕豆糕

糕点是指以米、面、豆类等为主要原料，并配以各种辅料、馅料和调味料，加工成一定形状后，再用烘、烤、蒸、炸等方法制作的食品成品。蚕豆糕，含有蚕豆的营养成分，与红豆搭配，颜色鲜艳，营养丰富，具有降低胆固醇、预防心血管疾病、益气健脾、延缓动脉硬化等营养功能。

1. 原料配方

蚕豆 65～80 kg、红豆 15～20 kg、白糖 10～15 kg、水 5～9 kg。

2. 工艺流程

原料预处理→去皮→酶处理→粉碎→白糖预处理→配料→蒸制→冷却、分切→包装

3. 操作要点

(1)原料预处理:取成熟、完整的蚕豆、红豆,去除杂质,将蚕豆、红豆放入75~90 ℃温水中,浸泡30~40 min。

(2)去皮:将浸泡后的蚕豆、红豆取出,做去皮处理,并将去皮后的蚕豆、红豆晾干。

(3)酶处理:将蚕豆皮、红豆皮切碎,并按0.3%~0.6%的比例添加混合的果胶酶、纤维素酶、半纤维素酶,温度控制在40~50 ℃,时间为1~2 h,其中果胶酶为85~90 kg、纤维素酶为5~8 kg、半纤维素酶5~8 kg。

(4)粉碎:将酶处理后的蚕豆皮、红豆皮与晾干后的蚕豆、红豆一起做粉碎处理,用粉碎机磨制成100~120目混合粉。

(5)白糖预处理:将白糖粉碎成80~100目糖粉,备用。

(6)配料:将混合粉与糖粉混合,搅拌均匀,加水混拌成松散的湿粉,使湿粉中的含水量为7%~9%。

(7)蒸制:将配制好的混合粉均匀地装入模具中轧平,铺上盖纸后送入蒸锅,温度控制在100~110 ℃,压力为2.5~3 MPa,时间为10~15 min。

(8)冷却、分切:将蒸制好的蚕豆糕冷却至室温后分切、分选、包装。

此外,可以添加不同辅料如红枣、糯米、牛奶等加工成不同风味及口感的果糕。

(二)蚕豆鸭肉锅巴

将煮糯米饭与蚕豆、鸭肉混合,经烘焙工序制得蚕豆鸭肉锅巴,蚕豆、糯米、鸭肉同吃,增加了膳食糯米、蚕豆的功能性。蚕豆的营养丰富、口感香脆、不油腻,赋予了食物新口味。

1. 原料配方

蚕豆30~40 kg、糯米50~60 kg、鸭肉10~15 kg、味精0.2~0.8 kg、食盐2~3 kg、植物油2~6 kg、五香调料0.5~1.5 kg、风味调味料1~2 kg。

2. 工艺流程

原料预处理 → 卤煮 → 脱骨、切粒 → 烩制 → 烘焙 → 冷却 → 包装

3. 操作要点

(1)原料预处理:将糯米、蚕豆洗净,清水浸泡4~6 h,再用清水冲洗后入蒸煮锅蒸汽蒸煮,制成预煮蚕豆糯米饭备用。

(2)卤煮:以新鲜、洗净的鸭肉为原料,按照质量比加入鸭肉、五香调料、食盐、味精和水,在100 ℃条件下蒸煮,卤煮时原料与水的质量比为(2~4):1,卤煮至水分收干。

(3)脱骨、切粒:将卤煮好的鸭肉进行脱骨,去除骨头,将脱骨后的鸭肉切成粒状或片状。

(4)烩制:将植物油烧热至145~155 ℃,将粒状或片状的鸭肉与预煮蚕豆糯米饭、风味调味料拌匀。

(5)烘焙:将烩制好的鸭肉与蚕豆糯米饭在250~300 ℃烘箱中进行烘焙,烘焙时间为2~3 h。

(6)冷却、包装:将所得产品通过真空预冷机预冷或在0~5 ℃冷风中降温至15 ℃以下,密封包装。

此外,添加不同的辅料可制备出不同风味及口感的锅巴,如添加鱿鱼制备鱿鱼蚕豆锅巴等。

(三)蚕豆青稞饼干

饼干是一种常见的点心,作为一种零食,食用时既方便又便于携带,已成为日常生活中不可或缺的一种食品。蚕豆青稞饼干中添加了蚕豆粉及青稞粉,可以增加蛋白质摄取量,控制血糖,是糖尿病患者理想的功能性保健食品。

1. 原料配方

蚕豆面粉30~60 kg、青稞面粉40~70 kg、植物油16~20 kg、磷脂0.6~1 kg、木糖醇0~3 kg、食盐1~1.8 kg、小苏打0.4~0.6 kg、鲜酵母0.4~0.6 kg、香兰素0~0.04 kg、柠檬酸0.003 2~0.005 kg。

2. 工艺流程

原料一次调粉→一次发酵→二次调粉→二次发酵→调制油酥→混合→成形→烘烤→包装

3. 操作要点

(1)一次调粉:在蚕豆面粉15~30 kg、青稞面粉20~35 kg中加入0.4~0.6 kg用30 ℃温水溶化后的鲜酵母,加30 ℃温水40 kg,进行搅拌调制4~6 min。

(2)一次发酵:将调制好的面团在25~32 ℃的温度下,静置6 h进行发酵,使面团的pH值降低至4.5~5。

(3)二次调粉：在发酵好的面团中加入蚕豆面粉 15 ~ 30 kg、青稞面粉 20 ~ 35 kg、植物油 16 ~ 20 kg、磷脂 0.6 ~ 1 kg、木糖醇 0 ~ 3 kg、食盐 1 ~ 1.8 kg、小苏打 0.4 ~ 0.6 kg、香兰素 0 ~ 0.04 kg、柠檬酸 0.003 2 ~ 0.005 kg，搅拌调制 5 ~ 7 min。

(4)二次发酵：将调制好的面团在 25 ~ 32 ℃的温度下，静置 4 h 进行再次发酵。

(5)调制油酥：取面粉 28 kg、油脂 8 kg、食盐 2.8 kg 搅拌均匀，调制成油酥。

(6)成形：将调制好的油酥放入发酵好的面团中辊轧 10 次，制成厚约 2.5 ~ 3 mm 的面片，冲印成形。

(7)烘烤、包装：将辊轧、冲印成形后的产品烘烤至熟，将烘烤后的产品冷却至 40 ℃以下后进行包装。

（四）青稞蚕豆挂面

挂面是一种细若发丝、洁白光韧，并且耐存、耐煮的手工面食，有圆而细的，也有宽而扁的。目前，挂面生产已形成主食型、风味型、营养型、保健型等共同发展的格局。挂面因口感好、食用方便、价格低、易于贮存，一直是人们喜爱的主要面食之一。以蚕豆和青稞 2 种原料为主制作的产品兼具青稞和蚕豆的营养保健功能，一方面赋予无面筋的青稞面团类似小麦面团的黏弹性，另一方面简化了工艺，降低了生产成本，提高了产品的蛋白质含量。青稞蚕豆挂面兼具杂粮和豆类的营养保健功能，提高了产品的保健价值。

1. 原料配方

青稞面粉 40 ~ 60 kg、蚕豆粉 30 ~ 50 kg、谷朊粉 10 kg、谷氨酰胺转氨酶、木聚糖酶、纤维素酶、大豆磷脂、单脂肪酸甘油酯、硬脂酰乳酸钠、瓜尔豆胶、黄原胶、沙蒿胶、魔芋精粉、羧甲基纤维素钠。

2. 工艺流程

原辅料混合 → 和面熟化 → 压片 → 切条 → 干燥 → 切断 → 包装

3. 操作要点

(1)原辅料混合：青稞面粉 40 ~ 60 kg，蚕豆粉 30 ~ 50 kg，谷朊粉 10 kg，谷氨酰胺转氨酶、木聚糖酶、纤维素酶中的 1 种或 1 种以上原料 0.01 ~ 0.10 kg，大豆磷脂、单脂肪酸甘油酯、硬脂酰乳酸钠中的 1 种或 1 种以上原料 0.05 ~ 0.3 kg，瓜尔豆胶、黄原胶、沙蒿胶、魔芋精粉、羧甲基纤维素钠中的 1 种或 1 种以上原料 0.05 ~ 0.3 kg，混合均匀。

(2)和面熟化:将0.5~2 kg的食盐加到水里化匀。在混合好的原辅料中加盐水30~45 kg、鸡蛋2~5 kg,在和面机里混合调制,和面时间为10~15 min,和好的面团静置熟化15~20 min。

(3)干燥:预干燥温度控制在20~30 ℃,相对湿度保持在85%~90%,面条水分降低至27%左右。干燥前期温度控制在35~45 ℃,相对湿度保持在85%~90%,面条水分降低至25%左右。主干燥阶段温度控制在45~50 ℃,相对湿度保持在55%~60%,面条水分降低至16%左右。干燥后期以每2~3 min降低1 ℃的速度降低温度,使面条最终水分含量达到13%~14%。

(五)黑芝麻蚕豆馅粽子

粽子又称"角黍""筒粽",是端午节汉族的传统节日食品,由粽叶包裹糯米蒸制而成,是中国历史上文化积淀深厚的传统食品,深受人们的喜爱。在馅料的选择上具有多样性,添加蚕豆为馅料不但营养价值较高、口感好、香味浓、有嚼劲、易消化,还增加了粽子口味的选择,并且在糯米中加入了黏玉米、大黄米、紫米,能够极大地增加粽子的营养价值。

1. 原料配方

糯米100 kg、黏玉米3~12 kg、大黄米3~12 kg、紫米3~12 kg。

馅料:黑芝麻、蚕豆、山楂、红糖、白砂糖、红枣质量比为2:3:2:1:1:5,糯米和馅料的质量比为(7~12):1。

2. 工艺流程

备料→粽叶清洗、浸泡→包制粽子→煮制粽子→冷却

3. 操作要点

1)备料。

(1)按质量比,选取优质的糯米、黏玉米、大黄米、紫米,将其漂洗干净,分别使用纯净水浸泡8~10 h,沥净水,然后将糯米、黏玉米、大黄米、紫米混合搅拌均匀,备用,其中黏玉米、大黄米、紫米的添加量为糯米质量的3%~12%。

(2)按质量比,选取优质的黑芝麻、蚕豆、山楂、红糖、白砂糖、红枣,将红枣去核,将红糖、白砂糖加入适量热水融化成糖水,将黑芝麻、山楂、蚕豆混合置于锅中煮熟,然后捣烂成泥状,加入去核红枣、糖水,混合搅拌均匀,制成馅料,其中黑芝麻、蚕豆、山楂、红糖、白砂糖、红枣的质量比为2:3:2:1:1:5。

2)粽叶清洗、浸泡:选取清洗干净的粽叶,将粽叶用冷水浸泡至柔软。

3)包制粽子:按质量比,选取混合后的糯米、黏玉米、大黄米、紫米与馅料,

用1个或2个粽叶包制粽子。

4）煮制粽子、冷却：将包好的粽子放入蒸锅中，加入清水，于110～120 ℃的温度条件下，煮制110～120 min，取出，冷却，制得黑芝麻蚕豆馅粽子。

四、其他蚕豆食品加工技术

（一）膨化蚕豆条

1. 原料配方

蚕豆500 g、糖精0.4 g。

2. 生产工艺流程

原料选择→称量→调理→挤压膨化、切割→烘干→冷却→称量包装

3. 操作要点

（1）原料选择：选择符合国家标准的籽粒丰满、形状与大小均一、无霉变的蚕豆，经清理去杂后，再按粒度大小大概分级，以利后续工序进行。

（2）称量、调理：将蚕豆、糖精分别按配方比例称出，并用适量水（水量为蚕豆的10%～15%）将糖精溶化后喷洒在蚕豆上搅拌均匀，放置几分钟，备用。

（3）挤压膨化、切割：将调理好的蚕豆放入膨化机进口里，进料速度按原料大小分级确定，颗粒大的，进料速度尽可能稍慢些；颗粒小的，进料速度可适当加快。

（4）烘干：经膨化切割后的制品，稍微烘干，使其水分含量在3%～6%之间。

（5）冷却、包装：烘干后冷却到室温，称量后立即用聚丙烯塑料袋充氮包装。

4. 产品特点

（1）形态：空心条形，长短一致，外表呈均匀泡沫状。

（2）色泽：浅黄褐色。

（3）口味：酥脆微甜，入口即化。

（二）五香蚕豆条

1. 原料配方

蚕豆5 kg、食盐500 g、糖精4 g、香精5 g。

2. 生产工艺流程

原料处理→称量→调理→挤压膨化、切割→烘干→调味→冷却→包装

3. 操作要点

(1)原料处理:蚕豆清洗除杂,并分级;食盐、糖精分别用少量水溶化后,过滤备用。

(2)称量、调理:按配方比例分别称出原辅料后,给蚕豆喷洒其质量 15% 的水,放置片刻。

(3)挤压膨化、切割:调理好的蚕豆按分级不同控制进料速度,放入膨化机进口,并在膨化机出口处切割。

(4)烘干:经切割的蚕豆条稍加烘干。

(5)调味:将按配方比例溶化好的调料,放入带搅拌的料筒里,用泵经阀门和喷雾头均匀地喷洒在蚕豆条表面。

(6)冷却、包装:经烘干并调味的制品冷却后,立即用聚酯复合膜袋充氮包装。

4. 产品特点

(1)形态:完整均匀,空心条形。

(2)色泽:浅黄褐色。

(3)口味:酥脆,五香味。

(三)油炸蚕豆

油炸蚕豆,作为一种传统的零食,因其酥脆香甜、物美价廉、携带方便等优点深受人们的喜爱。

1. 原料配方

蚕豆 25 ~ 35 kg、绵白糖 20 ~ 25 kg、变性淀粉 5 ~ 10 kg、小麦粉 5 ~ 10 kg、玉米粉 2 ~ 5 kg、高粱粉 2 ~ 5 kg、红豆粉 2 ~ 5 kg、燕麦粉 2 ~ 5 kg、辣椒粉 0.5 ~ 1.5 kg、料粉 0.5 ~ 1.5 kg。其中料粉由花椒粉、八角粉、小茴香粉、盐粉、白砂糖、味精混合组成,其比例为 1∶1∶1∶1∶1∶1。

2. 工艺流程

选择蚕豆 → 泡豆、割豆 → 蒸汽煮豆 → 冷冻 → 连续炸豆 → 二次炸豆 → 配制辅料 → 裹粉拌料 → 包装

3. 操作要点

(1)选择蚕豆:取 25 ~ 35 kg 蚕豆,去掉碎粒,选出颗粒均匀的蚕豆。

(2)泡豆、割豆:将选出的蚕豆放入水中浸泡,浸泡时间为 10 ~ 12 h。将浸

泡好的蚕豆使用破口割豆设备在蚕豆头部割刀，割豆时不能伤及蚕豆子叶。

（3）蒸汽煮豆：将破口的蚕豆放入 110～120 ℃ 的蒸汽锅中蒸煮 10～15 min，捞出后冷却至常温。

（4）冷冻：将冷却至常温的蚕豆放置到 -15～-10 ℃的低温冷库中冷冻 10～12 h。

（5）连续炸豆：通过连续输送装置将冷冻的蚕豆输送到连续油炸设备中油炸，在蚕豆油炸过程中向油炸设备中通入压缩空气，油炸过程中压缩气体向上过程中遇到蚕豆，并带动蚕豆在油炸过程中保持翻滚状态，连续油炸设备中油温为 150～180 ℃，油炸时间为 10～15 min。

（6）二次炸豆：将炸好的蚕豆放入 80～85 ℃的食用油中二次油炸，油炸时间 2～3 min。

（7）配制辅料：① 配制糖水：将 20～25 kg 绵白糖加入 100～120 kg 水中搅拌均匀，制成糖水。② 配制混粉：取变性淀粉 5～10 kg、小麦粉 5～10 kg、玉米粉 2～5 kg、高粱粉 2～5 kg、红豆粉 2～5 kg、燕麦粉 2～5 kg、辣椒粉 0.5～1.5 kg、料粉 0.5～1.5 kg，充分混合，搅拌均匀得到混粉。

（8）裹粉拌料：在裹粉锅中倒入 2～5 kg 炒熟的高粱粉（或红豆粉、燕麦粉）后，将炸熟的蚕豆倒入拌料裹粉锅中，加入糖水再倒入混粉进行上粉，直到所有混粉上完，再加入 0.5～1.5 kg 料粉搅拌均匀。

（9）包装：将拌料后的产品依据不同产品类型码放并包装。

此外，添加不同辅料可制备出不同风味的油炸蚕豆食品，如葱香蚕豆、蒜香蚕豆、麻辣蚕豆、蟹黄味蚕豆等。

4. 成品质量指标

水分 4.8%，粗蛋白 29%，粗脂肪 14.1%。

（四）怪味蚕豆

1. 原料配方

蚕豆 1 500 g、白砂糖 75 g、饴糖 17.5 g、熟芝麻 5 g、辣椒 0.75 g、花椒粉 0.75 g、五香粉 0.2 g、甜酱 10 g、味精 0.5 g、精盐 0.2 g、明矾 1.75 g、素油 50 g。

2. 生产工艺流程

原料处理 → 油炸 → 调味 → 包糖衣 → 冷却 → 包装

3. 操作要点

（1）原料处理：选择籽粒完好、无霉变、无虫蛀的蚕豆，清理除杂后，淘洗干净,用清水浸泡 30 h 左右,取出后剥去外壳,然后放入明矾水中浸泡 3 ~ 10 h,取出漂洗干净,沥干水分,备用。白砂糖、饴糖加 100 g 水溶化后,过滤,备用。

(2)油炸:将素油放锅内,用旺火加热至沸,然后将处理好的蚕豆分批放入油炸,炸至蚕豆酥脆时即可取出。

(3)调味:将素油先放入锅内加热,待油热后,放入甜酱、五香粉、味精、盐等搅拌均匀,再将炸好的蚕豆倒入酱料中,搅拌上味。

(4)包糖衣:另取一干净的锅,将溶化好的糖液倒入,加火熬至 115 ℃后,将糖水慢慢地浇在拌好调味料的蚕豆上,边浇边翻动使蚕豆外层都均匀地沾上糖衣。

(5)冷却、包装:上好糖衣的蚕豆,自然冷却至室温,立即包装。

4. 产品特点

(1)形态:蚕豆粒分散,不粘连,糖衣光滑。

(2)色泽:浅褐色,稍有光泽。

(3)口味:味香微辣,细品则可感受到不同的风味。

(五)蚕豆膨化休闲食品

1. 原料配方

质量比为蚕豆泥 45%、糯米粉 14%、面粉 14%、食盐 1%、羧甲基纤维素钠 0.6%、蔗糖酯 0.5%,其余为水。

2. 生产工艺流程

面粉、糯米粉、食盐、添加剂、水
↓
蚕豆清理 → 浸泡去皮 → 蒸煮 → 磨浆 → 搅拌成团 → 搓揉成条切片 → 干燥 → 油炸 → 调味 → 包装

3. 操作要点

(1)原料预处理:选择成熟蚕豆,浸泡至溶涨,经去皮、蒸煮、磨浆,用 160 目的网筛挤压筛分制得原料。

(2)配料:将糯米粉、面粉、食盐、乳化剂、增稠剂等按比例混合均匀,然后将处理好的蚕豆泥原料加入,进行调配。

(3)切片、干燥:将调配好的混合料搓成直径为 5 cm 左右的圆柱状条,注意要压紧搓实,将内部空气挤出,至切面无气孔为止。然后切成厚度为 1 mm 的均匀薄片，放入干燥箱中，在 50 ℃下进行干燥。由于坯料含水量的不同对蚕豆脆片的膨化有显著的影响，因此，油炸前干坯的含水量应控制在 8% 左右。干燥时间在 2 h 左右时，制作出的蚕豆膨化脆片膨化效果及口感比较好。

(4) 油炸：棕榈油性质较稳定，不易氧化变质。利用棕榈油进行油炸，产品色泽好。膨化蚕豆食品要求油炸冷却后口感酥脆，不能出现焦煳现象。试验证明，油炸温度较低时(100 ℃以下)，脆片需要一段时间才能浮起，而且脆片柔软不脆；当油温较高时(180 ℃以上)，脆片可以在短时间内迅速浮起膨胀，但很难控制颜色且容易焦煳。综合考虑，油温在 140 ℃时，产品综合品质较好。

(5) 调味、包装：可按所需口味配制调味料，如可配制椒盐、孜然粉等混合味的调味料。经过调味后的产品经包装即可作为成品。

（六）糖蚕豆

1. 原料配方

蚕豆 50 kg、白砂糖 25 kg、明矾 0.5 kg、炒芝麻 10 kg、菜油 75 kg。

2. 生产工艺流程

精选蚕豆 → 浸泡 → 去豆眉 → 油炸 → 上糖衣 → 冷却 → 包装

3. 操作要点

(1) 精选蚕豆：选用颗粒饱满、大小均匀、干净的蚕豆为原料，经过精选去除霉变、虫蛀、破碎、过大或过小的颗粒以及其他杂质。

(2) 浸泡、去豆眉：先将明矾破碎并用冷水溶解，再将经精选去杂后的蚕豆投入浸泡，夏、秋季浸泡 2 d，冬、春季浸泡 3～4 d，每天换水 1 次。浸泡后捞出，去掉蚕豆豆眉。

(3) 油炸：先将菜油在锅内烧至五成热，再将蚕豆投入，炸至呈谷黄色时捞出。油炸时火力要先大后小，在快要起锅时宜小不宜大。

(4) 上糖衣：先在锅内放约 5 kg 菜油，用中火烧至五成热时，放入糖和炸好的豆翻炒，直至豆粒表面裹上糖汁，再放入芝麻，炒匀后起锅。

（七）糖豆瓣

糖豆瓣系采用鲜嫩青蚕豆瓣制成，每年在立夏至端午鲜蚕豆初上市时，可选择色青粒大的蚕豆，用油汆制成青豆瓣(或称油豆瓣)，妥善封存，待销售时陆续加工生产成糖豆瓣。糖豆瓣每年供应时间极短，通常只有 2 个多月，为初夏季节的时令佳品,是江南一带的特产。

1. 原料配方

油氽蚕豆瓣 5 kg、白砂糖 5 kg。

2. 工艺流程

蚕豆瓣 → 油氽 → 倒糖浆 → 起砂 → 冷却 → 包装

3. 操作要点

(1)油氽:鲜豆瓣入油锅氽制时,须逐渐放入,因豆瓣内含水分较高,要防止热油溅出伤人。

(2)倒糖浆:旺火氽好的蚕豆瓣(如数量大,1 次加工不了,可放于铁皮箱内保存),倒入糖浆锅内(糖浆用砂糖、饴糖加少许水烧成),拌匀。

(3)起砂、冷却、包装:待拌到砂糖逐渐起砂,再放入玫瑰花,硬结时即可倒出。冷却后进行包装。

4. 产品特点

糖豆瓣质松脆,味香甜,嫩绿色豆瓣辅以白色糖衣和玫瑰花屑,红绿相映,色、香、味俱佳。

(八)开花蚕豆

1. 原料配方

蚕豆 10 kg、菜籽油适量、食盐 100 g、糖精 10 g、精盐 500 g、五香粉 100 g。

2. 工艺流程

精盐、五香粉 ↓

蚕豆浸泡 → 沥干 → 剪切 → 油炸 → 混合、冷却、包装 → 成品

3. 操作要点

(1)浸泡:将适量自来水烧开,放入 100 g 食盐、10 g 糖精,搅匀,倒入蚕豆,加盖浸半天左右。

(2)剪切:取出蚕豆沥干后,用剪刀在每粒蚕豆的上方纵横各剪 1 刀,剪口长约占全粒豆的 1/3。剪完后,晾干待用。

(3)辅料预处理:将精盐、五香粉拌匀,在微火中稍炒后待用。

(4)油炸、混合、冷却、包装:取适量菜籽油放入铁锅中烧沸,放入晾干的蚕豆油炸,并用铁铲不断翻动,待炸至豆壳呈酱紫色,豆瓣开花,取出,沥去余油,

撒入精盐、五香粉，拌匀。冷却后进行包装或存放。

（九）蚕豆罐头

1. 原料配方

蚕豆200 g、精炼花生油5 g、精盐3.6 g、白砂糖0.55 kg、味精210 g、三聚磷酸钠52 g、六偏磷酸钠148 g、清水103 kg。

2. 生产工艺流程

原料选择→除杂→浸泡→复选→预煮→冷却、分选→装罐密封→杀菌→冷却→成品

3. 操作要点

（1）原料选择：选用个大、饱满、无虫蛀的红皮豆。

（2）除杂：对于选好的原料要经过筛选去杂，选除小豆、黑斑豆、破皮豆、虫蛀豆等。

（3）浸泡：先将蚕豆用清水冲洗干净，然后放入水中浸泡24～72 h（时间长短视季节、气温及不同地区、品种而定），要经常换水及翻动。

（4）复选：当蚕豆浸泡后质量增加1～1.2倍时，捞出再挑选1次。

（5）预煮、冷却、分选：在175 kg水中加磷酸钠（三聚磷酸钠与六偏磷酸钠配比为1∶3）溶液1.125 kg、蚕豆75 kg，预煮15 min左右，煮软可捏碎时进行冷却，分选备用。

（6）装罐：装罐量为397 g，装蚕豆200 g、精炼花生油5 g、汤汁175 g（所用汤汁总配比量：精盐3.6 g、白砂糖0.55 kg、味精210 g、三聚磷酸钠52 g、六偏磷酸钠148 g、清水103 kg。将盐、糖溶化煮沸后，再加入味精及磷酸钠水溶液搅拌均匀，过滤后备用）。

（7）密封、杀菌、冷却：将装罐后的产品在53.33 kPa抽真空进行密封，然后进行杀菌。杀菌结束后经过冷却即为成品。

4. 成品质量指标

（1）感官指标：①色泽：表皮呈红褐色或褐色；②滋味及气味：具有调味蚕豆罐头应有的滋味及气味，无异味；③组织状态：软硬适度，豆粒带皮呈整粒状，允许有破裂蚕豆存在和淀粉析出现象，汤汁较少；④杂质：无杂质。

（2）理化指标：净重规格为397 g、500 g或1 000 g，固形物90%以上，氯化钠含量1%～2%。

（3）卫生指标：符合《GB/T 13518—2015》要求。

（4）微生物指标：符合罐头食品商业无菌要求。

（十）蚕豆茶

茶是一种起源于中国的由茶树植物叶或芽制作的饮品，也泛指可用于泡茶的常绿灌木茶树的叶子，以及用这些叶子泡制的饮料，后来引申为所有用植物花、叶、种子、根泡制的草本茶。随着人们科学饮食习惯的养成，对具有营养、保健功能的茶品及茶品种类的需求越来越高。蚕豆茶叶减少了原有的营养成分的流失，口感清爽，茶叶嫩绿，茶汤清澈。

1. 原料配方

蚕豆嫩叶适量。

2. 工艺流程

蚕豆叶清洗、沥干→萎蔫→杀青→发酵→冷却→捻揉整形→干燥→冷却→成品

3. 操作要点

（1）清洗、沥干：在蚕豆的生育期进行鲜嫩叶的采摘，并将鲜嫩叶清洗干净，将水沥干。

（2）萎蔫：将鲜嫩叶放置于阴凉干燥处摊开，至叶片萎蔫柔软，叶片含水量保持在50%～70%。

（3）杀青：将鲜嫩叶用150～200 ℃蒸汽杀青5～10 min，杀青至叶质柔软，香气逸出。

（4）发酵：杀青后的鲜嫩叶发酵4～6 h。

（5）冷却：将发酵后的叶片取出，迅速抖散，放到摊晾架上冷却。

（6）捻揉整形：将冷却后的叶片投入温度为70 ℃的锅内手工捻揉整形，捻揉、搓团、抖散，反复操作至茶形基本完整，时间为25 min，取出摊晾。

（7）干燥、冷却：将整形后的茶叶放入干燥装置进行干燥，干燥至6%～8%，然后取出自然冷却即可。

（十一）蚕豆健身果复合脯

果脯是中国的传统美食，是以果蔬为原料，用糖料腌制后加工成的食品，作为小吃或零食直接食用，其含有易为人体吸收利用的转化糖，此外，还含有大量

的果酸、矿物质及多种维生素，具有一定的营养价值。蚕豆、健身果等多种食物配料组合成复合脯，不仅能提高其营养成分，使其口味更丰富，还具有较好的保健作用。

1. 原料配方

蚕豆100～200 kg、健身果100～200 kg、大米20～80 kg、苋菜8～15 kg、水适量、当归5～9 kg、菊花2～4 kg、冰糖草2～3 kg、荷叶2～5 kg、留兰香1～3 kg、增稠剂1～2 kg、麦芽糖醇7～13 kg、松子粉4～7 kg。

2. 工艺流程

原料前处理→原辅料混合→浓缩→入模、烘烤→冷却→真空包装。

3. 操作要点

1)原料前处理：

(1)将蚕豆文火炒至熟香，再放入研磨机中进行研磨，得到蚕豆粉。

(2)将健身果清洁除杂，加适量水打制成浆，得到果浆。

(3)将大米淘洗干净后，水温20～30 ℃浸泡6～10 h后磨浆，加热至90～100 ℃后持续煮6～10 min，得大米糊。

(4)将苋菜除杂，用水冲洗干净，加2～3倍水进行打浆，然后过滤，得到蔬菜汁。

(5)将当归、菊花、冰糖草、荷叶、留兰香清洗后混合，加6～10倍水常温浸泡5～10 h，然后保持温度60～70 ℃加热煎煮1～2 h，过滤，得营养液。

(6)将增稠剂和麦芽糖醇分别加适量水溶化、过滤、去杂质，得溶液备用。

2)原辅料混合：将蚕豆粉、果浆、大米糊、蔬菜汁、营养液等全部混合，加入松子粉和适量水，搅拌均匀得混合液。

3)浓缩：将混合液入锅进行熬煮，直至可溶性固形物达到55%～65%时出锅，得浓缩料。

4)入模、烘烤：将浓缩料入模具摊平，进入烘房内烘烤，温度控制在55～75 ℃，连续烘烤5～7 h。

5)冷却、包装：冷却后，抽真空包装。

(十二)卤制蚕豆

蚕豆营养价值丰富，含蛋白质、碳水化合物、粗纤维、磷脂、胆碱、维生素 B_1、维生素 B_2、烟酸和钙、铁、磷、钾等多种矿物质，尤其是磷和钾含量较高，其味甘、微辛,能够治疗脾胃不健、水肿等病症。

1. 原料配方

蚕豆,卤料:八角 10~15 kg、茴香 4~7 kg、花椒 8~10 kg、生姜片 25~30 kg、陈皮 12~16 kg、罗汉果 35~45 kg、丁香 6~10 kg、料酒 50~60 kg、冰糖 28~32 kg 和食盐 20~23 kg。

2. 工艺流程

蚕豆用清水浸泡 → 卤料的调配 → 蚕豆卤水浸泡 → 沥干 → 成品

3. 操作要点

(1)蚕豆清水浸泡:浸泡时间为 7.5~8.5 h。

(2)卤料调配:将八角 10~15 kg、茴香 4~7 kg、花椒 8~10 kg、生姜片 25~30 kg、陈皮 12~16 kg、罗汉果 35~45 kg、丁香 6~10 kg、料酒 50~60 kg、冰糖28~32 kg 和食盐 20~23 kg 混合。

(3)蚕豆卤水浸泡:将蚕豆放入加热至沸腾的卤水料中,5 min 后起锅。起锅后的蚕豆置于卤水中浸泡 40 h,浸泡过程中翻动 1~2 次,其中卤水的用量为蚕豆质量的 2.3~2.6 倍。

(4)沥干:将蚕豆沥干水分,即得所述卤制蚕豆。

(十三)老醋蚕豆

通过蚕豆、糖浆、混合粉料和老陈醋的配比,使制得的老醋蚕豆,既有老醋的醇香,酸甜口感也能达到要求,以满足人们对口感的需求。

1. 原料配方

蚕豆 100 kg、糖浆 15~22 kg、混合粉料 4~6 kg、老陈醋 4~6 kg。

2. 工艺流程

蚕豆浸泡 → 油炸 → 脱油 → 糖浆制备 → 上糖浆 → 裹料 → 喷醋 → 成品

3. 操作要点

(1)浸泡:蚕豆经过浸泡,开口率达到 98% 以上。

(2)油炸:油炸温度为 170~175 ℃,时间为 5~7 min,油炸至水分含量为 1%~1.5%。

(3)脱油:油炸结束后,立即将蚕豆浸入 20~30 ℃的油中,2~3 min 后捞出,进行脱油,至蚕豆含油量为 20%~80%,备用。

(4)糖浆制备：将水40～50 kg、白砂糖30～40 kg、红糖10～20 kg、麦芽糖浆10～15 kg混匀，先在200～220 ℃、10～20 r/min的搅拌速度下熬制，待糖浆完全沸腾后，继续熬制3～5 min，然后在150～170 ℃下熬制，熬至糖浆糖度在70～75 °Bé即可。

(5)上糖浆：每100 kg蚕豆按照常规方法裹糖浆15～22 kg。

(6)裹料：每100 kg蚕豆按照常规方法裹4～6 kg混合粉料。

(7)喷醋：每100 kg的蚕豆喷4～6 kg的老陈醋。

（十四）砂糖蚕豆

蚕豆中含有比较丰富的维生素和矿物质成分，其食用方法较多，但是一般蚕豆食品的口感不够香甜。砂糖蚕豆具有营养丰富、香脆可口、味道香甜的特点，特别适合小孩子食用。

1. 原料配方

蚕豆6 kg、砂糖5 kg、饴糖3 kg、白芝麻500 g。

2. 工艺流程

蚕豆选用 → 烤熟、脱壳 → 糖料处理 → 原辅料混合、翻炒 → 加辅料、晾冷 → 成品

3. 操作要点

(1)蚕豆选用：选用颗粒完整、饱满、大小均匀、宽度适中、无虫蛀、色泽基本一致、气味正常、无异味、符合理化指标要求的蚕豆。

(2)烤熟、脱壳：将6 kg蚕豆放入烤炉中烤熟，将烤熟的蚕豆倒出来放入脱壳机当中，将蚕豆的外壳脱掉，用吹风机将蚕豆的外壳吹干净后留下干净的蚕豆。

(3)糖料处理：将5 kg砂糖倒入锅中，加入300 g水，加热烧开并搅拌均匀，然后将3 kg饴糖倒入锅中，用勺子搅拌均匀，然后再加温至100 ℃并从火炉上取下锅。

(4)原辅料混合、翻炒：将6 kg蚕豆倒入锅中，与糖料混合，用铲子翻动5 min。

(5)加辅料、晾冷：将混匀后的蚕豆倒入圆匾中，然后将500 g白芝麻加入圆匾中，用力来回摇动2 min，使白芝麻均匀地沾在蚕豆的表面，晾冷后即可制成砂糖蚕豆。

（十五）山楂蚕豆保健食品

1. 原料配方

山楂粉 10～15 kg、蚕豆 75～80 kg、根霉孢子粉 0.1～0.3 kg、罗汉果香甜晶 2～3 kg、淮山粉 5～10 kg。

2. 工艺流程

蚕豆浸泡 → 煮熟 → 发酵 → 杀菌 → 冷却 → 原辅料混合 → 装袋发酵 → 成品

3. 操作要点

（1）蚕豆浸泡：先将蚕豆洗净，加入 3 倍的水量浸泡，去皮，在浸泡过程中，可用手指捏开蚕豆，观察蚕豆中心是否完全吸入水分。

（2）煮熟：将浸泡好的蚕豆大火煮沸 35 min，捞出，沥干水分。

（3）发酵：将煮熟的蚕豆再次浸泡发酵 12～15 h。

（4）杀菌：将蚕豆再次用大火煮沸 30 min，杀菌，捞出，沥干水分。

（5）冷却、原辅料混合：将杀菌好的蚕豆急速冷却，与山楂粉、根霉孢子粉、罗汉果香甜晶和淮山粉混合拌匀。

（6）装袋发酵：将拌匀的混合物装入食品袋中，封口，并在袋面上打孔，然后在 27～32 ℃环境中发酵 1～2 d，即得到布满菌丝的白色块状食材。

此外，在蚕豆的保健食品中，添加不同的活性成分可以加工出具有不同功能特性的蚕豆保健食品，如具有抗癌功效且口感较好的茯苓蚕豆保健食品，既有养颜功效、口感又好的银杏蚕豆保健食品，既有保护心脑血管功效、口感又好的葛根蚕豆保健食品等。

参考文献

[1] Bate - Smith E C. Astringmt tannins of the leaves of *Geraniums* spies [J]. Phytochemistry, 1981, 20: 211 - 216.

[2] Juskiewicz J. Biological activity of faba beans proanhocyanidins [J]. Acta Alimentaria, 2001, 30(1): 63 - 69.

[3] Olsen H S. As survey on recent developments in industrial processing of faba bean protein [J]. *Vicia Faba* Feeding Value. Processing and Viruses, 1980: 233 - 355.

[4] Arora S K. 豆类的化学与生物化学[M]. 北京：科学出版社，1987.

[5] Ying Z, Lewis K. Fabatins: new antimicrobial plant peptides [J]. FEMS Microbiology Letters, 1997, 149: 59-64.
[6] 曹石, 吴义顺. 一种蚕豆糕及其加工方法:CN103535631A[P]. 2014-01-29.
[7] 崔洪斌. 大豆生物活性物质的开发与应用[M]. 北京: 中国轻工业出版社, 2001.
[8] 杜连启, 梁建兰. 杂豆食品加工技术[M]. 北京: 化学工业出版社, 2010.
[9] 葛红东. 一种黑芝麻蚕豆馅粽子及其制备方法:CN106418193A[P], 2017-02-22.
[10] 郭振飞. 蚕豆种子超氧化物歧化酶的纯化及性质[J]. 热带亚热带植物学报, 1996, 4(3): 60-64.
[11] 胡平. 一种蚕豆健身果复合脯及其制备方法:CN106259625A[P], 2017-01-04.
[12] 蒋文杰. 用蚕豆加工代乳粉新工艺的探讨[D]. 无锡: 无锡轻工大学, 1988.
[13] 蒋佐明, 蒋恬田, 蒋馨月. 卤制蚕豆的制备方法:CN106666416A[P], 2017-05-17.
[14] 雷世英. 蚕豆茶叶制作方法:CN106578228A[P], 2017-04-26.
[15] 李爱萍, 郑开斌, 蔡宣梅. 蚕豆的利用价值[J]. 蚕豆食品科技, 2001, 9(4): 45-46.
[16] 李雪琴, 裘爱泳. 蚕豆生理活性物质研究进展[J]. 蚕豆与油脂, 2002(7): 34-35.
[17] 刘玉皎, 耿贵工, 杨希娟. 一种蚕豆茶叶制作方法和蚕豆茶叶:CN101869166A[P], 2010-10-27.
[18] 刘玉皎, 党斌, 杨希娟, 等. 一种青稞蚕豆挂面的制作方法:CN103110060A[P], 2013-05-22.
[19] 罗汉斐, 杨军. 有降脂、减肥美体功效又口感好的山楂蚕豆保健食品:CN106307105A[P], 2017-01-11.
[20] 阮秋菊. 蚕豆中的生物活性成分研究进展[J]. 山东食品发酵, 2011, 3: 48-52.
[21] 石碧, 狄莹. 植物多酚[M]. 北京:科学出版社, 2000.
[22] 宋吉辉. 一种蚕豆全粉粉丝和粉皮及其生产方法:CN102715462A[P], 2012-10-10.
[23] 宋其祥. 砂糖蚕豆的生产方法:CN103082069A[P], 2013-05-08.
[24] 塔里娅·奥利拉. 蚕豆蛋白质食品:CN106470558A[P], 2017-03-01.
[25] 涂顺明, 郑芳燕, 骆练. 发酵蚕豆乳、风味发酵蚕豆乳、发酵型蚕豆酸乳饮料及其制备方法:CN105532895A[P], 2016-05-04.
[26] 王立平. 一种对糖尿病患者有保健功能的蚕豆青稞饼干及其生产方法:CN107197909A[P], 2017-09-26.
[27] 谢东奎. 一种油炸蚕豆及其制作方法:CN102150786A[P], 2011-08-17.
[28] 阎娥. 蚕豆壳中原花青素的提取及抗氧化性研究[J]. 食品工业科技, 2009, 30(2): 65-67.

[29] 杨希娟，党斌，刘玉皎．一种蚕豆蛋白肉及其制备方法：CN105249178A[P]，2016-01-20.
[30] 叶键．一种蚕豆鸭肉锅巴及其制备方法：CN104872537A[P]，2015-09-02.
[31] 中国科学院中国植物志编辑委员会．中国植物志[M]．北京：科学出版社，1998.
[32] 周显青．食用豆类加工与利用[M]．北京：化学工业出版社，2003.
[33] 朱慧敏，牛朝峰，束天锋．一种老醋蚕豆：CN105166726A[P]．2015-12-23.